电子元器件

识别·检测·选用·代换·维修

全书

孙洋 孔军 编著

U0231300

化学工业出版社
·北京·

内容简介

本书以全彩图解＋视频讲解的形式，详解介绍了电子元器件的识别、检测、选用、代换、维修等知识。本书首先讲述了常用检测仪表的使用方法，然后分门别类地讲解了电阻器、敏感电阻器、电位器、电容器、电感器、变压器、二极管、三极管、晶闸管、场效应管、IGBT、集成电路、LED 数码管、液晶显示器、真空荧光显示器、继电器、石英晶振、陶瓷谐振元器件、光电耦合器、扬声器、耳机、话筒、蜂鸣器、开关和插接器等几十种电子元器件，对每一种元器件的讲解均包括：结构原理、电路图形符号、外形识别方法、型号识别方法、引脚分布规律及识别方法、引脚极性识别方法、质量检测方法、更换和选配方法等，以期提高读者识别并检测电路中各种元器件和维修电路板中元器件的能力。

本书内容丰富实用，覆盖了所有常用电子元器件，还不乏一些新型的元器件；全彩印刷、步步图解的形式，大大提高了阅读学习的体验感；同时，配有大量视频辅助讲解，扫书中对应二维码即可边学边看，使学习更加轻松便捷。

本书特别适合电工电子、家电维修技术人员，电子爱好者自学使用，也可用作职业院校相关专业的教材及参考书。

图书在版编目（CIP）数据

电子元器件识别·检测·选用·代换·维修全书/孙洋，孔军编著. —北京：化学工业出版社，2020.4（2025.1 重印）
ISBN 978-7-122-36118-9

Ⅰ.①电… Ⅱ.①孙… ②孔… Ⅲ.①电子元器件-基本知识 Ⅳ.①TN6

中国版本图书馆 CIP 数据核字（2020）第 021918 号

责任编辑：耍利娜　李军亮　　　　　　　　文字编辑：吴开亮
责任校对：宋　夏　　　　　　　　　　　　装帧设计：王晓宇

出版发行：化学工业出版社（北京市东城区青年湖南街 13 号　邮政编码 100011）
印　　装：北京缤索印刷有限公司
787mm×1092mm　1/16　印张 35　字数 902 千字　2025 年 1 月北京第 1 版第 12 次印刷

购书咨询：010-64518888　　　　　　　　售后服务：010-64518899
网　　址：http://www.cip.com.cn
凡购买本书，如有缺损质量问题，本社销售中心负责调换。

定　　价：148.00 元

　　电子元器件是各种电器电路板的最基本的组成，若电器出现异常，通常是由电路板中的电子元器件损坏和异常引起的，故掌握电子元器件的识别、检测、选用、代换和维修技能，是学会各种硬件设备故障维修的基础。

　　本书讲述了常用检测仪表的使用方法，并结合电阻器、敏感电阻器、电位器、电容器、电感器、变压器、二极管、三极管、晶闸管、场效应管、IGBT、集成电路、LED 数码管、液晶显示器、真空荧光显示器、继电器、石英晶振、陶瓷谐振元器件、光电耦合器、扬声器、耳机、话筒、蜂鸣器、开关和插接器等元器件，对每一种元器件均从结构原理、电路图形符号、外形识别方法、型号识别方法、引脚分布规律及识别方法、引脚极性识别方法、质量检测方法、更换和选配方法等各个方面展开详细讲解，力图提高读者识别并检测电路中各种元器件的能力，进而提高维修电路板的能力。

　　本书特点如下：

　　一、内容详实、全面

　　本书选取了几十个类型、几百种电子元器件，涉及了与各种家用电器、办公设备等相关的电子元器件。故本书涉及的宽广度和深度都较大，使用范围极广，受用人群更多。

　　二、写作独特风格，读者轻松又易学

　　本书贯彻"一看就懂，一用就灵"和"多讲怎么做，少讲为什么"的风格，文字叙述简明扼要，传授知识形象直观，以指导零基础的读者快速入门、步步提高到精通。

　　三、全彩图解很直观，读者学习更轻松

　　通过大量二维平面图、三维结构图、演示操作图、实物效果图等多种图解方式直观表示，用生动的图例代替枯燥的文字。彩色印刷，全程步步图解，为读者带来良好的学习体验，确保学习者在短时间内获得不错的学习效果。

　　四、朗朗上口的要诀，易懂好记

　　本书的助记要诀是对电子元器件的基础知识、检测操作技能等的总结，朗朗上口，易懂好记，可起到事半功倍之效。

五、众人的大量经验，维修实际不作难

本书是 30 多位维修一线的技师、专家多年实际经验的总结，读者通过对大量实际案例的学习，不仅可以学会实用的动手技能，同时可以掌握更多的实践工作经验。

六、微视频来扫一扫，检测步骤很明了

本书采用微视频讲解的方式，将电子元器件的检测步骤充分体现出来，让读者的学习变得轻松、简单、易学易懂。

本书由孙洋、孔军编著，张玉河、孙慧杰、薛金梅、王精、孙文、孙翠、付洪亮、马青梅、王占涛、张秀珍、张小六、马玉莹、陈玉斌、薛焕珠、石国富、薛运芝、楚建功、孙新生、薛秀云、董小改、王晶、孙润生、付乐乐、薛新建、楚荣幸、杨国强、孙兰兰、李艳丽、孙东生、冯刚等为本书的资料整理、图表绘制、审稿校稿等做了大量工作。

由于时间和水平有限，书中难免存在不足之处，恳请广大读者批评指正。

编著者

目 录

📹 视频讲解：9段，26分钟

📹 视频讲解：5段，15分钟

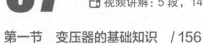

第七章　变压器　　156

📺 视频讲解：5 段，14 分钟

第八章　二极管　　171

📺 视频讲解：62 段，15 分钟

第十章 晶闸管 338

第十一章 场效应管 371

📹 视频讲解：8段，17分钟

第十二章 绝缘栅双极型晶体管（IGBT）　　　　398

第十三章 集成电路　　　　410

📅 视频讲解：8段，28分钟

LED数码管　　　　　445

液晶显示器和真空荧光显示器　　　　　456

19 第十九章 开关和插接器 530

二维码视频目录

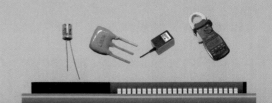

第一章
常用检测仪表的使用方法

第一节　数字万用表的使用方法

数字万用表的种类较多，但使用方法基本相同。现以 VC890D 型数字万用表为例加以说明。

一、操作面板

操作面板的外形和功能说明，如图 1-1 所示。

认识数字万用表
的操作面板

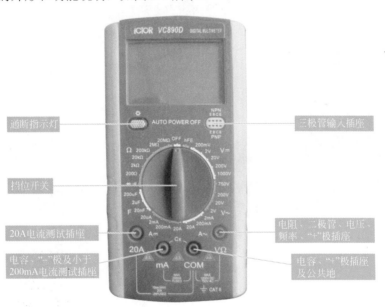

图1-1　操作面板的外形和功能说明

1. 液晶显示屏

液晶显示屏是用来显示被测对象量值的大小，它可显示一个小数点和四位数字，有的显示三位数字。

2. 挡位开关

挡位开关用于改变测量功能、挡位以及控制关机。挡位开关的功能如图 1-2 所示。其功能有开关、欧姆挡、二极管挡、容量挡、直流电流挡、交流电流挡、交流电压挡、直流电压挡、三极管测量挡等。

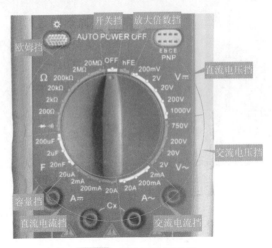

图1-2 挡位开关的功能

3. 插孔

操作面板上有 5 种插孔，"VΩ" 为红表笔插孔，在测量电压、电阻和二极管时使用；"COM" 为黑表笔插孔；"mA" 为小电流插孔，测量 0 ～ 200mA 电流时使用；"20A" 为大电流插孔，测量 200mA ～ 20A 电流时使用；中部右上部有三极管测试插孔，测量三极管相关参数时使用。插孔在操作面板上所处位置如图 1-3 所示。

图1-3 插孔在操作面板上所处的位置

二、电阻器阻值的检测

数字万用表欧姆 　电阻器阻值的
挡的选用 　　　检测

1. 检测步骤

步骤 1　测前准备。将红表笔插入 "VΩ" 插孔，黑表笔插入 "COM" 插孔。

步骤 2　估值。估计被测电阻的阻值，以便选择合适的挡位，所选挡位应大于或接近被测电阻阻值。估计被测电阻器的阻值为 120kΩ。

步骤 3　选择挡位。根据估计被测电阻阻值来选择挡位。由于 120kΩ 处于 20 ～ 199.9kΩ 之间，故选择 200k 挡。

步骤 4　测量。将黑、红表笔分别搭在被测电阻器的两只引脚上（不分极性），此时万用表显示为 119.6kΩ，测量方法如图 1-4 所示。

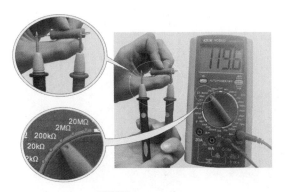

要诀

电阻阻值很重要，测量办法要记牢，
测前准备做得好，认真估测要做到，
选择挡位不可少，电阻两端表笔到，
屏幕显示才有效，1.为断路不需要，
00.0短路也可抛，看你知道不知道。

图1-4　电阻的测量

2. 检测说明

① 挡位选择标准。

测量 200Ω 以下的电阻时，应选 200Ω 挡；

测量 200 ～ 1999Ω 的电阻时，应选 2kΩ 挡；

测量 2 ～ 19.99kΩ 的电阻时，应选 20kΩ 挡；

测量 20 ～ 199.9kΩ 的电阻时，应选 200kΩ 挡；

测量 200 ～ 1999kΩ 的电阻时，应选 2MΩ 挡；

测量 2 ～ 19.99MΩ 的电阻时，应选用 20MΩ 挡；

测量 20 ～ 199.9MΩ 的电阻时，应选用 200MΩ 挡；

由于该电阻标称阻值为 200kΩ，故选择万用表欧姆挡上的 200kΩ 挡。

数字万用表测量阻值时的注意事项

② 挡位选择和转换。若挡位选得过小，显示屏上会显示"1."，此时应选择较大的挡位；若挡位选得过大，显示屏上会显示接近 0 的数值，此时应选择较小的挡位。

③ 读出数值。被测电阻器的阻值读数为显示屏上显示的数值＋挡位的单位。如使用"200Ω"挡时，其单位为"Ω"；使用"2kΩ""20kΩ""200kΩ"挡时，其单位为"kΩ"；使用"2MΩ""20MΩ"挡时，读数的单位为"MΩ"。

④ 如果电阻值超过所选的挡位，则会显示"1."，这时应将开关调至较高挡位上，当测量电阻值超过 1MΩ 时，读数需跳几秒钟才能稳定，这在测量高电阻时是正常的。测量在路电阻时，需确认被测电路所有电源已关断及所有电容都已完全放电时，才可进行测量。

⑤ 若万用表显示"1."，则表明被测电阻器断路；若万用表显示"0.00"，则表明被测电阻器短路。

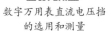

数字万用表直流电压挡的选用和测量　　用数字万用表测量直流电压

三、直流电压的检测

1. 检测步骤

步骤 1　测前准备。将红表笔插入"VΩ"插孔，黑表笔接入"COM"插孔。

步骤 2　估值。估计被测电路电压的最大值，以便选择合适的挡位。估计被测单体蓄电池的电压为 12V。

步骤 3　选择挡位。由于单体蓄电池的端电压为 12V，且 12V 处于 2 ～ 19.9V 之间，故选择万用表的直流电压 20V 挡。

步骤 4　测量。将红表笔接电源正极或高电位端，黑表笔接电源负极或低电位端，使表笔与被测电路接触点接触稳定，其电压数值可以在显示屏上直接读出。若显示屏显示 11.1，则表明所测电压为 11.1V，检测方法如图 1-5 所示。

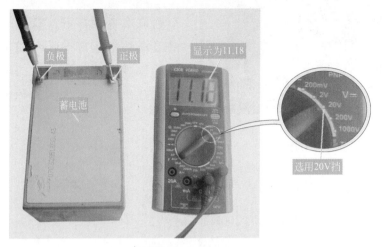

图1-5 直流电压的检测

要 诀

直流电压咋测量，测量办法听我讲，测前准备要跟上，认真估测工作忙，选择挡位很平常，黑红表笔接正常，黑笔接在负极上，红笔接正极没商量，电压数值屏幕上躺，显示为 1. 挡位小，增大挡位棒棒棒，左侧一在数值旁，表笔接反是异常，更换表笔才能量。

2. 检测说明

① 如果事先对被测电压范围没有概念，应将挡位开关调至最高挡位，然后根据显示被测电压值调至相应的挡位上。如屏幕显示"1."表明已超出挡位范围，须将挡位开关调至最高挡位。

② 选择挡位时，应遵守以下原则：

测量 200mV 以下的电压时，应选用 200mV 挡；

测量 200mV ～ 1.9V 的电压时，应选用 2V 挡；

测量 2 ～ 19.9V 的电压时，应选用 20V 挡；

测量 20 ～ 199.9V 的电压时，应选用 200V 挡；

测量 200 ～ 999.9V 的电压时，应选用 1000V 挡。

③ 若万用表显示"1."，则表明挡位选择较小，应适当增大挡位。若数值左侧出现"-"，则表明表笔极性与电源极性相反，此时黑表笔所接的是电源的正极。

四、交流电压的检测

交流电压与直流电压的测量方法基本相同。所不同的有以下几点：

要点 1 测量交流电压时，应将挡位开关置于交流电压挡位范围。

要点 2 测量交流电压时，黑、红表笔无方向性，可随便接入电路。

用数字万用表测量
交流电压

五、直流电流的检测

用数字万用表测量
直流电流

1. 检测步骤

步骤 1　测前准备。将黑表笔插入"COM"插孔，若被测电流小于 200mA，红表笔应插入"mA"插孔，若被测电流在 200mA ～ 20A 时，红表笔应插入"20A"插孔。

步骤 2　估值。估计被测电路中电流的最大值，以便选择合适的挡位。

步骤 3　选择挡位。选取比估计电压大或接近的挡位，测量结果才准确。

步骤 4　测量。将被测电路断开，红表笔接在高电位端，黑表笔接在低电位端（即将万用表串联在电路中），万用表显示屏显示的数值即是被测电路中的电流值。如挡位在 200mA 位置，读数为 128.4，则实际读数为 128.4mA。

2. 检测说明

① 选择挡位时，应遵守以下原则：

测量 20μA 以下的电流时，应选 20μA 挡；

测量 20μA ～ 1.9mA 的电流时，应选 2mA 挡；

测量 2 ～ 199mA 的电流时，应选 200mA 挡；

测量 200mA ～ 20A 的电流时，应选 20A 挡。

② 将黑表笔插入"COM"插孔，若被测电流小于 200mA，红表笔应插入"mA"插孔；若被测电流在 200mA ～ 20A，红表笔应插入"20A"插孔。

六、交流电流的检测

交流电流和直流电流的检测基本相同，所不同的有以下几点：

要点 1　测量交流电流时，应将挡位开关置于交流电流挡位范围。

要点 2　测量交流电流时，黑、红表笔无方向性，可随便接入电路。

七、二极管引脚极性的检测

数字万用表
二极管挡的使用

该万用表设置有二极管挡，用来检测二极管、晶体管的极性和好坏。现以二极管极性的测量为例讲述该挡的使用方法。

步骤 1　测前准备。将红表笔插入"VΩ"插孔，黑表笔插入"COM"插孔中。

步骤 2　挡位选择。将挡位开关调到"二极管"挡。

步骤 3　测量。将黑、红表笔分别搭在被测二极管的两只引脚上，此时万用表显示为".505"，即正向导通电压为 0.505V。黑表笔所接的引脚为二极管的负极。检测方法如图 1-6（a）所示。

步骤 4　将黑、红表笔对调再次测量，此时万用表显示"1."，黑表笔所接引脚为二极管的正极，红表笔所接引脚为二极管的负极。检测方法如图 1-6（b）所示。

> **要诀**
>
> 测量 VD 要心细，压降较小为正向值，
> 反接无穷是好好哩，检测之时要注意。

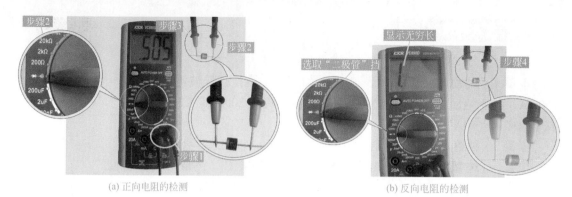

(a) 正向电阻的检测   (b) 反向电阻的检测

图1-6 二极管的检测

八、电容器容量的检测

1. 检测步骤

步骤 1 测前准备。将红表笔插入 "mA" 插孔中，黑表笔插入 "COM" 插孔中。

步骤 2 估值。估计被测电容器的容量大小，以便选择合适的挡位。

步骤 3 选择挡位。选取比估计容量高且接近的挡位，测量误差才小。被测电容器的容量为 32μF，32μF 处于 2 ~ 199.9μF 之间，故选择 200μF 挡。

步骤 4 将电解电容器的两只引脚分别插入电容器容量检测孔中，显示电容量为 33.6μF，如图 1-7 所示。

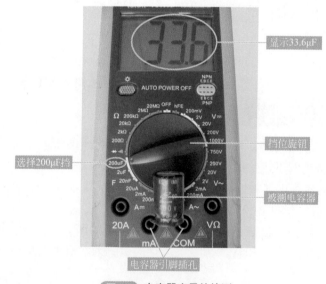

图1-7 电容器容量的检测

2. 检测说明

① 如果事先对被测电容范围没有概念，应将挡位开关调至最高挡位，然后根据显示被测电容值调至相应的挡位上，如屏幕显示 "1." 表明已超出挡位范围，须将挡位开关调至最高挡位。

② 在测试电容时，屏幕显示值可能尚未归零，残留读数会逐渐减小，不必理会，它不会影响测量的准确度。

③ 大电容挡位测量严重漏电或击穿电容时，所显示的数值不稳定。

④ 在测试电容容量之前，必须对电容充分放电（短接两脚放电），以防止损坏仪表。

⑤ 选择挡位时，应遵守以下原则：

测量 20nF 以下的容量时，应选择 2nF 挡；

测量 20nF ～ 1.99μF 的容量时，应选择 2μF 挡；

测量 2 ～ 199.9μF 的容量时，应选择 200μF 挡。

九、晶体管放大倍数的检测

步骤1 测前准备。将挡位旋钮旋至"hFE"。

步骤2 将被测 PNP 型晶极管的 b、e、c 三只引脚分别插入面板 PNP 的 B、E、C 插孔中，如此时万用表显示为 200，则表明被测三极管的放大倍数为 200。检测方法如图 1-8 所示。

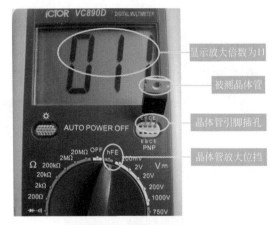

图1-8 晶体管放大倍数的检测

第二节 指针万用表的使用方法

指针万用表灵敏度的测试方法

指针万用表也叫模拟万用表，测量时，由于电流的作用而使指针偏转，可根据指针偏转的角度来表示所测量的各种数值，如测量电压、电流和电阻等。现以 MF47 型指针万用表为例加以说明，其外形和功能如图 1-9 所示。

图1-9 MF47型指针万用表的外形和功能

专家提示

　　指针万用表灵敏度的简单测试方法如下。灵敏度高的万用表无论是平着放、侧立放、倒着放、立着放等，其表针处于左边 0 刻线的左右刻度的半格，反之，表明指针万用表灵敏度不高。

一、操作面板

　　① 刻度盘。MF47 型指针万用表的刻度盘如图 1-10 所示。

认识指针万用表的
操作面板

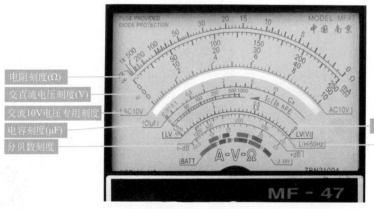

电阻刻度(Ω)
交直流电压刻度(V)
交流10V电压专用刻度
电容刻度(μF)
分贝数刻度

三极管放大倍数刻度
电感刻度

图1-10　MF47型指针万用表的刻度盘

　　② 挡位开关。挡位开关上有电阻、电压、电流等多种范围，供检测时方便选择。挡位开关的具体情况如图 1-11 所示。

交流电压检测挡位
直流电压检测挡位
电阻检测挡位
三极管放大倍数检测挡位
直流电流检测挡位

图1-11　挡位开关

　　③ 旋钮。指针万用表操作面板上有机械调零旋钮和电阻调零旋钮。机械调零旋钮是在使用万用表前将表针调到欧姆挡"∞"刻度线。电阻调零旋钮是在欧姆挡使用前，通过左旋或右旋使表针调到欧姆挡"0"刻度线位置。

　　④ 插孔。操作面板上有 5 类插孔如图 1-12 所示。操作面板左下角有"+"标示的为红表笔插孔，"COM"标示的为黑表笔插孔。操作面板右下角有"5A"标示的为大电流插

孔，用于测量大于 0.025A 而小于 5A 的电流；"2500V"标示为高电压插孔，用于测量大于 1000V 而小于 2500V 的交、直流电压。操作面板左中部有"N"和"P"标示，标有"N"字样为 NPN 插孔，标有"P"样的为 PNP 插孔。

图1-12　操作面板上有5个插孔

用指针万用表测量
电阻值的方法

二、电阻器阻值的检测

1. 检测步骤

步骤 1　测前准备。将红表笔插入"+"插孔，黑表笔插入"COM"插孔。

步骤 2　估值。估计被测电阻的最大阻值，或观察电阻器上标称的电阻值，以便选择挡位。被测电阻器的标称阻值为 30Ω。

步骤 3　选择挡位。应使万用表的表针停在中间或附近（即欧姆挡刻度 5 ~ 40 之间），测量结果比较准确。由于使用"×1"欧姆挡，指针正好处于欧姆挡刻度 5 ~ 40 之间，故选择"×1"电阻挡。

步骤 4　调零。将黑、红表笔对接，并调整调零旋钮，直到表针与表盘欧姆挡右端的零刻线重合为止。

步骤 5　测量。将黑、红表笔分别与电阻器两端接触。检测如图 1-13 所示。注意：测量电阻时表笔不分正负。

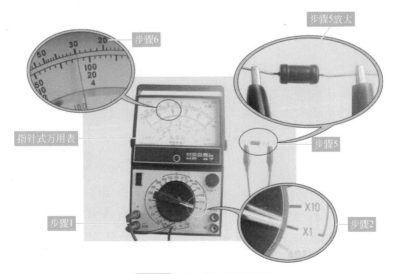

图1-13　电阻器阻值的检测

步骤6 读数。由于所用挡位是电阻"×1"挡,表针指向30,正确读数应为30×1Ω=30Ω。

要 诀

电阻阻值很重要,测量办法要记牢。首先估测要做到,选择挡位不可少。

短接表笔回零跑,测量结果才有效。开路测量最有效,在路测量先脱帽。

阻值增大无穷哟,开路损坏把它抛。

2. 检测说明

使用指针万用表的欧姆挡测量阻值时,表针应停在中间或附近(即欧姆挡刻度在 5 ～ 40 之间),测量结果比较准确,如图 1-14 所示。

用指针万用表测得的阻值为表盘的指针指示数乘以电阻挡位,即被测电阻值 = 刻度示值 × 挡位数。如选择的挡位是"×1k"挡,表针指示为 20,则被测阻值为 20×1kΩ=20kΩ。

用指针万用表测量
直流电压

图1-14 万用表指针应该停留的位置

三、直流电压的检测

1. 检测步骤

步骤1 测前准备。将红表笔插入"+"插孔,黑表笔插入"COM"插孔。

步骤2 估值。估计被测电路电压的最大值,以便选择挡位。被测单体蓄电池的电压为12V。

步骤3 选择挡位。由于单体蓄电池的电压为12V,且 12V 在 10 ～ 49.99V 之间,应选用直流电压 50V 挡。

步骤4 测量。将红表笔搭在高电位端,黑表笔搭在低电位端,如图 1-15 所示。

步骤5 读数。测量直流电压时,可观察刻度盘三组数(10、50、250)。由于选用直流电压 50V 挡,读数时应读最大值为 50 的一组数,不用缩小或扩大倍数,可直接读出。由于表针指示 12.5,故被测电压为 12.5V。

要 诀

直流电压很重要,测量办法要记牢,

测前准备要做好,认真估测要做到,

选择挡位不可少,表笔接哪最有效,

数值换算很重要,搞错数据就不好。

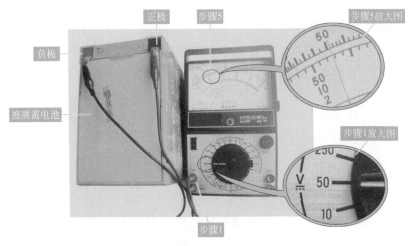

图1-15　直流电压的检测

2. 检测说明

① 被测直流电压无法估计时，先用最高挡开始试验，直到选择合适挡位时为止。

② 被测直流电压值得到估计时，可按以下规律选择挡位。

测量小于 2.5V 的直流电压时，应选用直流电压 2.5V 挡；

测量 2.5 ~ 9.99V 的直流电压时，应选用直流电压 10V 挡；

测量 10 ~ 49.99V 的直流电压时，应选用直流电压 50V 挡；

测量 50 ~ 249.9V 的直流电压时，应选用直流电压 250V 挡；

测量 250 ~ 499.9V 的直流电压时，应选用直流电压 500V 挡；

测量 500 ~ 999.9V 的直流电压时，应选用直流电压 1000V 挡；

测量 1000 ~ 2499.9V 的直流电压时，应选用直流电压 2500V 挡。

指针万用表直流电压
挡的选择和读数技巧

③ 指针万用表的读数方法如下：

选用直流电压 2.5V 挡时，读数时应读最大值为 250 的一组数（即将 250 组数都缩小至 1/100，把 50、100、150、200、250 分别看成 0.5、1、1.5、2、2.5）。

选用直流电压 10V 挡时，读数时应读最大值为 10 的一组数，不用缩小或扩大倍数，可直接读出。

选用直流电压 50V 挡时，读数时应读最大值为 50 的一组数，不用缩小或扩大倍数，可直接读出。

选用直流电压 250V 挡时，读数时应读最大值为 250 的一组数，不用缩小或扩大倍数，可直接读出。

选用直流电压 500V 挡时，读数时应读最大值为 50 的一组数（即将 50 组数都扩大 10 倍，把 10、20、30、40、50 分别看成 100、200、300、400、500）。

选用直流电压 1000V 挡时，读数时应读最大值为 10 的一组数（即将 10 组数都扩大 100 倍，把 2、4、6、8、10 分别看成 200、400、600、800、1000）。

选用直流电压 2500V 挡时，读数时应读最大值为 250 的一组数（即将 250 组数都扩大 10 倍，把 50、100、150、200、250 分别看成 500、1000、1500、2000、2500）。

如挡位开关在 250V 直流电压挡，读数为 100，则被测电压为 100V。挡位开关在 2.5V 挡，应读最大值为 250 的一组数，若读数为 240，应缩小至 1/100，实际读数应为 2.4V。

四、交流电压的检测

用指针万用表测量
交流电压

交流电压和直流电压的检测方法基本相同，所不同的有以下几点：

要点1　测量交流电压时，由于交流电压无正、负极，故红、黑表笔可随便接。

要点2　选择交流电压10V挡时，应看第五条刻度线，读数时应读最大值为10的一组数。

五、直流电流的检测

指针万用表直流
电流挡的选择和
读数技巧

步骤1　测前准备。将红表笔插入"+"插孔，黑表笔插入"COM"插孔。

步骤2　估值。估计被测电路中的最大直流电流，以便正确选择挡位，减小测量误差。

步骤3　挡位选择。根据所估计的被测电路的最大直流电流，进行以下选择。

用指针万用表测
量直流电流

测量0.05mA以下的直流电流时，应选用直流电流0.05mA挡；

测量0.05～0.49mA的直流电流时，应选用直流电流0.5mA挡；

测量0.5～4.9mA的直流电流时，应选用直流电流5mA挡；

测量5～49.9mA的直流电流时，应选用直流电流50mA挡；

测量50～499.9mA的直流电流时，应选用直流电流500mA挡；

测量500～4.99A的直流电流时，应选用直流电流5A挡。

步骤4　测量。将被测电路断开，红表笔接在高电位端，黑表笔接在低电位端（即将万用表串联在电路中）。

步骤5　读数。测量直流电流时，可观察刻度盘上第六条刻度线。该刻度线由三组数（10、50、250）共用，具体读哪一组方便，由挡位开关所处位置决定。具体参见"直流电压的检查"中的相关内容。若所选直流电流挡为5mA，应读最大值50的一组数，即把10、20、30、40、50分别看成1、2、3、4、5，此时表针指向30，该电路中的直流电流为3mA。

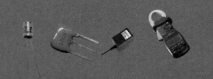

第二章
电阻器

第一节　电阻器的基础知识

一、电阻器的基本功能

在电路中，电流通过导体时会受到阻碍作用，利用导体的这种阻碍作用而制成的电子元器件叫作电阻器，简称电阻。电阻器的基本功能是对电路中的电流具有阻碍作用。

二、电阻器的基本原理

在电子电路中，当电阻器两端加有电压时，其内部就有电流通过，电阻器的阻值与通过的电流成反比，而与其两端所加的电压成正比，这就是著名的欧姆定律。

其关系式为：$I=U/R$

式中，"I"表示电流强度，单位是安培，用字母"A"表示；"U"表示电阻器两端的电压，单位是伏特，用字母"V"表示；"R"表示电阻器阻值，单位是欧姆，用"Ω"表示。

三、电阻器的基本作用

在电子电路中，当电流通过电阻器时，电阻器由于阻碍了电流，其电流强度会减小，便在其两端产生一定的电压降。因此，电阻器在电子电路中具有限流和分压作用。根据电阻器在电路中的作用不同可分为分流电阻器、分压电阻器、隔离电阻器、负反馈电阻器、退耗电阻器、阻尼电阻器等。

四、电阻器的基本参数

电阻器的基本参数主要有标称阻值、额定功率、允许误差、温度系数、电压系数、最大工作电压、频率特性等。

1. 标称阻值

标称阻值是主要参数之一，不同类型的电阻器，其阻值范围有所不同，标称阻

要诀

电阻器参数有很多，请我慢慢往下说，
　篇幅有限选几个，都是主要要记好；
　标称阻值表面标，眼睛一瞧便知晓；
电阻器功率如过小，电流过大容易烧。
　允许误差色环表，精密要求有五道；
　温度系数变化大，热稳定性就不好；
　电压系数很重要，阻值电压关系好。
电阻器耐压啥标准？过热击穿临界值；
哪种频率特性好？碳膜金属膜要记牢。

电子元器件 识别·检测·选用·代换·维修 全书

值通常标在电阻器的外壳上，如图 2-1 所示，单位是欧姆，用"Ω"表示。其单位换算是 $1M\Omega=1000k\Omega$，$1k\Omega=1000\Omega$。

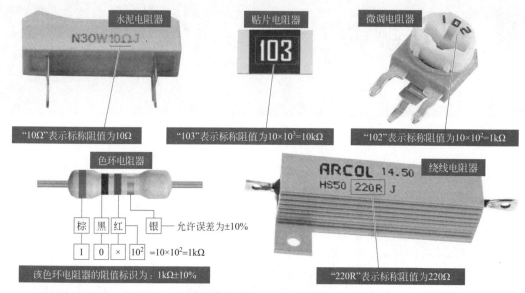

水泥电阻器
N30W10ΩJ
"10Ω"表示标称阻值为10Ω

贴片电阻器
103
"103"表示标称阻值为10×10³=10kΩ

微调电阻器
"102"表示标称阻值为10×10²=1kΩ

色环电阻器
棕 黑 红 银 — 允许误差为±10%
1 0 × 10² =10×10²=1kΩ
该色环电阻器的阻值标识为：1kΩ±10%

绕线电阻器
ARCOL 14.50
HS50 220R J
"220R"表示标称阻值为220Ω

图2-1 电阻器的标称阻值

专家提示

在振荡电路中，定时电阻器的阻值和稳定性对振荡频率起着决定性作用，其阻值不可任意改变。

2. 额定功率

额定功率是指在一定的大气压力和温度下，电阻器在电路中长期连续工作所允许承受的最大功率，单位是瓦特，用字母"W"表示，常见电阻器的额定功率有1/8W、1/4W、1/2W、1W、2W、3W、5W、10W、15W、25W等。小电流电路常常用的功率为1/8～1/2W，而大电流电路常采用1W以上的电阻器。实际选用电阻器时，要有一点的功率余量，即被选择电阻器的功率应大于它在电路中实际功率的2倍。如：实际功率是5W，应选择10W。在整流、滤波电路中，常串联一只功率电阻器起到隔离和限流作用。

专家提示

电动自行车充电器输出电流的取样电阻器常采用额定功率为3W的大功率电阻器，若使用功率小的电阻器，则会被通过的大电流烧坏。

额定功率的表示方法如下：

（1）直标法

在一些体积较大的电阻器上常用直标法标注电阻器的额定功率，额定功率的直标法如图 2-2 所示。

（2）图形符号表示法

在电路图上，为了表示功率的大小，1W 以下的用图形符号来表示，图形符号表示的功率如图 2-3 所示。

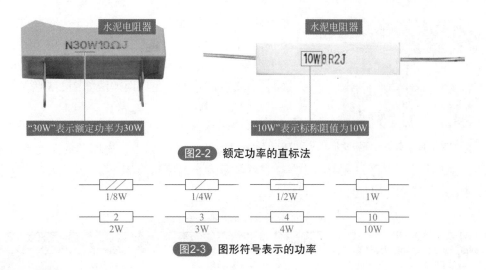

"30W"表示额定功率为30W　　　　　　　"10W"表示标称阻值为10W

图2-2　额定功率的直标法

| 1/8W | 1/4W | 1/2W | 1W |
| 2 2W | 3 3W | 4 4W | 10 10W |

图2-3　图形符号表示的功率

👆 **专家提示**

　　小型电阻器的功率在电阻器的壳体上一般不予标出。根据其直径和导线的长度可以确定其额定功率。一般情况下，电阻体小、功率小，电阻体大、功率大。相同体积时，金属膜电阻器的功率要比碳膜电阻器的功率大。

　　3. 允许误差

　　允许误差是指电阻器的实际阻值与标称阻值之间所允许的最大偏差，常用百分比来表示。常见的允许误差有 ±5%、±10%、±20%。允许误差的表示方法如下：

　　（1）色环表示法

　　色环电阻器的最后一道色环表示允许误差。例如：金色表示允许误差为 ±5%，银色表示允许误差为 ±10%。允许误差的色环表示法如图 2-4 所示。

👆 **专家提示**

　　大功率电阻器在实际应用中，其允许误差要求不高，而在精密电子设备中常使用五道色环。例如，色环为"红、黑、黑、红、棕"的电阻器，其中，最后一道棕色环表示允许误差为 ±1%。

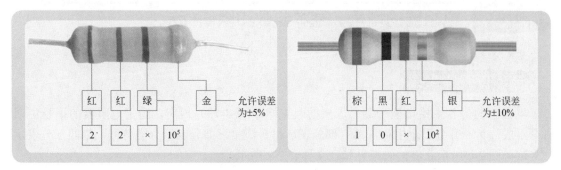

图2-4　允许误差的色环表示法

　　（2）文字符号表示法

　　允许误差有时也用文字符号表示，其字母含义如表 2-1 所示。例如：字母"J"表示允

"120RJ"中的"120R"表示标称阻值是120Ω；"J"表示允许误差为±5%。

图2-5 文字符号表示允许误差法

许误差为±5%，如图2-5所示。允许误差一般有5个级别，允许误差和级别是：±0.5%（0.05级）、±1%（0.1级）、±5%（Ⅰ级）、±10%（Ⅱ级）、±20%（Ⅲ级）。用文字符号表示允许误差法如图2-5所示。

4.温度系数

电阻器的温度系数是表示电阻器阻值随温度而变化的物理量。在实际应用中，电阻器的温度系数越大，其热稳定性就越差。温度系数用"d_T"来表示，它表示温度每升高1℃，电阻器的阻值的相对变化量。

表2-1 允许误差的文字符号含义

文字符号	允许误差	文字符号	允许误差	文字符号	允许误差	文字符号	允许误差	文字符号	允许误差
B	±0.1%	C	±0.25%	D	±0.5%	E	±0.005%	F	±1%
G	±2%	J	±5%	K	±10%	L	±0.01%	M	±20%
N	±30%	P	±0.02%	X	±0.002%	Y	±0.001%	P	±0.02%

5.最大工作电压（耐压）

电阻器的最大工作电压是指电阻器长期工作不发生过热或击穿损坏时的电压。从电阻器的升温情况看，允许加到电阻器两端的最大工作电压等于其额定电压。

6.频率特性

频率特性是指电阻器工作在不同频率电路中对电路原有频率的影响程度。合成碳膜电阻器和绕线电阻器的频率特性较差，只能用于低频或直流电路中。而碳膜和金属膜电阻器的频率特性较好，常用于高频电路中。

专家提示

绕线电阻器常用于直流电路或额定功率较大的场合。合成碳膜电阻器常用于直流仪器仪表设备中。在电动自行车的充电器和控制器、电脑主板、硬盘高频电路中，常使用频率特性好的蓝色金属膜电阻器和贴片电阻器。

第二节 电阻器的型号、基本参数和阻值标示

一、电阻器的型号

电阻器的命名主要指型号命名，根据国家标准（SJ-73）规定，固定电阻器的型号由四部分组成：第一部分表示主称，第二部分表示材料，第三部分表示分类特征，第四部分表示序号，如图2-6所示。它们的型号和意义如表2-2所示。

第一部分：主称。常用英文大写字母表示。如R表示电阻器。

第二部分：材料。常用英文大写字母表示。主要说明电阻器所用材料的类型。电阻器的材料及符号如表2-2所示。

第一部分是主称：用R表示
第二部分是材料：用字母表示
第三部分是分类：用数字或字母表示
第四部分是序号：用数字表示

图2-6 固定电阻器的型号

表 2-2 电阻器的型号命名

第一部分		第二部分		第三部分		第四部分	其他
用英文字母表示主称		用英文字母表示材料		用阿拉伯数字或英文字母表示特征		序号	
符号	意义	符号	意义	符号	意义	数字	
R RP	电阻器 电位器	T P U C H I J Y S N X R G M	碳膜 硼碳膜 合成硅碳膜 化学沉积膜 合成碳膜 玻璃釉膜 金属膜 金属氧化膜 有机实芯 无机实芯 线绕 热敏 沉积膜 氧化膜	1 2 3 4 5 7 8 9 C G T X L W D	普通 普通 超高频 高阻 高温 精密 高压（固定）特种 特殊 防潮 高功率 可调 小型 测量用 微调（可调电阻器） 多圈（电位器）	表示同类产品中的不同品种，以区分产品的外形尺寸和性能指示	用数字和字母表示标称阻值、额定功率和允许误差

第三部分：电阻器的分类。一般用阿拉伯数字和字母表示。电阻器分类符号和意义如表2-2所示。

第四部分：电阻器的序号。一般用阿拉伯数字表示，表示类型相同产品中的不同品种。

要诀

固定电阻器咋命名，请我说明其中情，命名组成四部分，主称、材料和特征，第四部分序号称，具体说明在表中。

典例："RX21"和"RXG24"型电阻器的型号识别如图 2-7 所示。

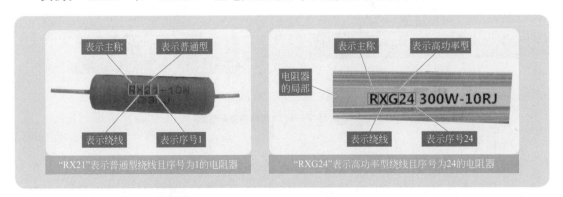

图2-7 "RX21"和"RXG24"型电阻器的型号识别

二、电阻器的基本参数标示

因为电阻器的种类、性能参数各异，在电路中所起到的作用也大不相同，因此需将电阻器的性能参数标注在电阻器表面，便于生产维修人员有针对性地选择使用，电阻器参数的标示如图2-8所示。

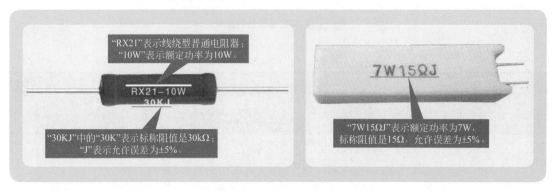

"RX21"表示线绕型普通电阻器；"10W"表示额定功率为10W。

RX21-10W
30KJ

"30KJ"中的"30K"表示标称阻值是30kΩ；"J"表示允许误差为±5%。

7W15ΩJ

"7W15ΩJ"表示额定功率为7W，标称阻值是15Ω，允许误差为±5%。

图2-8 电阻器参数的标示

三、电阻器的阻值标示

1. 数字 + 单位 + 允许误差标注法

典例：数字 + 单位 + 允许误差标注法，如图2-9所示。

要 诀

电阻器识别并不难，请你跟我往下看。电阻器标示有几点，直标、数标和色环。
数字符号电阻器面，直标参数来体现。体积较小数标显，纯数字标注阻值显。
0.5W以下怎么办，标注常常用色环。色环种类很常见，颜色意义要记全。

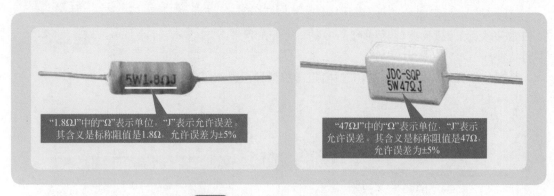

5W1.8ΩJ

"1.8ΩJ"中的"Ω"表示单位，"J"表示允许误差。其含义是标称阻值是1.8Ω，允许误差为±5%

JDC-SQP
5W47ΩJ

"47ΩJ"中的"Ω"表示单位，"J"表示允许误差。其含义是标称阻值是47Ω，允许误差为±5%。

图2-9 数字+单位+允许误差标注法

2. 单位字母代表小数点标注法

常见字母R只代表小数点，其含义是R=Ω；字母Ω、K（k）、M、G既代表单位又代表小数点，其关系是：Ω（欧）=Ω；G（吉欧）=GΩ=10^{9}Ω；K（千欧）=kΩ=10^{3}Ω；M（兆欧）=MΩ=10^{3}kΩ=10^{6}Ω。单位字母代表小数点标注法如图2-10所示。

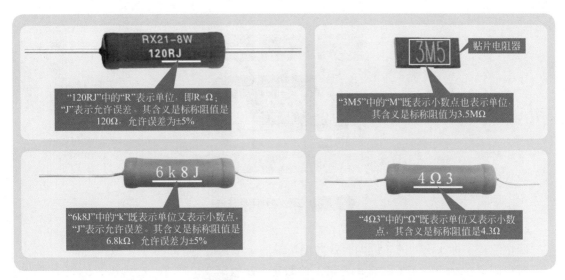

图2-10 单位字母代表小数点标注法

典例：电阻器上标有"5R1"的阻值为 5.1Ω；电阻器上标有"6k8"的阻值为 6.8kΩ；电阻器上标有"4Ω3"的阻值为 4.3Ω；"R33"或"Ω33"的阻值为 33Ω；贴片电阻器标注"3 R 6"，阻值为 3.6Ω；贴片电阻器标识为"5R60"的标称阻值为 5.60Ω 等。

专家提示

R 与 Ω 的区别，R 代表是电阻，Ω 是电阻的单位。

3. 数字 + 单位标注法

数字 + 单位标注法的电阻器的阻值，其允许误差均默认为 ±20%。

典例：电阻器表面标注为"20kΩ 或 20k"，表示电阻器值均为 20kΩ，允许误差均为 ±20%。数字 + 单位表示法如图 2-11 所示。

4. 纯数字标注法

由于贴片电阻器或其他电阻器的体积较小，而常采用纯数字标注法。

"10W20kΩJ"中的"10W"表示电阻器的功率，"20kΩ"表示电阻器标称阻值，"J"表示允许误差

图2-11 数字+单位标注法

（1）三位纯数字标注法

三位纯数字标注法的前 2 位为有效数字，最后 1 位为倍率，即 0 的个数。

若电阻器上标有"XYZ"，X 为第 1 位数字，Y 为第 2 位数字，Z 为第 3 位数字（即 0 的个数），该电阻器的阻值计算公式为：$XY \times 10^Z$。

典例：电阻器上标有"103"，则表明该电阻器阻值为 10kΩ。电阻器上标有"391"，则表明该电阻器阻值为 390Ω。纯数字法电阻器的识读如图 2-12 所示。

专家提示

若有些电阻器上标有"000"，则表明该电阻器为保险电阻器，其阻值为 0。在某些可调电阻器上也常用数标法即 2 位数字，前一位数字为有效数字，后一位数字为倍率。如可调电阻器上标注"34"，则表明阻值为 $3 \times 10^4 \Omega = 30k\Omega$。

图2-12 三位纯数字标注法

（2）四位纯数字标注法

四位纯数字标注法的前 3 位为有效数字，最后 1 位为倍率，即 0 的个数。

若电阻器上标有"$ABCZ$"，A 为第 1 位数字，B 为第 2 位数字，C 为第 3 位数字，Z 为第 4 位数字（即 0 的个数），该电阻器的阻值计算公式为：$ABC \times 10^Z$。

典例：电阻器上标有"5112"，则表明该电阻器阻值为 51.1kΩ。电阻器上标有"1822"，则表明该电阻器阻值为 18.2kΩ。纯数字法电阻器的识读如图 2-13 所示。

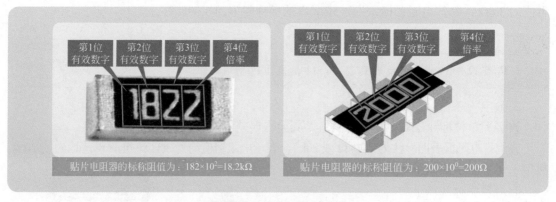

图2-13 四位纯数字标注法

要诀

纯数字电阻壳上标，阻值大小要知晓，
三位数字前两位有效，后面数字是 0 个数。
四位数字前三位有效，后面数字含义要记好。

5. 数字 + 字母标注法

由于贴片电阻器的体积较小，故也采用数字 + 字母标注法。

两位数字为电阻器值代号，字母为有效值的倍率。如：贴片电阻器标识为"51C"的标称阻值为 33.2kΩ。贴片电阻器标识为"47E"的标称阻值为 3010kΩ。数字 + 字母标注法如图 2-14 所示。

数字 + 字母标注法中的数字含义如表 2-3 所示。

"51"表示有效值为332，"C"表示倍率10^2，贴片电阻器的标称阻值为：$332×10^2=33.2k\Omega$

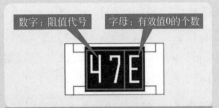

"47"表示有效值为301，"E"表示倍率10^4，贴片电阻器的标称阻值为：$301×10^4=3010k\Omega$

图2-14 数字+字母标注法

表 2-3 数字 + 字母标注法中的数字含义

代码	有效值	代码	有效值	代码	有效值	代码	有效值	代码	有效值	代码	有效值
1_	100	17_	147	33_	215	49_	316	65_	464	81_	681
2_	102	18_	150	34_	221	50_	324	66_	475	82_	698
3_	105	19_	154	35_	226	51_	332	67_	487	83_	715
4_	107	20_	158	36_	232	52_	340	68_	499	84_	732
5_	110	21_	162	37_	237	53_	348	69_	511	85_	750
6_	113	22_	165	38_	243	54_	357	70_	523	86_	768
7_	115	23_	169	39_	249	55_	365	71_	536	87_	787
8_	118	24_	174	40_	255	56_	374	72_	549	88_	806
9_	121	25_	178	41_	261	57_	383	73_	562	89_	825
10_	124	26_	182	42_	267	58_	392	74_	576	90_	845
11_	127	27_	187	43_	274	59_	402	75_	590	91_	866
12_	130	28_	191	44_	280	60_	412	76_	604	92_	887
13_	133	29_	196	45_	287	61_	422	77_	619	93_	909
14_	137	30_	200	46_	294	62_	432	78_	634	94_	931
15_	140	31_	205	47_	301	63_	442	79_	649	95_	953
16_	143	32_	210	48_	309	64_	453	80_	665	96_	976

数字 + 字母标注法中的字母含义如表 2-4 所示。

表 2-4 数字 + 字母标注法中的字母含义

字母	A	B	C	D	E	F	G	H	X	Y	Z
倍率	10^0	10^1	10^2	10^3	10^4	10^5	10^6	10^7	10^{-1}	10^{-2}	10^{-3}

要 诀

数字＋字母法要知道，有些贴片上面标，含义很多人不知道，再次我来表一表。
两位数字是电阻值代号，倍率常用字母表，电阻值代号表中找，对应数字有效值吆，
这些知道真正好，阻值计算方法文中找。

6. 数字 + 字母 + 数字标注法

由于贴片电阻器的体积较小，故一般也采用数字 + 字母 + 数字标注法。

前面的数字为有效数字，字母为小数点，后面的数字也为有效数字。如贴片电阻器标识为"5R60"的标称阻值为5.60Ω。贴片电阻器标识为"30R9"的标称阻值为30.9Ω。数字 + 字母 + 数字标注法如图 2-15 所示。

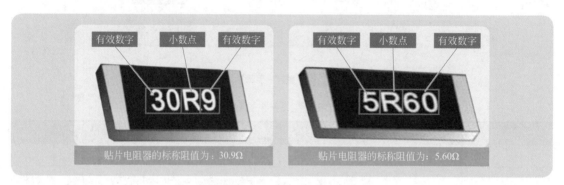

图2-15 数字+字母+数字标注法

7. 字母 + 数字标注法

有些贴片电阻器的标识常以字母"R""M"等开头，其中，"R"表示单位欧姆，即Ω；"M"表示单位，即兆欧。字母 + 数字标注法如图 2-16 所示。

图2-16 字母+数字标注法

8. 色环标法

0.5W 以下的小功率碳膜和金属膜电阻器常采用色环标法。根据电阻器上的色环多少可分为 3 色环电阻器、4 色环电阻器和 5 色环电阻器，但 5 色环电阻器一般比 3、4 色环电阻器的精密度高。

在色环中，不同的颜色代表不同的意义，相同颜色处于不同的位置，含义也不相同，色环一般采用棕、红、橙、黄、绿、蓝、紫、灰、白、黑、金、银色来表示，各种颜色的含义见表 2-5。

要 诀

色环颜色真重要，颜色助记听我说，棕1红2真搞笑，橙3黄4即来到，5绿6蓝紫为7，颜色数字快记齐，灰8白9黑为0，金银点后都有零。

表 2-5　色环颜色的含义

色环颜色	有效数字	倍率	允许误差等级	色环颜色	有效数字	倍率	允许误差等级
黑	0	10^0		紫	7	10^7	±0.1%（五色环）
棕	1	10^1	±1%（五色环）	灰	8	10^8	
红	2	10^2	±2%（五色环）	白	9	10^9	
橙	3	10^3		金		10^{-1}	±5%（四色环）
黄	4	10^4		银		10^{-2}	±10%（四色环）
绿	5	10^5	±0.5%（五色环）	无			±20%（四色环）
蓝	6	10^6	±0.25%（五色环）				

（1）三色环电阻器阻值识别

对三色环电阻器来讲，第 1 色环和第 2 色环表示 2 位有效数字，第 3 色环表示倍率。三色环电阻器的色环颜色对应的数值如图 2-17 所示。

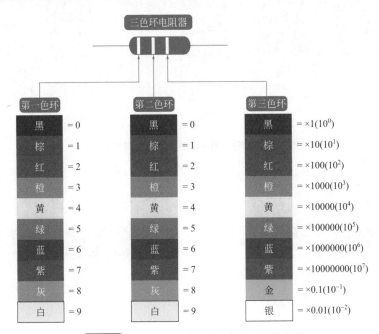

图2-17　三色环电阻器的色环颜色对应的数值

典例：一个三色环电阻器上标示色环颜色分别是"橙、绿、银"，其标称阻值为 0.35Ω，如图 2-18 所示。

橙、绿、银色环读数为：$35×10^{-2}Ω=0.35Ω$。

（2）四色环电阻器阻值识别

对于 4 色环电阻器来讲，第 1 和第 2 色环表示 2 位有效数字，第 3 色环表示倍率，第 4 色环表示误差等级。四色环电阻器的色环颜色对应的数值如图 2-19 所示。

典例 1：一个四色环电阻器上标示色环颜色分别是"棕、黑、红、银"，其标称阻

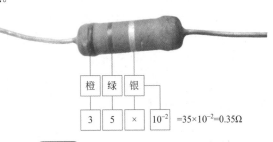

图2-18　"橙、绿、银"色环标示方法

值为 1kΩ±10%，如图 2-20 所示。

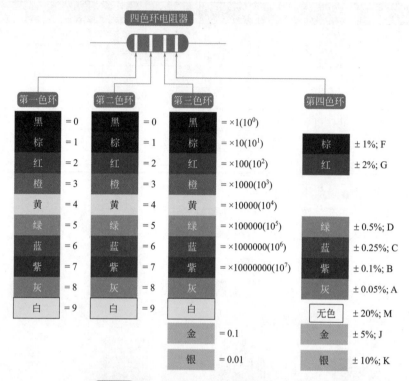

图2-19 四色环电阻器的色环颜色对应的数值

典例 2：一个四色环电阻器上标示色环颜色分别是"红、黑、红、金"，其标称阻值为 2kΩ±5%，如图 2-21 所示。

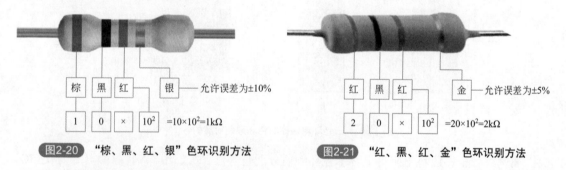

图2-20 "棕、黑、红、银"色环识别方法　　图2-21 "红、黑、红、金"色环识别方法

（3）五色环电阻器阻值的识别

对于五色环电阻器来讲，第 1、2、3 色环表示 3 位有效数字，第 4 色环表示倍率，第 5 色环表示误差等级。五色环电阻器的色环颜色对应的数值如图 2-22 所示。

典例 1：一个五色环电阻器上标示色环颜色分别是"黄、紫、黑、橙、红"，其标称阻值为 470kΩ±2%，如图 2-23 所示。

典例 2：一个五色环电阻器上标示色环颜色分别是"红、黑、黑、红、紫"，其标称阻值为 20kΩ±0.1%，如图 2-24 所示。

（4）色环电阻器第 1 色环的识别

在实际工作中，正确判断色环电阻器的第一色环尤其重要，以下几种方法可供参考。

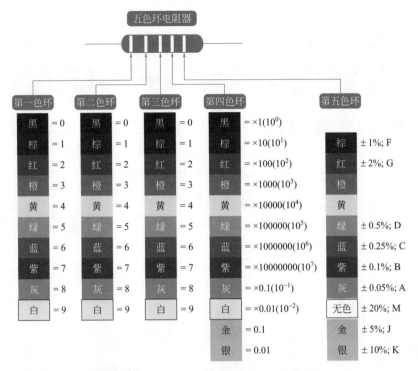

图2-22　五色环电阻器的色环颜色对应的数值

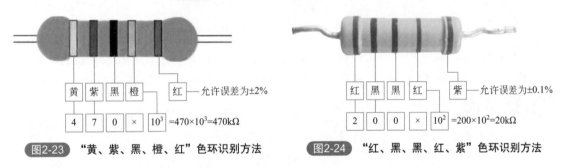

图2-23　"黄、紫、黑、橙、红"色环识别方法

图2-24　"红、黑、黑、红、紫"色环识别方法

① 若电阻器的一端为金色或银色环（表示误差等级），则表明色环电阻器的另一端色环为第一道色环，如图 2-25 所示。

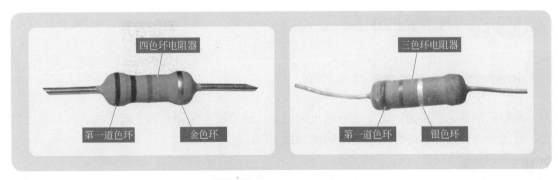

图2-25　金色或银色环的识别

② 若电阻器两端的两道色环距引脚远近不同，则距引脚最近的为第一道色环，另一端为最后一道色环，如图 2-26 所示。

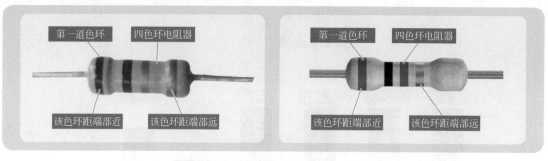

图2-26 两道色环距引脚远近不同的识别

③ 在多色环电阻器上，若两端色环颜色相同时，第一道色环与第二道色环之间的距离应比第四道与第五道色环间距离近一些，如图 2-27 所示。

④ 若无法确认多色环电阻器的哪一端色环为第一道时，可对该电阻器进行测量。根据实测的阻值与色环进行对照。其中首先要确定被测电阻器的倍率。

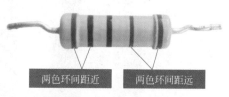

图2-27 两端色环相同的识别

专家提示

表示误差等级的色环只有棕色色环最容易与表示阻值的色环相混淆，如：五色环电阻器的两端都是棕色环，此时，应看色环之间距离，两色环间距离较大的一端是表示误差等级的色环。

被测电阻器的实际阻值较大，则其中第四位表示倍率的色环所代表的数字较大；反之，被测电阻器的实际阻值较小时，则其中第四位表示倍率的色环所代表的数字较小。

专家提示

一些熔断电阻器上仅有一道色环，不同的颜色所代表的意义有所不同。如：白色环代表阻值为 1Ω，红色环代表阻值为 2.2Ω，黑色环代表阻值为 10Ω。

第三节 电阻器的识别

一、碳膜电阻器的识别

如何认识常用电阻器

碳膜电阻器是在高温、真空下分离出来的晶体碳墨镀在陶瓷基体上而形成。其外表土黄色，有光泽。其外形和电路图形符号如图 2-28 所示。

专家提示

碳膜电阻器具有温度和电压稳定性好、制造成本低、高频特性好、精度高等特点，在一般电子产品中广泛应用。

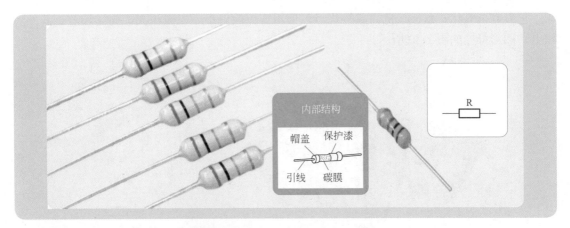

图2-28 碳膜电阻器的外形和电路图形符号

二、金属膜电阻器的识别

金属膜电阻器是以特种金属或合金作电阻器材料，采用高温真空镀膜技术，在真空中加热合金，合金蒸发，在陶瓷或玻璃基体上形成电阻器膜层的电阻器。可以通过刻槽和改变金属膜厚度来控制阻值。常见的金属膜电阻器有插脚式和贴片式，其中，贴片式金属膜电阻器以晶圆电阻器较常见，晶圆电阻器结合了插脚式和贴片式的优点，并且体积小，可以实现小尺寸上的较大功率。其外表常为深蓝色，具有一定光泽，多采用五道色环表示其标称阻值和允许误差。其外形、结构和电路图形符号如图2-29所示。

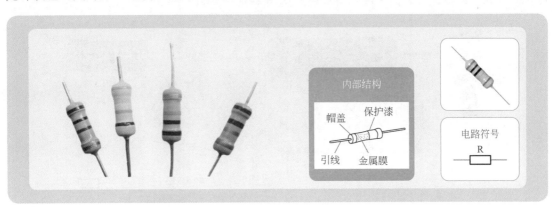

图2-29 金属膜电阻器的外形、结构和电路图形符号

专家提示

金属膜电阻器与碳膜电阻器相比，金属膜电阻器体积小，噪声低，温度系数和电压系数也较好，但成本较高。金属膜电阻器在相同阻值和功率条件下，体积比碳膜电阻器小得多。

三、金属氧化膜电阻器的识别

金属氧化膜电阻器是将锡和锑的金属盐溶液在高温状态下喷涂在旋转的陶瓷基体上而制

成。它具有抗氧化、耐酸、抗高温等优点，但阻值一般偏小且表面积大、光泽较差。其外形和电路图形符号如图2-30所示。

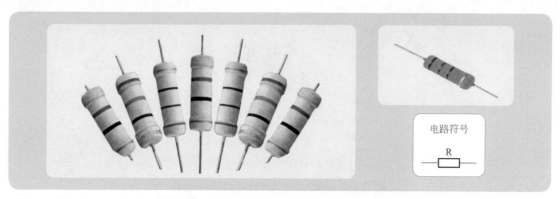

图2-30 金属氧化膜电阻器的外形和电路图形符号

专家提示

电阻器的主要作用是限流降压和分流分压。

四、玻璃釉电阻器的识别

玻璃釉电阻器是在陶瓷骨架上涂一层银、铑等金属氧化物和玻璃釉黏合剂的混合物，再进行高温烧结而成。其外形和电路图形符号如图2-31所示。

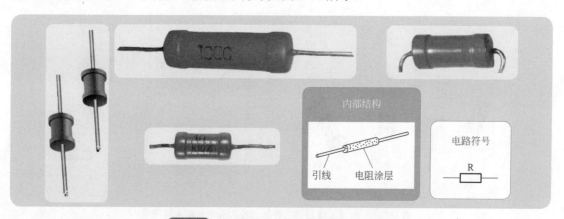

图2-31 玻璃釉电阻器的外形和电路图形符号

专家提示

玻璃釉电阻器的特点是耐湿、稳定、耐高温等。通常采用直标法标注阻值。

五、合成碳膜电阻器的识别

合成碳膜电阻器是将炭黑、填料和有机黏合剂或银、铑、钌等金属氧化物和玻璃釉黏合剂调配成悬浮浆料喷涂在陶瓷基体上，经高温熔合而成。它具有耐高温、耐潮湿、噪声小、阻值范围大等特点。其外形、结构和电路图形符号如图2-32所示。

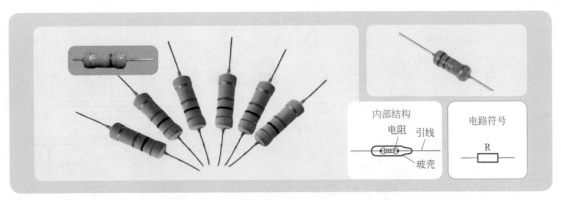

图2-32 合成碳膜电阻器的外形、结构和电路图形符号

专家提示

通常采用色环标注法标注阻值。

六、熔断电阻器的识别

熔断电阻器也叫保险电阻器，可分为不可复式和可复式两种。不可复式是一次性元件，外形和普通电阻器相似，它有绕线型、金属膜型、金属氧化膜型和化学沉积膜型，当过流时会自动断开，对电路具有保护作用。而可复式熔断电阻器在过流开路，等待电流消失又可恢复如常，其阻值通常用色环标注。其外形、结构和电路图形符号如图 2-33 所示。

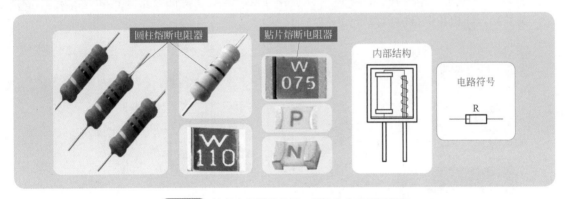

图2-33 熔断电阻器的外形、结构和电路图形符号

专家提示

熔断电阻器大多用于电路的限流。外表大多为灰色，用色环表示其标称阻值和允许误差。而采用贴式的熔断电阻器有单个的也有集成的。

七、水泥电阻器的识别

水泥电阻器是将康铜、锰铜、镍铬合金电阻丝绕制在绝缘骨架上，且两端和引线压接在一起，放置在白色陶瓷框架内，用水泥矿质材料灌封而制成。在电路中，大功率电阻器多选用水泥电阻器。当负载短路时，水泥电阻器中的电阻丝与引脚焊接处会迅速脱焊，对电路有保护作用。其外形、结构和电路图形符号如图2-34所示。

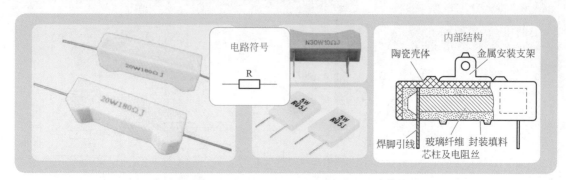

图2-34 水泥电阻器的外形、结构和电路图形符号

👆 **专家提示**

　　当负载短路时，水泥电阻器的压接处可迅速熔断，起到限流保护作用。该电阻器阻值偏小，但额定功率较大。参数常采用直标法。

八、绕线电阻器的识别

　　绕线电阻器是将康铜、锰铜、镍铜合金的电阻丝缠绕在绝缘瓷质基体上，两端引出线压制在引脚或支架上，外层涂抹玻璃釉而成。其阻值范围较大，并具有温度系数小、耐高温、负荷能力大（最高可达500W）、噪声系数小等特点，但频率特性较差。其参数常采用直标法，其外形、结构和电路图形符号如图2-35所示。

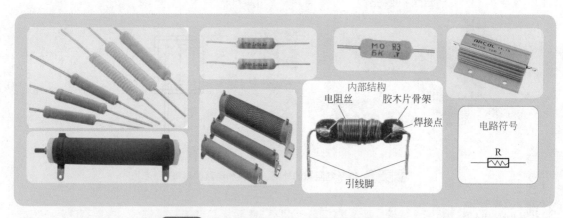

图2-35 绕线电阻器的外形、结构和电路图形符号

九、集成电阻器的识别

　　集成电阻器也称为排电阻器，简称排阻。常见有直插封装式（SIP）和表面贴装式（SMD）。它是将多只类型和参数相同的电阻器按照一定规律集成的组合型电阻器。

　　1. 直插封装式（SIP）

　　直插封装式（SIP）将每只电阻器的一端并接在一起，其他引脚和公共引脚引出，用字母"RN"表示。直插封装式（SIP）集成电阻器的外形和电路图形符号如图2-36所示。

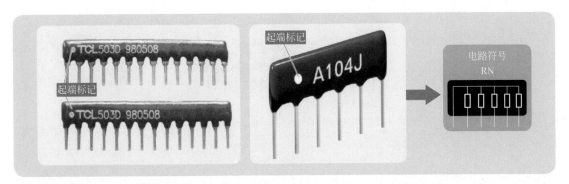

图2-36　直插封装式（SIP）集成电阻器的外形和电路图形符号

直插封装式（SIP）的内部电路可以从型号上的第一个字母得知，据线路设计不同，可分为A、B、C、D、E、F等，型号的第一个字母代表的电路形式如表2-6所示。

表2-6　直插封装式电阻器型号的第一个字母代表的电路形式

代号	等效电路	代号	等效电路
A	R_1 R_2 … R_n 1　2　3　　　　n+1 $R_1 = R_2 = \cdots = R_n$	B	R_1 R_2 … R_n 1　2　3　　　　2n $R_1 = R_2 = \cdots = R_n$
C	R_1 R_2 R_n 1　2　　n　n+1 $R_1 = R_2 = \cdots = R_n$	D	R_1 … R_1 … R_{n-1} R_n 1　2　　　　n　2n $R_1 = R_2 = \cdots = R_n$
E	R_1 R_1 R_1 R_2 R_2 R_2 1 2 3 4 5　n-1 n $R_1 = R_2$ 或 $R_1 \neq R_2$	F	R_1 R_1 R_1 R_2 R_2 R_2 1　2　3　n-1 n $R_1 = R_2$ 或 $R_1 \neq R_2$

2. 表面贴装式（SMD）

表面贴装式（SMD）的每只电阻器的两只引脚分别引出。集成电阻器多采用直标法，用字母"RN"表示。常见的表面贴装式（SMD）有8P4R（8脚4电阻器）、10P8R（10脚8电阻器），其中，10P8R可分为T型和L型。表面贴装式（SMD）集成电阻器的外形和电路图形符号如图2-37所示。常见的表面贴装式（SMD）的内部电路如图2-38所示。

图2-37　表面贴装式（SMD）集成电阻器的外形和电路图形符号

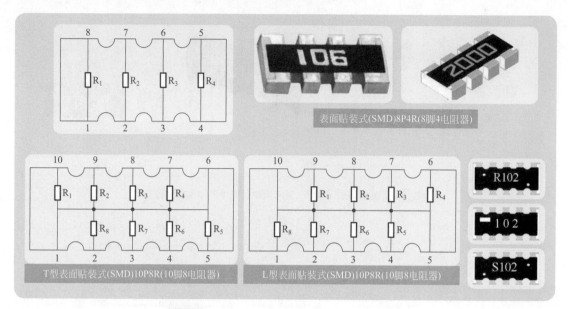

图2-38 常见的表面贴装式（SMD）的内部电路

十、贴片电阻器的识别

随着电路集成化的提高，电阻器开始超小型化生产，采用表面贴装方式直接焊接在电路板上的电阻器称为贴片电阻器。贴片电阻器常见有圆柱形和矩形。圆柱形电阻器的功率一般为 0.125 ～ 0.25W，矩形电阻器的功率一般为 0.0315 ～ 0.125W。贴片电阻器的外形和电路图形符号如图 2-39 所示。

图2-39 贴片电阻器的外形和电路图形符号

十一、微调电阻器的识别

微调电阻器常用在阻值不需经常调整的电路板中。只有电气设备工作发生异常时，才会对其检测调整。它主要用于生产时需要在路调整阻值的电路中。该电阻器由定片和动片组成，通过调节动片的空间位置，可以改变电阻器值的大小。微调电阻器可分为立式和卧式。其外形、结构和电路图形符号如图 2-40 所示。

专家提示

有些精密微调电阻器则采用合金电阻丝绕制而成，性能稳定，调整精度高。

图2-40 微调电位器的外形、结构和电路图形符号

十二、贴片微调电阻器的识别

贴片微调电阻器是一种阻值可以调节的元件，因体积较小而不带转轴，但有调整部位。贴片微调电阻器可分为立式和卧式两种。常见贴片微调电阻器的功率一般为 0.1 ～ 0.25W，其阻值的标注一般用直标法，主要用在通信与家用电器的音量和音调的调节电路。贴片微调电阻器的外形和电路图形符号如图 2-41 所示。

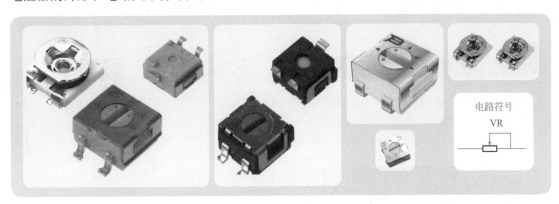

图2-41 贴片微调电阻器的外形和电路图形符号

要 诀

固定电阻器很重要，电路组成不可少；电阻器特征要记好，实践之时离不了；
碳膜电阻器啥外表，土黄色有光瞧一瞧；金属膜电阻器精度高，深蓝颜色是外表；
金属氧化膜阻值小，表面积较大光泽跑；合成膜电阻器耐湿潮，阻值范围大噪声小；
熔断电阻器真正好，断开电路电流消；水泥电阻器矿质表，绕线电阻器用直标；
集成电阻器排阻脚，外边常有几引脚；微调电阻器三个脚，阻值变化叫微调；
这些电阻器要知道，比较记忆较牢靠。

第四节　电阻器的检测维修、代换和选用

用数字万用表开路
测量色环电阻器　　用指针万用表开路
测量色环电阻器

一、电阻器的常见检测方法

1. 观察法

工作异常时，电阻器会因过流而出现变色、烧焦、发黑等现象，通过观察烧坏的电阻器外表即可判断故障的性质。另外，当电子设备中的电阻器发生烧焦故障时，会伴随有异味产生。

2. 在路检测法

通过观察法未发现电路中某些电阻器有异常时，可根据电路原理判断该电阻器有可能损坏时，此时可采用在路测量的方法，大致判断其是否正常。因周边电子元器件的影响，会造成在路测量结果小于其标称阻值。若实测结果大于其标称值，则表明该电阻器阻值已经增大或开路损坏，应予以更换。现以较常用的指针万用表和数字万用表的测量为例加以说明。

要　诀

电阻器阻值很重要，测量方法要记牢。首先估测要做到，选择量程不可少。

短接表笔回零跑，测量结果才有效。开路测量最有效，在路测量先脱帽。

阻值增大无穷哟，开路损坏把它抛。

二、用数字万用表在路检测色环电阻器

根据被测电阻器的标示，通过计算得出其标称阻值和误差范围为5.7kΩ±10%，如图2-42所示。

用数字万用表在路
测量色环电阻器

步骤1　选择万用表的"20k"挡，如图2-43所示。

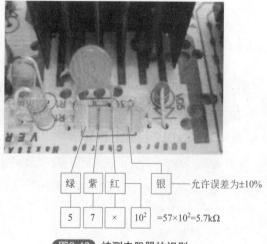

绿	紫	红		银 |——允许误差为±10%

| 5 | 7 | × | 10^2 | =57×10²=5.7kΩ |

图2-42　被测电阻器的识别

图2-43　挡位的选择

选择指针万用表的挡位时，应首先调零，即调整调零电位器，使指针与"0"刻线重合。在测量中每次变化挡位都必须重新调零。

步骤2　将红、黑表笔分别搭在电阻器的两只引脚上，此时万用表显示为5.8kΩ，即正常，如图2-44所示。

被测色环电阻器

显示阻值为5.8kΩ

图2-44　电阻器的测量

由于电阻器没有极性，测量时表笔不分正负。

步骤3　交换黑、红表笔再次测量，此时万用表显示为5.7kΩ，即正常，如图2-45所示。

被测色环电阻器

显示阻值为5.7kΩ

图2-45　电阻器的再次测量

步骤4　对比两次测量结果，取上述测量中的最大数值5.8kΩ，与被测电阻器的标称值相比较。若最大显示值5.8kΩ与标称值5.7kΩ接近，则表明电阻器正常。

总结：若显示值比被测电阻器值大得多，则表明该电阻器损坏；若被测电阻器值过小，则表明该电阻器由于电路原因而导致测量时阻值变小，应采用开路法进行测量。

选择数字万用表的量程时，先将欧姆挡位调整到最低挡，若万用表显示"1."或".OL"，则表明选择的挡位太小，应提高一个挡位，直到有阻值显示为止。若测量一只电阻器时开始选择的挡位是200Ω，此时万用表显示"1."或".OL"（表示挡位较低），应提高一个挡位（即2kΩ），此时万用表仍显示"1."或".OL"（表示挡位较低），应再提高一个挡位（即20kΩ），此时万用表仍显示15，表明被测电阻器的阻值为15kΩ。

电阻器阻值很重要，测量办法要记牢，测前准备做得好，标称阻值计算好，选择量程不可少，电阻器两端表笔到，屏幕显示才有效，1.为断路不需要，00.0短路也可抛，看你知道不知道。

三、用指针万用表在路检测色环电阻器

用指针万用表在路测量
色环电阻器

由被测电阻器的标示，通过计算得出被测电阻器的标称阻值和误差范围为 5.7kΩ±10%，如图 2-46 所示。

步骤 1　选择万用表的"×1k"挡，并调零，如图 2-47 所示。

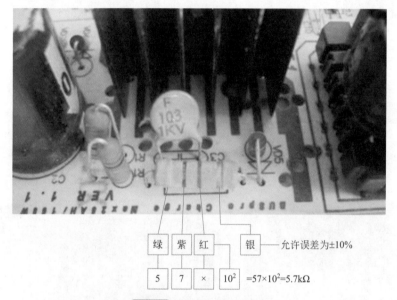

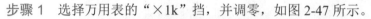

绿	紫	红		银	——允许误差为±10%
5	7	×	10^2		$=57×10^2=5.7$kΩ

图2-46　被测电阻器的识别

图2-47　选择万用表的"×1k"挡，并调零

专家指导：使用指针万用表的欧姆挡测量阻值时，表针应停在中间或附近（即欧姆挡刻度在 5 ～ 40 附近），测量结果比较准确，如图 2-48 所示。

步骤 2　将黑、红表笔分别搭在被测电阻器的两只引脚上，此时万用表显示为 5.8kΩ，即正常，如图 2-49 所示。

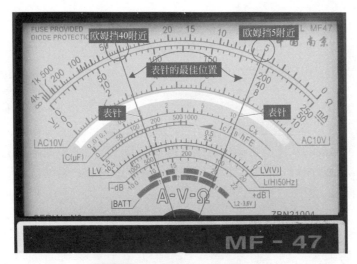

图2-48　万用表指针应该停留的位置

图2-49　被测电阻器的测量

专家提示

　　在路测量电阻器时，电路的内阻与被测电阻器相并联，测得的阻值将会减小，故在路测量的电阻值只作参考。

　　步骤3　对调黑、红表笔再次测量，此时万用表显示为5.7kΩ，即正常，如图2-50所示。

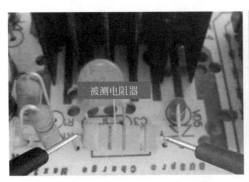 

图2-50　被测电阻器的再次测量

专家提示

用指针万用表测得的阻值为表盘的指针指示数乘以电阻挡位,即被测电阻值＝刻度示值 × 挡位数。如选择的挡位是"×1k"挡,表针指示为 20,则被测阻值为 20×1kΩ=20kΩ。

步骤 4　比较两次测量的阻值,取最大的作参考值,即 5.8kΩ 与标称阻值 5.7kΩ 比较,由于5.8kΩ 与 5.7kΩ 接近,则可判定该电阻器正常,若要求测量结果较为准确,可进行开路测量。

总结:如果电阻器的实测值比标称阻值大得多,此时应检查表笔与被测电阻器引脚的接触情况,如果确认接触良好,则表明被测电阻器已变质或开路。若两次测量被测电阻器的实测值均远小于标称值,也可对其进行开路测量。

要诀

电阻器阻值很重要,测量办法要记牢。首先估测要做到,选择量程不可少。
短接表笔回零跑,测量结果才有效。开路测量最有效,在路测量先脱帽。
阻值增大无穷哟,开路损坏把它抛。

专家提示

用万用表检测过程中,若手指接触被测电阻器的两只引脚上,相当于人体电阻与被测电阻器相并联,测量阻值将变小,从而影响测量精度。

四、熔断电阻器的开路检测

用指针万用表测量
熔断电阻值

在电路中,若发现熔断电阻器表面发黑或烧焦(有时伴有焦味),可直接判定熔断电阻器已被烧毁。若熔断电阻器得表面没有任何痕迹,可通过测量来判定其是否正常。

被测熔断电阻器的色环为"蓝、黑、黑、金、银",其标称阻值为 60Ω,误差等级为 ±10%,如图 2-51 所示。

检测依据　正常情况下,熔断电阻器的阻值较小,一般在几欧到几十欧,功率一般为 1/8 ~ 1W。

步骤 1　由于被测电阻器的较小,应选择"200Ω"挡,如图 2-52 所示。

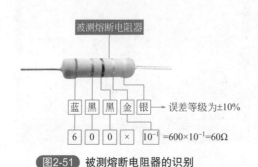

图2-51　被测熔断电阻器的识别

图2-52　选择万用表的"200Ω"挡

步骤2　将红、黑表笔分别搭在被测电阻器的两只引脚上，此时万用表显示为60.4Ω，即正常，如图2-53所示。

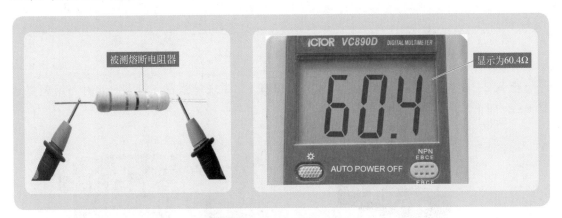

图2-53　被测熔断电阻器的测量

总结：若所测阻值与标称阻值相同或相近，则表明被测熔断电阻器良好；若所测阻值高达几百欧或无穷大，则表明被测熔断电阻器已经损坏。

> **专家提示**
>
> 选择的数字万用表的量程尽量与被测电阻器的标称阻值接近，只有选择量程与被测电阻器的标称阻值尽可能相对应，才能保证测量的准确性。若被测电阻器的标称阻值为100Ω，应选择与其最接近的量程欧姆挡的200Ω；若被测电阻器的标称阻值为1kΩ挡，应选择与其最接近的量程欧姆挡的2kΩ挡。

五、排电阻器的开路检测

被测排电阻器有5只引脚，其标准阻值标示为10^4，即$10×10^4Ω=100kΩ$，如图2-54所示。

检测依据　用万用表分别检测排电阻器的公共引脚与其他引脚间的阻值，正常情况下检测结果应均相同或相近。

步骤1　选择数字万用表的"200kΩ"挡，如图2-55所示。

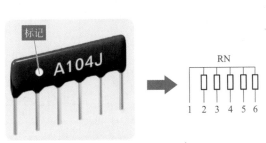

集成电阻器的标称阻值为：$10×10^4Ω=100kΩ$

图2-54　排电阻器的识读

图2-55　选择数字万用表的"200kΩ"挡

专家提示

　　选择万用表挡位时，尽量将挡位与电阻器的标称阻值相近，才能保证测量的准确性。本次被测标称为100kΩ，挡位上最接近的挡位就是"200kΩ"挡，故应选择"200kΩ"挡。再如，被测电阻器的标称阻值为1.5kΩ，故选择"2kΩ"挡。

　　步骤2　将红表笔搭在排电阻器的公共引脚1，黑表笔搭在2脚上，此时万用表显示100kΩ，即正常，如图2-56所示。

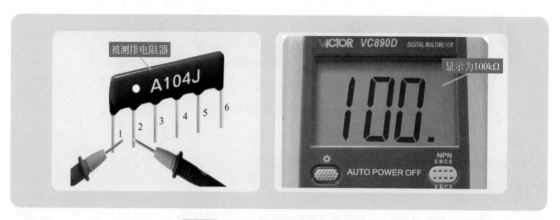

图2-56　公共引脚1与2脚之间阻值的测量

　　步骤3　将红表笔搭在排电阻器的公共引脚1，黑表笔搭在3脚上，此时万用表显示99kΩ，即正常，如图2-57所示。

图2-57　公共引脚1与3脚之间阻值的测量

　　步骤4　将红表笔搭在排电阻器的公共引脚1，黑表笔搭在4脚上，此时万用表显示100kΩ，即正常，如图2-58所示。

　　步骤5　将红表笔搭在排电阻器的公共引脚1，黑表笔搭在5脚上，此时万用表显示99kΩ，即正常，如图2-59所示。

　　步骤6　将红表笔搭在排电阻器的公共引脚1，黑表笔搭在6脚上，此时万用表显示100kΩ，即正常，如图2-60所示。

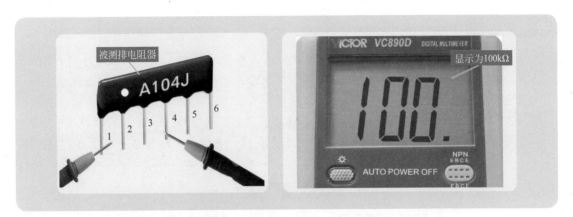

图2-58 公共引脚1与4脚之间阻值的测量

图2-59 公共引脚1与5脚之间阻值的测量

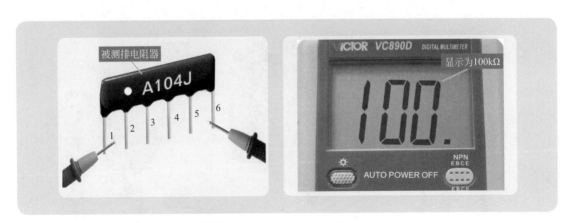

图2-60 公共引脚1与6脚之间阻值的测量

　　总结：上述检测中，若所测排电阻器的公共引脚与其他各脚的阻值都相同或相近，则表明被测排电阻器性能良好；若所测某一只引脚与其他引脚的阻值相差较大，则表明被测排电阻器损坏。

专家提示

　　选择数字万用表的量程时，先将欧姆挡位调整到最低挡，若万用表显示"1."或".OL"，则表明选择的挡位太小，应提高一个挡位，直到有阻值显示为止。若测量一只电阻器时开始选择的挡位是200Ω，此时万用表显示"1."或".OL"（表示挡位较低），应提高一个挡位（即2kΩ），此时万用表仍显示"1."或".OL"（表示挡位较低），应再提高一个挡位（即20kΩ），此时万用表仍显示15，表明被测电阻器的阻值为15kΩ。

要诀

排电阻器用得常，各脚与公共端的阻值都一样。
各脚与公共端阻值都一样，阻值大小在壳上。
测量之时用心量，各脚与公共端阻值不一样。
排电阻器损坏没商量，交与孩儿去收藏。

六、微调电阻器引脚功能的判断

　　对于片式微调电阻器，其3个引脚中间的为动片引脚，余下的两个为定片引脚，如图2-61（a）所示。

　　对于方形微调电阻器，其3个引脚中间的为动片引脚，余下的两个为定片引脚，如图2-61（b）所示。

　　对于立式圆形柱形微调电阻器，其引脚在下边，在3个引脚中，有2个引脚呈一字形排列，则表明这两个为定片引脚，另外一个为动片引脚，如图2-61（c）所示。

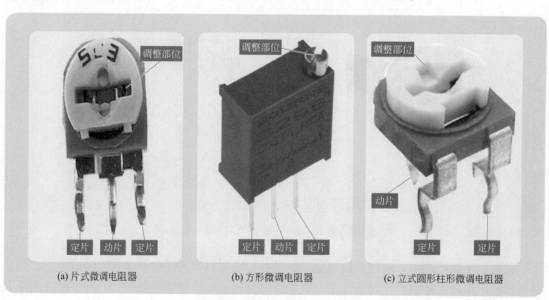

(a) 片式微调电阻器　　　　(b) 方形微调电阻器　　　　(c) 立式圆形柱形微调电阻器

图2-61　微调电阻器的引脚功能

七、微调电阻器引脚功能的测量

对于一些引脚没有规律的微调电阻器，可用测量的方法来确定。被测微调电阻器的外形如图 2-62 所示。

检测依据　微调电阻器两定片引脚间的阻值为标准阻值；调节电位器的旋钮时，定片与动片间的阻值会发生变化。

步骤 1　选择万用表的"200kΩ"挡，如图 2-63 所示。

图2-62　被测微调电阻器的外形　　图2-63　选择万用表的"200kΩ"挡

步骤 2　将黑、红表笔分别搭在电位器的任意两个引脚，并转动微调电阻器的调整部位，若万用表显示 100kΩ，则表明被测的两只引脚为微调电阻器的定片引脚，另一只引脚为动片引脚，如图 2-64 所示。

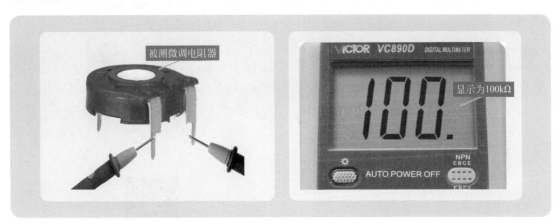

图2-64　微调电阻器的定片和动片引脚的确定

步骤 3　上述检测中，若万用表显示一定数值，则表明没搭表笔引脚为定片，被测的两只引脚为定片和动片，要判定具体引脚功能，应进一步检测。

步骤 4　将一只表笔搭在定片上，另一只表笔搭在任一只待定引脚上。转动微调电阻器的调整部位，若万用表显示一定数值，则表明待定脚为定片，如图 2-65 所示。

步骤 5　上述检测中，若转动微调电阻器的调整部位时，万用表显示 100kΩ，则表明待定脚为动片引脚，如图 2-66 所示。

被测微调电阻器

显示为10kΩ

图2-65 微调电阻器的定片引脚的确定

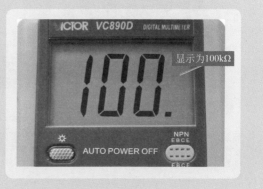

被测微调电阻器

定片引脚

显示为100kΩ

图2-66 微调电阻器的定片和动片引脚的确定

专家提示

　　在路测量微调电阻器时，应考虑周围元件的影响，根据检测结果即可判断其是否正常。若两定片之间的阻值接近0或无穷大，则表明被测微调电阻器已经损坏；正常情况下，定片与定片之间的阻值应小于标称阻值；若定片与定片之间的最大阻值与最小阻值十分接近，则表明被测微调电阻器已失去调整功能。

八、微调电阻器的检测

　　被测微调电阻器的外形和识读如图 2-67 所示。

在路测量微调电阻器的方法

　　检测依据 微调电阻器的两定片之间的阻值应接近或等于标称阻值；转动转轴测量动片与定片间的最大阻值应接近或等于标称的阻值，最小值应为 0 或接近 0。转动微调电阻器的调整部位，通过测量动片与定片间的阻值，就可以确定微调电阻器的性能。

　　步骤 1　挡位选择和调零。选择万用表的"×1k"挡，并调零，如图 2-68 所示。

　　步骤 2　检测两定片之间的阻值。将黑、红表笔分别搭在两只定片脚上，此时万用表显示为 50kΩ，如图 2-69 所示。

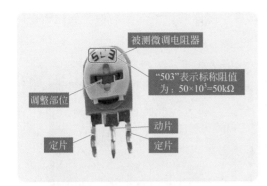

图2-67 被测微调电阻器的外形和识读

图2-68 选择万用表的"×1k"挡，并调零

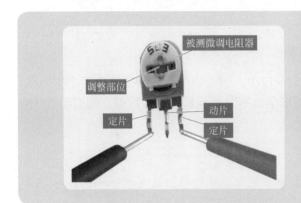

图2-69 检测两定片之间的阻值

步骤3 检测定片与动片之间的阻值。将黑、红表笔分别搭在一只定片和动片上，转动微调电阻器的调整部位，以检测微调电阻器的最大阻值51kΩ，如图2-70所示。

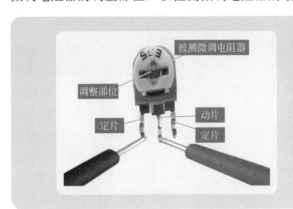

图2-70 检测定片与动片之间的阻值

🖑 **专家提示**

　　用指针万用表测得的阻值为表盘的指针指示数乘以电阻挡位，即被测电阻值＝刻度示值×挡位数。如选择的挡位是"×1k"挡，表针指示为20，则被测阻值为20×1kΩ=20kΩ。

步骤 4　检测微调电阻器的最小阻值。转动微调电阻器的调整部位，检测到微调电阻器的最小阻值接近 0，如图 2-71 所示。

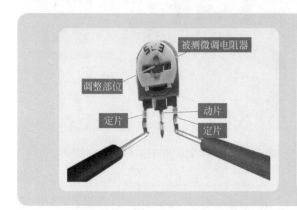

图2-71　检测微调电阻器的最小阻值

总结：若微调电阻器两定片间的阻值过大或过小，则表明微调电阻器的电阻器体损坏；若最大电阻器为 0，则表明该电位器短路；若最小值不为 0 且显示一定数值，则表明微调电阻器断路或存在漏电现象。

专家提示

　　微调电阻器的阻值是可以调整的，其主要参数有最小阻值、最大阻值和可变阻值，最小阻值、最大阻值是将调整部位（即旋钮）现在的极端时的阻值。最大值与标称阻值十分接近，最小阻值一般为 0，有时不为 0。微调电阻器的阻值可在最小值和最大值之间通过调整旋钮进行变化。

九、固定电阻器的代换和选用

　　由于固定电阻器的标称阻值、额定功率和电阻器的体积有较大差异，不同的工作环境对所使用的固定电阻器的参数和类型要求也不相同。例如：普通土黄色碳膜电阻器适合在 70℃ 以下温度环境下工作，超过 70℃ 就易变色烧毁，并且其额定功率通常小于 2W；而蓝色金属膜电阻器温度系数小，稳定性好，阻值精度高，噪声小，并且在温度高达 125℃ 以下仍能长期工作。金属氧化膜电阻器耐压、耐温性能好，可替换相同参数的金属膜电阻器。固定电阻器代换原则如下：

　　① 固定电阻器损坏后，可使用相同阻值、额定功率、材质、类型的电阻器进行更换。例如：工作在高压环境中具有一定体积和颜色的电阻器损坏后，原则上应使用相同体积和颜色特征的电阻器进行更换。五色环的精密金属膜电阻器原则上应使用相同类型的电阻器进行更换。从电路板上可观察到，各种不同颜色的五色环精密电阻器在电路板中所处的位置具有一定的规律；在高压环境中使用同一类颜色的电阻器，例如：粉红色或灰色电阻器，高压检测对地分压电阻器常使用浅蓝色电阻器。而有些对设备安全有重要要求的电路则使用深蓝色的金属膜电阻器，另外有些电路则使用淡绿色、深绿色五色环固定电阻器，在普通电路中，为了降低生产成本，也常使用廉价的四色环土黄色碳膜电阻器。

　　② 当普通四色环土黄色碳膜电阻器损坏后，若找不到相同阻值和额定功率的碳膜电阻

器更换时，也可以使用多只碳膜或金属膜电阻器串并联的方法获得，但在电路中起限流作用的电阻器不可以任意加大其额定功率或变更标称阻值。

③ 在电路中，额定功率较大的固定电阻器不能使用额定功率偏小的电阻器进行代换，否则该电阻器极易损坏。如果找不到具有相同额定功率的电阻器进行代换，则可以使用同类型的多只同类电阻器串并联方法获得。

专家提示

在电路中除起限流作用的电阻器外，其他固定电阻器均可以使用额定功率大的代换额定功率小的。

④ 频率特性好的碳膜电阻器和金属膜电阻器损坏后则不能使用频率特性差的合成碳膜或绕线电阻器进行代换。

⑤ 贴片固定电阻器损坏后，也可以使用蓝色精密金属膜色环电阻器进行代换，集成电阻器中个别电阻器开路后，也可以使用具有相同阻值的五色环金属膜或金属氧化膜色环电阻器，以焊在外部的方法进行修复。

十、熔断电阻器的代换和选用

熔断电阻器损坏后，若无同型号熔断电阻器更换，也可以用与其主要参数相同的其他型号熔断电阻器代换或用电阻器与熔断器串联后代用。

用电阻器与熔断器串联来代换熔断电阻器时，电阻器的阻值应与损坏熔断电阻器的阻值和功率相同，而熔断器的额定的电流 I 可根据以下的公式计算得出：

$$I=0.6P/R$$

式中，P 为原熔断电阻器的额定功率；R 为原熔断电阻器的电阻值。

对电阻值较小的熔断电阻器，也可以用熔断器直接代用。熔断器的额定电流值也可以根据上述的计算公式计算出。

十一、水泥电阻器的代换和选用

水泥电阻器损坏后，应以更换同型号水泥电阻器为原则，若无同型号水泥电阻器更换，也可以用与其标称阻值相同或相近的其他水泥电阻器，其阻值差别越小越好，且更换的水泥电阻器的功率应符合电路对功率的要求。

十二、微调电阻器的代换和选用

微调电阻器的代换应以相同标称阻值、额定功率、材质、类型和外形等结构，以及安装方便进行代换为原则，具体到微调电阻器和电位器又各有其不同的修复和代换方法，具体措施如下：

微调电阻器的修复和代换步骤如下：

① 电路板中的微调电阻器损坏后，应观察损坏的微调电阻器是否有人调整过，若没有调整，则应记住调节帽的指向位置，以判断动片与两侧定片之间的电阻器值比例。

② 若有相同规格新的微调电阻器，在测量其值正常时，应将调节帽调整到与被更换微调电阻器的调节帽指向位置相同。将其更换后，根据电子设备的表现或测量电路板中被调整

处电压再仔细调整即可排除故。

③ 在实际检修中，可能遇到没有规格相同或相近的微调电阻器进行更换，可采用应急修复措施。具体方法是：若故障微调电阻器只存在接触不良的故障时，在记住动片原始位置的情况下，往微调电阻器上滴一滴纯酒精，并用改锥慢慢调整微调电阻器的调节帽，并使其来回转动后停在原来位置，待酒精蒸发后，通电观察故障能否排除，若故障排除，可继续使用。

④ 若遇到微调电阻器的两定片之间实际阻值远大于其标称阻值，而又没有规格相同或相似的配件更换时，通过观察调节帽的指向，判断动片与两定片之间的阻值比例。

专家提示

对于在路阻值可调范围较大的微调电阻器，可用两只固定电阻器串联，阻值选择以观察到故障微调电阻器动片与两定片之间阻值为标准，并将串联电阻器的连接处焊接在拆掉后故障微调电阻器的动片焊点处，串联电阻器的另外两只引线焊接在两定片位置焊点处，通电试机，观察故障能否排除。

⑤ 对于仅调整电路的直流电压而不参与交流信号通过的微调电阻器，也可用标称阻值相同而规格差别较大的微调电阻器或电位器外接连接线的方法应急修复，故障排除后，应将连线和可调电阻器固定好。

专家提示

对于参与交流信号的微调电阻器应采用屏蔽线进行连接，以减少影响或干扰。

⑥ 对定片与动片接触不良而又使用酒精清洁却无法修复的微调电阻器，也可将两定片对换位置安装，而动片引脚可外接连线方法应急修理，使动片触点与动片的接触点改变位置。

第三章
敏感电阻器

第一节 热敏电阻器

一、热敏电阻器的识别

对温度变化极为敏感的电阻器产品，当环境温度变化时，热敏电阻器的阻值变化较大且基本上呈现与温度成线性比的关系，因此可以通过测量阻值的变化以完成对温度的检测。热敏电阻器有 NTC 和 PTC 两类。

热敏电阻器的特点是灵敏度高、工作温度范围宽、体积小、使用方便、稳定性好等。

正温度系数热敏电阻器（简称 PTC）随着环境温度的升高而电阻器阻值变大，随着环境温度的降低而电阻器阻值降低。在常温下，热敏电阻器表现为低阻抗，常见有 12Ω、15Ω、18Ω、20Ω、27Ω、36Ω、40Ω 等规格。正温度系数热敏电阻器用"MZ"表示。正温度系数热敏电阻器的外形、结构和电路符号如图 3-1 所示。

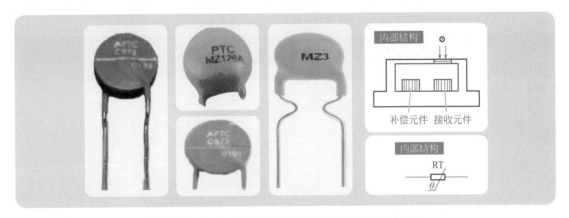

图3-1 正温度系数热敏电阻器的外形、结构和电路符号

负温度系数热敏电阻器（简称 NTC）随着环境温度的增高而电阻器阻值变小，随着环境温度的降低而电阻器阻值变大。负温度系数热敏电阻器用"MF"表示。负温度系数热敏电阻器的外形、结构和电路符号如图 3-2 所示。

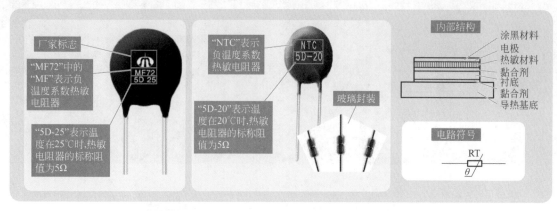

图3-2 负温度系数热敏电阻器的外形、结构和电路符号

二、热敏电阻器的型号

热敏电阻器的型号由四部分组成,第一部分用字母表示主称,第二部分用字母表示类型,第三部分用数字表示用途或特征,第四部分用字母、数字表示序号,如图 3-3 所示。

图3-3 热敏电阻器的型号

正温度系数热敏电阻器型号的含义如表 3-1 所示。

表 3-1 正温度系数热敏电阻器型号的含义

第一部分		第二部分		第三部分		第四部分
主称		类型		用途或特征		序号
符号	意义	符号	意义	数字	意义	
M	热敏电阻器	Z	正温度系数热敏电阻器	0	特殊用	用数字或字母或用数字与字母混合表示同类产品中的不同品种,以区分产品的外形尺寸和性能指标
				1	普通用	
				2	限流和稳压用	
				3	延迟用	
				4	延迟或旁热式	
				5	测温用	
				6	控温用	
				7	消磁或抑制浪涌电流	
				8	线性	
				9	恒温	

负温度系数热敏电阻器型号的含义如表 3-2 所示。

表 3-2　负温度系数热敏电阻器型号的含义

第一部分		第二部分		第三部分		第四部分
主称		类型		用途或特征		序号
符号	意义	符号	意义	数字	意义	
M	热敏电阻器	F	负温度系数热敏电阻器	0	特殊	用数字或字母或用数字与字母混合表示同类产品中的不同品种，以区分产品的外形尺寸和性能指标
				1	普通用	
				2	限流和稳压用	
				3	微波测量用	
				4	旁热式	
				5	测温用	
				6	控温用	
				7	消磁或抑制浪涌电流	
				8	线性	
				9		

典例 1：正温度系数热敏电阻器型号的含义如图 3-4 所示。

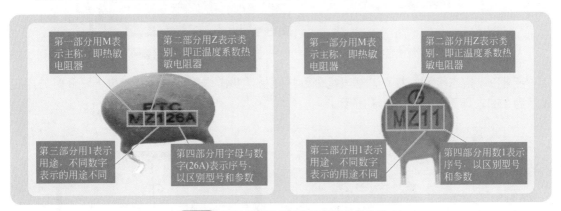

图3-4　正温度系数热敏电阻器型号的含义

典例 2：负温度系数热敏电阻器型号的含义如图 3-5 所示。

图3-5　负温度系数热敏电阻器型号的含义

三、热敏电阻器的故障类型

由于热敏电阻器采用半导体材料制成，而半导体材料因过流而温度过高时，会出现击穿、开路、敏感性能下降或丧失等故障。因此热敏电阻器主要有开路、短路、热敏性能下降或丧失等故障。

用指针万用表开路
测量负温度系数
热敏电阻器

四、用指针万用表检测正温度系数热敏电阻器

被测热敏电阻器的标示为 16R，表示标称阻值为 16Ω，如图 3-6 所示。

检测依据 正温度系数热敏电阻器的阻值随着温度的升高而增大。通过常态、热态和冷态下的检测阻值可判断被测热敏电阻器是否正常。

步骤 1　选择数字万用表的"×1"挡，如图 3-7 所示。

"16R"中的"16"表示标称
阻值为16Ω，"R"表示电阻

图3-6　被测热敏电阻器的识读

短接表笔

"×1"挡

图3-7　选择数字万用表的"×1"挡

步骤 2　常态检测。将黑、红表笔分别搭在被测热敏电阻器的两只引脚上，此时万用表显示为 15Ω，即正常，如图 3-8 所示。

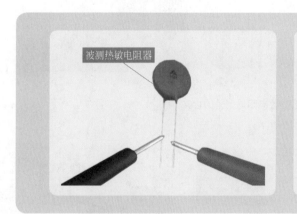

被测热敏电阻器

表针

显示15Ω

选择"×1"

图3-8　被测热敏电阻器常态下的测量

专家指导：使用指针万用表的欧姆挡测量阻值时，表针应停在中间或附近（即欧姆挡刻度 5 ～ 40 附近），测量结果比较准确。

步骤 3　热态检测。将烧热的电烙铁接近被测热敏电阻器，以使其温度升高，此时万用表显示阻值由 15Ω 变为 20Ω，即正常，如图 3-9 所示。

专家提示

　　用指针万用表测得的阻值为表盘的指针指示数乘以电阻挡位，即被测电阻值＝刻度示值 × 挡位数。如选择的挡位是"×1k"挡，表针指示为 20，则被测阻值为 20×1kΩ=20kΩ。

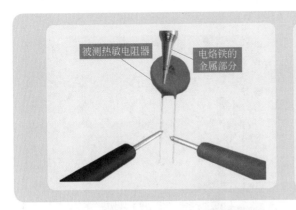

被测热敏电阻器　电烙铁的金属部分

表针

显示20Ω　　　选择"×1"

图3-9　热敏电阻器热态下的测量

步骤4　冷态检测。在被测热敏电阻器上浸一定量的酒精，以使其温度降低。此时万用表显示阻值由20Ω变为13Ω，即正常，如图3-10所示。

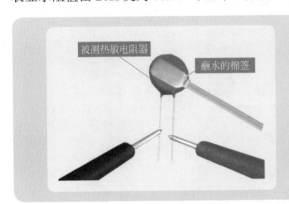

被测热敏电阻器　蘸水的棉签

表针

显示13Ω　　　选择"×1"

图3-10　热敏电阻器冷态下的测量

总结：在上述三种状态下，若阻值没有变化或变化较小，则表明被测热敏电阻器的性能不良，应予以更换。

专家提示

热敏电阻器的标称阻值是在25℃下测得的。在实际检测中，环境温度不一定正好是25℃，故产生误差是正常的。如一只热敏电阻器的标称阻值为20Ω，其误差等级为±20%，在室温下测得的阻值在16～24Ω之间，都表明热敏电阻器是正常的。

若热敏电阻器的外壳上没有标注阻值，可通过对其加热或降温的方法以检测阻值的变化情况，也可以判断被测热敏电阻器是否正常。

五、用数字万用表检测负温度系数热敏电阻器

被测热敏电阻器的标示为5D-11，表示在11℃的环境温度下，热敏电阻器的标称阻值为5Ω，如图3-11所示。

用数字万用表在路测量负温度系数热敏电阻器

检测依据　负温度系数热敏电阻器的阻值随着温度的升高而降低。通过常态、热态和冷态下的检测阻值可判断被测热敏电阻器是否正常。

步骤 1　选择数字万用表的"200Ω"挡，如图 3-12 所示。

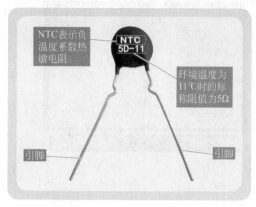

NTC 表示负温度系数热敏电阻

环境温度为 11℃时的标称阻值为 5Ω

引脚

引脚

图3-11　被测热敏电阻器的识读

200Ω挡

图3-12　选择数字万用表的"200Ω"挡

步骤 2　常态检测。将黑、红表笔分别搭在被测热敏电阻器的两只引脚上，此时万用表显示为"04.7"，即 4.7Ω，即正常，如图 3-13 所示。

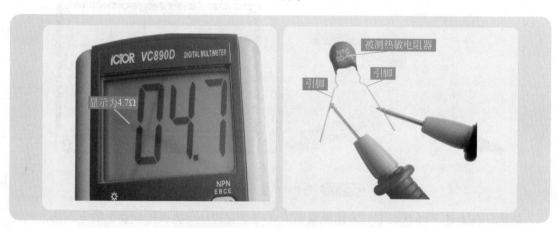

显示为4.7Ω

被测热敏电阻器

引脚

引脚

图3-13　被测热敏电阻器常态下的测量

步骤 3　热态检测。将烧热的电烙铁接近被测热敏电阻器，以使其温度升高，此时万用表显示阻值由 4.7Ω 变为 3.4Ω，即正常，如图 3-14 所示。

显示为3.4Ω

电烙铁的金属部分

被测热敏电阻器

图3-14　热敏电阻器热态下的测量

专家提示

　　选择数字万用表的量程时，先将欧姆挡位调整到最低挡，若万用表显示"1."或".OL"，则表明选择的挡位太小，应提高一个挡位，直到有阻值显示为止。若测量一只电阻器时开始选择的挡位是200Ω，此时万用表显示"1."或".OL"（表示挡位较低），应提高一个挡位（即2kΩ），此时万用表仍显示"1."或".OL"（表示挡位较低），应再提高一个挡位（即20kΩ），此时万用表仍显示15，表明被测电阻器的阻值为15kΩ。

　　步骤4　冷态检测。在被测热敏电阻器上浸一定量的酒精，以使其温度降低。此时万用表显示阻值由3.4Ω增大到6.8Ω，即正常，如图3-15所示。

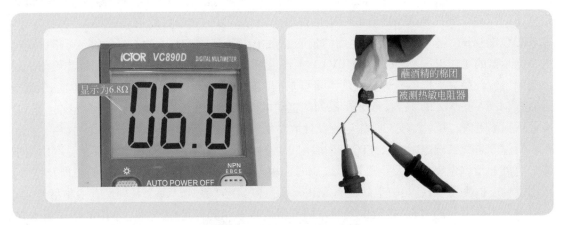

　　图3-15　热敏电阻器冷态下的测量

　　总结：在上述三种状态下，若阻值没有变化或变化较小，则表明被测热敏电阻器的性能不良，应予以更换。

要　诀

　　热敏电阻器需要检，劝您认真往下看。测量方法怎么选，负温度热敏开路检。
常温阻值屏幕显，开路短路应更换。热态电阻器怎么检，电烙铁烧热电阻器前。
温度升高阻值减，符合特性是常见。冷态电阻器怎么检，酒精降温来体现。
温度降低阻值反，没有故障在眼前。总结上边过来看，温度变化读数变。
变化较小故障现，性能不良应该换。

六、热敏电阻器的代换

　　热敏电阻器损坏后，若无同型号的产品更换，则可选用与其类型及性能参数相同或相近的其他型号热敏电阻器代换。

　　消磁用PTC热敏电阻器可以用与其额定电压值相同、阻值相近的同类热敏电阻器代用。例如：20Ω的消磁用PTC热敏电阻器损坏后，可以用18Ω或27Ω的消磁用PTC热敏电阻器直接代换。

压缩机启动用 PTC 热敏电阻器损坏后,应使用同型号热敏电阻器代换或与其额定阻值、额定功率、启动电流、动作时间及耐压值均相同的其他型号热敏电阻器代换,以免损坏压缩机。

温度检测维修、温度控制用 NTC 热敏电阻及过电流保护用 PTC 热敏电阻损坏后,只能使用与其性能参数相同的同类热敏电阻器更换,否则也会造成应用电路不工作或损坏。

七、热敏电阻器的选用

热敏电阻器的种类和型号较多,选哪一种热敏电阻器,应根据电路的具体要求而定。

正温度系数热敏电阻器(PTC)一般用于电冰箱压缩机启动电路、彩色显像管消磁电路、电动机过电流过热保护电路、限流电路及恒温电加热电路。压缩机启动电路中常用的热敏电阻器有 MZ-01 ～ MZ-04 系列、MZ81 系列、MZ91 系列、MZ92 系列和 MZ93 系列等。可以根据不同类型压缩机来选用适合它启动的热敏电阻器,以达到最好的启动效果。

彩色电视机、电脑显示器上使用的消磁热敏电阻器有 MZ71 ～ MZ75 系列。可根据电视机、显示器的工作电压(220V 或 110V)、工作电流及消磁线圈的规格等,选用标称阻值、最大起始电流、最大工作电压等参数均符合要求的消磁热敏电阻器。限流用小功率 PTC 热敏电阻器有 MZ2A ～ MZ2D 系列、MZ21 系列,电动机过热保护用 PTC 热敏电阻器有 MZ61 系列,应选用标称阻值、开关温度、工作电流及耗散功率等参数符合应用电路要求的型号。

负温度系数热敏电阻器(NTC)一般用于各种电子产品中作微波功率测量、温度检测维修、温度补偿、温度控制及稳压用,选用时应根据应用电路的需要选择合适的类型及型号。常用的温度检测用 NTC 热敏电阻器有 MF53 系列和 MF57 系列,每个系列又有多种型号(同一类型、不同型号的 NTC 热敏电阻器,标准阻值也不相同)可供选择。常用的稳压用 NTC 热敏电阻器有 MF21 系列、RR827 系列等,可根据应用电路设计的基准电压值来选用热敏电阻器稳压值及工作电流。

常用的温度补偿、温度控制用 NTC 热敏电阻器有 MF11 ～ MF17 系列。常用的测温及温度控制用 NTC 热敏电阻器有 MF51 系列、MF52 系列、MF54 系列、MF55 系列、MF61 系、MF91 ～ MF96 系列、MF111 系列等多种。MF52 系列、MF111 系列的 NTC 热敏电阻器适用于 −80 ～ +200℃温度范围内的测温与控温电路。MF51 系列、MF91 ～ MF96 系列的 NTC 热敏电阻器适用于 300℃以下的测温与控温电路。MF54 系列、MF55 系列的 NTC 热敏电阻器适用于 125℃以下的测温与控温电路。MF61 系列、MF92 系列的 NTC 热敏电阻器适用于 300℃以上的测温与控温电路。选用温度控制热敏电阻器时,应注意 NTC 热敏电阻器的温度控制范围是否符合应用电路的要求。

第二节 压敏电阻器

一、压敏电阻器的识别

压敏电阻器是一种利用金属氧化物半导体材料的非引线特性制成的,主要参数是击穿电压。当外加电压处在其击穿电压以下时,压敏电阻器呈截止状态,对电路不起作用;当外加电压突变且超过其击穿电压时,其内阻迅速减小。压敏电阻器的文字符号用"MY"表示,其特点是时间响应快、电压范围宽、体积小、工艺简单、成本低廉。其外形、结构和电路符号如图3-16所示。

图3-16　压敏电阻器的外形、结构和电路符号

专家提示

压敏电阻器常应用在电气设备的市电输入端口，以起到过压保护作用，标识方法主要采用直标法。

二、压敏电阻器的故障类型

若压敏电阻器在过压击穿时间较短，可恢复为高阻状态；若击穿时间偏长，会损坏短路甚至开裂而不能恢复。因此压敏电阻器主要有漏电、击穿和炸裂等故障。

三、用数字万用表检测压敏电阻器

被测压敏电阻器的识读如图3-17所示。

用数字万用表开路
测量压敏电阻器

检测依据　正常情况下，压敏电阻器在常态下的阻值为无穷大，通过检测就可以判断其是否正常。

步骤1　由于压敏电阻器的阻值为无穷大，故选择较高的挡位，即"2MΩ""20MΩ"挡，如图3-18所示。

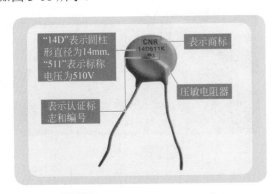

图3-17　被测压敏电阻器的识读

图3-18　挡位选择

步骤 2　将黑、红表笔分别搭在压敏电阻器的两只引脚上，此时万用表显示为无穷大，即正常，如图 3-19 所示。

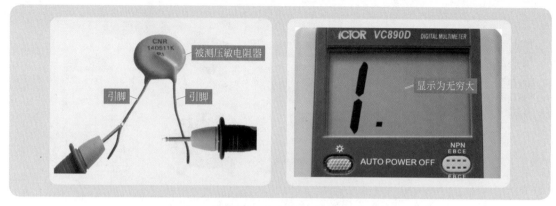

图3-19　压敏电阻器的测量

总结：若压敏电阻器有阻值显示，则表明压敏电阻器已被击穿损坏。

专家提示

测量时双手不能同时触摸被测压敏电阻器的两只引脚，以免产生误差。同时也要注意一些压敏电阻器的负阻特性。

四、用指针万用表检测压敏电阻器

被测压敏电阻器的识读如图 3-20 所示。

检测依据　正常情况下，压敏电阻器在常态下的阻值为无穷大，通过检测就可以判断其是否正常。

指针万用表开路测量压敏电阻器

步骤 1　由于压敏电阻器的阻值为无穷大，故选择较高的挡位，即"×10k"挡，如图 3-21 所示。

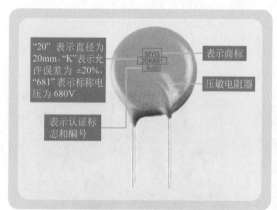

图3-20　被测压敏电阻器的识读

图3-21　挡位选择

步骤 2　将黑、红表笔分别搭在压敏电阻器的两只引脚上，此时万用表显示为无穷大，即正常，如图 3-22 所示。

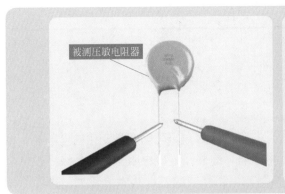

被测压敏电阻器

表针

表针指向无穷大　选择"×10k"挡

图3-22 压敏电阻器的测量

总结：若压敏电阻器有阻值显示，则表明压敏电阻器已被击穿损坏。

专家提示

若压敏电阻器的表面开裂，可判断为因过压而击穿损坏。

要 诀

压敏电阻器很重要，检测方法哪种好；功能测量无有效，放入电路才知道；
电阻器耐压不好搞，测量电阻器才有效；电阻器无穷说声好，有阻值显示不可要。

五、压敏电阻器的代换

压敏电阻器代换时，应以同型号和参数相同的产品为代换原则，也可以用同一系列中的其他型号进行代换。

六、压敏电阻器的选用

1. 选用原则

压敏电阻器选用是否正确将直接影响到应用电路的可靠性和保护效果。应根据电路的具体工作条件来选取标称电压值的压敏电阻。如果标称电压选得太低，虽然可提高保护效果，但由于流过压敏电阻的电流较大，容易使压敏电阻因过热而损坏。如果标称电压值选得太高，对电路将起不到过电压保护的作用。为此，要根据具体电路的要求，准确选择标称电压值。一般的选择方法是：压敏电阻的标称电压值应等于加在压敏电阻两端电压的 2 ～ 2.5 倍。另外还应注意选用温度系数小的压敏电阻器，以保证电路的稳定。

2. 具体型号的选用

① 无霜电冰箱的过电压保护电路可选用 MYG4 型压敏电阻器。

② 半导体器件的过电压保护电路可选用 MYD、MYL、MYH、MYG20 等系列。

③ 彩色电视机的过电压保护电路可选用 MYH3-205、MYH3-208、MYH3-212 等型号的压敏电阻器。

④ 电子线路、电气设备、电力系统的过电压保护电路可选用 MYG、MY21、MY31 系列压敏电阻器。

第三节 光敏电阻器

一、光敏电阻器的识别

光敏电阻器是一种在两端加有一定电压时，其阻值能随光照强弱明显变化的电阻器。根据光敏电阻器的光敏特性，可分为可见光光敏电阻器、红外线光敏电阻器和紫外线光敏电阻器，分别采用单晶或多晶化合物或混合物材料制成。当光照弱时，其阻值较大；当光照强时，其阻值明显减小。光敏电阻器的文字符号用"MG"表示，其外形、结构和电路符号如图 3-23 所示。

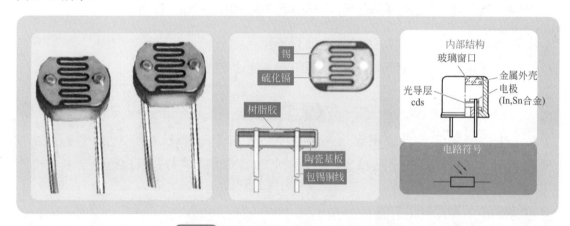

图3-23 光敏电阻器的外形、结构和电路符号

专家提示

光敏电阻器主要用于自动控制电路中。可用指针万用表 $R×1k$ 挡检测。

二、光敏电阻器的主要参数

光敏电阻器的主要参数有亮电阻（RL）、暗电阻（RD）、最高工作电压(VM)、亮电流（IL）、暗电流（ID）、时间常数、电阻温度系数、灵敏度等。

① 暗电阻。光敏电阻器在室温和全暗条件下测得的稳定电阻值称为暗电阻，或称为暗阻。

② 亮电阻。光敏电阻器在室温和一定光照条件下测得的稳定电阻值称为亮电阻，或称为亮阻。光敏电阻器的暗阻越大越好，而亮阻越小越好，这样光敏电阻器的灵敏度高。

③ 暗电流。光敏电阻器暗电流是指在无光照射时，光敏电阻器在规定的外加电压下通过的电流。

④ 亮电流。它是指光敏电阻器在规定的外加电压受到光照时所通过的电流。亮电流与暗电流之差称为光电流。

⑤ 最高工作电压。光敏电阻器最高工作电压是指光敏电阻器在额定功率下所允许承受的最高电压。

⑥ 光敏电阻器光电特性。光敏电阻器的光电流与光照度之间关系称为光电特性。光照度增强，电流增大，说明光敏电阻器的阻值在减小。光敏电阻器的光电特性呈非线性，因此不适宜做检测元件，这是光敏电阻器的一个缺点。

专家提示

光照较弱时，光敏电阻器的阻值较大；光照较强时，光敏电阻器阻值明显减小。

三、光敏电阻器的型号

光敏电阻器的型号一般由三部分组成，如表 3-3 所示。

表 3-3　光敏电阻器的型号

第一部分：主称		第二部分：用途或特征		第三部分：序号
字母	含义	数字	含义	
MG	光敏电阻器	0	特殊	用数字表示序号，以区别该电阻器的外形尺寸及性能指标
		1	紫外线	
		2	紫外线	
		3	紫外线	
		4	可见光	
		5	可见光	
		6	可见光	
		7	红外线	
		8	红外线	
		9	红外线	

四、光敏电阻器的故障类型

光敏电阻器的亮阻和暗阻差别较大，因此光敏电阻器的故障主要有阻值不变化，亮阻和暗阻的阻值差别过小或两者的相差倍数过小。

五、用数字万用表检测光敏电阻器

被测光敏电阻器的外形如图 3-24 所示。

用电流法测量光敏电阻器　用电阻法测量光敏电阻器

检测依据 光照较弱时，光敏电阻器的阻值较大；光照较强时，光敏电阻器阻值明显减小。

步骤 1　选择数字万用表的"20kΩ"挡，如图 3-25 所示。

步骤 2　亮阻检测。在光照射下，将黑、红表笔分别搭在被测光敏电阻器的两只引脚上，此时万用表显示 6.4kΩ，即正常，如图 3-26 所示。

步骤 3　暗阻检测。用一张不透光布盖住被测光敏电阻器，再次测量，此时万用表显示为 14.6kΩ，即正常，如图 3-27 所示。

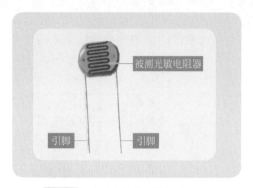

图3-24 被测光敏电阻器的外形

图3-25 选择数字万用表的"20kΩ"挡

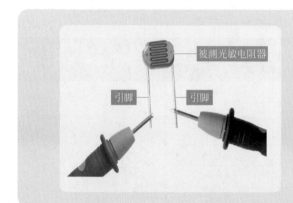

图3-26 被测光敏电阻器的亮阻检测

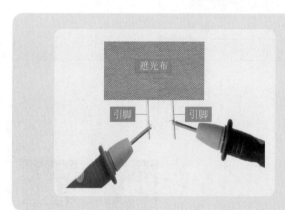

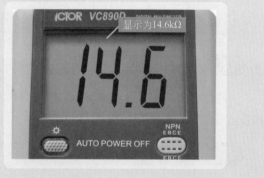

图3-27 被测光敏电阻器的暗阻检测

　　总结：正常情况下，光敏电阻器的亮阻较小而暗阻较大。若光敏电阻器的阻值随着光照强度的变化而规律性变化，则表明被测光敏电阻器的性能良好。若所测阻值为无穷大，则表明被测光敏电阻器的内部开路。若所测阻值为零，则表明被测光敏电阻器短路。

要诀

　　暗阻遮盖要严防，测量结果才适当；亮阻需要光线晃，表盘数值才下降；
暗阻亮阻相差磅，电阻器良好可用上；暗阻亮阻都一样，交给孩儿去收藏。

　　光敏电阻器的外壳上一般没有标注标称阻值，通过测量其在亮光和暗光下的阻值变化即可判断其是否正常。

六、光敏电阻器的代换

　　光敏电阻器代换时，应以同型号产品为代换原则，也可以用同一系列中的其他型号且参数接近的光敏电阻器进行代换。

　　光谱特性不同的光敏电阻器（例如可见光光敏电阻器、红外线光敏电阻器、紫外线光敏电阻器），即使阻值范围相同，也不能相互代换。

七、光敏电阻器的选用

　　选用光敏电阻器时，应首先确定应用电路中所需光敏电阻器的光谱特性类型。

　　若是用于各种光电自动控制系统、电子照相机和光报警器等电子产品，则应选取用可见光光敏电阻器；若是用于红外信号检测及天文、军事等领域的有关自动控制系统，则选用红外线光敏电阻器；若是用于紫外线探测等仪器中，则应选用紫外线光敏电阻器。

　　另外选用光敏电阻器时还应确定亮阻、暗阻的范围。此项参数的选择是关系到控制电路能否正常动作的关键，因此必须予以认真确定。

第四节　湿敏电阻器

一、湿敏电阻器的识别

　　湿敏电阻器是采用一种具有电解质特性的微孔状结构的感湿层附加在不吸水耐高温的基体上制成的。当感湿层的含水量增多或减少时，其电极间的阻值将有规律地变化。感湿层因极化容易降低感湿的灵敏度，应采用脉冲或交变电压驱动方式。湿敏电阻器的文字符号用"MS"表示，其外形、结构和电路符号如图3-28所示。

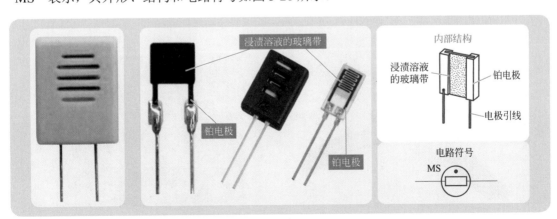

图3-28　湿敏电阻器的外形、结构和电路符号

　　湿敏电阻器可分为正湿度系数湿敏电阻器和负湿度系数湿敏电阻器。正湿度系数湿敏电阻器随着湿度的增加，其阻值明显增大，随着湿度的减小，其阻值明显减小；负湿度系数湿敏电阻器随着湿度的增加，其阻值明显减小，随着湿度的减小，其阻值明显增大。

二、湿敏电阻器的故障类型

　　由于湿敏电阻器是利用具有电解质特性微孔状的感湿层吸附空气中的水分，而使阻值变化。若长时间工作在粉尘较多的环境中，则会造成微孔堵塞和感湿层与空气接触面积减少，湿敏性能下降或者感湿层极化，导致感湿功能丧失。

三、用数字万用表检测湿敏电阻器

　　被测湿敏电阻器的外形如图3-29所示。

　　检测依据 无论是负湿度系数的湿敏电阻器或是正湿度系数的湿敏电阻器，其阻值只要随着湿度的变化而发生规律性的变化，则表明被测湿敏电阻器的性能良好。

　　步骤1　由于多数湿敏电阻器不标注额定阻值且阻值较大，常选择万用表的"2MΩ"挡，如图3-30所示。

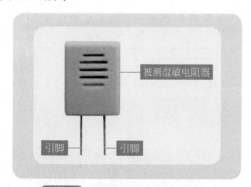

图3-29　被测湿敏电阻器的外形

图3-30　选择万用表的"2MΩ"挡

　　步骤2　常态检测。将黑、红表笔分别搭在被测湿敏电阻器的两只引脚上，此时万用表显示为1.9MΩ，即正常，如图3-31所示。

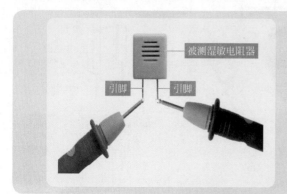

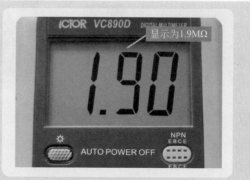

图3-31　被测湿敏电阻器的常态检测

步骤 3　湿态检测。用棉签蘸水后涂抹在被测湿敏电阻器的感湿面上，再次测量，此时万用表显示为 1.4MΩ，即正常，如图 3-32 所示。

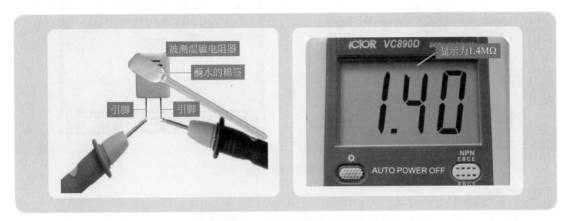

图3-32　被测湿敏电阻器的湿态检测

总结：上述检测中，所测阻值随着湿度的增大而减小，则表明被测湿敏电阻器的性能良好，且该湿敏电阻器是负湿度系数的湿敏电阻器。若所测阻值无穷大或接近零，则表明被测湿敏电阻器已经损坏。若常态和湿态所测阻值相近或相等，则表明被测湿敏电阻器已经失效。

四、用指针万用表检测湿敏电阻器

用指针万用表测量
湿敏电阻器

被测湿敏电阻器的外形如图 3-33 所示。

检测依据　无论是负湿度系数的湿敏电阻器或是正湿度系数的湿敏电阻器，其阻值只要随着湿度的变化而发生规律性的变化，则表明被测湿敏电阻器的性能良好。

步骤 1　由于多数湿敏电阻器不标注额定阻值且阻值较大，常采用"×10kΩ"挡，并调零，如图 3-34 所示。

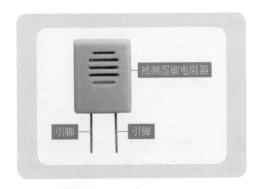

图3-33　被测湿敏电阻器的外形

图3-34　选择万用表的"×10k"挡

步骤 2　常态检测。将黑、红表笔分别搭在被测湿敏电阻器的两只引脚上，此时万用表显示为 300kΩ，即正常，如图 3-35 所示。

专家指导：使用指针万用表的电阻挡测量阻值时，表针应停在中间或附近（即欧姆挡刻度 5 ～ 40 附近），测量结果比较准确。

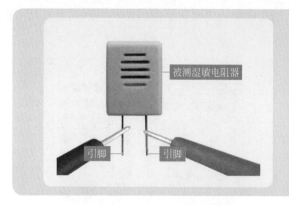 

被测湿敏电阻器

引脚   引脚

显示300kΩ   选择"×10k"

图3-35 被测湿敏电阻器的常态检测

专家提示

被测湿敏电阻器的阻值 = 刻度值 × 倍率 =30×10kΩ=300kΩ。

步骤3 湿态检测。用棉签蘸水后涂抹在被测湿敏电阻器的感湿面上，再次测量，此时万用表显示为400kΩ，即正常，如图3-36所示。

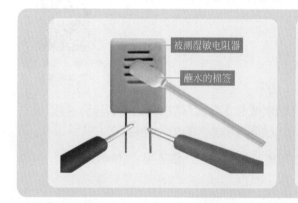 

被测湿敏电阻器

蘸水的棉签

显示400kΩ   选择"×10k"

图3-36 被测湿敏电阻器的湿态检测

专家提示

用指针万用表测得的阻值为表盘的指针指示数乘以电阻挡位，即被测电阻值=刻度示值 × 挡位数。如选择的挡位是"×1k"挡，表针指示为20，则被测阻值为20×1kΩ=20kΩ。

总结：上述检测中，所测阻值随着湿度的增大而减小，则表明被测湿敏电阻器的性能良好，且该湿敏电阻器是负湿度系数的湿敏电阻器。若所测阻值无穷大或接近零，则表明被测湿敏电阻器已经损坏。若常态和湿态所测阻值相近或相等，则表明被测湿敏电阻器已经失效。

要 诀

湿敏电阻有两种，特性相反要记清。每种电路都常用，检测方法记要领。
湿敏壳体都很净，参数没有也能行。常态、湿态阻值大变化，湿敏正常真可夸。
两态阻值相近结果啥，湿敏失效定局了。

五、湿敏电阻器的代换

湿敏电阻器代换时，应以同型号产品为代换原则。

六、湿敏电阻器的选用

选用湿敏电阻器时，首先应根据应用电路的要求选择合适的类型。若用于洗衣机、干衣机等家电中做高湿度检测，可选用氯化锂湿敏电阻器；若用于空调器、恒湿机等家电中做中等湿度环境的检测，则可选用陶瓷湿敏电阻器；若用于气象监测、录像机结露检测等方面，则可以选用高分子聚合物湿敏电阻器或硒膜湿敏电阻器。保证所选用湿敏电阻器的主要参数（包括测湿范围、标称阻值、工作电压等）符合应用电路的要求。

第五节 磁敏电阻器

一、磁敏电阻器的识别

磁敏电阻器是采用阻值对磁场强度敏感的半导体材料锑化铟（InSb）制成的，可以准确测试出磁场的相对位移。主要参数有磁阻、磁阻系数和光敏度。磁敏电阻器可分为正磁性和负磁性磁敏电阻器。负磁性磁敏电阻器是随着外加磁场强度的增大而阻值明显减小，随着外加磁场强度的减小而阻值明显增大。正磁性磁敏电阻器是随着外加磁场强度的增大而阻值明显增大，随着外加磁场强度的减小而阻值明显减小。磁敏电阻器的文字符号用"RM"或"M""R"表示。磁敏电阻器的外形和结构如图 3-37 所示。

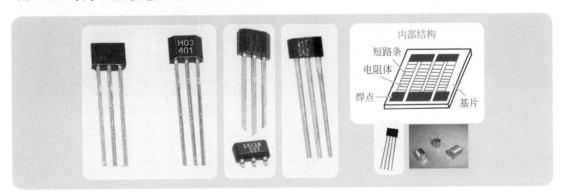

图3-37 磁敏电阻器的外形和结构

专家提示

在无磁场的常温状态下，磁敏电阻器的初始阻值一般为 $10 \sim 500\Omega$，额定功率为 2mW。

二、磁敏电阻器的电路符号

磁敏电阻器可分为 2 只引脚、3 只引脚和 4 只引脚。2 只引脚内含 1 只磁敏电阻器，3 只引脚内含 2 只磁敏电阻器，4 只引脚内含 2 只串联的磁敏电阻器。磁敏电阻器的电路符号如

图 3-38 所示。

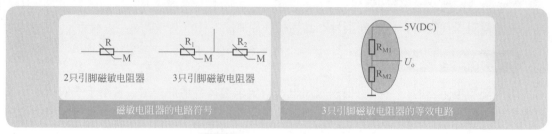

图3-38 磁敏电阻器的电路符号

三、磁敏电阻器的故障类型

由于磁敏电阻器也是由半导体材料制成的，因此会出现类似半导体元件相似的故障类型。主要有开路、短路、漏电、阻值变大或变小、磁敏性能下降等故障。

四、磁敏电阻器的检测

让磁敏电阻器字面朝向读者，其左脚为电源正端，右脚为输出端，中间脚为接地端，具体如图 3-39 所示。

磁敏电阻器的测量

步骤 1 选取数字万用表的"二极管"挡，如图 3-40 所示。

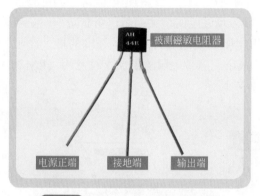

图3-39 磁敏电阻器的引脚功能判断

图3-40 "二极管"挡的选择

步骤 2 让红表笔接磁敏电阻器的中间接地端，黑表笔接左侧电源正端，其阻值正常时应为无穷大（即显示"1."），呈断路状态，即正常，测量方法如图 3-41 所示。

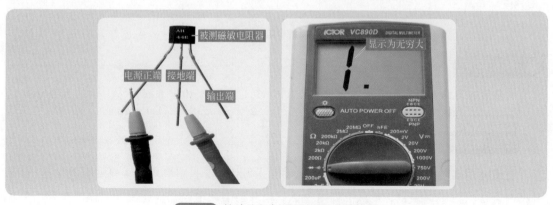

图3-41 接地端和电源正端间阻值的检测

步骤3 接着，让黑表笔接右边输出端，红表笔不动，仍接接地端，此时万用表应显示400～900Ω（对于不同磁敏电阻器，该阻值有所不同），即正常，测量方法如图3-42所示。

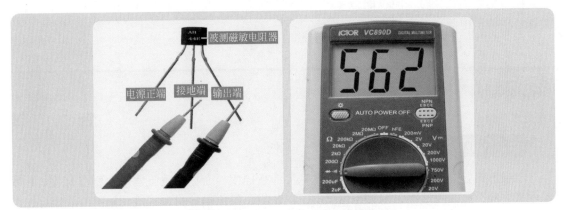

图3-42 输出端和接地端间阻值的检测

总结：若上述检测数据异常，则表明该磁敏电阻器损坏。

五、磁敏电阻器的选用

1. 作控制元件

可将磁敏电阻用于交流变换器、频率变换器、功率电压变换器、磁通密度电压变换器和位移电压变换器等等。

2. 作计量元件

可将磁敏电阻用于磁场强度测量、位移测量、频率测量和功率因数测量等诸多方面。

3. 作模拟元件

可在非线性模拟、平方模拟、立方模拟、三次代数式模拟和负阻抗模拟等方面使用。

4. 作运算器

可用磁敏电阻在乘法器、除法器、平方器、开平方器、立方器和开立方器等方面使用。

5. 作开关电路

可应用在接近开关、磁卡文字识别和磁电编码器等方面。

6. 作磁敏传感器

用磁敏电阻作核心元件的各种磁敏传感器，其工作原理都是相同的，只是根据用途、结构不同而种类各异。主要有：

① 测磁传感器。如新型磁通表，测定恒定磁场及交变磁场或电机电器等剩磁的仪器，用于航海、航空的导航仪器。

② 转速传感器。如构成新型的数字式转速表、频率计等。

③ 位移和角位移传感器。微位移传感器是工业用机器人的基本器件。

④ 铁磁物质探伤用的传感器。

⑤ 可变电阻器、无接触电位器以及无触点、高性能的磁开关（作定位及控制用）。

磁敏电阻和电子元件配合可以构成振荡器、乘法器、函数发生器、调制器、交直流变换器和倍频器等，还可用来鉴别磁性油墨印的纸币和票证的真伪。

六、磁敏电阻器的代换

磁敏电阻器代换时，应以同型号产品为代换原则，也可以用同一系列中的其他型号且参数接近的磁敏电阻器进行代换。

第六节 气敏电阻器

一、气敏电阻器的识别

气敏电阻器是一种阻值能随特定气体浓度改变而明显变化的电阻器，主要有 N 型、P 型和结型三种。N 型气敏电阻器采用氧化锌、氧化锡、氧化铜等材料制成，其阻值能随可燃气体浓度增大而减小；P 型气敏电阻器采用氧化镍、三氧化二铬等材料制成，其阻值能随被检测气体浓度增大而增大。其内部由加热丝和气敏材料组成。气敏电阻器的文字符号用"MQ"表示，其外形、结构和电路符号如图 3-43 所示。

图3-43 气敏电阻器的外形、结构和电路符号

二、气敏电阻器的故障类型

由于气敏电阻器依靠电热丝加热产生一定的高温环境，使半导体氧化物与空气中的氧和可燃气体发生氧化还原反应而使其阻值发生变化，当加热温度过低或不加热可燃气体浓度过高导致中毒，油污灰尘堵住防爆网，均会造成气敏电阻器不能正常检测被测气体的成分和浓度。

三、气敏电阻器的检测

根据气敏电阻器所特有的工作原理，应采取特有的检查方法。具体检查步骤如下：
步骤 1 将 5V 直流电源、开关 K、气敏电阻器和 4.7kΩ 电阻器接入如图 3-44 所示的电路中。对气敏电阻器进行预热 10min，待其稳压后，才能进行测量。

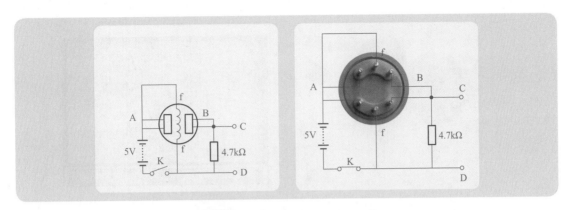

图3-44 气敏电阻器电路连接示意图

步骤2 选择万用表直流电压 10V 挡,如图 3-45 所示。

图3-45 选择万用表直流电压10V挡

步骤3 常态测量。合上开关 K,对气敏电阻器进行预热 10min,待其稳压后,将黑表笔搭在被测电路中的 D 端,红表笔搭在被测电路中的 C 端,此时万用表显示为 5.5V,即正常,如图 3-46 所示。

步骤4 气体状态下测量。保持黑、红表笔不动,将气体打火机中的可燃气体放出,使可燃气体缓慢与被测气敏电阻器接触,此时万用表显示 6.8V,即正常,如图 3-47 所示。

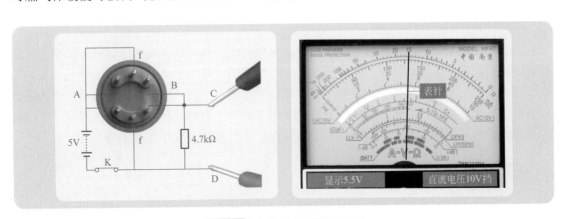

图3-46 气敏电阻器的常态测量

图3-47 气敏电阻器的气体状态下测量

总结：上述检测中，所测阻值随着气体浓度的增大而增大，则表明被测气敏电阻器的性能良好，且该气敏电阻器是 P 型气敏电阻器。若常态和有气体时所测电压值变化范围较小甚至不发生变化，则表明被测气敏电阻器已经失效。

专家提示

气体打火机中的可燃气体放出时不得有火焰，接触到气敏电阻器的可燃气体浓度也不宜过大，否则会造成该气敏电阻器产生中毒现象。

四、气敏电阻器的代换

气敏电阻器损坏后，应以更换同型号气敏电阻器为原则，若无同型号气敏电阻器更换，也可以用与其标称阻值相同或相近的其他气敏电阻器，其阻值差别越小越好，且更换的气敏电阻器的功率应符合电路对功率的要求。

第七节 力敏电阻器

一、力敏电阻器的识别

力敏电阻器是一种能将机械能转换为电信号的敏感元件，是利用半导体材料的压力电阻器效应制成，即阻值随外界压力的改变而变化的电阻器。常见的电子秤使用的就是力敏电阻器。它常采用金属应变片结合力敏电阻器制成压力传感器。它一般采用桥式连接，受力后破坏电桥的平衡，使输出的电压发生改变，主要用于各种张力计、转矩计、加速度计、半导体传声器及各种压力传感器中。力敏电阻器的外形、应用和电路符号如图 3-48 所示。

二、力敏电阻器的故障类型

由于力敏电阻器也是由半导体材料制成，会出现类似半导体元件的故障，主要有开路、短路、漏电、阻值变大或变小，力敏性能下降等故障。

图3-48 力敏电阻器的外形、应用和电路符号

三、力敏电阻器的检测

被测力敏电阻器的外形如图 3-49 所示。

力敏电阻器的测量

检测依据 正常情况下，力敏电阻器的阻值与标称阻值相同或相近；力敏电阻器的阻值随着压力增大而增大，随着压力减小而减小。

步骤 1 选择万用表的"×10"挡，并调零，如图 3-50 所示。

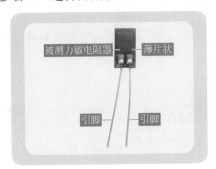

图3-49 被测力敏电阻器的外形

图3-50 选择万用表的"×10"挡，并调零

步骤 2 常态下测量。将黑、红表笔分别搭在被测力敏电阻器的两只引脚上，此时万用表显示为 320Ω，即正常，如图 3-51 所示。

图3-51 被测力敏电阻器的常态下测量

专家指导：使用指针万用表的欧姆挡测量阻值时，表针应停在中间或附近（即欧姆挡刻度 5 ～ 40 附近），测量结果比较准确。

步骤 3　压力状态下测量。保持黑、红表笔不动，将手指轻轻按压力敏电阻器，此时万用表显示为 500Ω，即正常，如图 3-52 所示。

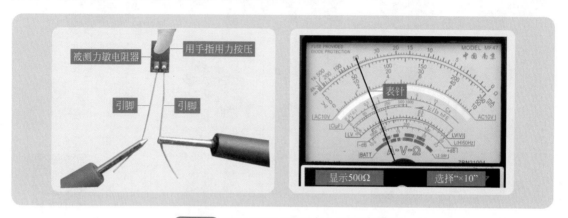

图3-52　被测力敏电阻器的压力状态下测量

总结：上述检测中，所测阻值随着压力的增强而增大，则表明被测力敏电阻器的性能良好。若所测阻值不随着压力的变化而变化，则表明被测力敏电阻器已经损坏。

四、力敏电阻器的代换

力敏电阻器代换时，应以同型号产品为代换原则，也可以用同一系列中的其他型号且参数接近的力敏电阻器进行代换。

要诀

力敏电阻敏感件，有力作用阻值变，
压力增大阻值大，压力减小阻值小。

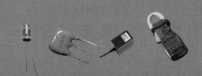

04

第四章
电位器

第一节 单联电位器

认识单联电位器

一、单联电位器的识别

单联电位器也是一种可调电阻器，它是一种合成膜电阻器，转轴控制一组电位器，常用在阻值需要经常调整的电路中，固定在电气设备外壳上并将滑动臂或转轴伸出外壳供设备操作人员调整设备的工作方式或状态。它由转动臂或轴、合成碳膜、簧片、引脚和引壳等组成。

电位器的应用较为广泛，例如指针万用表中的调零电位器，吊顶式电风扇电子调速器，音响设备中的音量音调调整电位器等。其外形、结构和电路图形符号如图4-1所示。

> **要诀**
>
> 单联电位器很常见，主要分清功能片，三片的两侧接定片，中间引脚接动片。

图4-1 单联电位器的外形、结构和电路图形符号

二、单联电位器引脚功能的测量

对于一些引脚没有规律的单联电位器，可用测量的方法来确定。被测单联电位器的外形和结构如图 4-2 所示。

单联电位器引脚
功能的测量

图4-2 被测单联电位器的外形和结构

检测依据 单联电位器两定片引脚间的阻值为标准阻值；调节单联电位器的旋钮时，定片与动片间的阻值会发生变化。

步骤1 选择万用表的"×100"挡，并调零，如图 4-3 所示。

步骤2 将黑、红表笔分别搭在电位器的任意两个引脚，并转动单联电位器的调整部位，若万用表显示 4.7kΩ，则表明被测的两只引脚为单联电位器的定片引脚，另一只引脚为动片引脚，如图 4-4 所示。

步骤3 上述检测中，若万用表显示一定数值，则表明没搭表笔引脚为定片，被测的两只引脚为定片和动片，要判定具体引脚功能，应进一步检测。

图4-3 选择万用表的"×100"挡，并调零

图4-4 单联电位器的定片和动片引脚的确定

步骤4 将一只表笔搭在定片上，另一只表笔搭在任一只待定引脚上。转动单联电位器的调整部位，若万用表显示一定数值（3kΩ），则表明待定脚为定片，如图 4-5 所示。

显示3kΩ   选择"×100"

图4-5 单联电位器的定片引脚的确定

步骤5 上述检测中，若转动单联电位器的调整部位时，万用表显示为4kΩ，则表明待定脚为动片引脚，如图4-6所示。

显示4kΩ   选择"×100"

图4-6 单联电位器的定片和动片引脚的确定

三、用数字万用表检测单联电位器

被测单联电位器的外形标称阻值为470Ω，如图4-7所示，故选择数字万用表"2kΩ"挡，如图4-8所示。

用数字万用表开路
测量单联电位器

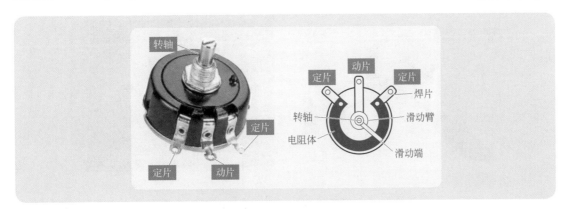

图4-7 被测单联电位器的外形

图4-8 选择数字万用表"2kΩ"挡

> **要诀**
>
> 单联检测数字表，检测步骤要记好，机械检查开始搞，发现异常皆可抛。
> 标称阻值是否到，表笔来到两定脚，所测阻值近无穷，电位器断路不清，
> 所测阻值接近0，内部短路也不行，所测阻值大标称，失去了调整功能。
> 动片接触是否形，转轴旋转继续行，阻值跳跃为无穷，触点接触也太松。
> 动片与两定片阻值测量中，R_1+R_2 应与标称阻值同，
> R_1+R_2 过大或过小，电位器损坏判得明。

1. 机械检查

检查电位器时，先转动转轴，感觉是否灵活、平滑；同时在转动过程中要倾听接触点与电阻体是否有摩擦声，若有"沙、沙"声，则表明电位器的质量欠佳。

2. 检测电位器的标称阻值

检测依据 单联电位器的两定片之间的阻值应接近或等于标称阻值。

将黑、红表笔分别搭在电位器的两只定片脚上，此时万用表显示为475Ω，即正常，如图4-9所示。

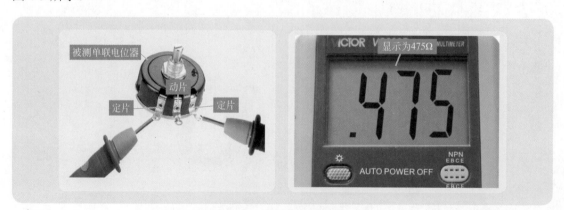

图4-9 检测电位器的标称阻值

总结： 所测电位器的阻值为 0.475kΩ（即 475Ω），与标称阻值 470Ω 相近。若两定片之间的阻值接近无穷大，则表明该电位器断路。若两定片之间的阻值接近 0，则表明该电位器内部短路。若两定片之间的阻值大于标称阻值，则表明该电位器失去调整功能。

3. 检测定片与动片之间的接触情况

步骤 1　将黑、红表笔分别搭在电位器的一只定片和动片上，转动转轴，以检测电位器的最大阻值 475Ω，即正常，如图 4-10 所示。

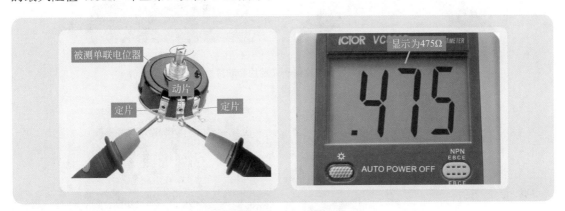

图4-10　检测电位器的最大阻值

步骤 2　转动转轴，以检测电位器的最小阻值接近 0，即正常，如图 4-11 所示。

总结：正常情况下，在转动转轴过程中，显示阻值不会出现跳跃、突然变为无穷大或跌落现象。否则，表明动片触点与电阻体接触不良。

4. 检测动片与两定片之间总阻值是否符合标称阻值

检测依据　正常情况下，电位器的动片与两定片之间总阻值应与标称阻值相同或相近。

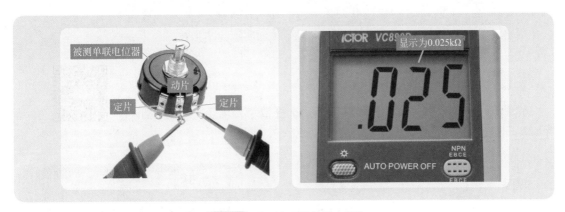

图4-11　检测电位器的最小阻值

步骤 1　将黑、红表笔分别搭在电位器的一只定片和动片上，此时万用表显示为 0.23kΩ，即 230Ω，即正常，用 R_1 表示，如图 4-12 所示。

步骤 2　将黑、红表笔分别搭在电位器的另一只定片和动片上，此时万用表显示为 0.24kΩ，即 240Ω，即正常，用 R_2 表示，如图 4-13 所示。

图4-12　检测电位器一只定片和动片之间阻值

图4-13　检测电位器另一只定片和动片之间阻值

总结： 上述检测 $R_1+R_2=470\,\Omega$ 与标称阻值 $470\,\Omega$ 相同。R_1+R_2 应等于或接近标称阻值是正常，若 R_1+R_2 过大或过小于标称阻值，则表明被测电位器已损坏。

专家提示

　　电位器常见的故障有转轴转动不灵活，电位器一端定片与碳膜间断路，另一端定片未用或与动片焊在一起，开关接触不良，滑动片接触不良等。

四、用指针万用表检测单联电位器

　　被测单联电位器的外形如图 4-14 所示，选择数字万用表"×1k"挡，并调零，如图 4-15 所示。

用指针万用表开路测量单联电位器

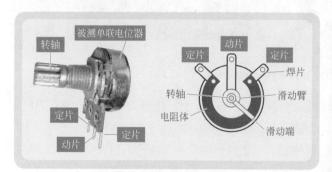

图4-14　被测单联电位器的外形

图4-15　选择数字万用表"×1k"挡，并调零

1. 机械检查

检查电位器时，先转动转轴，感觉是否灵活、平滑；同时在转动过程中要倾听接触点与电阻体是否有摩擦声，若有"沙、沙"声，则表明电位器的质量欠佳。

2. 检测电位器的标称阻值

检测依据 单联电位器的两定片之间的阻值应接近或等于标称阻值。

将黑、红表笔分别搭在电位器的两定片脚上，此时万用表显示为15kΩ，即正常，如图4-16所示。

图4-16 检测电位器的标称阻值

总结：所测电位器的阻值15kΩ与标称阻值15kΩ相同。若两定片之间的阻值接近无穷大，则表明该电位器断路。若两定片之间的阻值接近0，则表明该电位器内部短路。若两定片之间的阻值大于标称阻值，则表明该电位器失去调整功能。

3. 检测定片与动片之间的接触情况

步骤1　将黑、红表笔分别搭在电位器的一只定片和动片上，转动转轴，以检测电位器的最大阻值15kΩ，即正常，如图4-17所示。

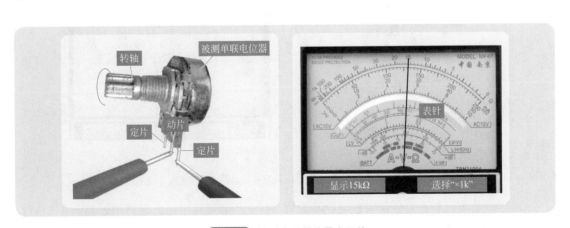

图4-17 检测电位器的最大阻值

专家提示

　　用指针万用表测得的阻值为表盘的指针指示数乘以电阻挡位，即被测电阻值＝刻度示值 × 挡位数。如选择的挡位是"×1k"挡，表针指示为 20，则被测阻值为 20×1kΩ＝20kΩ。

　　步骤 2　转动转轴，以检测电位器的最小阻值接近 0，即正常，如图 4-18 所示。

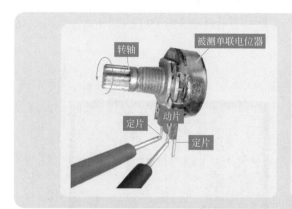

图4-18　检测电位器的最小阻值

　　总结：正常情况下，在转动转轴过程中，显示阻值不会出现跳跃、突然变为无穷大或跌落现象。否则，则表明动片触点与电阻体接触不良。

　　4. 检测动片与两定片之间总阻值是否符合标称阻值

　　检测依据　正常情况下，电位器的动片与两定片之间总阻值应与标称阻值相同或相近。

　　步骤 1　将黑、红表笔分别搭在电位器的一只定片和动片上，此时万用表显示为 9.5kΩ，即正常，用 R_1 表示，如图 4-19 所示。

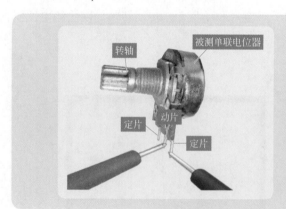

图4-19　检测电位器一只定片和动片之间阻值

　　步骤 2　将黑、红表笔分别搭在电位器的另一只定片和动片上，此时万用表显示为 5.6kΩ，即正常，用 R_2 表示，如图 4-20 所示。

　　总结：上述检测 R_1+R_2＝15.1kΩ 与标称阻值 15kΩ 基本相等。R_1+R_2 应等于或接近标称阻值是正常，若 R_1+R_2 过大或过小于标称阻值，则表明被测电位器已损坏。

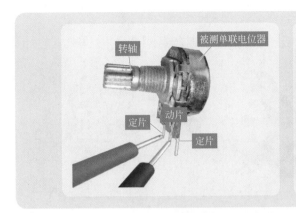

图4-20 检测电位器另一只定片和动片之间阻值

专家提示

在路测量电位器时，应考虑周围元件的影响，根据检测结果即可判断其是否正常。若两定片之间的阻值接近 0 或无穷大，则表明被测电位器已经损坏；正常情况下，定片与定片之间的阻值应小于标称阻值；若定片与定片之间的最大阻值与最小阻值十分接近，则表明被测电位器已失去调整功能。

第二节 带开关的单联电位器

带开关单联电位器
的识别

一、带开关的单联电位器的识别

带开关的单联电位器是在单联电位器的基础上增加一个开关，该开关元件就是带开关的单联电位器。其外形和电路图形符号如图 4-21 所示。在电路图形符号中，S 表示开关，虚线表示开关 S 和电位器同轴。

图4-21 带开关的单联电位器的外形和电路图形符号

二、带开关的单联电位器的引脚功能的判断

5 引脚电位器通常有两个开关引脚，电阻器引脚组合在一起的，在 5 个引脚中，其中间的引脚是动片引脚，最外边的是开关引脚，余下的是定片引脚。有些电位器的开关引脚是分

开安装的，通常在转轴的方向，如图 4-22 所示。

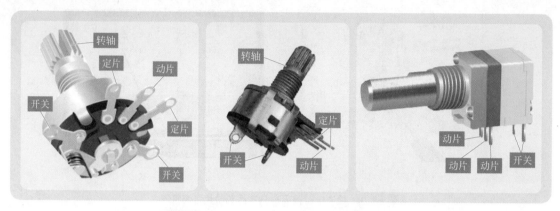

图4-22 带开关的单联电位器的引脚功能的判断

要诀

5 引脚电位器很常见，功能增加有开关，开关脚位置常见三，记清后检查不作难，
五只引脚成平面，两边引脚是开关，两只引脚在顶端，说明就是大开关，
五只引脚排两行，单独两脚是开关。

三、带开关的单联电位器的检测

被测单联电位器的标称阻值为 4.7kΩ，外形如图 4-23 所示。

检测依据 通过检测开关的通断来判断开关的好坏。电阻器两只定片之间的阻值应接近标称阻值。向一个方向转动转轴，检测定片与动片之间的阻值，表针应随转轴的转角变化而有规律地变化为正常。

1. 机械检查

检查电位器时，转动转轴，检查开关打开时应有清脆的"咔哒"声，否则表明电位器的质量欠佳；然后感觉应灵活、平滑、无卡滞现象，否则表明电位器的质量欠佳；同时在转动过程中要倾听接触点与电阻体不应有摩擦的"沙、沙"声，否则表明电位器的质量欠佳。

2. 开关的检测

检测依据 检测开关的接触是否良好，转动转轴，使开关处于"开""关"，用万用表测量开关的"通""断"情况。经过几次"开""关"测量，若"通""断"正常，则表明开关的性能良好。

步骤 1 选择万用表的"×1"挡，并调零，如图 4-24 所示。

步骤 2 将黑、红表笔分别搭在电位器上的两只开关引脚上，转动转轴，有以下两种情况：

① 若所测阻值为 0，则表明开关正处于接通状态，如图 4-25 所示。

② 若听到"咔哒"声且表针指向无穷大位置，则表明开关处于关闭状态，如图 4-26 所示。

图4-23 被测单联电位器的外形

图4-24 选择万用表的"×1"挡,并调零

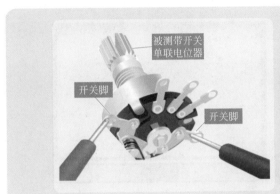

图4-25 开关处于接通状态的测量

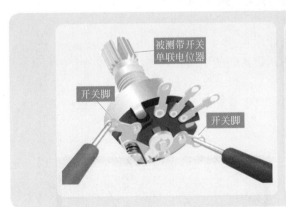

图4-26 开关处于关闭状态的测量

总结:开关在关闭状态,若显示为 0,则表明该电位器短路。开关在接通状态,若显示为无穷大,则表明电位器断路;此时若显示一定数值,则表明该电位器有漏电现象。

3. 检测电位器的标称阻值

步骤 1 选择万用表的"×1k"挡,并调零,因被测电阻器的标称阻值为4.7kΩ,如图4-27所示。

图4-27 选择万用表的"×1k"挡，并调零

步骤2 将黑、红表笔分别搭在两只定片的引脚上，此时万用表显示为4.75kΩ，即正常，如图4-28所示。

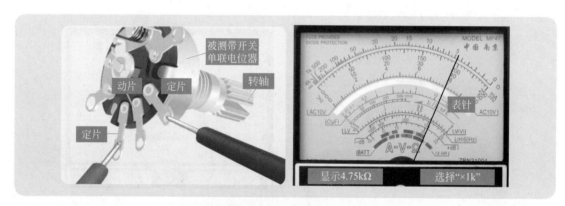

图4-28 电位器标称阻值的测量

总结：若所测阻值与标称阻值接近或相同，则表明电阻器正常。

若所测阻值为0Ω，则表明两定片之间短路。

若所测阻值为无穷大，则表明两定片之间开路。

若所测阻值大于或小于标称阻值，则表明两定片间的电阻器体变值。

4. 检测定片与动片之间的接触情况

步骤1 将黑、红表笔分别搭在电位器的一只定片和动片上，转动转轴，以检测电位器的最大阻值4.76kΩ，即正常，如图4-29所示。

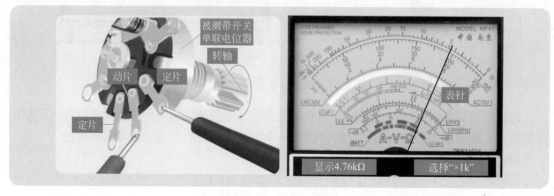

图4-29 检测电位器的最大阻值

步骤 2 转动转轴，以检测电位器的最小阻值接近 0，即正常，如图 4-30 所示。

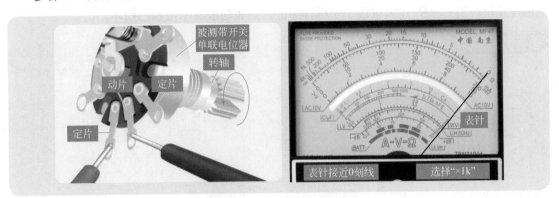

图4-30 检测电位器的最小阻值

总结：在转动转轴过程中，正常情况下，表针应平稳地向特定方向移动，且阻值不会出现跳跃、突然变为无穷大或跌落现象。否则，表明动片的触点与电阻器体接触不良。

5. 检测动片与两定片之间总阻值是否符合标称阻值

检测依据 正常情况下，电位器的动片与两定片之间总阻值应与标称阻值相同或相近。

步骤 1 将黑、红表笔分别搭在电位器的一只定片和动片上，此时万用表显示为 2kΩ，即正常，用 R_1 表示，如图 4-31 所示。

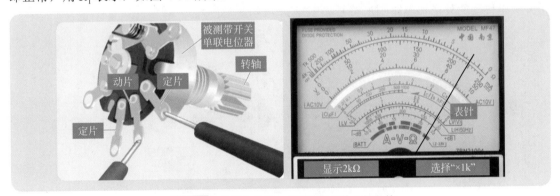

图4-31 检测电位器一只定片和动片之间阻值

步骤 2 将黑、红表笔分别搭在电位器的另一只定片和动片上，此时万用表显示为 2.8kΩ，即正常，用 R_2 表示，如图 4-32 所示。

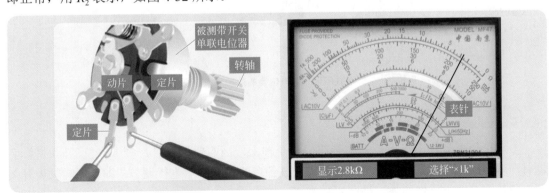

图4-32 检测电位器另一只定片和动片之间阻值

总结： 上述检测 R_1+R_2=4.8kΩ 与标称阻值 4.7kΩ 相近。R_1+R_2 应等于或接近标称阻值是正常，若 R_1+R_2 过大或过小于标称阻值，则表明被测电位器已损坏。

👆 **专家提示**

　　在路测量电位器时，应考虑周围元件的影响，根据检测结果即可判断其是否正常。若两定片之间的阻值接近 0 或无穷大，则表明被测电位器已经损坏；正常情况下，定片与定片之间的阻值应小于标称阻值；若定片与定片之间的最大阻值与最小阻值十分接近，则表明被测电位器已失去调整功能。

第三节 双联和多联电位器

一、双联电位器的识别

　　双联电位器是将两个电位器安装在同一个轴上，当需要调整时，两个电位器同时转动。也有一种双联电位器是同步异轴，各轴均通过各自的关联触点进行调节，即双联异轴无开关型电位器，如 WHB4-3。双联不带开关电位器的外形和电路图形符号如图 4-33 所示，双联带开关电位器的外形和电路图形符号如图 4-34 所示。

图4-33 双联不带开关电位器的外形和电路图形符号

二、多联电位器的识别

　　多联电位器是将多个电位器安装在同一个轴上，当需要调整时，多个电位器同时转动。也有一种多联电位器是同步异轴，各轴均通过各自的关联触点进行调节，即多联异轴无开关型电位器。多联电位器的外形如图 4-35 所示。

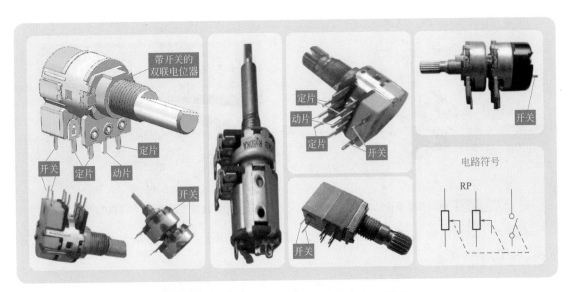

图4-34 双联带开关电位器的外形和电路图形符号

图4-35 多联电位器的外形

三、用指针万用表检测双联电位器

被测双联电位器的外形如图 4-36 所示。被测双联电位器的检测应先检测一联,再检测另外一联,现以其中的一联电位器为例加以说明。

1. 机械检查

检查电位器时,先转动转轴,感觉是否灵活、平滑;同时在转动过程中要倾听接触点与电阻体是否有摩擦声,若有"沙、沙"声,则表明电位器的质量欠佳。

2. 检测电位器的标称阻值

检测依据 双联电位器的两定片之间的阻值应接近或等于标称阻值。

步骤 1 选择万用表"×100"挡,并调零,如图 4-37 所示。

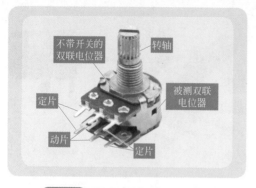

图4-36 被测双联电位器的外形

图4-37 选择万用表的"×100"挡，并调零

步骤2 将黑、红表笔分别搭在电位器的两只定片脚上，此时万用表显示为700Ω，即正常，如图4-38所示。

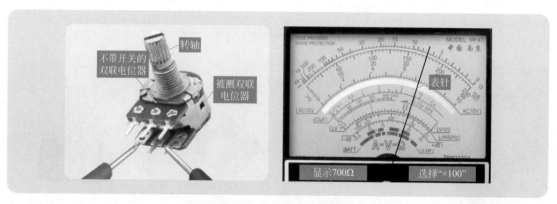

图4-38 电位器标称阻值的测量

总结：若两定片之间的阻值接近无穷大，则表明该电位器断路。

若两定片之间的阻值接近0，则表明该电位器内部短路。

若两定片之间的阻值大于标称值，则表明该电位器失去调整功能。

3. 检测定片与动片之间的接触情况

步骤1 将黑、红表笔分别搭在电位器的一只定片和动片上，转动转轴，以检测电位器的最大阻值710Ω，即正常，如图4-39所示。

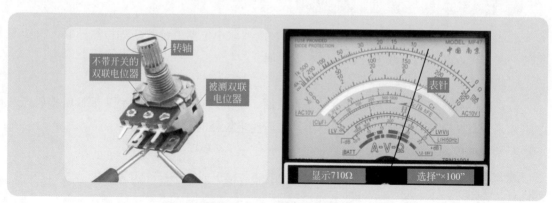

图4-39 检测电位器的最大阻值

用指针万用表测得的阻值为表盘的指针指示数乘以电阻挡位，即被测电阻值＝刻度示值×挡位数。如选择的挡位是"×100"挡，表针指示为20，则被测阻值为 $20 \times 100\Omega = 2000\Omega = 2k\Omega$。

步骤2 转动转轴，以检测电位器的最小阻值接近0，如图4-40所示。

总结：在转动转轴过程中，正常情况下，表针应平稳地向特定方向移动，且阻值不会出现跳跃、突然变为无穷大或跌落现象。否则，则表明动片的触点与电阻器体接触不良。

图4-40 检测电位器的最小阻值

4. 检测动片与两定片之间总阻值是否符合标称阻值

检测依据 正常情况下，电位器的动片与两定片之间总阻值应与标称阻值相同或相近。

步骤1 将黑、红表笔分别搭在电位器的一只定片和动片上，此时万用表显示为400Ω，用 R_1 表示，如图4-41所示。

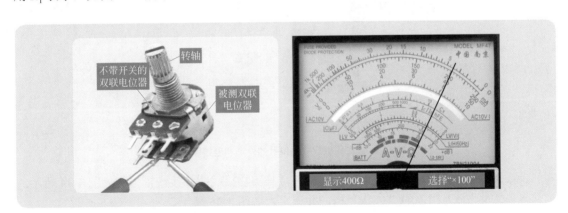

图4-41 检测电位器一只定片和动片之间阻值

步骤2 将黑、红表笔分别搭在电位器的另一只定片和动片上，此时万用表显示为305Ω，用 R_2 表示，如图4-42所示。

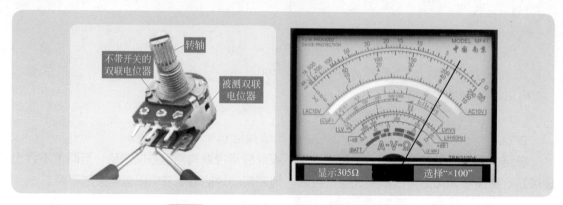

图4-42 检测电位器另一只定片和动片之间阻值

总结： 上述检测 R_1+R_2=705Ω，与标称阻值 700Ω 相近。R_1+R_2 应等于或接近标称阻值是正常，若 R_1+R_2 过大或过小于标称阻值，则表明被测电位器已损坏。

专家提示

如果定片与动片之间的最大阻值和最小阻值十分接近，则表明电位器已失去调整功能。另外，在转动转轴时，还应注意阻值是否会随转轴的转动而灵敏变化，若阻值的变化需要往复多次才能实现，则表明电位器的动片与定片之间存在接触不良的情况。

四、同轴双联电位器的同步检测

检测依据 首先分别检测两组电位器的总阻值应相等，否则表明该电位器损坏。接着通过用导线短接两组非对称的定片，以检测转动转轴时两动片间的阻值应保持不变为正常。

被测同轴双联电位器的外形和电路图形符号如图 4-43 所示。

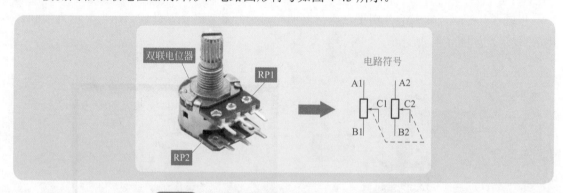

图4-43 被测同轴双联电位器的外形和电路图形符号

步骤1 将被测同轴双联电位器接入电路，其实物接线图和接线模拟图如图 4-44 所示。

步骤2 选择万用表的"×1k"挡，并调零，如图 4-45 所示。

步骤3 将黑、红表笔分别搭在 RP1 组电位器两只定片上，此时万用表显示为 9kΩ（即正常），如图 4-46 所示。

步骤4 接着将黑、红表笔分别搭在 RP2 组电位器两只定片上，此时万用表显示为 9kΩ（即正常），如图 4-47 所示。

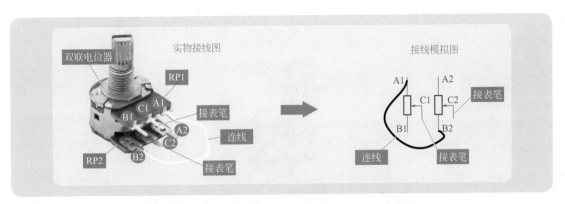

图4-44　被测同轴双联电位器的实物接线图和接线模拟图

图4-45　选择万用表的"×1k"挡，并调零

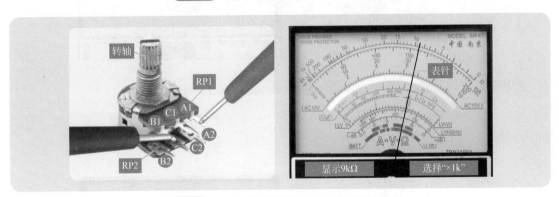

图4-46　RP1组电位器两只定片之间阻值的测量

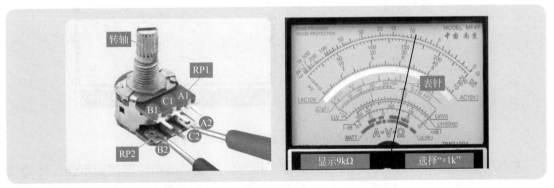

图4-47　RP2组电位器两只定片之间阻值的测量

步骤5 用导线将 RP1 组电位器的 A1 脚与 RP2 组电位器的 B2 脚相连，如图 4-48 所示。

图4-48 用导线将RP1组电位器的A1脚与RP2组电位器的B2脚相连

步骤6 将黑、红表笔分别搭在 RP1 组和 RP2 组电位器的动片引脚上，转动转轴，此时万用表一直显示 9kΩ（即正常），如图 4-49 所示。

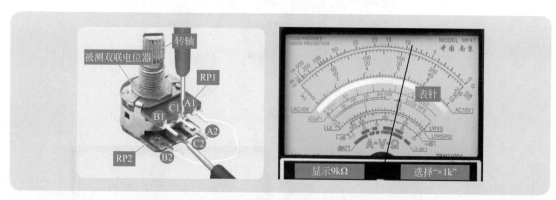

图4-49 RP1组和RP2组电位器的动片引脚之间阻值的测量1

步骤7 转动转轴，若万用表显示值波动较大（6kΩ），如图 4-50 所示，则表明该电位器同步效果不好。

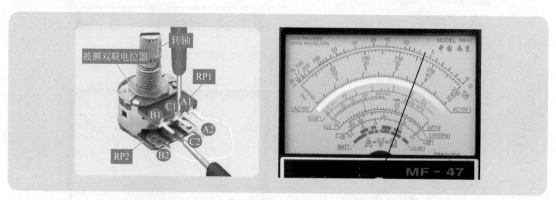

图4-50 RP1组和RP2组电位器的动片引脚之间阻值的测量2

总结：若所测甲、乙两组电位器的阻值不相等，则表明该电位器质量不佳。转动转轴过程中，无论转到什么位置，万用表显示值均与甲或乙组电位器定片与动片之间的阻值相等。

若转动转轴时，表针抖动或偏摆（即测量阻值不稳），则表明该电位器同步不良。指针偏移角度越大，则表明该电位器的同步偏差就越大，即万用表数值偏离 10kΩ 越大，该电位器同步偏差就越大。

五、多联电位器的检测

多联电位器的检测可参看单联电位器、双联电位器的检测，因篇幅有限，在此不过多说明。

第四节　电位器的修复、代换和选用

一、电位器的修复和代换

电位器的修复和代换步骤如下：

① 电位器损坏后，应以采用相同规格的电位器进行更换为原则，在更换之前应对所使用的电位器质量进行测量。

② 当没有相同规格的电位器进行更换时，可根据故障类型进行相应的应急修理措施。

专家提示

当电位器的电阻器体与定片之间的金属涂层氧化变质开路或电阻器体与定片压接不良时，可使用碳粉铅笔的内芯或导电胶对开路部位进行涂抹，经万用表测量阻值正常后即可应急使用。

③ 当电位器的动片与电阻器体接触不良时，可将其拆开，观察电阻器体是否磨损严重。若磨损不严重，可用脱脂棉蘸适量纯酒精，对电阻器体表面进行擦拭，使其清洁，并调整动片与电阻器体之间的压力。故障排除，即可使用。

④ 当电位器的电阻器体出现磨损严重故障时，对其用酒精清洁后并调整动片触点与电阻器体的相对位置，使动片触点与电阻器体未磨损部位接触，也可在电阻器体涂抹润滑硅脂或凡士林来减少电阻器体的磨损速度。安装外壳后，要用胶带将其包好以防止灰尘进入电位器。

⑤ 若电位器的电阻器体只存在一端区域磨损严重而另一端区域表面良好时，可把连接两定片的连接线对调、焊接。试机时该电位器调整方向与原来相反，故障排除后即可使用。

二、电位器的选用

① 根据使用要求选用不同类型的电位器。合成碳膜电位器是电子设备使用最广泛的电位器种类，其特点是分辨率高、阻值范围宽（一般为 470Ω ～ 4.7MΩ）、型号多、价格便宜等，但稳定性和耐湿性差。在要求不高的电路中，可选用该电位器。

绕线式电位器的接触电阻较小、精度高、功率范围宽、耐热性能好，在直流电路和低频电路可选用绕线电阻器；对不要求噪声低的电路可选用这种电位器。在高频电路中，不宜选择这种电位器。

② 根据电路对参数的要求选用电位器。

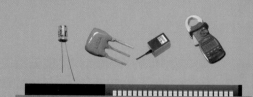

第五章
电容器

第一节 电容器的基础知识

一、电容器的特点

电容器是由两个相距较近而又彼此绝缘的金属板（或膜）组成的。组成电容器的两个金属板叫极板，中间的绝缘物质叫作电容器的介质，极板上各有一条电极引出。根据金属极板中间绝缘介质材料的不同又分为多种类型。在电路中，常用字母"C、CN、EC、TC、BC"表示。

> **要诀**
>
> 电容结构两极板，
> 绝缘物质夹中间。
> 充电放电功能显，
> 隔直通交电路见。

二、电容器的原理

电容器具有充放电功能，如图5-1所示。将干电池 E_c、单刀双掷开关K、平行板电容器C和电阻R用导线连接如图5-1（a）所示。当开关K的2与3触点闭合时，电池将电容上面极板上的自由电子转运到下面极板，在回路中产生如图5-1（b）所示电流I，使电容器的上极板失去电子而带正电荷，下极板得到电子而带负电荷，在电容器的极板之间形成电场而具有一定的电场能。电容器极板之间的电场强度随着电子转移数目的增加而上升，当该电场强度上升至与电池电压相一致时，电池便没有能力对电容器极板上的电子进行搬运，使回路中的电流强度由大减小直至减小到零。若此时将开关K中的2与3断开，则电容器两极板储存的正负电荷会长久保持下去。

如图5-1（c）所示。将开关K的1与2触点闭合时，电容器中正电荷就会经开关K，电阻R构成闭合回路，电容器下极板上多余的电子会经电阻R返回到上极板进行中和，使电容器极板上的正负电荷减少，由于电阻内的电子定向移动而形成如图5-1（c）所示的电流I，极板之间电场强度逐渐减弱，电场能进一步减少。当下极板上多余的电子经电阻完全转

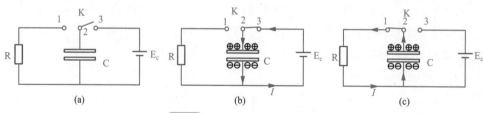

图5-1 电容器充、放电的演示

移到上极板上时，回路中没有电流通过，电容器极板之间电场消失。

电容器的充放电原理也可以通过蓄水池的蓄水和放水来描述。

如图5-2（a）所示，阀门开启而水龙头关闭，水罐内的水位低于蓄水池内的水位时，水罐内的水不能通过阀门进入蓄水池内。

如图5-2（b）所示，当水罐内的水位高于蓄水池内的水位时，水罐内的水则可以通过阀门进入蓄水池内。开始时因水罐与蓄水池之间的水位差较大而水流也较大，当阀门两侧的水位差减小时，水流速度也减小，当水罐内的水位和蓄水池内的水位相同时，水通过阀门的流速减小到零。

如图5-2（c）所示，关闭阀门，水罐内的水位高低则不会影响蓄水池的水位，蓄水池将内部的水存储起来。若拧开水龙头，水罐内水可从水龙头流出来。因此蓄水池和电容器的原理相同，都具有蓄水和放水的功能。

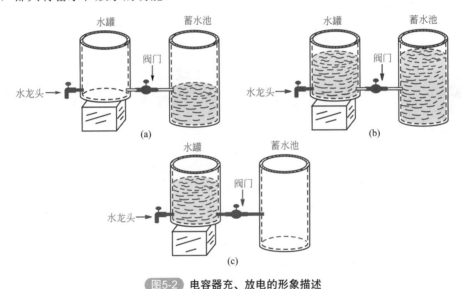

图5-2　电容器充、放电的形象描述

三、电容器的特性

由于电容器两极板彼此绝缘，而又具有充放电功能，所以电容器具有隔直流、通交流的特性。

当直流电加到电容器的两极板时对其进行充电，电路中有充电电流通过。当电容器两极板之间电压与外加直流电压相等时，电路中不再有电流通过。

当交流电加到电容器两极板时，在正半周期间，对电容进行充电，在负半周期间，电容器放电后并被反向充电，当下一个交流电周期到来，电容器完成了充电和放电过程，如此循环，在电路中就产生了交变电流，以保证交流电流的通过。电容器对通过的交流电有一定的阻碍作用，即容抗，用字母 X_c 表示。电容器的容抗与交流电的频率 f 和电容器自身容量 C 之间关系为：$X_c=1/(2\pi fC)$。

要诀

电容两极板相绝缘，
功能拥有充放电，
电容具有啥特点，
隔直流但通交流电。

四、电容器的作用

由于电容器具有充放电功能和隔直流通交流的特性，因此，电容器被广泛应用于各种交、直流电路中，常见有滤波、耦合、谐振、旁路或退耦等作用。在电磁炉中，与加热线盘并联的电容器就工作在高频高压谐振状态。

五、电容器的基本参数

认识电容器的
基本参数

1. 标称容量

电容器储存电荷能力的大小用电容量来表示，简称电容，用字母 C 表示，基本单位是法拉，简称法，用字母 F 表示。电容器的容量 C 与极板正对面积 S 及极板之间距离 d 的关系为 $C=\varepsilon S/(4\pi d)$。电容器的容量单位有毫法（mF）、微法（μF）、纳法（nF）、皮法（pF）等，而以微法（μF）和皮法（pF）较为常见。

电容器的单位换算：1F（法拉）=1000mF（毫法），1mF（毫法）=1000μF（微法），1μF（微法）=1000nF（纳法），1nF（纳法）=1000pF（皮法）。电容器的标称容量如图5-3所示。

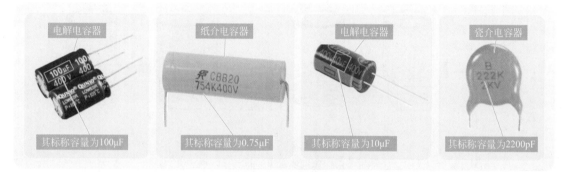

图5-3 电容器的标称容量

2. 额定电压（耐压）

电容器的额定电压也叫耐压，是指在允许温度范围内，长期正常工作所能承受的最高电压。电容器的耐压通常直接标注在外壳上，如图5-4所示，有些没有标注耐压的电容器，其耐压一般为63V。

专家提示

选用电容器时，要根据电容器所在的电路以确定不同的耐压值。电容器的工作电压应低于电容器的标注额定电压值，否则电容器会因过压而损坏。

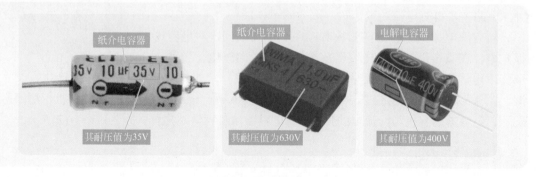

图5-4 电容器的耐压

3. 允许误差

电容器的允许误差就是指标称容量与实际容量之间所允许的最大偏差，常用百分比来表示，常见有 ±5%、±10% 或 ±20% 等。在实际应用中，电容器的允许误差常用字母来表示，电容器的允许误差也标注在表面上。电容器的允许误差如图 5-5 所示。

该电容器的"K"表示
允许误差为±10%(I级)

该电容器的"J"
表示允许误差为±5%

该电容器的"M"表示
允许误差为±20%(III级)

该电容器的"K"表示
允许误差为±10%

图5-5 电容器的允许误差

专家提示

电容器的允许误差一般与电容器的绝缘介质材料和容量大小有关。电路中电容器的容量较大，允许误差应大于 10%，瓷介电容器、云母电容器、玻璃釉电容器、涤纶电容器、聚苯烯电容器和聚苯乙烯电容器等的无极性电容器的电容量较小，允许误差一般大于 ±20%。

4. 允许工作温度

允许工作温度是指电容器长期稳定工作所允许的温度范围。当其工作温度超过其允许工作温度上限值时会因漏电电流过大而超温爆裂。允许工作温度一般为 −40 ~ +105℃，如图 5-6 所示。

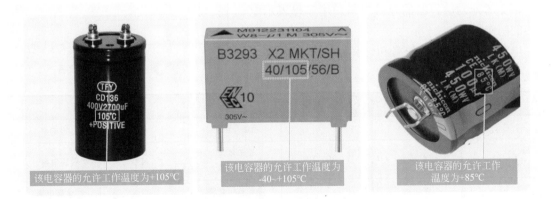

该电容器的允许工作温度为+105℃

该电容器的允许工作温度为
−40~+105℃

该电容器的允许工作
温度为+85℃

图5-6 电容器的允许工作温度标注

5. 温度系数

电容器的温度系数是指在允许工作温度范围内，当温度变化 1℃ 时，其容量的相对变化量。

电容器的温度系数越小，表明工作性能越稳定。

6. 漏电电流

因电容器介质材料不是绝对绝缘，在一定温度和外加电压下，会有一定电流通过介质材料，该电流就是漏电电流。在实际应用中，电解电容器的漏电流较大，而其他电容器的漏电流就较小。

7. 绝缘电阻

电容器由于漏电电流的存在会降低极板之间的绝缘程度，即存在一定的绝缘电阻。电容器的漏电电流越大，其绝缘电阻就越小，而绝缘电阻越大的电容器，质量也越好。通常情况下，电容器的绝缘电阻在 $5G\Omega$（$1G=10^9$）以上。

8. 频率特性

交流电通过电容器时，并非绝对畅通，电容器对交流信号存在一定阻碍，其阻碍作用的大小随着外加交流信号频率的改变而不同。因此，每种电容器均有其最佳工作频率范围。

👆 **专家提示**

> 容量较大的电解电容器适合工作在低频电路中，而容量较小的云母电容器则适合工作在高频电路中。

9. 损耗因数

电容器的损耗因数即损耗角正切值，是用来表示电容器能量损耗大小的物理量。电容器的损耗因数越小，表明其质量就越好。

要 诀

电容参数常用到，九条逐一应记牢。
选配元件参数找，一项不符就乱套。
若问哪种最重要，容量耐压不可少。

◀ 六、电容器的型号

国产电容器型号一般由 4 个部分组成，如图 5-7 所示。

第 1 部分为电容器的主称，用字母 C 表示，如 C 表示电容器。

第 2 部分为电容器的介质材料。用字母表示电容器的制作材料。

电容器介质材料的符号和含义如表 5-1 所示。

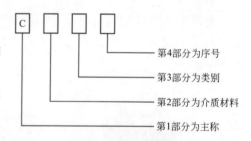

第4部分为序号
第3部分为类别
第2部分为介质材料
第1部分为主称

图5-7 国产电容器的命名

表 5-1 电容器介质材料的符号和含义

符号	含义	符号	含义	符号	含义
C	高频瓷介	J	金属化纸介	A	钽电解
T（S）	低频瓷介	B（BB、BF）	聚苯乙烯有机薄膜	N	铌电解
I	玻璃釉	L	涤纶有机薄膜	G	金属电解
O	玻璃膜	Q	漆膜	E	其他材料电解
Y	云母	H	纸膜复合介质		
Z	纸介	D	铝电解（普遍）		

第 3 部分为电容器的类别。用数字或字母表示产品的类型。数字含义如表 5-2 所示。有时用字母表示类别，如 G 表示高功率、T 表示叠片式、W 表示微调电容等。

表 5-2　电容器类别数字的含义

含义　　　数字 电容	1	2	3	4	5	6	7	8	9
瓷介电容器	圆片	管形	叠片	独石	穿心	支柱管		高压	
电解电容器	箔式	箔式	烧结粉液体			无极性	无极性		特殊
云母电容器	非密封	非密封	密封	密封				高压	
有机薄膜电容器	非密封	非密封	密封	密封	穿心			高压	特殊

第 4 部分为电容器的序号。用数字表示同类品种中的不同品种。

典例：CD110 型电容器的识读如图 5-8 所示。

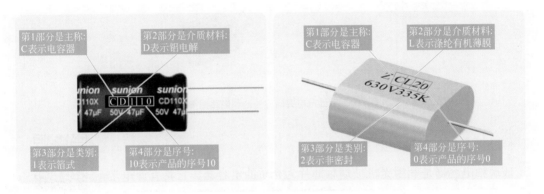

第1部分是主称：C表示电容器
第2部分是介质材料：D表示铝电解
第3部分是类别：1表示箔式
第4部分是序号：10表示产品的序号10

第1部分是主称：C表示电容器
第2部分是介质材料：L表示涤纶有机薄膜
第3部分是类别：2表示非密封
第4部分是序号：0表示产品的序号0

图5-8　CD110型电容器的识读

第二节　固定电容器的识别

认识瓷介电容器
和云母电容器

一、瓷介电容器的识别

在无机材料陶瓷基体两面涂抹银层，并焊接引线，外面采用代表温度系数的彩色绝缘保护漆封装而成。而没有焊接引线的陶瓷贴片电容器应用也较广泛。它具有造价低、体积小、稳定性好、耐高温、损耗小、绝缘电阻高、容量小的特点，无正负极之分。高压陶瓷电容器适用在高压电路中起滤波作用，低压瓷片电容器和贴片电容器适合工作在低压电路中起到各种用途。其外形和电路图形符号如图 5-9 所示。

二、云母电容器的识别

云母电容器是利用无机云母作为介质的电容器。其容量小，一般为几皮法到几千皮法。它具有损耗小、频率特性好、可靠性高等特点，无正负极之分，主要用于高频电路。其外形和电路图形符号如图 5-10 所示。

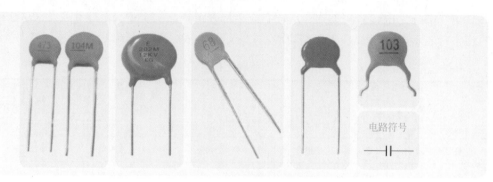

图5-9 瓷介电容器的外形和电路图形符号

图5-10 云母电容器的外形和电路图形符号

三、玻璃釉电容器的识别

玻璃釉电容器是利用无机玻璃釉薄片为介质的电容器。它具有介电常数大、耐高温、耐高潮湿、损耗小等特点，无正负极之分。主要用于低压信号处理电路中。其外形和电路图形符号如图 5-11 所示。

认识玻璃釉电容器和条轮电容器

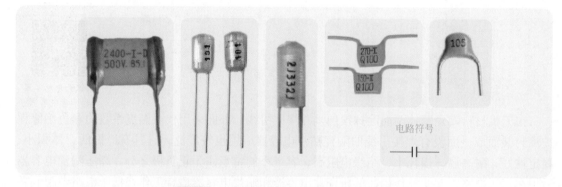

图5-11 玻璃釉电容器的外形和电路图形符号

四、涤纶电容器的识别

涤纶电容器是采用有机涤纶薄膜作介质的电容器。它具有成本低、耐压、耐潮湿和耐热性能好等特点，但是稳定性差，无极性之分，多用于要求不高的低压信号处理电路中。其外形和电路图形符号如图 5-12 所示。

图5-12　涤纶电容器的外形和电路图形符号

五、聚苯乙烯电容器的识别

聚苯乙烯电容器是采用有机聚苯乙烯薄膜作介质的电容器。它具有绝缘电阻大、成本低、耐压高、充电后电荷保存时间长等特点，无极性之分，主要用于对耐压要求较高的电路中。其外形和电路图形符号如图 5-13 所示。

认识聚苯乙烯电容器和纸介电容器

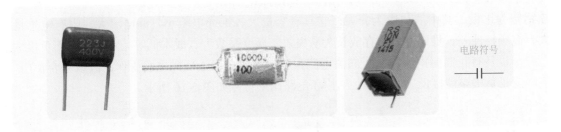

图5-13　聚苯乙烯电容器的外形和电路图形符号

六、纸介电容器的识别

纸介电容器是将电容纸与金属箔间隔卷制在一起并采用金属壳或其他材料封装而成的。它具有成本低等优点，但分布电感和损耗较大，无极性之分，只能用于要求不高的低频电路中。常见有玻璃、陶瓷和金属外壳的纸介电容器。其外形和电路图形符号如图 5-14 所示。

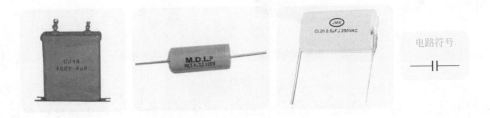

图5-14　纸介电容器的外形和电路图形符号

七、独石电容器的识别

认识独石电容器

独石电容器是多层陶瓷电容器的别称，简称 MLCC，广泛应用于电子精密仪器，在各种小型电子设备中用作谐振、耦合、滤波、旁路。

独石电容器比一般瓷介电容器大（10pF ～ 10μF），且有电容量大、体积小、可靠性高、电容量稳定、耐高温、绝缘性好、成本低等优点,因而得到广泛的应用。独石电容器不仅可替代云母电容器和纸介电容器,还取代了某些钽电容器,广泛应用在小型和超小型电子设备(如液晶手表和微型仪器)中。其外形和电路图形符号如图5-15所示。

图5-15 独石电容器的外形和电路图形符号

八、铝电解电容器的识别

铝电解电容器是将中间夹有电解纸的两片铝箔紧紧卷起来,浸泡在装有电解液的铝筒中。其中一片与电解纸相附的铝箔面上有一层氧化膜,该铝箔为正极。其中氧化膜为介质。它具有容量大、绝缘电阻小、漏电流大、固有电感量大、高频特性差、稳定性差、存放长久易失效、温度系数大、成本低等特点,但有正负极性之分,也具有正向漏电流小、反向漏电流大等特点,多用于低频电路中作滤波或耦合使用,但注意正负极不能接反。其外形、结构和电路图形符号如图5-16所示。

认识铝电解电容器

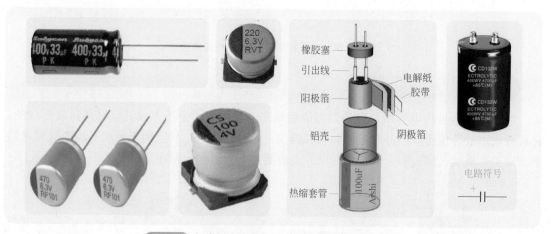

图5-16 铝电解电容器的外形、结构和电路图形符号

要诀

电解电容极咋标,简单明了易知晓,极性标注两种好,图标法直观记得牢,"+"为正极 要记好,"–"为负极不差毫;有些电容要知道,引脚厂家规定了,短的为负要记好,负极正脚没大跑。

九、钽电解电容器的识别

钽电解电容器是采用金属钽或铌作正极,表面产生的氧化物作介质,

认识钽电解电容器

浸泡在用稀硫酸作负极的溶液里，然后采用树脂封装而成。它具有体积小、性能稳定、寿命长、绝缘电阻大、温度系数小、精度高等特点，但成本较高，有正负极之分，多用于对电容性能稳定程度要求较高的电路中。其外形和电路图形符号如图5-17所示。

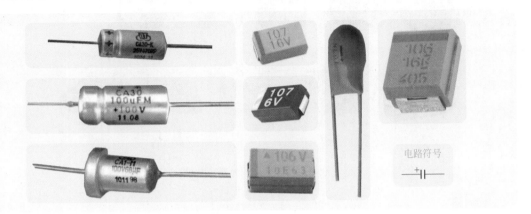

图5-17 钽电解电容器的外形和电路图形符号

十、色环电容器的识别

色环电容器与色环电阻器的外形相近，其外壳上都有不同颜色的色环，通过色环可知道色环电容器的电容量。色环电容器按安装方式可分为卧式色环电容器和立式色环电容器，按外形特点可分为柱式色环电容器和片式色环电容器。柱式色环电容器和色环电阻器在电路板上通过标示就可以区别。色环电容器的外形和电路图形符号如图5-18所示。

认识色环电容器

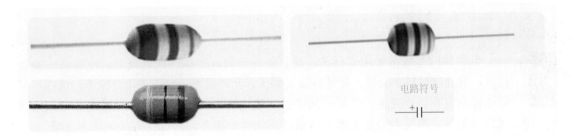

图5-18 色环电容器的外形和电路图形符号

十一、贴片电容器的识别

贴片电容器是一种电容材质。贴片电容器的全称为多层（积层、叠层）片式陶瓷电容器，也称为贴片电容或片容。贴片电容的命名所包含的参数有贴片电容的尺寸、做这种贴片电容用的材质、要求达到的精度、要求的电压、要求的容量、端头的要求以及包装的要求。一般订购贴片电容需提供的参数要有尺寸的大小、要求的精度、电压的要求、容量值以及要求的品牌即可。贴片电容可分为无极性和有极性两类。

认识贴片电容器

贴片电容器有中、高压贴片电容器和普通贴片电容器，系列电压有6.3V、10V、16V、25V、50V、100V、200V、500V、1000V、2000V、3000V、4000V。其外形和电路图形符号如图5-19所示。

图5-19 贴片电容器的外形和电路图形符号

电路符号

要诀

固定电容电路显，外形识别很关键，十一种电容很常见，它们特点要记全。
电解电容有特点，极性区别要能言，其他电容无极性，特性也要记心中。

第三节 电容器的参数识别和引脚极性的判断

一、普通电容器参数的标示识别

认识普通电容器
参数的标识

电容器的参数常采用直标法，是将各种参数直接标注在外壳上。电容器的参数较多，有介质材料、类别、标称容量、耐压、允许误差、允许工作温度等，这些不可能都标在电容器外壳上。实际应用中，一般电容器上都标有标称容量、额定电压和允许误差等。有些大容量电解电容器标注的参数更多，其标注方法如图 5-20 所示。

表示电容器的接线端子

表示电容器的接线端子

表示电容器生产厂家的商标

表示电容器的型号是"C31"

表示电容器的电容量值为0.47μF

表示电容器的允许误差为±5%

表示电容器的耐压值为1200V

表示电容器只能在直流状态下工作

表示电容器的生产时间：即2012年12月

图5-20 大容量电容器的参数标注

二、普通电容器容量值的标示识别

电容器电容量值的标示方式主要有直标法和色环标法。

1. 直标法

直标法是将电容器电容量值直接标注在外壳上。

（1）数字与字母混合标注法

① 数字＋字母标注法。将数字（一般为3位）和字母标注在电容器上，数字表示电容量，字母表示允许误差。电容器容量允许误差采用字母表示，其含义如表5-3所示。数字＋字母标注法如图5-21所示。

> **要 诀**
>
> 电容标识直标选，外表数字字母现，数字字母怎么看，认真阅读记心间。

认识电容器容量的直标法

表5-3　电容器容量允许误差

字母	F	G	J	K	L	M
允许误差	±1%	±2%	±5%	±10%（Ⅰ级）	±15%（Ⅱ级）	±20%（Ⅲ级）

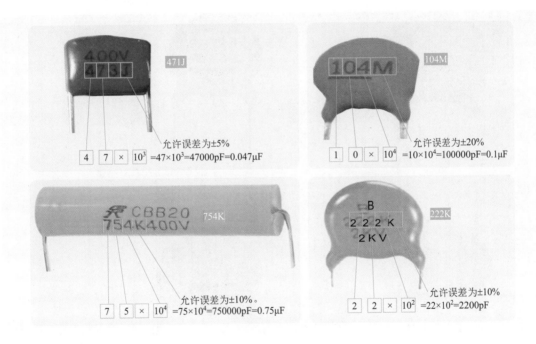

图5-21　**数字+字母标注法**

② 字母表示小数点标注法。在电容器的电容量标注中，常常用字母表示小数点和单位，用数字表示有效数字，常见的字母有 p、n、m、μ 等，其中，p 表示pF，n 表示 10^3pF，m 表示 10^6pF（即 μF）。如：4p3=4.3pF，6n2=6.2nF，3m3=3.3mF。总之：p、n、m、μ 既作为小数点，又可作为单位，但R只当作小数点使用。如 R58μF，即 R58μF=0.58μF。又如 p33，即 p33=0.33pF。字母表示小数点标注法如图 5-22 所示。

（2）纯数字标注

纯数字标注是指用三位数或四位数标注在电容器上，以表示电容器的容量大小。

① 三位数字标注。在三位数字中，前两位为有效数字，第三位表示倍率，其单位是 pF。

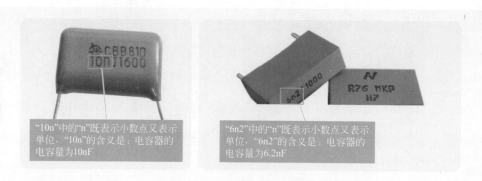

"10n"中的"n"既表示小数点又表示单位，"10n"的含义是：电容器的电容量为10nF

"6n2"中的"n"既表示小数点又表示单位，"6n2"的含义是：电容器的电容量为6.2nF

图5-22 字母表示小数点标注法

如：101 表示 $10 \times 10^1 = 100$pF；102 表示 $10 \times 10^2 = 1000$pF；233 表示 $23 \times 10^3 = 23000$pF$= 0.023 \mu$F。三位数字标注如图 5-23 所示。

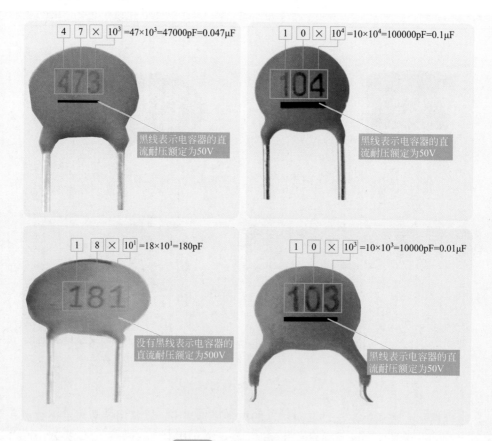

| 4 | 7 | × | 10^3 | $= 47 \times 10^3 = 47000$pF$= 0.047 \mu$F

黑线表示电容器的直流耐压额定为50V

| 1 | 0 | × | 10^4 | $= 10 \times 10^4 = 100000pF= 0.1 \mu$F

黑线表示电容器的直流耐压额定为50V

| 1 | 8 | × | 10^1 | $= 18 \times 10^1 = 180$pF

没有黑线表示电容器的直流耐压额定为500V

| 1 | 0 | × | 10^3 | $= 10 \times 10^3 = 10000$pF$= 0.01 \mu$F

黑线表示电容器的直流耐压额定为50V

图5-23 三位数字的标注识别

专家提示

如果整数的最后一位是 0，如 220，则表示该电容器的容量为 22pF。如果整数的最后一位是 9，此时不是表示 10 的 9 次方，而表示 10 的 −1 次方，如：239，则表示该电容器的容量为 2.3pF。

② 四位以上数字标注。四位以上数字不带单位的标注用四位数字来表示电容量，其单位是 pF。如：10000 表示 10000pF；2200 表示 2200pF。四位以上数字标注如图 5-24 所示。

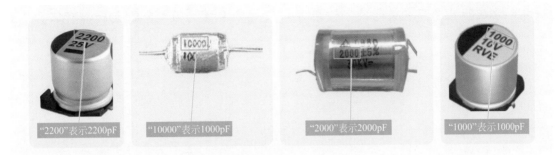

"2200"表示2200pF　　"10000"表示1000pF　　"2000"表示2000pF　　"1000"表示1000pF

图5-24　四位以上数字标注

③ 小于 1 的数字标注。用小于 1 的数字来表示电容量，其单位是 μF。如：0.47 表示 0.47μF；0.1 表示 0.1μF。小于 1 的数字标注如图 5-25 所示。

2. 色环标法

（1）卧式色环电容器的标注

色环标法是将电容器的容量通过色环表示并标注在外面，其单位为 pF。但色环代表一定的数字，这与电阻器色环标注基本相同。颜色与数字的对应

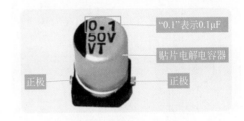

"0.1"表示0.1μF
贴片电解电容器
正极　　正极

图5-25　小于1的数字标注

关系是：黑 =0、棕 =1、红 =2、橙 =3、黄 =4、绿 =5、蓝 =6、紫 =7、灰 =8、白 =9。电容器上的色环表示可分为三色环、四色环和五色环，具体可参见电阻器的色环命名。如图 5-26 所示。

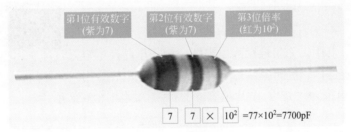

第1位有效数字（紫为7）　第2位有效数字（紫为7）　第3位倍率（红为10^2）

认识电容器容量的色环表示法

7 7 $\times$ 10^2 $=77\times10^2=7700pF$

(a) 三色环电容器

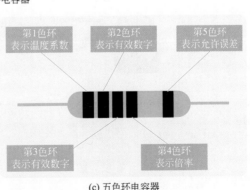

第1色环表示有效数字　第2色环表示有效数字
第3色环表示倍率　第4色环表示允许误差

(b) 四色环电容器

第1色环表示温度系数　第2色环表示有效数字　第5色环表示允许误差
第3色环表示有效数字　第4色环表示倍率

(c) 五色环电容器

图5-26　卧式色环电容器容量值的标注

（2）立式色环电容器的标注

立式色环电容器的标注如图5-27所示。

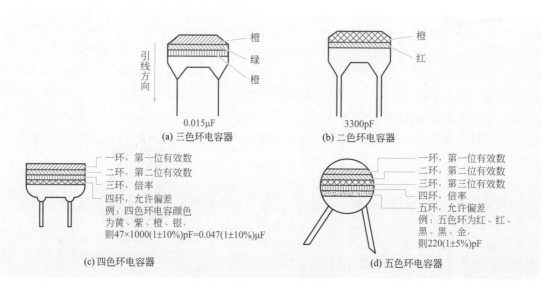

图5-27 立式色环电容器的标注

三、贴片电容器的标示识别

认识贴片电容器
的标识

认识贴片电容器
容量值的标识

贴片电容器可分为有极性贴片电容器（电解电容器）和无极性贴片电容器。其中，无极性贴片电容器分为云母贴片电容器、陶瓷贴片电容器、有机薄膜贴片电容器等。贴片电容器用"C"表示，常用单位为"pF"。贴片电容器的标注识别如图5-28所示。

图5-28 贴片电容器的标注识别

四、贴片电容器容量值的标示识别

贴片电容器的容量因所用介质的不同而各异。贴片电解电容器的容量值一般为 1 ～ 470μF；独石贴片电容器的容量值一般为 0.5pF ～ 4.7μF；陶瓷贴片电容器的容量值一般为 0.5pF ～ 47μF。

由于贴片电容器的体积较小，故一般不标注容量，这些贴片电容器的容量可通过检测或包装标签来识别。

有一些贴片电容器在其表面上以数字或字母的形式进行标注。常见有纯数字标注法、字母＋数字标注法、颜色＋字母标注法等。

1. 纯数字标注法

（1）三位数字标注法

纯数字标注的贴片电容器常见有三位数字。三位数字标注法是：前两位数字表示有效数字，第三位表示倍率，即 0 的个数，其单位默认为 pF。三位数字标注法如图 5-29 所示。

第1位有效数字：6　第2位有效数字：8　第3位倍率：4

第1位有效数字：2　第2位有效数字：2　第3位倍率：6

"684"表示电容量为$68×10^4=0.68μF$　　"226"表示电容量为$22×10^6=22μF$

图5-29　三位数字标注法

> **专家提示**
>
> 在一些体积较小的电容器壳体上，通常采用三位数字标注法，其原因是体积小，数字也小，不容易看清。

（2）四位数字标注法

在四位数字标注中，不带小数点的四位数字直接表示标准电容量的数值，其单位默认为 pF。四位数字标注法如图 5-30 所示。带小数点的四位数字直接表示标准电容量的数值，其小数点可在数字的任意位置，其单位默认为 μF，如：2.368 表示电容量为 2.368μF。

"1000"表示电容量为1000pF　　"4700"表示电容量为4700pF　　"1200"表示电容量为1200pF

图5-30　四位数字标注法

纯数字标注贴片中，数位不同要看清；三位数字标注中，前两位有效数字要记明，末位倍率个数零，计算方法记心中；四位数字标注中，电容量就与数值同。

2. 字母 + 数字标注法

字母 + 数字标注法是用大写英文字母加数字组合的方式表示电容量。第一位是字母，表示有效值；第二位是数字，表示有效值后面 0 的个数。字母与数字的含义如表 5-4 所示。

表 5-4 字母与数字的含义

字母 + 数字标注法中的字母含义				字母 + 数字标注法中的数字含义	
A	1	N	3.3	0	10^0
B	1.1	P	3.6	1	10^1
C	1.2	Q	3.9	2	10^2
D	1.3	R	4.3	3	10^3
E	1.5	S	4.7	4	10^4
F	1.6	T	5.1	5	10^5
G	1.8	U	5.6	6	10^6
H	2.0	V	6.2	7	10^7
I	2.2	W	6.8	8	10^8
K	2.4	X	7.5	9	10^9
L	2.7	Y	9.0		
M	3.0	Z	9.1		

3. 颜色 + 字母标注法

采用颜色 + 字母的形式标注时，颜色和字母一起表示容量，颜色 + 字母标注法的颜色和字母对应的数值如表 5-5 所示。颜色容量单位为 pF。

在表格中，颜色栏与字母栏同时对应的数值，即是贴片电容器的容量值，其单位是"pF"。

如："黑色 +N"，查表 5-5 可知，黑色与 N 对应的数值是 33，即表示容量为 33pF。

表 5-5 颜色 + 字母标注法的颜色和字母对应的数值

颜色	A	C	E	G	J	L	N	Q	S	U	W	Y
黄色	0.1											
绿色	0.01		0.015		0.022		0.033		0.047	0.056	0.068	0.082
白色	0.001		0.0015		0.0022		0.0033		0.0047	0.0056	0.0068	
红色	1	2	3	4	5	6	7	8	9			
黑色	10	12	15	18	22	27	33	39	47	56	68	82
蓝色	100	120	150	180	220	270	330	390	470	560	680	820

五、贴片电容器允许误差的标示识别

贴片电容器的允许误差是表示容量大小在允许误差范围内均为合格产品。在贴片电感器上用字母表示允许误差，常见的字母有 H、J、K、M、Z，分别表示 ±10%、±20%、

±25%、−20%、+80%。

例如：104H 中的 H 表示允许误差为 ±10%，102 J 中的 J 表示允许误差为 ±20%。

六、贴片电容器温度系数的标示识别

电容器的温度系数可分为Ⅰ级和Ⅱ级，其中Ⅰ级可分为 8 级，Ⅱ级可分为 5 级，一般Ⅰ级高于Ⅱ级，前面的高于后面的。电容器的温度系数Ⅰ级如表 5-6 所示，Ⅱ级如表 5-7 所示。

表 5-6　电容器的温度系数（Ⅰ级）

温度系数符号	温度系数/（PPM/℃）	温度范围/℃
COG（NPO）	0±30	−55 ~ +125
GH	0±60	−25 ~ +85
PH（P2H）	−130±60	−25 ~ +85
RH（R2H）	−220±60	−25 ~ +85
SH（S2H）	−330±60	−25 ~ +85
TH（T2H）	−470±60	−25 ~ +85
UJ（U2J）	−750±120	−25 ~ +85
SL	+350 ~ −1000	20 ~ 85

表 5-7　电容器的温度系数（Ⅱ级）

温度系数符号	电容变化量/%	温度范围/℃	温度系数符号	电容变化量/%	温度范围/℃
X7R	±13	−55 ~ +125	Z5U	+22，−56	10 ~ 85
X7S	±22	−55 ~ +125	Y5V	+22，−82	−30 ~ +85
X8R	±13	−55 ~ +130			

贴片电容器耐压值的标注：贴片电容器的耐压值是表示该电容器的允许的工作电压，在使用时若超过该电压，将对其性能有较大的影响。普通无极性电容的标称耐压值有 63V、100V、160V、250V、400V、600V、1000V 等，有极性电容的耐压值相对要比无极性电容的耐压要低，一般的标称耐压值有 4V、6.3V、10V、16V、25V、35V、50V、63V、80V、100V、220V、400V 等。不同介质的贴片电容器其耐压是不同的，其耐压值通常以字母或数字的形式标注在贴片电容器的外壳上。其字母含义如表 5-8 所示。

表 5-8　贴片电容器耐压值的标注字母含义

字母代码	耐压值	字母代码	耐压值	字母代码	耐压值
A	10V	E	25V	J	6.3V
C	16V	G	4V	V	35V
D	20V	H	50V		

七、普通电容器允许误差的标示识别

1. 直标法

在电容器的外壳上直接标出允许误差数值，常用百分比来表示，例如 ±10% 或 ±20% 等，如图 5-31 所示。

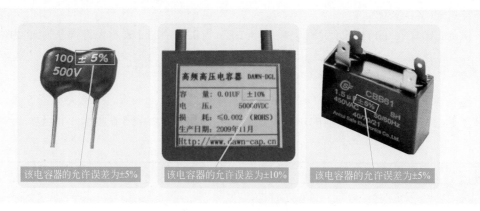

该电容器的允许误差为±5% | 该电容器的允许误差为±10% | 该电容器的允许误差为±5%

图5-31 电容器的允许误差常用百分比来表示

2. 字母标注法

在实际应用中，电容器的允许误差常用字母来表示，如表 5-9 所示。电容器的允许误差常用字母来表示，如图 5-32 所示。

表 5-9　电容器容量允许误差

字母	B	C	D	F	G	J	K	L
允许误差	±0.1%	±0.25%	±0.5%	±1%	±2%	±5%	±10%	±15%
字母	M	N	P	Q	R	S	T	Z
允许误差	±20%	±30%	+100%	±30%	+100%	±50%	+100%	+80%

该电容器的"K"表示允许误差为±10%(I级) | 该电容器的"J"表示允许误差为±5% | 该电容器的"M"表示允许误差为±20%(III级) | 该电容器的"K"表示允许误差为±10%

图5-32 电容器的允许误差常用字母来表示

3. 罗马数字标注法

罗马数字标注法是在电容器的外壳上直接标出罗马数字来表示允许误差，罗马数字0、Ⅰ、Ⅱ、Ⅲ分别表示 ±2%、±5%、±10%、±20%。

4. 直接标出绝对值法

在电容器的外壳上直接标出绝对值来表示允许误差，如：47pF±1pF，表示电容器的电容量为 47pF，允许误差为 ±1pF。

5. 省略单位法

在电容器的外壳上直接标出电容量和百分值来表示电容量值和允许误差，如 0.47/5，其中的"5"表示允许误差，即 ±5%。

八、普通电容器耐压的标示识别

认识普通电容器
耐压的标识

1. 直接标注法

电容器的耐压值常常以数字的形式直接标注在其外壳上，电容器耐压值的直接标注法如图 5-33 所示。

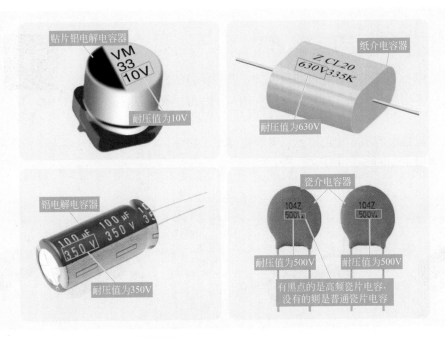

图5-33 电容器耐压值的直接标注法

2. 横线标注法

一些瓷片电容器的容量值下边常常有一条横线，表示其耐压值为 50V，没有横线的瓷片电容器的耐压值为 500V。电容器耐压值的横线标注法如图 5-34 所示。

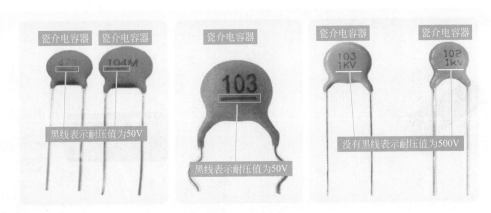

图5-34 电容器耐压值的横线标注法

3. 色点标注法

一些电解电容器在其正极引脚的根部常常有色点，该色点表示其耐压值，如：灰色色点表示耐压值为 16V，红色色点表示耐压值为 10V，棕色色点表示耐压值为 6.3V 等。

电容耐压标注要知晓，认真听我往下表。直接标注法比较好，一眼看不出差毫。
瓷片电容画一号，耐压值50V要记牢。没有横线耐压是多少，500V电压是正好。
电容脚根部有色点，表示耐压值法又一款。颜色不同耐压异，色点的含义要记齐。

九、有极性电容器引脚极性的判断

有极电容器引脚
极性的判断

有极性电容器的极性标识是很重要的，其判断方法在实际应用中常
见有符号法、引脚长短法、标记标注法、缺口法和颜色标注法等。

1. 符号法

有些有极性电容器在出厂时已在其表面标注了极性。标有"+"的一端为正极，标有"−"
的一端为负极。如图 5-35 所示。

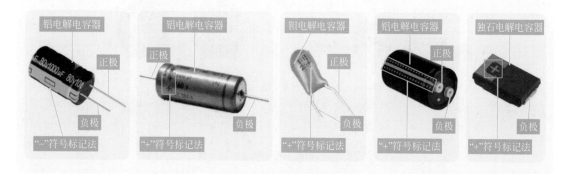

图5-35 电容器极性的符号法

2. 引脚长短法

有些有极性电容器在出厂时已在其引脚上作了规定，即引脚短的为有极性电容器的负极，
引脚长的则为正极。如图 5-36 所示。

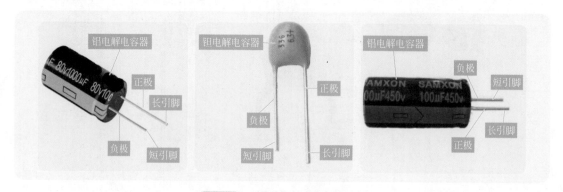

图5-36 电容器极性的引脚长短法

3. 标记标注法

有些钽电容器表面一般有一条丝印线（白色、黄色等）标记电容器的正极，另一端为负
极，标记标注法如图 5-37 所示。

图5-37 电容器极性的标记标注法

4. 缺口法

有些有极性电容器在正极引脚处有一个缺口,以此来标注电解电容器的正极。根据电容器的缺口判断极性的方法如图 5-38 所示。

5. 颜色标注法

① 有些有极性电容器在正极引脚处标注红色,以此来标注电解电容器的正极;在负极引脚处标注黑色,以此来标注电解电容器的负极。如图 5-39 所示。

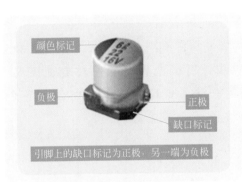

图5-38 电容器极性的缺口法

图5-39 颜色标注法之一

② 有些有极性电容器在其外壳上标有颜色,常见有黑色、绿色和红色标记,标记对应的引脚为电解电容器的负极。如图 5-40 所示。

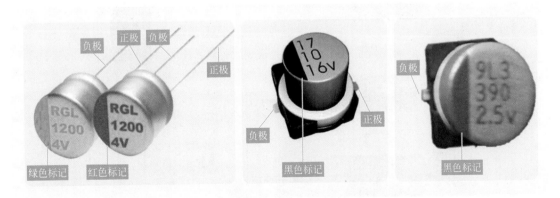

图5-40 颜色标注法之二

6. 电路板上的电路图形符号和极性符号标注法

在电路板上，在有极性电容器引脚附件标有有极性电容器的电路图形符号或"+""−"等，根据标示很容易就可判断有极性电容器的极性。电路板上的电路图形符号和极性符号标注法如图 5-41 所示。

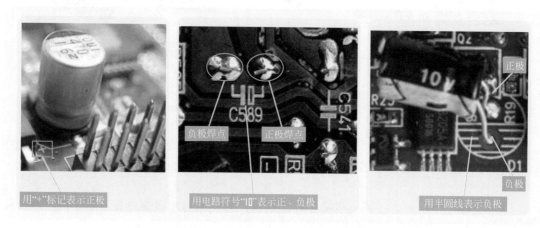

图5-41　电路板上的电路图形符号和极性符号标注法

要 诀

电容器极性咋判断，五个要点要记全。符号标注方法很直观，"+""−"一看就知全。
引脚长短也好判，长为正来负为短。缺口法伴有颜色现，黑色对着负极端。
颜色标注法有特点，认真阅读意自见。还有一法看电路板，符号标注很齐全。
劝君记住这五点，引脚极性区分不难办。

十、钽电容器引脚极性的判断

钽电容器的极性标识如图 5-42 所示。

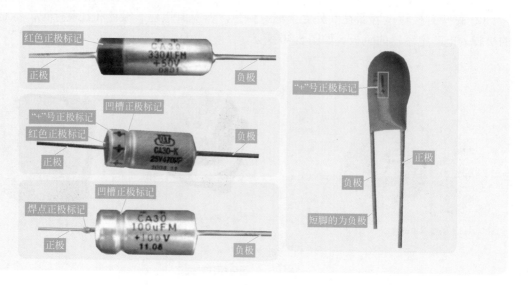

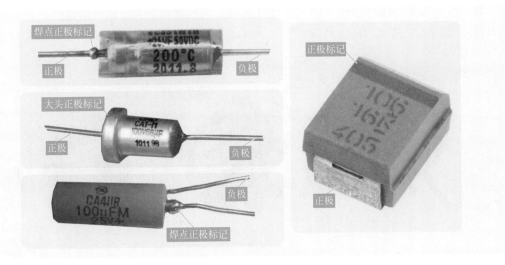

图5-42　钽电容器的极性标识

第四节　可变电容器的识别

认识微调电容器

一、微调电容器的识别

微调电容器也叫半可变电容器，其容量可在较小范围内调整，并可在调整后固定在一个数值。常见的有瓷介微调电容器、云母介质微调电容器等。均在动片和定片镀上半圆形镀层，旋转动片，可使两片的镀层相对面积发生改变而改变容量。主要用于不经常需要调整容量的电路中，而电路参数发生改变时，又可以在路调整容量来纠正电路参数偏差。微调电容器的外形和电路图形符号如图 5-43 所示。

图5-43　微调电容器的外形和电路图形符号

二、单联电容器的识别

认识单联电容器

单联电容器根据内部介质的不同可分为薄膜介质单联电容器和空气介质单联电容器。单联电容器只有一组动片、定片和薄膜介质，即整体是一只可调电容器，一般有两引脚和三引脚。空气介质单联电容器由多个金属片组成的动片和由多个金属片组成的定片组成，其介质为空气。单联电容器的外形和电路图形符号如图 5-44 所示。

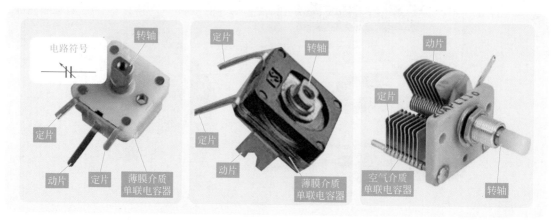

图5-44 单联电容器的外形和电路图形符号

单联电容器的工作原理是转动转轴或旋钮，定片与动片金属片重叠部分越多，其电容量就越大，定片与动片金属片重叠部分越少，其电容量就越小，其原理如图 5-45 所示。

三、双联电容器的识别

认识双联电容器

双联电容器根据内部介质的不同可分为薄膜介质双联电容器和空气介质双联电容器。双联电容器只有两组动片、两组定片和薄膜介质，即整体是两组只可调电容器，一般有三引脚和四引脚。空气介质两组联电容器由多个金属片

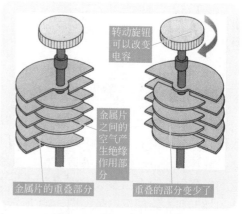

图5-45 单联电容器的原理

组成的两组动片和由多个金属片组成的两组定片组成，其介质为空气。它具有造价低廉、容量可连续调整等特点。双联电容器的外形和电路图形符号如图 5-46 所示。

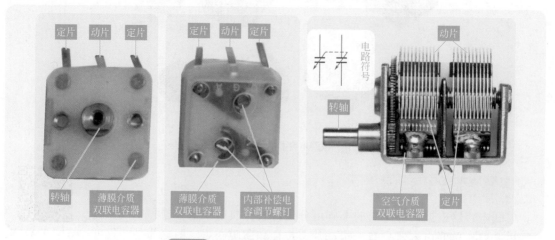

图5-46 双联电容器的外形和电路图形符号

四、四联电容器的识别

它主要由四只同步调整的可变电容器组成，由调幅本振联和调谐联，调频本振联和调谐联组成。可同时在调频或调幅两个频段进行调谐接收，主要用于具有调频和调幅功能的收音机。小型有机薄膜差容四联可变电容器如图 5-47 所示。

认识四联电容器

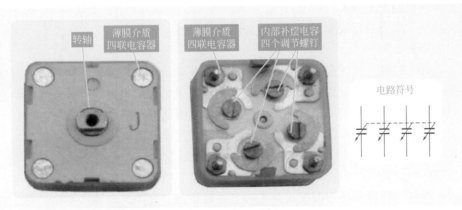

图5-47　四联可变电容器的外形和电路图形符号

第五节　电容器的检测维修、代换和选用

一、电容器的常见故障

1.电容器开路

问题描述：电容器如果出现开路故障，也就是没有了电容的作用了。不过需要注意的是，在不同电路中，电容器出现开路故障，其原因是不同的，需要进行具体分析。

解决办法：

① 内部开路，更换该电容器即可；②外部连线引起的开路，则只需重新焊接好。

2.电容器击穿

电容器击穿同样也会失去电容器的作用，若电容器两根引脚之间为通路，则电容器的隔直流作用消失，会引起直流电路出现故障。

解决办法：更换被击穿的电容器。

3.电容器漏电

电容器漏电时，会导致电容器两极板之间绝缘性能下降而产生漏电电阻，就有直流电流通过电容器，电容器的隔直流性能变差，电容器的容量也下降。当耦合电容器漏电时，会造成电路噪声较大。这是小容量电容器中故障率比较高的原因，故障检测比较困难。

解决办法：更换漏电的电容器。

4.通电后击穿

有时会遇到一种比较特殊的情况，即电容器通电后表现为电容器立即击穿，但断电后又表现为不击穿，用万用表检测时它没有击穿的特征，通电测量时电容器两端的直流电压为零或很低，电容器的性能变坏。

解决办法：更换通电后被击穿的电容器。

5. 电容器渗油

电容器是全密封器件，但由于制造缺陷和使用维护不当，往往会导致电容器渗油。电容器主要的渗油部位：一是绝缘套管、导电杆密封处的密封垫失效，导致渗油；二是电容器壳体焊缝开焊或锈蚀处渗油。

解决办法：尽快处理或更换渗油的电容器。

6. 电容器外壳膨胀

电容器外壳膨胀（又称鼓肚）也是电容器常见故障。本来电容器的油箱随着温度的变化会发生膨胀和收缩是正常现象，但由于电容器内部发生局部放电或绝缘被击穿，绝缘油将产生大量气体，会使电容器油箱产生变形，持续下去是很危险的。

解决办法：更换掉电容器，因为外壳一旦膨胀，就没有修复的必要了。

7. 电容器温度过高

电容器的温度是有一定限制的，但一些原因会造成电容器温度过高：①由于电容器室设计不合理，导致电容器室环境温度过高；②电容器布置密度过大，通风不良；③过电压造成电容器过电流；④电容器内部缺陷，介质老化后损耗增大，发热量增大等。

解决办法：停止正在运行的电容器，然后根据上述原因分析，找到相应的解决办法。

8. 电容器声音异常

一般情况下，电容在运行情况下是不会发出较大声音的，有时像蜜蜂采花时的嗡嗡声。但是还有些异常情况：①电容器母线与导电杆连接松动引起的放电声；②电容器内部元件老化或过电压击穿所造成的放电声；③由于高次谐波侵入所引发的噪声；④电容器组投入运行时所产生的合闸涌流，也会使电容器发出一阵异常声音。

9. 电容器组熔丝熔断

当电容器组采用熔丝保护时（必须采用跌落式熔断器），电容器本身故障或系统发生过电压等外界条件的影响，都会使电容器组熔丝熔断。电容器熔丝一旦熔断将造成三相电流指示不平衡。

解决办法：首先弄清熔断相及电容器号码，然后检查电容器的外观有无鼓肚现象，是否渗油，套管有无闪络放电痕迹，然后将发生的时间、相位、电容器号及观察的现象一并汇报给调度，一切按调度命令执行。

10. 电容器爆炸

电容器爆炸的原因有：①正负极接反；②电容器的质量不过关；③密封不良和漏油；④内部游离和鼓肚；⑤外壳绝缘的损坏；⑥带电荷合闸引起电容器爆炸；⑦温度过高引发电容器爆炸等。

要诀

电容故障很常见，在此总结有十点，电容开路需更换，电容击穿不值钱，电容漏电容量减，个别通电即击穿，电容漏油故障显，原因就在有缺陷，电容温度要有限，损坏原因书中看。

二、电容器的检测依据

电容器的容量不同，其检测方法也不相同，无极电容器的检测特点如下：

1. 电容量小于 0.01μF 的电容器的检测

（1）用指针万用表直接测量

因小于 0.01μF 电容器的电容量较小，使用指针万用表测量时，表针向右偏转一定角度（有时表针不偏转），然后迅速回到无穷大位置不摆动，故只能测量电容器是否漏电或内部是否短路及击穿。检测时，可采用万用表的"×10k"挡检测被测电容器的阻值，正常情况下，所测阻值应为无穷大。若所测阻值较小或为零，则表明被测电容器漏电或击穿短路。

（2）搭建检测电路测量

对于小于 0.01μF 的电容器，若表针摆动不太明显，需要搭建检测放大电路，选择万用表"×10k"挡，才能明显地看到指针的偏转情况。将三只同型号的三极管组成复合管，再把被测电容器接入电路，如图 5-48 所示。

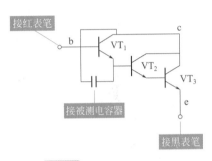

图5-48　搭建检测电路测量

2. 电容量大于 0.01μF 的电容器的检测

检测这类电容器，使用指针万用表的"×10k"挡，可检测其是否有充放电现象，还可以检测其是否漏电或短路。若电容器良好，表针先向右偏转，然后返回并停留在一个固定位置，容量越大向右偏转的角度就越大。

测量电解电容器时，选用万用表的挡位十分重要，一般情况下，大于 4700μF 的电解电容器选用"×1k"挡，470 ~ 4700μF 的电解电容器选用"×10"挡，47 ~ 220μF 的电解电容器选用"×100"挡，1 ~ 10μF 的电解电容器选用"×1"挡。

专家提示

用指针万用表测量电容器的充放电时，表针偏转的过程是万用表内部电池通过表笔向电容器的充电过程，电容器的容量越大充电越慢，表针偏转的角度就越大，充电结束后充电电流为零，表针回到无穷大位置。

三、用指针万用表检测云母电容器

被测云母电容器的标称为"100"，表示其电容量为 10pF，如图 5-49 所示。

检测依据　搭建检测放大电路，在正常情况下，万用表"×10k"挡进行测量，表针先向右偏转，然后回到无穷大位置。

步骤 1　选择万用表的"×10k"挡，并调零，如图 5-50 所示。

步骤 2　搭建检测放大电路，并将被测云母电容器接入电路，如图 5-51 所示。

用指针万用表开路测量无极电容器

用指针万用表开路测量普通电容器

图5-49　被测云母电容器的标称

图5-50 选择万用表的"×10k"挡，并调零

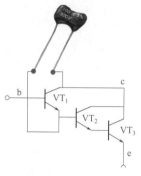

图5-51 搭建检测放大电路

步骤3 将黑表笔接在基极上，红表笔接发射极上，此时表针先从无穷大位置向右偏转，然后回到无穷大位置，即正常，如图5-52所示。

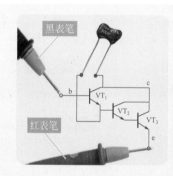

图5-52 云母电容器的测量

总结： 若表针不摆动，而一直停留在无穷大位置，则表明被测电容器断路。若表针能偏转，也能返回，但无法回到无穷大位置，则表明被测电容器漏电。若表针一直指在阻值较小或0位置不动，则表明被测电容器短路。

四、用数字万用表检测电解电容器

用指针万用表开路测量电解电容器

检测依据 测量33μF的电解电容器可选择"200μF"挡。

将电容器两只引脚分别插入数字万用表上的"CX"插孔，此时万用表显示为33.6μF，即正常，如图5-53所示。

总结： 若所测容量值与标称容量值相同或接近，则表明被测电容器性能良好。

若所测容量值为"1"，则表明被测电容器短路。

若所测容量值为"00.0"，则表明被测电容器断路。

若所测容量值小于标称值过多，则表明被测电容器的容量减小。

若所测容量值大于标称值，则表明被测电

图5-53 电解电容器容量的检测

容器漏电。

对短路、断路、漏电或容量减小的电容器都应予以更换。

 专家提示

用数字万用表测量电容量时应注意以下几点：

① 电容器应插入专业插座的电容测试座中，而不要插入表笔插孔中。

② 检测电容量电容器时，显示屏显示稳定数值需要一定的时间。

③ 每次切换量程时都要一定的复零时间，待复零结束后再插入待测电容器。

五、电解电容器引脚极性的测量

电解电容器的引脚极性判断大多通过极性标识即可判断。在电解电容器外壳上没有标识时，常采用测量法。被测电解电容器的外形如图5-54所示。

检测依据 正常情况下，将指针万用表的黑表笔接电解电容器的正极且红表笔接负极（即正接）时，所测漏电电阻较大，若反接时漏电电阻较小。

步骤1 用金属物件短接电解电容器的两只引脚，以放掉两极板上的电荷。

步骤2 选择万用表的"×1k"挡，并调零，如图5-55所示。

图5-54 被测电解电容器的外形

图5-55 选择万用表的"×1k"挡，并调零

步骤3 将黑、红表笔分别搭在被测电解电容器的两只引脚上，此时万用表显示漏电阻值为500kΩ，即正常，如图5-56所示。

图5-56 被测电解电容器的测量

步骤 4 交换黑、红表笔再次测量，此时万用表显示漏电阻值为300kΩ，即正常，如图 5-57 所示。

图5-57 被测电解电容器的再次测量

总结：在上述测量中，以测得漏电电阻较小的一次为标准，红表笔所搭的引脚为电解电容器的正极，黑表笔所搭的引脚为电解电容器的负极。

 专家提示

> 电解电容器的常见故障有击穿、漏电、容量减小或消失。

六、有极性电容器漏电电阻值的检测

有极性电容器的外形和识别如图 5-58 所示。

用指针万用表在路测量电解电容器

检测依据 正常情况下，有极性电容器的正向漏电电阻大于反向漏电电阻。正向漏电电阻越大，表明被测有极性电容器的性能就越好，漏电电流也越小。有极性电容器的正、反向漏电电阻一般大于 500kΩ，若小于 100kΩ，则表明有极性电容器已漏电而不能使用。

步骤 1 选择指针万用表的"×1k"挡，并调零，如图 5-59 所示。

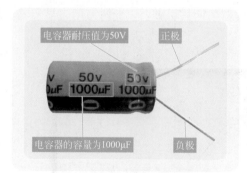

图5-58 被测有极性电容器的外形

图5-59 选择指针万用表的"×1k"挡，并调零

步骤 2 用金属物件短接有极性电容器的两只引脚，以放掉两极板上的电荷，如图 5-60 所示。

图5-60 用合适的电阻器短接被测有极性电容器的两只引脚

专家提示

检测大容量电解电容器时，需要先放电再测量，避免大容量电解电容器有很多电荷而损坏万用表。一般情况下，大容量电解电容器是指工作在 200V 以上的电解电容器和电容量大于 300μF 的电解电容器，如 50μF500V、330μF50V 等。

步骤 3 将黑表笔搭在被测有极性电容器的正极引脚上，红表笔搭在被测有极性电容器的负极引脚上，此时万用表指针有明显的偏转，最后停留在 350kΩ 位置，即正向漏电电阻值为 350kΩ，即正常，如图 5-61 所示。

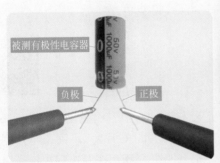
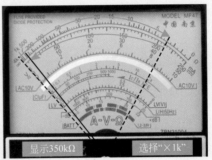

图5-61 有极性电容器正向漏电电阻值的测量

专家提示

正常情况下，在刚接通的瞬间，万用表指针将向右偏转一个较大角度（充电结束），然后表针向左回摆，最后停在一个固定位置，此时表针指示的数值就是有极性电容器的正向漏电电阻。

步骤 4 交换黑、红表笔后，万用表指针也有明显的偏转，最后停留在 350kΩ 位置，即反向漏电电阻值为 350kΩ，即正常，如图 5-62 所示。

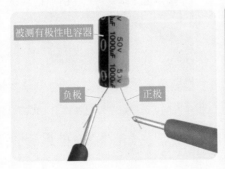

图5-62 有极性电容器反向漏电电阻值的测量

总结：若表针不摆动或摆动到 0 位置后不返回，或刚开始摆动时摆动到一定位置后不返回，均表明有极性电容器的性能不良。

👆 **专家提示**

正常情况下，有极性电容器的正向漏电电阻大于反向漏电电阻值，且其正反漏电电阻值一般在几百千欧以上。

要 诀

电容检测真重要，高挡应测容量小；
表笔接触电容脚，表针马上向零抛；
向零抛后无穷到，表明电容性能好；
容量越大远处跳，不摆不回应弃掉。

▍七、用数字万用表检测铝电解电容器

用数字万用表开路
测量无极电容器

用数字万用表检测电解电容器的方法与使用指针万用表完全相同。

用数字万用表对电解电容器正、反测量：正反测量时万用表均先显示一连串闪动的变换数字，然后显示为"1."或".OL"（即无穷大），则表明被测电容器基本正常。若万用表指针始终指向一个固定位置，则表明电容器存在漏电现象；若万用表始终显示为"00.0"，则表明被测电容器短路；若万用表始终显示为"1."或".OL"（不存在闪动数值，始终显示无穷大），则表明被测电容器断路。

▍八、用指针万用表检测贴片钽电容器

被测贴片钽电容器的标识为"107"，表示电容量为 100μF，如图 5-63 所示。

步骤 1　选择数字万用表的"×100"挡，并调零，如图 5-64 所示。

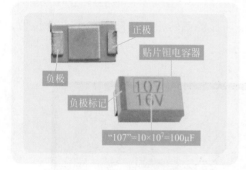

图5-63　被测贴片钽电容器的标识

图5-64　选择数字万用表的"×100"挡，并调零

步骤 2　将黑表笔搭在被测贴片钽电容器的正极上，红表笔搭在负极上，此时表针先正偏，然后回到无穷大位置，即正常，如图 5-65 所示。

步骤 3　将黑、红表笔对调再次测量，此时表针先正偏（偏转角度比前一次小），然后又回到无穷大位置，即正常，如图 5-66 所示。

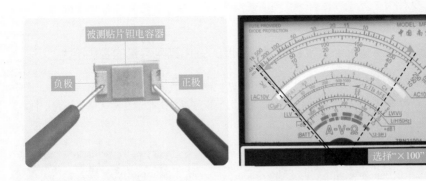

图5-65 被测贴片钽电容器的正向漏电阻值的测量

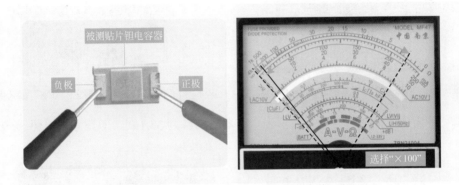

图5-66 被测贴片钽电容器的反向漏电阻值的测量

总结：若所测正、反向漏电电阻都较小（正常情况下，正、反向漏电电阻均在几百千欧以上），则表明被测电容器漏电或性能不良；若所测正、反向漏电电阻均为无穷大，则表明被测电容器开路；若所测正、反向漏电电阻均为 0，则表明被测电容器短路。

专家提示

　　正常情况下，万用表表针在刚接触瞬间，表针会向右偏转一个较大的角度；当表针摆到最大角度后，有慢慢向左回摆，直到表针停止在一个固定位置，这就是电容器的充放电过程。其中，所测得的阻值就是电解电容器的正向漏电电阻值，正常情况下，该阻值应比较大。

九、用数字万用表检测贴片钽电容器

　　用数字万用表检测贴片钽电容器的方法与使用指针万用表完全相同。

　　用数字万用表对贴片钽电容器正、反测量：正反测量时万用表均先显示一连串闪动的变换数字，然后显示为"1."或".OL"（即无穷大），则表明被测电容器基本正常。若万用表指针始终指向一个固定位置，则表明电容器存在漏电现象；若万用表始终显示为"00.0"，则表明被测电容器短路；若万用表始终显示为"1."或".OL"（不存在闪动数值，始终显示无穷大），则表明被测电容器断路。

十、电容器热稳定性的检测

检测依据 正常情况下，电容器随着温度的变化其电容量的变化不大。

步骤 1 选择数字万用表的"200μF"挡，如图 5-67 所示。

步骤 2 将被测电容器的两只引脚分别插入数字万用表上的"CX"插孔中，如图 5-68 所示。

图5-67 选择数字万用表的"200μF"挡　　　图5-68 将被测电容器插入"CX"插孔中

步骤 3 常温下测量。万用表显示为电容器的容量为 33.1μF，即正常，如图 5-69 所示。

图5-69 电容器的常温下测量

步骤 4 热态下测量。万用表显示为电容器的容量为 33.8μF，即正常，如图 5-70 所示。

图5-70 电容器的热态下测量（1）

步骤 5　热态下测量。万用表显示为电容器的容量为 38.1μF，即异常，如图 5-71 所示。

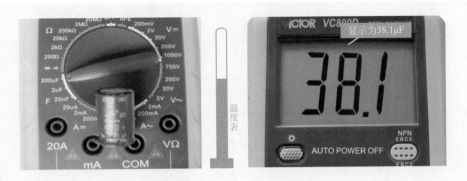

图5-71　电容器的热态下测量（2）

总结：若电容器随着温度的升高其电容量变化不大，则表明被测电容器的热稳定性良好。若电容器随着温度的升高其电容量有明显的跳动，则表明被测电容器的性能不良。若电容器随着温度的升高其电容量变化越大，则表明被测电容器的热稳定性越差。

十一、微调贴片电容器的检测

微调贴片电容器的检测可分性能的检测和定片与动片的检测。

1. 性能的检测

用螺丝刀旋转微调贴片电容器的转轴，不应有卡滞或时松时紧的感觉；将转轴向前、后、左、右四个方向用力，不应感到有松动现象。微调贴片电容器性能的检测如图 5-72 所示。

2. 动片与定片之间短路或漏电的检测

被测微调贴片电容器的外形如图 5-73 所示。

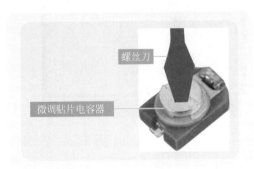

图5-72　微调贴片电容器性能的检测

图5-73　被测微调贴片电容器的外形

步骤 1　选择万用表的"×10k"挡，并调零，如图 5-74 所示。

步骤 2　将黑、红表笔分别搭在微调贴片电容器的两只引脚上，此时表针均指向无穷大位置，如图 5-75 所示。

步骤 3　用螺丝刀慢慢旋转微调贴片电容器的转轴，无论将动片全部旋进还是旋出后，表针均指向无穷大位置，如图 5-76 所示。

总结：若旋到某一位置时表针指向 0Ω，则表明微调贴片电容器存在碰片短路现象；若旋到某一位置时表针不指向无穷大位置，则表明微调贴片电容器存在漏电现象。

图5-74 选择万用表的"×10k"挡，并调零

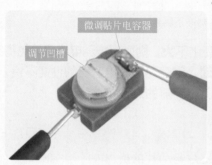

图5-75 微调贴片电容器的测量

图5-76 微调贴片电容器的再次测量

要诀

可变电容容量小，表测容量不好搞；动、静定绝缘可有效，表笔引线要接到；
旋动转轴可有效，无穷显示是我要；漏阻变小和受潮，所测为0皆可抛。

十二、单联电容器的检测

被测单联电容器的外形如图5-77所示。

单联电容器的检测可分性能的检测和定片与动片的检测。

1. 性能的检测

用手旋转单联电容器的转轴，如图 5-78 所示，不应有卡滞或时松时紧的感觉；将转轴向前、后、左、右四个方向用力，不应感到有松动现象。若无法转动单联电容器的转轴或转动不灵活，则可能该单联电容器内部机械部件损坏。

图5-77 被测单联电容器的外形

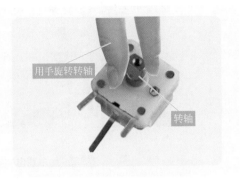

图5-78 用手旋转单联电容器的转轴

2. 动片与定片之间短路或漏电的检测

检测依据 正常情况下，单联电容器定片与动片之间的阻值为无穷大。

步骤 1　被测单联电容器的引脚和转轴的识别。

步骤 2　选择万用表的"×10k"挡，并调零，如图 5-79 所示。

图5-79 选择万用表的"×10k"挡，并调零

步骤 3　将黑、红表笔分别搭在单联电容器的定片与动片引脚上，此时万用表显示为无穷大，即正常，如图 5-80 所示。

图5-80 单联电容器的一个定片与动片的检测

步骤4　将黑、红表笔分别搭在单联电容器的另一只定片与动片引脚上，此时万用表显示为无穷大，即正常，如图5-81所示。

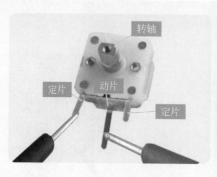

图5-81　单联电容器的另一个定片与动片的检测

步骤5　保持黑、红表笔不动，用手转动转轴几个来回，万用表显示均为无穷大，即正常，如图5-82所示。

图5-82　用手转动转轴再次测量单联电容器的另一个定片与动片

总结：若转动转轴到一个位置时，万用表显示为0或一定数值，则表明被测单联电容器动片与定片接触或单联电容器的膜片存在严重磨损。

要　诀

怀疑单联不正常，检测方法心中想，量程选择要适当，表笔放在定、动引脚上，表针没有动作是正常，表针偏转是故障，表笔仍接动片上，另支表笔定片量，表针不动是正常，表针偏转是故障，两表笔不动手要忙，手转转轴慢慢量，表针不动是正常，表针偏转是异常。

十三、固定电容器的代换

电容器损坏后，应以同型号电容器进行代换为原则，若无同型号代换，可参考以下原则进行。

① 代用的电容器标称电压应大于或等于原电容器的标称电压。

② 代用电容器的标称容量可以在原电容器容量标称值上浮动 ±10% 左右。但在谐振电路或其他电路对所用电容容量值要求较严格时，所代用电容的容量应和原电容器一致。

③ 代用的电容器的频率特性要符合电路要求，可用高频特性的电容器代换低频特性的电容器，但不可以使用具有低频特性的电容器代换高频电容器。

④ 若找不到容量相同的电容器进行代换，也可采用串联或并联的方法来获得合适容量的电容器。

⑤ 若代换电容器的标称耐压值达不到电路要求，可采用具有相等容量的电容器串联的方法获得，使串联后的总耐压等于或大于原电容器的标称耐压值。

专家提示

代换后的电解电容器极性不要接反，代换前要测其性能。

十四、微调电容器的代换

电容器损坏后，应以同型号电容器进行代换为原则，若无同型号代换，可参考以下原则进行。

① 对于用作调谐的双联或四联，出现转轴与动片引脚之间接触不良时可进行更换，也可以往双联（或四联）内注入纯酒精，然后转动转轴，待酒精挥发后，开机试听故障是否排除。

② 若双联内的有机薄膜卷曲，转轴卡死，只能使用相同规格的双联进行更换。

③ 微调电容器失容、开路或漏电、短路时，原则上采用具有相同容量的微调电容器进行更换。若不能找到相同或近似的微调电容器进行更换，也可以使用标称容量为该微调电容器标称值一半的瓷片或薄膜电容器进行代换，试机观察故障能否排除。若不能排除，也可以通过用并联的方法来改变代用电容器的容量，直到故障排除为止。

专家提示

早期采用松下 M11 机芯的生产的国产彩色电视机，与副载波产生电路中晶振串联的微调电容器变质，将不能有彩色出现。若用一只 40～50pF 的电容器代换，则会有彩色出现。

十五、电容器的选用

1. 应根据电路要求选择电容器的类型

对于要求不高的低频电路和直流电路，一般可选用纸介电容器，也可选用低频瓷介电容器。在高频电路中，当电气性能要求较高时，可选用云母电容器、高频瓷介电容器或穿心瓷介电容器。在要求较高的中频及低频电路中，可选用塑料薄膜电容器。在电源滤波、去耦电路中，一般可选用铝电解电容器。对于要求可靠性高、稳定性高的电路中，应选用云母电容器、薄膜电容器或钽电解电容器。对于高压电路，应选用高压瓷介电容器或其他类型的高压电容器。对于调谐电路，应选用可变电容器。

2. 合理确定电容器的电容量及允许偏差

在低频的耦合及去耦电路中，一般对电容器的电容量要求不太严格，只要按计算值选取稍大一些的电容量便可以了。在定时电路、振荡回路及音调控制等电路中，对电容器的电容量要求较为严格，因此选取电容量的标称值应尽量与计算的电容值相一致或尽量接近，应尽量选精度高的电容器。在一些特殊的电路中，往往对电容器的电容量要求非常精确，此时应选用允许偏差在 ±0.1%～ ±0.5%范围内的高精度电容器。

3. 选用电容器的工作电压应符合电路要求

一般情况下，选用电容器的额定电压应是实际工作电压的 1.2～1.3 倍。对于工作环境温度较高或稳定性较差的电路，选用电容器的额定电压应考虑降额使用，留有更大的余量才好。若电容器所在电路中的工作电压高于电容器的额定电压，往往电容器极易发生击穿现象，使整个电路无法正常工作。电容器的额定电压一般是指直流电压，若要用于交流电路，应根据电容器的特性及规格选用；若要用于脉动电路，则应按交、直流分量总和不得超过电容器的额定电压来选用。

4. 优先选用绝缘电阻大、介质损耗小、漏电流小的电容器

5. 应根据电容器工作环境选择电容器

电容器的性能参数与使用环境的条件密切相关，因此在选用电容器时应注意：

① 在高温条件下使用的电容器应选用工作温度高的电容器；

② 在潮湿环境中工作的电路，应选用抗湿性好的密封电容器；

③ 在低温条件下使用的电容器，应选用耐寒的电容器，这对电解电容器来说尤为重要，因为普通的电解电容器在低温条件下会使电解液结冰而失效；

④ 选用电容器时应考虑安装现场的要求。

电容器的外形有很多种，选用时应根据实际情况来选择电容器的形状及引脚尺寸。

第六章
电感器

第一节 电感器的基础知识

认识电感器

一、电感器的外形和电路图形符号

将一根绝缘导线按一个方向绕制在空心或其他绝缘骨架上即可构成电感器，简称电感，用字母"L"表示。电感器外形如图6-1所示。

空心电感器　　　　磁芯和铁芯电感器

多层电感器　盘形电感器　可调电感器　贴片电感器　色环和色码电感器

图6-1 电感器外形

二、电感器的原理

当电感器的两端外加电压使其内部电流增大时，电感器可将电能转换为磁能并储存起来，同时削弱了内部电流的增大，两端产生与内部电流方向相反的自感电动势；当电感器两端外加电压消失时，电感器可将磁能转换为电能释放出来，形成感生电流使内部电流继续流动，此时两端产生较高的感生电动势且方向和内部电流方向相反，随着储存磁能的减少，感生电流逐渐下降。

1. 电感器的简单工作原理

电感器的特性是内部电流不会突变，两端产生的电动势高低与内部电流变化成正比。该现象可以通过下述实验加以表明：

如图 6-2 所示，将两节干电池 E_c、单刀双掷开关 K、1.5V 灯泡、电感器量较大的铁芯变压器初级绕组 L 按图示进行连接。

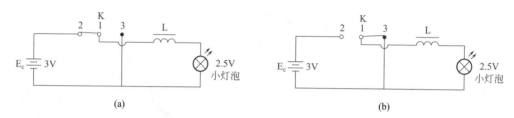

(a)　　　　　　　　　　　　(b)

图6-2　电感器储能效应的模拟实验

如图 6-2（a）所示，当单刀双掷开关的闸刀与 2 闭合时，小灯泡逐渐变亮，并非立即达到最大亮度。该现象表明通过变压器初级绕组 L 的电流是逐渐增大的；如图 6-2（b）所示，将开关 K 的闸刀立即和触点 2 分离，迅速与触点 3 闭合时，此时可看到小灯泡突然更亮，然后慢慢熄灭。

2. 电感器的储能作用

电感器的储能作用也可以用弹簧进行描述。当弹簧在没有受到外力的作用时处于自由伸张状态，如图 6-3（a）所示；当有外力作用到弹簧两端，则弹簧被压缩，将外力的机械能转变为自身的势能而存储起来，如图 6-3（b）所示；当外力去掉后，弹簧则将势能转换为机械能释放出来而向外伸张，如图 6-3（c）所示。

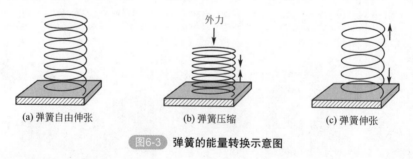

(a) 弹簧自由伸张　　　　　(b) 弹簧压缩　　　　　(c) 弹簧伸张

图6-3　弹簧的能量转换示意图

三、电感器的基本参数

电感器的基本参数主要有电感量、额定电流、品质因数、允许误差、分布电容等。

1. 电感量

当电感器有电流通过时，电感器产生自感电动势，其大小用电感量来表示，电感量用字母 L 表示，基本单位是亨利，简称亨，用字母 H 表示。当电感器中通过的电流每秒钟变化 1A，其两端产生的感应电动势为 1V 时，则该电感器的电感器量为 1H。常用单位有毫亨（mH）、微亨（μH）和纳亨（nH），它们之间关系为 $1H=10^3mH=10^6\mu H=10^9nH$。

2. 额定电流

当通过电感器的电流过大时，就会被烧毁。额定电流是指电感器长期正常工作所允许通过的最大电流值。该参数对于工作在电源滤波和大功率谐振状态的电感器非常重要。例如在电磁炉的高压电源电路承担滤波作用的扼流圈均采用线径较粗的导线绕制，来提高其额定电流。如图6-4所示。

图6-4 **电磁炉中的扼流圈**

3. 品质因数

当高频信号通过导体时，自由电子只沿着表层流动，这就是趋肤效应。趋肤效应增大了导体对高频信号的阻抗，是不利的。工作在高频信号的电感器趋肤效应尤为突出，增大了高频损耗，造成电感器的品质因数 Q 下降。电感器的品质因数称为 Q 值，它表示电感器通过高频信号时，其感抗与总损耗电阻之比。

4. 允许误差

电感器的允许误差是实际电感器量与标称电感器量之间允许偏差的最大范围，常用百分数来表示。

固定电感器的允许误差等级有 ±0.1%、±0.25%、±0.5%、±1%、±2%、±5%、±10%、±15%、±20% 等。

🖱 **专家提示**

工作在高额电路和振荡电路中的电感器对允许误差要求较高，而用作滤波和耦合的电感器对允许误差要求较低。

5. 分布电容

电感器的分布电容是指线圈的匝与匝之间多层线圈层与层之间所存在的电容。分布电容与电感器产生谐振时对高频信号是一种污染，为减少这种寄生污染，可以减小线圈的直径，采用较细的导线绕制，也可以采用通过增大匝间距离的间绕法或蜂房式绕法进行绕制。

要 诀

电感参数很重要，维修选用时不可少，基本参数有六条，条条需要记得牢。

电感量来最重要，额定电流常用到，品质因数用 Q 值表，允许误差很重要，

分布电容需要考（虑），弄懂含义这几条。

第二节 常见电感器的识别

一、空心电感器的识别

将绝缘导线密绕或间隔绕制在绝缘骨架上或将绝缘骨架抽掉就制成了空心电感器。空心电感器具有体积小、分布电容小、高频特性好、Q 值高的特

认识空心电感器
和铁芯电感器

性，主要应用于高、中频电路中，并且在路可以随意调节线圈之间距离来改变电感量，使电路工作在最佳状态。空心电感器的外形和电路图形符号如图6-5所示。

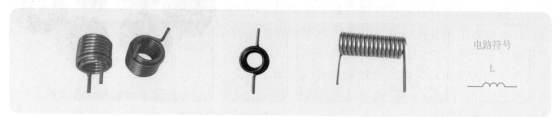

图6-5 空心电感器的外形和电路图形符号

 专家提示

单层密绕空心电感器分布电容大，单层间绕带骨架电感器分布电容小。

二、磁芯和铁芯电感器的识别

将绝缘导线绕制在绝缘骨架上，然后穿插上配套的磁芯（铁芯）或直接绕制在磁芯（铁芯）上就构成了磁芯（铁芯）电感器。通过调整磁芯（铁芯）与线圈的相对位置可以调整其电感量。磁芯和铁芯电感器的外形和电路图形符号如图6-6所示。

图6-6 磁芯和铁芯电感器的外形和电路图形符号

三、磁环电感器的识别

用于电源滤波的线圈就称为扼流线圈，多采用较粗的绝缘导线绕制在磁棒（环）上制成，其电感量通常较大。磁环电感器的外形和电路图形符号如图6-7所示。

认识磁环电感器
和多层电感器

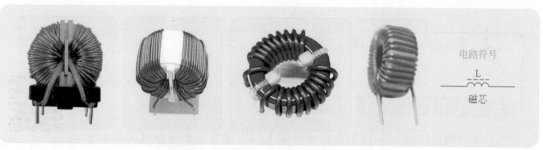

图6-7 磁环电感器的外形和电路图形符号

四、多层电感器的识别

当进行单层绕制而达不到其要求的电感量时，为了减少线圈的长度，多采用多层绕制方式。为了减少层间过大，应采用分段绕制或层间夹绝缘纸进行绕制。它具有分布电容大的缺点。

多层电感器用于接收无线电波的线也叫无线线圈。将多股漆包线并行绕制在穿有磁棒的纸质骨架上，利用磁棒具有收集电磁波的特长，无线线圈两端产生的信号电压经磁棒两端转化为信号电压，最后又经磁棒耦合到次级线圈，并送到放大电路。多层电感器的外形和电路图形符号如图6-8所示。

图6-8　多层电感器的外形和电路图形符号

五、盘形电感器的识别

用于振荡电路参与振荡的线圈称为振荡线圈。例如电磁炉中的加热线盘线圈与并联的MKPH型电容器就组成并联谐振电路，其谐振频率 f_0 由加热线盘的电感量 L 和并联电容的电容量 C 决定，即 $f_0=1/(2\pi\sqrt{LC})$。盘形电感器的外形和电路图形符号如图6-9所示。

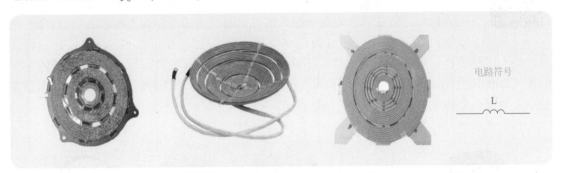

图6-9　盘形电感器的外形和电路图形符号

六、色环电感器的识别

认识色环电感器

色环电感器的外形与普通电阻器基本相同，是用色环标注电感量和允许误差的。其电路图形符号与空心电感器的电路图形符号完全相同。它具有体积小、性能稳定、安装方便等特点。色环电感器的外形和电路图形符号如图6-10所示。

要诀

色环电感也常用，外形都与电阻同，
色码电感也常用，色码含义皆不同，
色码位置都不同，代表意义也不同，
电感量和允许误差怎样读，
请看文中的色环识读。

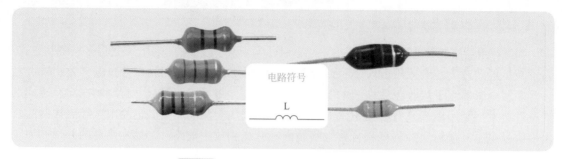

图6-10 色环电感器的外形和电路图形符号

七、色码电感器的识别

认识色码电感器

色码电感器是用色码标注电感量和允许误差的，不同的色码代表意义不同，色码所处位置不同，表示意义也有所不同。其电路图形符号与色环电感器和空心电感器的电路图形符号完全相同。它具有体积小、性能稳定、安装方便的特点，常见的色码电感器的外形和电路图形符号如图 6-11 所示。

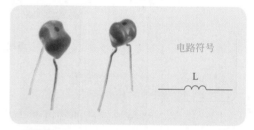

从色码电感器的外形和色环可以读出电感量和误差等参数，然后通过数字万用表检测出该色码电感器的电感量。

图6-11 色码电感器的外形和电路图形符号

八、贴片电感器的识别

认识贴片电感器

贴片电感器是在陶瓷或微晶玻璃基片沉积金属导线并用黑色材料封装而制成的，外观和贴片电容较相似，均无标识，但是颜色较深一些。也可以通过旁边电路板上标识的字母"L"进行鉴别，而贴片电容器旁边有字母"C"。它具有尺寸小、Q 值低、磁路闭合、磁力线外泄少、不干扰周边元件、不易受干扰和可靠性高的特点。其电感量范围多为 $0.01 \sim 200\mu H$ 之间，额定电流小于 0.1A。贴片电感器主要有片状和圆柱状两种，其电路图形符号与空心电感器的电路图形符号完全相同。贴片电感器的外形如图 6-12 所示。

图6-12 贴片电感器的外形

九、可调电感器的识别

认识可调电感器

可调电感器是利用旋转磁芯在线圈中的位置来改变电感量，这种调整比较方便，彩色电视机电路中的中周就是可调电感器。常见可调电感器的外形如图6-13所示。

图6-13 常见可调电感器的外形

第三节 电感器的标示识别

一、电感器的型号

国产电感器的型号主要由 3 个或 4 个部分组成。

① 电感器型号由四部分组成，如图 6-14 所示。

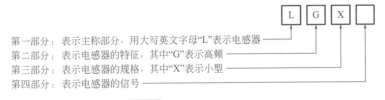

第一部分：表示主称部分，用大写英文字母"L"表示电感器
第二部分：表示电感器的特征，其中"G"表示高频
第三部分：表示电感器的规格，其中"X"表示小型
第四部分：表示电感器的信号

图6-14 电感器的命名（1）

② 电感器型号由三部分组成，如图 6-15 所示。

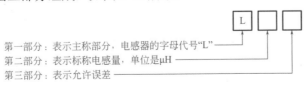

第一部分：表示主称部分，电感器的字母代号"L"
第二部分：表示标称电感量，单位是μH
第三部分：表示允许误差

图6-15 电感器的命名（2）

允许误差常用字母"J"表示 ±5%，"K"表示 ±10%，"M"表示 ±20%。也有采用"Ⅰ"表示 ±5%，"Ⅱ"表示 ±10%，"Ⅲ"表示 ±20%。

二、电感器一般参数的标示识别

在实际生产中，厂家常将电感器的电感量、允许误差、额定电流等参数标注在电感器的外表面。一般将电感器量和单位直接标出；允许误差分别用 I 表示 ±5%、II 表示 ±10%、III 表示 ±20%；额定电流常用字母表示，表示额定电流的字母含义如表 6-1 所示。

表 6-1 表示额定电流的字母含义

标示字母	A	B	C	D	E
额定电流 /mA	50	150	300	700	1600

电感器参数的标示识别如图 6-16 所示。

图6-16 电感器参数的标示识别

三、电感器电感量的标示识别

要诀

电感器识别并不难，请你跟我往下看。电感器标示有几点，直标、色标和色环。
数字符号电阻面，直标参数来体现。色环、色点很常见，颜色意义要记全。

1. 直标法

直标法是将电感器的电感量和单位直接标注在电感器的外壳上，如图 6-17 所示。

2. 色环标法

色环标法是将电感器的电感量、允许误差等参数用不同颜色的色环标注在电感器的外壳上。其中，颜色所代表的含义与色环电阻器一致。常见有四色环电感器。在色环中，不同的颜色代表不同的意义，相同颜色处于不同的位置，含义也不相同，色环一般采用棕、红、橙、黄、绿、蓝、紫、灰、白、黑、金、银色来表示，各种颜色的含义见表 6-2。

认识电感器的
直标法

认识电感器的
色环标法

电感器的电感量为3.9μH   电感器的电感量为0.47μH

图6-17 直标法标注的电感器

表 6-2 色环颜色的含义

色环颜色	有效数字	所乘倍率	允许误差等级	色环颜色	有效数字	所乘倍率	允许误差等级
黑	0	10^0		紫	7	10^7	±0.1%（五色环）
棕	1	10^1	±1%（五色环）	灰	8	10^8	
红	2	10^2	±2%（五色环）	白	9	10^9	
橙	3	10^3		金		10^{-1}	±5%（四色环）
黄	4	10^4		银		10^{-2}	±10%（四色环）
绿	5	10^5	±0.5%（五色环）	无			±20%（四色环）
蓝	6	10^6	±0.25%（五色环）				

对于四色环电感器，第 1 和 2 色环表示 2 位有效数字，第 3 色环表示倍率，第 4 色环表示误差等级。四色环电感器的色环识别，如图 6-18 所示。

要 诀

色环颜色真重要，颜色助记听我说，棕1红2真搞笑，橙3黄4即来到，5绿6蓝紫为7，颜色数字快记齐，灰8白9黑为0，金银点后都有零。

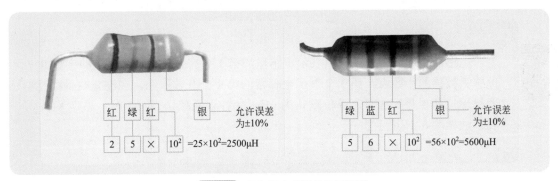

红 绿 红   银   允许误差
为±10%

2 5 × 10^2 =25×10^2=2500μH

绿 蓝 红   银   允许误差
为±10%

5 6 × 10^2 =56×10^2=5600μH

图6-18 四色环电感器的色环识别

3. 色码标法

色码标法是将电感器的电感量、允许误差等参数用不同颜色的色码标注在电感器的外壳上。其中颜色所代表的含义与色环电感器一致。常见有四色环电感器。色环中，不同的颜色代表不同的意义，相同颜色处于不同的位置，含义也不相同，色环一般采用棕、红、橙、黄、绿、蓝、紫、灰、白、黑、金、银色来表示，各种颜色的含义同色环的颜色的含义。

认识电感量的
色码标法

色码电感器的识别如图6-19所示。

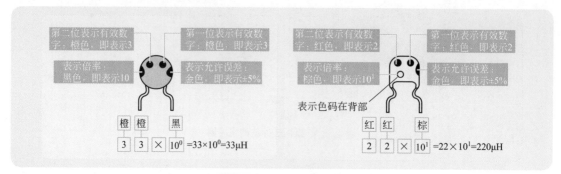

图6-19 色码电感器的识别

4. 纯数字标法

认识电感器的电
感量纯数字标法

电感器的纯数字标法与电容器相同，电感器一般有三位数表示。前两位为有效数字，第三位为零的个数（即电感器数值倍数）。在没有明确标注电感量单位和误差等级时，单位默认为μH，允许误差默认为±10%。纯数字表示法如图6-20所示。

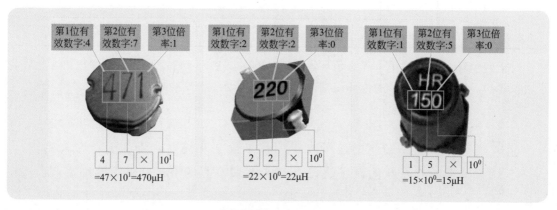

图6-20 纯数字表示法

5. 数字+R+数字法

认识电感器的
数字+R+数字法

电感器上面的第1个数值表示电感量的第1个有效数字，第2个的字母R表示电感量数值的小数点，第3个表示电感器的第2个有效数字。在没有明确标注电感器量单位和误差等级时，单位默认为μH，允许误差默认为±10%。数字+R+数字表示法如图6-21所示。

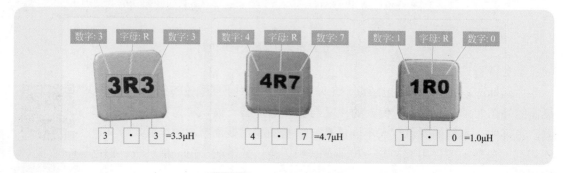

图6-21 数字+R+数字表示法

6. R+ 数字法

电感器上面的数字前的 R 表示直流电阻值，后面的数字表示电阻值的大小。如：R56 就是电感器的直流电阻 56Ω，当接入交流电路中的时候，感抗的作用巨大，频率越高，感抗越大。R+ 数字表示法如图 6-22 所示。

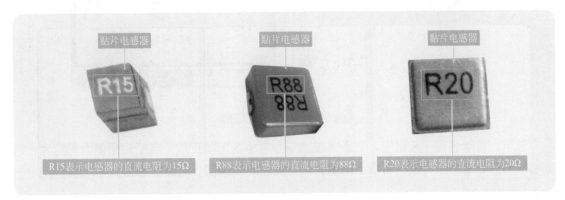

图6-22 R+数字表示法

第四节 电感器的检测维修、代换和选用

一、空心电感器的检测

空心电感器常见的故障是线圈匝间短路和开路。空心电感器的故障检测通常是检测是否开路，但很难判断是否匝间短路。

空心电感器的外形如图 6-23 所示。

检测依据 正常情况下，空心电感器的阻值一般接近 0Ω。

步骤 1 选择指针万用表的"×1"挡，并调零，如图 6-24 所示。

用指针万用表开路测量贴片电感器

用指针万用表在路测量磁环电感器

用数字万用表开路测量磁环电感器

用数字万用表开路测量贴片电感器

图6-23 空心电感器的外形

图6-24 选择指针万用表的"×1"挡，并调零

步骤 2 将黑、红表笔分别搭在空心电感器的两只引脚上，此时万用表显示阻值较小（实测 0.6Ω），即正常，如图 6-25 所示。

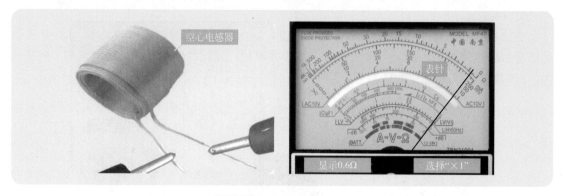

图6-25 空心电感器的测量

总结：若所测有一定阻值，则表明被测空心电感器可能正常；若所测阻值为无穷大，则表明被测空心电感器断路；若所测阻值为 0，则表明被测空心电感器短路。

专家提示

由于空心电感器的阻值很小，且匝间短路时的阻值减小也很少，故空心电感器匝间短路时无法用万用表检测。处理方法：把怀疑空心电感器用新的同型号空心电感器替换，若故障现象消失，则表明原空心电感器损坏。

二、色环电感器的检测

色环电感器的电感量和允许误差识读，如图 6-26 所示。

色环电感器的标称电感量为 100μH。

用指针万用表开路测量色环电感器

用指针万用表在路测量磁芯电感器

用数字万用表开路测量色环电感器

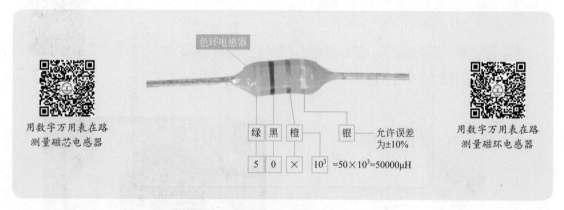

用数字万用表在路测量磁芯电感器

绿	黑	橙		银	允许误差为±10%
5	0	×	10^3	=50×10^3=50000μH	

用数字万用表在路测量磁环电感器

图6-26 色环电感器的电感量和允许误差识读

步骤 1 选择数字万用表的"2mH"电容挡。

步骤 2 将黑、红表笔分别搭在色环电感器的两只引脚上，此时万用表显示为".114"，即 114μH。

总结：色环电感器的电感量 114μH 与标称电感量相近或相同，则表明色环电感器性能良好。如测得的电感量与标称电感量相差过大，则表明色环电感器性能不良，应予以更换。

三、"工"字形电感器的检测

"工"字形电感器常见的故障是线圈匝间短路和开路。实践中，可测量空心电感器的开路故障，但很难判断其是否匝间短路。

检测依据 正常情况下，"工"字形电感器的电阻值较小，一般为几欧姆。

步骤1 被测电感器的外形如图6-27所示。

步骤2 选取数字万用表的"200Ω"挡，如图6-28所示。

图6-27 被测电感器的外形

图6-28 选取数字万用表的"200Ω"挡

步骤3 将红、黑两表笔分别搭在电感器两端的两只引脚上，此时万用表显示值较小（即0.2Ω），即正常，如图6-29所示。

总结： 若显示屏显示数字来回跳跃，则表明被测"工"字形电感器内部出现接触不良；若被测阻值为无穷大，则表明被测"工"字形电感器的引出端或内部线圈开路；若被测阻值接近0Ω，但不能确定"工"形电感器的内部线圈没有匝间短路，这时，最好的办法是用替换法，如故障排除，则表明被测"工"字形电感器损坏，应予以更换。

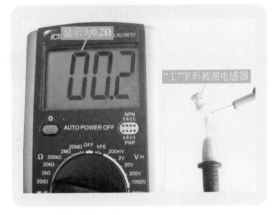

图6-29 "工"字形电感器的检测

要诀

电感器测量很重要，首先选择200表。表笔搭在两引脚，质量如何便知晓。

正常显示阻值小，显示无穷即可抛。

四、用数字万用表测量磁环电感器

磁环电感器的检测，主要包括初级绕组的检测、次级绕组的检测、初级与次级绕组之间的绝缘电阻的测量、初级绕组与铁芯之间绝缘电阻的测量、次级绕组与铁芯之间绝缘电阻的测量。

磁环电感器的识别如图6-30所示。

用指针万用表开路测量磁环电感器

用指针万用表开路测量滤波电感器

1. 初、次级绕组的检测

检测依据 正常情况下，磁环电感器的初级绕组有一定阻值，且比次级绕组的阻值大得多。

步骤 1　选择数字万用表的"200Ω"挡，如图 6-31 所示。

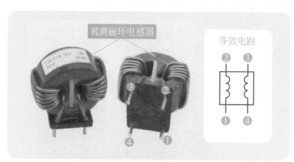

图6-30　磁环电感器的识别

图6-31　选择数字万用表的"200Ω"挡

步骤 2　将黑、红表笔分别搭在磁环电感器初级绕组的 1 脚和 2 脚上，此时万用表显示为 0.4Ω，即正常，如图 6-32 所示。

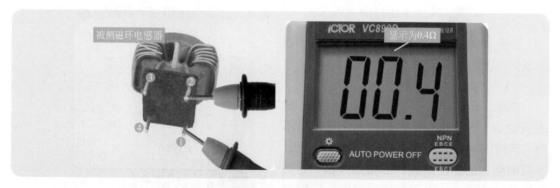

图6-32　初级绕组的检测

步骤 3　将黑、红表笔分别搭在磁环电感器次级绕组的 3 脚和 4 脚上，此时万用表显示为 0.41Ω，即正常，如图 6-33 所示。

图6-33　次级绕组的3脚和4脚之间阻值的测量

总结：若所测磁环电感器的初级绕组或次级绕组的阻值无穷大，则表明初级绕组、次级绕组内部断路。

2. 初、次级绕组之间绝缘电阻的测量

检测依据 正常情况下，用万用表测量磁环电感器初、次级绕组之间绝缘电阻时，显示为无穷大。

步骤 1 选择数字万用表的"20MΩ"挡，如图6-34所示。

步骤 2 将一只表笔搭在磁环电感器初级绕组的 1 脚上，另一只表笔搭在次级绕组的 3 脚上，此时万用表显示为无穷大，即正常，如图 6-35 所示。

图6-34 选择数字万用表的"20MΩ"挡

图6-35 初、次级绕组之间绝缘电阻的测量

总结：若所测磁环电感器的初级绕组与次级绕组之间有一定阻值，则表明初级绕组与次级绕组漏电或短路。

3. 初、次级绕组与铁芯之间绝缘电阻的测量

检测依据 正常情况下，用万用表测量磁环电感器初、次级绕组与铁芯之间绝缘电阻时，显示为无穷大。

步骤 1 选择数字万用表的"20MΩ"挡，如图6-36所示。

步骤 2 将一只表笔搭在磁环电感器初级绕组的 1 脚上，另一只表笔搭在铁芯上，此时万用表显示为无穷大，即正常，如图 6-37 所示。

图6-36 选择数字万用表的"20MΩ"挡

图6-37 绕组与铁芯之间绝缘电阻的测量

总结：若所测初、次级绕组与铁芯之间阻值不为无穷大，则表明初、次级绕组与铁芯之间漏电或短路。

☞ 专家提示

　　选择数字万用表的量程时，先将欧姆挡位调整到最低挡，若万用表显示"1."或".OL"，则表明选择的挡位太小，应提高一个挡位，直到有阻值显示为止。若测量一只电阻器时开始选择的挡位是200Ω，此时万用表显示"1."或".OL"（表示挡位较低），应提高一个挡位（即2kΩ），此时万用表若显示"1."或".OL"（表示挡位较低），应再提高一个挡位（即20kΩ），此时万用表若显示15，表明被测电阻器的阻值为15kΩ。

五、用指针万用表测量电源滤波电感器

　　电源滤波电感器的检测，主要包括初级绕组的检测、次级绕组的检测、初级与次级绕组之间的绝缘电阻的测量、初级绕组与铁芯之间绝缘电阻的测量、次级绕组与铁芯之间绝缘电阻的测量。

　　电源滤波电感器的识别如图6-38所示。

图6-38　电源滤波电感器的识别

1. 初、次级绕组的检测

检测依据　正常情况下，电源滤波电感器的初、次级绕组的阻值均较小。

　　步骤1　电源滤波电感器的检测引脚焊点如图6-39所示。选择指针万用表的"×1"挡，并调零，如图6-40所示。

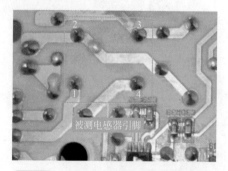

图6-39　电源滤波电感器的检测引脚焊点

图6-40　选择指针万用表的"×1"挡，并调零

　　步骤2　将黑、红表笔分别搭在电源滤波电感器初级绕组的1脚和2脚上，此时万用表显示为0.5Ω，即正常，如图6-41所示。

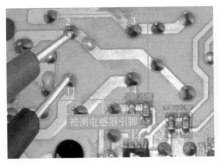

图6-41　初级绕组的检测

步骤3　将黑、红表笔分别搭在电源滤波电感器次级绕组的3脚和4脚上，此时万用表显示接近无穷大，即正常，如图6-42所示。

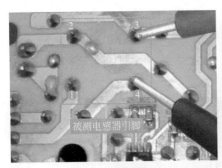

图6-42　次级绕组的3脚和4脚之间阻值的测量

总结：若所测磁环电感器的初级绕组或次级绕组的阻值无穷大，则表明初级绕组、次级绕组内部断路。

2. 初、次级绕组之间绝缘电阻的测量

（检测依据）正常情况下，电源滤波电感器初、次级绕组之间阻值为无穷大。

步骤1　选择指针万用表的"×10k"挡，并调零，如图6-43所示。

步骤2　将一只表笔搭在电源滤波电感器初级绕组的2脚上，另一只表笔搭在次级绕组的3脚上，此时万用表显示为无穷大，即正常，如图6-44所示。

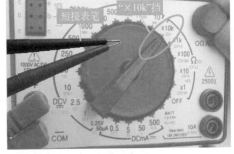

图6-43　选择指针万用表的"×10k"挡，并调零

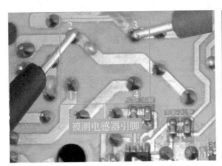

图6-44　初、次级绕组之间绝缘电阻的测量

总结：若所测电源滤波电感器的初级绕组与次级绕组之间有一定阻值，则表明初级绕组与次级绕组漏电或短路。

使用指针式万用表的电阻挡测量阻值时，表针应停在中间或附近（即欧姆挡刻度 5～40 附近），测量结果比较准确。

六、立式电感器的检测

立式电感器常见的故障是线圈匝间短路和开路。立式电感器的故障检测通常是检测是否开路，但很难判断是否匝间短路。

立式电感器的外形如图 6-45 所示。

检测依据 正常情况下，立式电感器的阻值一般接近 0Ω。

步骤1 选择指针万用表的"×1"挡，并调零，如图 6-46 所示。

图6-45 立式电感器的外形

图6-46 选择指针万用表的"×1"挡，并调零

步骤2 将黑、红表笔分别搭在立式电感器的两只引脚上，此时万用表显示阻值较小（实测 0.7Ω），即正常，如图 6-47 所示。

图6-47 立式电感器的测量

总结：若所测有一定阻值，则表明被测立式电感器可能正常；若所测阻值为无穷大，则表明被测立式电感器断路；若所测阻值为 0Ω，则表明被测立式电感器短路。

专家提示

使用指针万用表的电阻挡测量阻值时，表针应停在中间或附近（即欧姆挡刻度 5～40 附近），测量结果比较准确。

七、电感器的代换和修复

电感器短路后，原则上应使用规格、参数相同的电感器进行代换；也可使用性能类型相同、电感量相同、规格相近的电感器进行代换。而对于工作在高额电路中起关键作用的电感器，则需考虑其品质因数。对于线圈与引脚之间断线的应以焊接修复为原则，因为相同参数的电感器比较难找。对于几种常见易损坏的电感器，修复或代换方法如下：

① 收音机的中波天线线圈易在与电路板连接处折断，可将折断处重新搪锡与电路板焊接好，并用石蜡封住接头。

② 贴片电感器开路后只能更换。若故障电感器为直流电源滤波电感器时，可以用带引线且参数相似的电感器进行代换。而在有些应急修理时，可将其用贴片保险电阻代换，甚至可以直接将两端焊点短路。

③ 显像管颈部安装的偏转线圈出现匝间击穿或对地放电时，应以规格型号相同进行代换为原则，若找不到相同型号的偏转线圈，也可以选用规格参数相同的偏转线圈进行代换。但要注意两个偏转线圈串并联也应相同。更换后必须进行必要的色纯调整。

专家提示

对于早期彩电中使用的中频振荡线圈（俗称中周）多因内附的谐振电容氧化变质而损坏。常用相同型号的中周进行更换后进行适当调整——也可只更换内部的瓷管电容进行修复。

八、电感器的选用

① Q 值越高越好。两个电感线圈电感量相同时，可根据 Q 值的定义（XL/R）选择值小者，或选择值相同而线径大者使用。

② 电感器引线或引脚主要考虑拉力、扭力、耐焊接和可焊性。当组件出厂超过六个月时，应重新进行可焊性试验，确保焊接的可靠性。

③ 外加电压和通过的电流不能超过其额定值。

④ 电感器量应与电路要求相同，尤其是调谐回路的线圈电感量数值要精确。当电感量过大或过小时，可减少或增加线圈匝数以达到要求。对于带有可调磁芯的线圈，在测量调试时，应将磁芯调到中间位置。当电感量相差较大时，可采用串、并联的方法进行解决。

⑤ 对于有抗电强度要求的电感器，需选用封装材料耐电压高的品种，通常耐压较好的电感器防潮性能较好，采用树脂浸渍、包封、压铸工艺可满足该项的要求。

专家提示

对于贴片式功率电感器，选用时需参照设计的焊盘尺寸。若选用带引脚的电感器，无明确规定及安装位置足够的前提下，可用同参数的立式、卧式电感器互换。

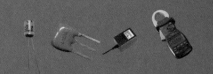

第七章 变压器

第一节 变压器的基础知识

一、变压器的结构原理

1. 变压器的组成和作用

变压器由两组或两组以上绝缘导线绕制在闭合的铁芯或磁芯上构成，其结构如图 7-1 所示。

当采用铁芯材料作为磁路时，为了减少在铁芯中产生的涡流效应而造成温度升高，通常将铁芯材料压制成薄片，并叠制而成。采用铁氧化物构成的磁芯则因内部自由电子极少不易产生涡流而无须分层叠制。

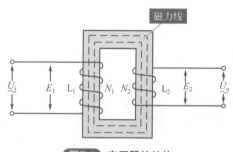

图7-1 变压器的结构

变压器的线圈可分为初级线圈和次级线圈。初级线圈也叫一次线圈，用字母"L_1"表示；次级线圈也叫二次线圈，用字母"L_2"表示。线圈通常采用电阻率较小的铜质漆包线，而很少采用电阻率较高且价格低廉的铝线绕制。每一圈线圈称为一匝，用字母"N"表示。初级线圈的匝数用"N_1"表示，次级线圈的匝数用"N_2"表示。

2. 变压器的工作原理

如图 7-1 所示，当初级线圈 L_1 两端加交流电压"U_i"时，初级线圈 L_1 内将有交流电流通过。在铁芯中就会产生交流磁通（用"Φ"表示）。该交流磁通同时穿过初级线圈 L_1 和次级线圈 L_2，在交流磁通的作用下，在初级线圈 L_1 两端产生自感电动势 E_1，方向与输入的交流电压 U_i 方向相反，阻碍内部电流的增大；同时在次级线圈 L_2 的两端产生感生电动势 E_2，该感生电动势 E_2 的方向与初次级线圈绕向是否相同有关，这就是变压器的互感现象。

> **要诀**
>
> 变压器来很重要，电器电路常用到，
> 如若电路修得好，原理、作用要记牢，
> 电路图形符号要知晓，结构组成有它表。

二、变压器的电路图形符号

变压器的电路图形符号如图 7-2 所示。

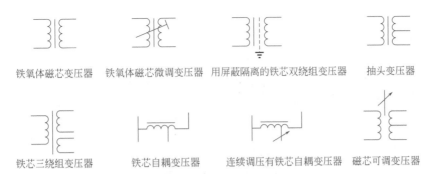

铁氧体磁芯变压器　　铁氧体磁芯微调变压器　　用屏蔽隔离的铁芯双绕组变压器　　抽头变压器

铁芯三绕组变压器　　铁芯自耦变压器　　连续调压有铁芯自耦变压器　　磁芯可调变压器

图7-2 **变压器的电路图形符号**

三、变压器的型号

1. 国产普通变压器的型号

国产普通变压器的型号主要由三部分组成，如图 7-3 所示。

其中，表示变压器类型的主称部分所用字母的含义如表 7-1 所示。

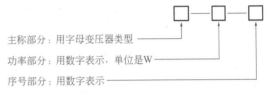

主称部分：用字母变压器类型
功率部分：用数字表示，单位是W
序号部分：用数字表示

图7-3 **国产普通变压器的命名**

表 7-1　表示变压器类型的主称部分所用字母的含义

字母	含义	字母	含义
DB	电源变压器	SB/EB	音频输出变压器（定压式）
RB/JB	音频输入变压器	T	中频变压器
CB	音频输出变压器	L	线圈 / 振荡线圈
GB	高压变压器	F	调幅收音机用
HB	灯丝变压器	S	短波段用
SB/IB	音频输出变压器（定阻式）	V	图像电路用

专家提示

上述型号命名方式不包含行输出变压器等特种变压器。

"TDB3515-03" 型变压器的型号识别如图 7-4 所示。

图7-4 **"TDB3515-03" 型变压器的型号识别**

2. 中频变压器的型号

它主要由三部分组成，如图 7-5 所示。

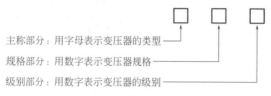

主称部分：用字母表示变压器的类型
规格部分：用数字表示变压器规格
级别部分：用数字表示变压器的级别

图7-5 中频变压器的命名

其中，表示变压器规格的数字含义如表 7-2 所示。

表 7-2　表示变压器规格的数字含义

数字	尺寸 /mm³	数字	尺寸 /mm³
1	7×7×12	3	12×12×16
2	10×10×14	4	10×25×36

第二节　变压器的识别

一、电源变压器的识别

认识电源变压器　　认识高频变压器

　　电源变压器由一组初级线圈和一组或多组次级线圈及铁芯等组成。其作用是将 50Hz 交流高压降压为电子设备工作时所需要的电源电压。它按相数不同可分单相变压器和三相变压器等；按铁芯形状的不同可分 C 形、E 形和环形变压器；按次级线圈组数的不同可分单组输出、多组输出和带抽头变压器等。

　　电源变压器的外形和电路图形符号如图 7-6 所示。

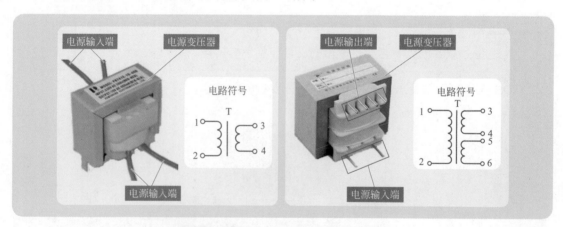

图7-6　电源变压器的外形及电路图形符号

二、高频变压器的识别

　　高频变压器也叫开关变压器，它是加入了开关管的电源变压器，在电路中除了普通变压器的电压变换功能，还兼具绝缘隔离与功率传送功能，一般用在开关电源等涉及高频电路的场合。

高频变压器和开关管一起构成一个自励（或他励）式的间歇振荡器，从而把输入直流电压调制成一个高频脉冲电压，起到能量传递和转换作用。在反激式电路中，当开关管导通时，变压器把电能转换成磁场能储存起来，当开关管截止时则释放出来。在正激式电路中，当开关管导通时，输入电压直接向负载供给并把能量储存在储能电感中。当开关管截止时，再由储能电感进行续流向负载传递，把输入的直流电压转换成所需的各种低压。

高频变压器的外形和电路图形符号如图 7-7 所示。

图7-7 高频变压器的外形和电路图形符号

三、中频变压器的识别

中频变压器俗称中周，是由初级线圈和次级线圈一起绕制在"工"字形磁芯后，粘在底座上，线圈引线焊接引脚上。其中，一侧有三个引脚，另一侧有两个引脚，以防止安错。上面有调节孔，磁帽旋拧在尼龙骨架内，套住线圈安装在金属屏蔽罩内。调整磁帽的上下位置即可微调其电感量。

中频变压器主要有单调谐和双调谐两种。用在超外差式收音机中，起选频和阻抗匹配作用的只有一个谐振回路，属于单调谐。而在有些电路中将两个单调谐变压器并装在一起，中间依靠电容或线圈进行信号耦合，具有频带选择性好的优点。其外形如图 7-8 所示。

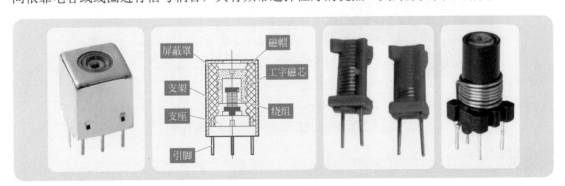

图7-8 中频变压器的外形

四、低频变压器的识别

低频变压器又叫音频变压器，它主要对音频信号进行传输，可实现音频电路之间或与负载（扬声器）之间的阻抗匹配、相位变换及分配等。在音频放大器中，主要有输入变压器和输出变压器。在早期的有线广播还使用隔离变压器等。由于该类变压器对输入信号和输出信号的相位有一定要求，因此，该类变压器的电路图形符号均标识有表示同名端的小圆黑点。其外形如图7-9所示。

图7-9　音频变压器外形

▌五、行输出变压器的识别

行输出变压器是显像管式电视机或显示器中非常重要的变压器，主要利用行同步扫描信号回扫期间的逆程脉冲电压经行输出管驱动行输出变压器的初级线圈产生高压脉冲，由磁芯耦合到次级线圈多级整流产生显像管所需要的高压阳极电压（可达 25kV）、几千伏的聚焦极电压、几百伏的加速极电压、几伏交流灯丝电压（多为 AC 6.3V）。另外还自耦产生视放电路所需要的供电电压。而有些机型还产生场扫描驱动电路所需的几十伏电源电压，其外形和电路图形符号如图 7-10 所示。

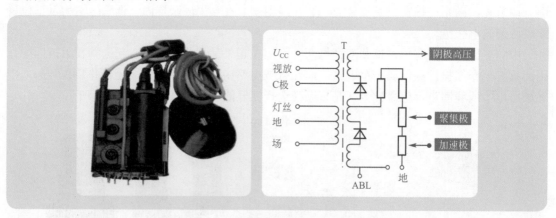

图7-10　行输出变压器的外形及电路图形符号

🖐 专家提示

行输出变压器简称 FBT 或行回扫变压器，俗称高压包。在早期进口电视机中可看到由低压线圈与高压线圈分离的行输出变压器，而现在的行输出变压器则将尼龙骨架、高低压线圈、高压整流管等用环氧树脂灌封在一个绝缘体内，制成一体化结构，又称为一体化行输出变压器。根据显像管的尺寸和输出低压组数的不同，它也有多种型号。

第三节 变压器的检测维修、代换和选用

电源变压器初、次
级绕组的判断

一、电源变压器初级绕组和次级绕组的判断

电源变压器在实际应用中，区别其绕组的初级绕组和次级绕组是十分重要的。

1. 带引线的电源变压器

带引线的电源变压器，一般与红色线相连的绕组为初级绕组，与绿色、黑色或黄色线相连的绕组为次级绕组。带引线的电源变压器初级绕组和次级绕组的辨别如图 7-11 所示。

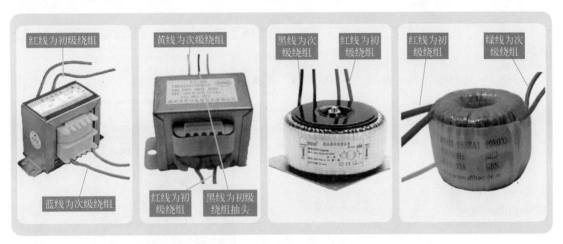

图7-11 带引线的电源变压器初级绕组和次级绕组的辨别

2. 绕组外包装的颜色区别

电源变压器出厂时，初级绕组的外面常用红色绝缘布带包装，次级绕组常用黄色、蓝色、绿色等绝缘布带包装，据此可作为初级绕组和次级绕组的区别标识。绕组外包装的颜色区别如图 7-12 所示。

图7-12 绕组外包装的颜色区别

二、电源变压器的检测

电源变压器的检测主要包括初级绕组的检测、次级

电源变压器初级、次
级绕组的区别测量

用指针万用表开路
测量电源变压器

161

绕组的检测、初级与次级绕组之间的绝缘电阻的检测、初级绕组与铁芯之间绝缘电阻的检测、次级绕组与铁芯之间绝缘电阻的检测。

要 诀

> 用表测量变压器，绝缘初级和次级；检测绝缘高挡至，电阻无穷是好的；
> 检测初级和次级，几百以下莫放弃；若测绝缘电阻低，把它扔掉别可惜；
> 若测绕组无穷值，绕组断路没说的；若有一项指标移，换成新的没争议。

电源变压器的识别如图 7-13 所示。

1. 初级绕组的检测

检测依据 正常情况下，电源变压器的初级绕组有一定阻值，且比次级绕组的阻值大得多。

步骤 1　选择指针万用表的"×100"挡，并调零，如图 7-14 所示。

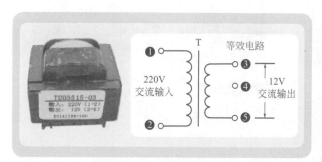

图7-13　电源变压器的识别

图7-14　选择指针万用表的"×100"挡，并调零

步骤 2　将黑、红表笔分别搭在电源变压器初级绕组的 1 脚和 2 脚上，此时万用表显示为 1600Ω，即正常，如图 7-15 所示。

图7-15　初级绕组的检测

专家提示

　　用指针万用表测得的阻值为表盘的指针指示数乘以电阻挡位，即被测电阻值＝刻度示值 × 挡位数。如选择的挡位是"×1k"挡，表针指示为 20，则被测阻值为 20×1kΩ=20kΩ。

2. 次级绕组的检测

检测依据 正常情况下，电源变压器的次级绕组有一定阻值，且比初级绕组的阻值小得多。

步骤 1　选择指针万用表的"×1"挡，并调零，如图 7-16 所示。

步骤 2　将黑、红表笔分别搭在电源变压器次级绕组的 3 脚和 5 脚上，此时万用表显示为 10Ω，即正常，如图 7-17 所示。

图7-16　选择指针万用表的"×1"挡，并调零

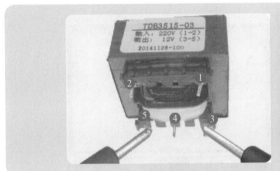

图7-17　次级绕组的3脚和5脚之间阻值的测量

3. 初级绕组与次级绕组之间绝缘电阻的检测

检测依据 正常情况下，电源变压器的初级绕组与次级绕组之间的绝缘电阻为无穷大。

步骤 1　选择指针万用表的"×10k"挡，并调零，如图 7-18 所示。

步骤 2　将一只表笔搭在电源变压器初级绕组的 1 脚上，另一只表笔搭在次级绕组的 3 脚上，此时万用表显示为无穷大，即正常，如图 7-19 所示。

4. 初、次级绕组与铁芯之间绝缘电阻的检测

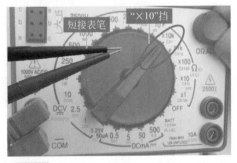

图7-18　选择指针万用表的"×10k"挡，并调零

检测依据 正常情况下，电源变压器的初、次级绕组与铁芯之间绝缘电阻为无穷大。

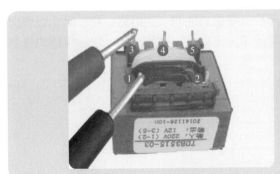

图7-19　初、次级绕组之间绝缘电阻的测量

步骤1 选择指针万用表的"×10k"挡，如图 7-20 所示。

步骤2 将一只表笔搭在电源变压器初级绕组的 1 脚上，另一只表笔搭在铁芯上，此时万用表显示为无穷大，即正常，如图 7-21 所示。

步骤3 将一只表笔搭在电源变压器次级绕组的 3 脚上，另一只表笔搭在铁芯上，此时万用表显示为无穷大，即正常，如图 7-22 所示。

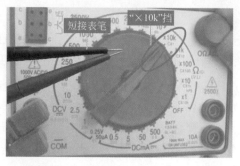

图7-20 选择指针万用表的"×10k"挡

图7-21 初级绕组与铁芯之间绝缘电阻的测量

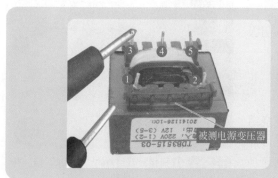

图7-22 次级绕组与铁芯之间绝缘电阻的测量

总结：若所测电源变压器的初级绕组或次级绕组的阻值无穷大，则表明初级绕组、次级绕组内部断路。若所测电源变压器的初级绕组与次级绕组之间有一定阻值，则表明初级绕组与次级绕组漏电或短路。初、次级绕组与铁芯之间不为无穷大，则表明初、次级绕组与铁芯之间漏电或短路。

专家指导：使用指针万用表的欧姆挡测量阻值时，表针应停在中间或附近（即欧姆挡刻度 5～40 附近），测量结果比较准确。

三、音频变压器的检测

检测依据 正常情况下，音频变压器的初级绕组有一定阻值，次级绕组有一定阻值且比初级绕组大，初级绕组与次级绕组之间的阻值为无穷大。

要诀

变压器绝缘如何量，测量方法心中藏，
量程选取 20M 挡，一笔搭铁一笔在初级绕组引脚上，
显示无穷无漏电现象，说明初级绕组棒棒棒，
搭铁表笔不动一个样，另一表笔搭在次级绕组引脚上，
显示无穷无漏电现象，说明次级绕组棒棒棒。

被测音频变压器的识别如图 7-23 所示。

1. 初级绕组的检测

检测依据 正常情况下，音频变压器的初级绕组有一定阻值，且比次级绕组的阻值小得多。

步骤 1 选择数字万用表的"200Ω"挡，如图 7-24 所示。

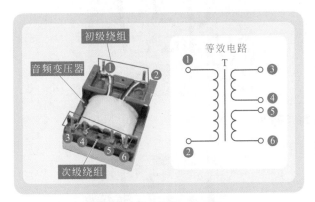

图7-23 音频变压器的识别

图7-24 选择数字万用表的"200Ω"挡

步骤 2 将黑、红表笔分别搭在音频变压器初级绕组的 1 脚和 2 脚上，此时万用表显示为 1.55Ω，即正常，如图 7-25 所示。

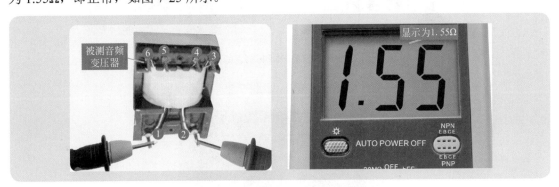

图7-25 音频变压器的初级绕组的检测

2. 次级绕组的检测

检测依据 正常情况下，音频变压器的次级绕组有一定阻值，且比初级绕组的阻值大得多。

165

步骤1 选择数字万用表的"200Ω"挡，如图
7-26所示。

步骤2 将黑、红表笔分别搭在音频变压器次
级绕组的3脚和4脚上，此时万用表显示为42.1Ω，
即正常，如图7-27所示。

步骤3 将黑、红表笔分别搭在音频变压器次
级绕组的5脚和6脚上，此时万用表显示为12.1Ω，
即正常，如图7-28所示。

3. 初、次级绕组与铁芯之间绝缘电阻的检测

图7-26 选择数字万用表的"200Ω"挡

检测依据 正常情况下，音频变压器的初、次级绕组与铁芯之间绝缘电阻为无穷大。

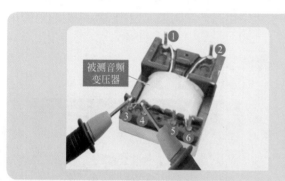

图7-27 次级绕组的3脚和4脚之间阻值的测量

图7-28 次级绕组的5脚和6脚之间阻值的测量

步骤1 选择数字万用表的"20MΩ"挡，如图7-29所示。

图7-29 选择数字万用表的"20MΩ"挡

步骤 2 将一只表笔搭在音频变压器初级绕组的 2 脚上，另一只表笔搭在铁芯上，此时万用表显示为无穷大，即正常，如图 7-30 所示。

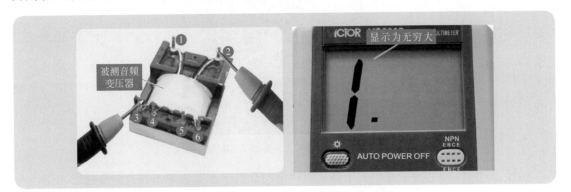

图7-30 初级绕组与铁芯之间绝缘电阻的测量

步骤 3 将一只表笔搭在音频变压器次级绕组的 4 脚上，另一只黑表笔搭在铁芯上，此时万用表显示为无穷大，即正常，如图 7-31 所示。

图7-31 次级绕组与铁芯之间绝缘电阻的测量（1）

步骤 4 将一只表笔搭在音频变压器次级绕组的 5 脚上，另一只黑表笔搭在铁芯上，此时万用表显示为无穷大，即正常，如图 7-32 所示。

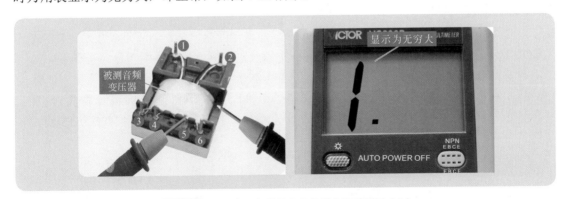

图7-32 次级绕组与铁芯之间绝缘电阻的测量（2）

4. 初级绕组与次级绕组之间绝缘电阻的检测

检测依据 正常情况下，音频变压器的初级与次级绕组之间绝缘电阻为无穷大。

步骤 1　选择数字万用表的 "20MΩ" 挡，如图 7-33 所示。

图7-33　选择数字万用表的 "20MΩ" 挡

步骤 2　将红表笔搭在音频变压器初级绕组的 2 脚上，黑表笔搭在音频变压器次级绕组的 3 脚上，此时万用表显示为无穷大，即正常，如图 7-34 所示。

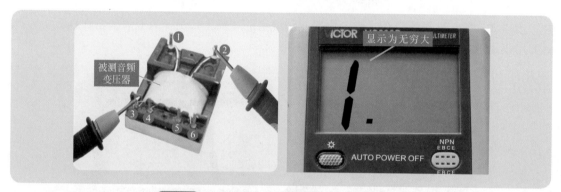

图7-34　初级绕组与次级绕组之间绝缘电阻的检测

总结：若所测音频变压器的初级绕组、次级绕组的阻值无穷大，则表明初级绕组、次级绕组内部断路。若所测音频变压器的初级绕组与次级绕组之间有一定阻值，则表明初级绕组与次级绕组漏电或短路。初、次级绕组与铁芯之间不为无穷大，则表明初、次级绕组与铁芯之间漏电或短路。

专家提示

　　选择的数字万用表的量程时，先将欧姆挡位调整到最低挡，若用表显示 "1." 或 ".OL"，则表明选择的挡位太低，应提高一个挡位，直到有阻值显示为止。若测量一只电阻器时开始选择的挡位是 200Ω，此时万用表显示 "1." 或 ".OL"（表示挡位较低），应提高一个挡位（即 2kΩ），此时万用表仍显示 "1." 或 ".OL"（表示挡位较低），应再提高一个挡位（即 20kΩ），此时万用表若显示 15，表明被测电阻器的阻值为 15kΩ。

四、变压器各绕组同名端的检测

　　如果变压器的次级绕组需要串联使用时，就要了解各绕组的同名端，才能保证绕组的正确连接。

　　检测依据　初级绕组通电瞬间，在次级各绕组线圈两端将产生一个时间很短的感应电压，通过表针的摆动方向，便可以判断绕组的同名端。

步骤1　将变压器、闸刀开关和干电池等用导线按图 7-35 所示连接。

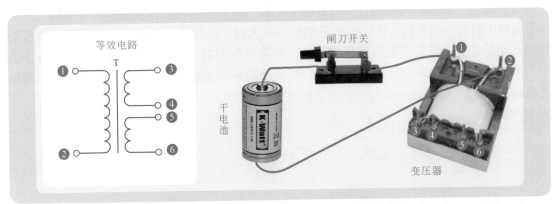

图7-35　将变压器、闸刀开关和干电池等进行连接

步骤2　选择指针万用表直流电压 2.5V 挡，如图 7-36 所示。

步骤3　将红表笔搭在变压器的 3 引脚，黑表笔搭在 4 脚，将闸刀开关瞬间接通，此时万用表指针正向偏转，即正常，如图 7-37 所示。

步骤4　将红表笔搭在变压器的 5 脚，黑表笔搭在 6 脚，将闸刀开关瞬间接通，此时万用表指针正向偏转，即正常，如图 7-38 所示。

图7-36　选择指针万用表直流电压2.5V挡

图7-37　变压器3脚与4脚之间电压的测量

图7-38　变压器5脚与6脚之间电压的测量

总结：闸刀开关闭合时测量变压器的 3 引脚与 4 引脚电压，若万用表指针正向偏转，表明 3 引脚与 1 引脚为同名端，4 引脚与 2 引脚为同名端；若万用表指针反向偏转，表明 4 引脚与 1 引脚为同名端，3 引脚与 2 引脚为同名端。闸刀开关闭合时测量变压器的 5 引脚与 6 引脚电压，若万用表指针正向偏转，表明 5 引脚与 1 引脚为同名端，6 引脚与 2 引脚为同名端；若万用表指针反向偏转，表明 5 引脚与 2 引脚为同名端，6 引脚与 1 引脚为同名端。

专家提示

闸刀开关不得长时间接通，以免烧坏绕组。

五、电源变压器的代换与选用

对于小型电源变压器，若出现线圈烧毁漏电严重时，最好以更换同型号电源变压器为原则；若无法找到同型号电源变压器，应选用相同功率、输出电压和输出电流的变压器进行更换；也可以使用额定功率更大的变压器进行更换，但输出电压必须相同。若线圈出现开路时，可将开路线圈外包绝缘层揭开，能否查找到开路部位，若能将断线处重新接通则可以重新进行绝缘包装处理；若找不到断线处，则只有更换。对额定功率较大的变压器，应对线圈进行重新绕制。

六、开关变压器的代换与选用

由于开关电源所使用的开关变压的型号较多、参数各异，较难采购到进行代换，故也可拆开重新绕制，该类变压器所用的绝缘导线耐压等级较高，不可使用普通的电磁线进行绕制。

七、中频变压器的代换与选用

中频变压器损坏后尽量选择同规格、同型号的中频变压器进行代换，否则难以保证电路正常工作。

第八章
二极管

第一节　二极管的基础知识

一、常见二极管的外形和封装形式

常见二极管的外形如图 8-1 所示。

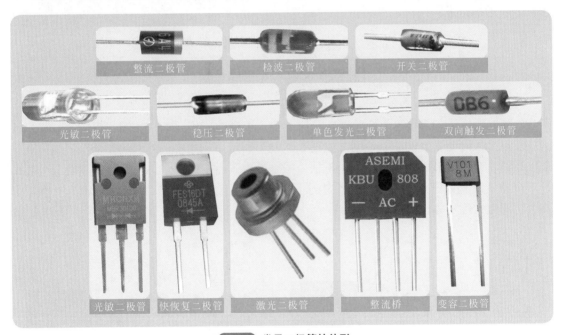

整流二极管　　检波二极管　　开关二极管
光敏二极管　　稳压二极管　　单色发光二极管　　双向触发二极管
光敏二极管　　快恢复二极管　　激光二极管　　整流桥　　变容二极管

图8-1 常见二极管的外形

常见二极管的封装形式如图 8-2 所示。

二、二极管的结构

1. 半导体的基本知识

通常把导电性能良好的物质称为导体，把导电能力较差或不导电的物质称为绝缘体，把导电能力介于导体与绝缘体之间的物质称为半导体。例如，最外层电子数目为 3 ～ 5 个的元素硼、硅、锗、磷等。

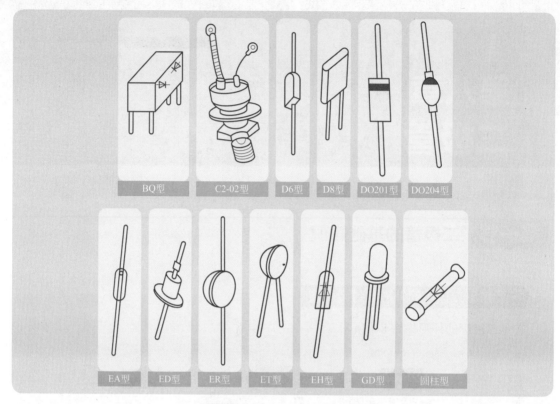

| BQ型 | C2-02型 | D6型 | D8型 | DO201型 | DO204型 |

| EA型 | ED型 | ER型 | ET型 | EH型 | GD型 | 圆柱型 |

图8-2　常见二极管的封装形式

（1）P型半导体

P型半导体是在纯净的4价元素硅或锗中掺入少量的三价元素（如硼、铝或铟）而形成的。现以掺入硼元素为例加以说明，如图8-3（a）所示。硼原子最外层的3个电子与硅原子最外层的4个电子形成共价键时，由于缺少一个价电子而形成空穴，因此，容易吸收外界电子形成稳定结构。硼原子因得到一个电子而带负电，因此把带空穴的半导体称为P型半导体，也叫空穴半导体。

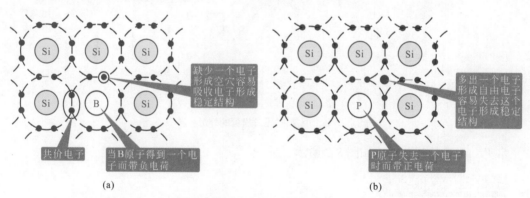

图8-3　硅半导体晶体结构

（2）N型半导体

N型半导体是在纯净的4价元素硅或锗中掺入少量的5价元素（如磷、砷、锑）而形成的。现以掺入磷元素为例加以说明，如图8-3（b）所示。磷原子最外层的5个电子与硅原子最外层的 4 个电子构成共价键时，由于多出一个价电子而形成自由电子。该自由电子较易失去而形成稳定结构。磷原子失去一个电子而带正电，因此把带有自由电子的半导体称为 N 型半导体，也叫电子型半导体。

2. PN 结的形成

当把 P 型半导体和 N 型半导体紧密地结合在一起时，在结合面处发生电子的定向移动，如图 8-4（a）所示。N 型半导体中多余的自由电子越过结合面，填补到 P 型半导体中的空穴位置，使 P 型半导体中的硼原子最外层达到 8 个电子而形成稳定结构。在结合面的 P 区，硼原子得到电子而带负电荷，N 区磷原子失去电子而带正电荷。在正电荷与负电荷之间形成电场，方向从右向左如图 8-4（b）所示。我们把这个具有特殊电场的薄层叫作 PN 结。

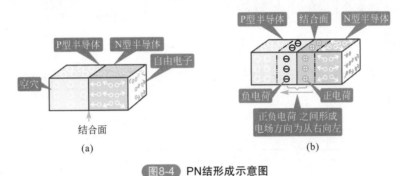

图8-4 PN结形成示意图

三、二极管的原理

在 PN 结两侧的 N 型半导体中仍有较多的自由电子受到 PN 结电场力的作用而不能越过 PN 结到达 P 型半导体中的空穴，如图 8-5（a）所示。若将 P 型半导体与电源 E 的正极相连，N 型半导体经电阻器 R、开关 K 与电源的负极相连，如图 8-5（b）所示，将开关 K 闭合时，由于加到 PN 结两端的外加电压、方向和内部电场方向相反，削弱了 PN 结的内电场，减小了 PN 结的厚度，N 型半导体中大量的自由电子在电压的推动下，越过变薄的 PN 结到达 P 型半导体的空穴位置，又经电源 E、开关 K、电阻器 R 返回 N 型半导体形成电流。因此当 PN 结加上正向电压时，就会导通。此时的硅 PN 结电场强度为 0.6V，锗 PN 结为 0.2V。

如图 8-5（c）所示，当 P 型半导体接电源 E 的负极，N 型半导体接电源 E 的正极，闭合开关 K 时，加到 PN 结的外加电场与内部电场方向相同，PN 结的厚度增大，使 N 型半导体的自由电子不能穿越强度更大且电场方向相同的 PN 结到达 P 区中的空穴位置，所以整个

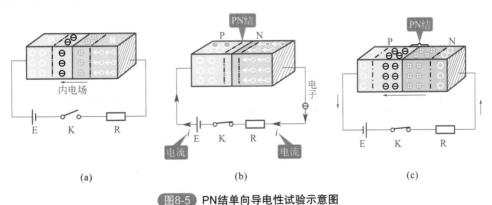

图8-5 PN结单向导电性试验示意图

电路没有电流通过。因此当 PN 结加上反向电压时，不能导通。

二极管的单向导电作用可以使用单向阀门进行描述。如图 8-6（a）所示，当单向水阀的右侧水压大于左侧水压时，挡板受弹簧拉力而复位阻止水通过阀门；当阀门的左侧水压略高于右侧水压，对挡板的压力小于弹簧的拉力时，挡板依旧处于原位不动，阻止左侧的水通过挡板流到阀门右侧。

如图 8-6（b）所示，当阀门左侧的水压增大时，对挡板的推力大于弹簧对挡板的拉力时，挡板向右转动，左侧的水通过挡板缝隙流到右侧。

如图 8-6（c）所示，当阀门左侧的水压进一步增大，挡板克服弹簧拉力向右摆动角度进一步加大，通过阀门的水流进一步加强，此时阀门处于单向导通状态。若阀门左侧的水压减小，则挡板会因弹簧的拉力作用而复位，使水流减小，直到单向阀门关闭。

专家提示

单向阀门在左侧压力高于右侧压力一定值时才会允许水流通过，而不允许右侧的水向左侧流动，具有单向导通的特性。若当阀门右侧的水压过高，将挡板压垮时，单向阀门则会损坏。

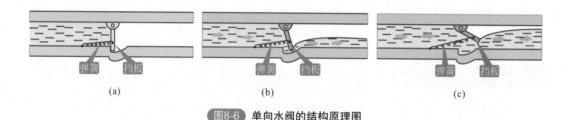

弹簧　挡板　　　　　　弹簧　挡板　　　　　　弹簧　挡板

(a)　　　　　　　　　　(b)　　　　　　　　　　(c)

图8-6　单向水阀的结构原理图

要 诀

二极管来啥作用，单向阀比喻记得清，
正向电压它就通，反向电压不通行，
单向导电是特性，详细原理正文中。

四、二极管的类型

在 PN 结上加上引线和封装，就成为一个二极管。二极管按结构分有点接触型、面接触型和平面型三大类。其结构如图 8-7 所示。

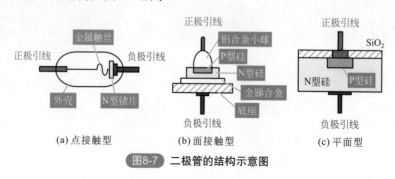

正极引线　　　金属触丝　　　负极引线

外壳　　　N型锗片

(a) 点接触型

正极引线　　铝合金小球　P型硅　N型硅　金锑合金　底座　负极引线

(b) 面接触型

正极引线　SiO₂　N型硅　P型硅　负极引线

(c) 平面型

图8-7　二极管的结构示意图

① 点接触型二极管——PN 结面积小，结电容小，用于检波和变频等高频电路。

② 面接触型二极管——PN 结面积大，用于工频大电流整流电路。

③ 平面型二极管——往往用于集成电路工艺中。PN 结面积可大可小，用于高频整流和开关电路中。

五、二极管的主要特性

将一个 PN 结两端各接上一个电极引线，然后采用玻壳或塑料封装就构成一个二极管，其中与 P 区连接的电极叫正极（也叫阳极），与 N 区相连接的电极叫负极（也叫阴极）。二极管结构和电路图形符号如图 8-8 所示，文字符号常用字母"VD"表示。

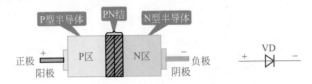

图8-8　二极管结构和电路图形符号

由于二极管内部 PN 结构的存在，使两端所加电压的大小与内部电流变化不成比例关系，因此称二极管为非线性元件。用来描述二极管两端电压与内部电流之间变化关系的曲线称为二极管的伏安特性曲线，如图 8-9 所示。

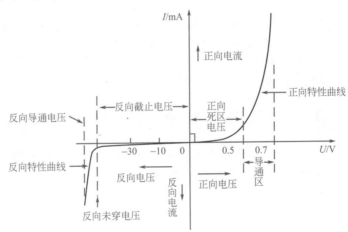

图8-9　二极管的伏安特性曲线

其中，横轴表示加在二极管两端的电压，单位为 V；纵轴为经过二极管的电流，单位为 mA。

专家提示

二极管的伏安特性曲线分为正向特性曲线和反向特性曲线。

1. 正向特性

在二极管的伏安特性曲线中，位于坐标原点右侧的曲线为二极管的正向特性曲线，即当二极管的正极（P 区）接高电位，负极（N 区）接低电位时用来表示二极管两端电压与电流之间关系的曲线。

从图 8-9 中看出，当硅二极管两端所加的正向电压小于 0.5V 时，通过二极管的正向电流很小，二极管不导通，因此，称此时的电压为二极管的死区电压。锗材料二极管的死区电压为 0.2V，硅材料二极管的死区电压为 0.5V。

当硅二极管两端的正向电压超过死区电压 0.5V 后，通过二极管的正向电流会迅速增大，而二极管两端的正向电压变化却很小。此时的电压称为二极管的正向导通电压。锗二极管的正向导通电压为 0.2 ～ 0.3V，硅二极管的正向导通电压为 0.5 ～ 0.7V。该正向导通电压与 PN 的厚度成正比。

专家提示

当通过二极管的正向电流过大时，会使二极管发热，当温度过高超过其散热能力时就会烧毁，因此，能够导致二极管过热烧毁的最大正向电流称为二极管的最大整流电流。该最大整流电流与 PN 结的截面积成正比。

2. 反向特性

在图 8-9 中，左侧的曲线为二极管的反向特性曲线，即当二极管正值（P 区）接低电位，负极（N 区）接高电位时，用来表示其两端电压与电流之间关系的曲线。

从图中看出，当硅二极管两端所加的反向电压在很大范围变化时，二极管内部几乎没有电流通过，呈现为截止状态，通常把此时的电压称为二极管的反向截止电压。通过二极管的电流称为反向电流。

当二极管两端的反向电压增大到一定数值时，反向电流急剧增加，二极管由截止状态变为击穿状态，此时的电压称为二极管的反向击穿电压。

六、二极管的基本参数

二极管的基本参数主要有最大正向电流、最大反向工作电压和最高工作频率。

1. 最大正向电流（I_M）

最大正向电流是指二极管长期连续工作时所允许通过的最大正向平均电流。最大正向电流与二极管 PN 结的截面积成正比。PN 结的截面积越大，结电容也越大，因此，最大正向电流大的二极管只适用于低频电路。

2. 最大反向工作电压（U_{RM}）

最大反向工作电压是指二极管安全工作时两端所加的最高反向电压（俗称耐压），该电压为二极管反向击穿电压的一半或 2/3。

3. 最高工作频率（f_m）

最高工作频率是指二极管正常工作时的最高频率。该参数主要受制于二极管 PN 结截面积的大小，截面积大的 PN 结其结电容也大。结电容对交流信号的容抗与结电容的容量成反比。因此 PN 结截面积大的二极管只能工作在低频电路中，PN 结截面积小的二极管工作在高频电路中。

要诀

基本参数三最大，正向电流和反向电压，
工作频率之后还有啥，主要参数这些啦。

七、二极管的型号

二极管的型号因国家地区及生产厂家的差异也有所不同。

1. 国产二极管的型号

国产二极管的型号主要由以下五部分组成，如图8-10所示。

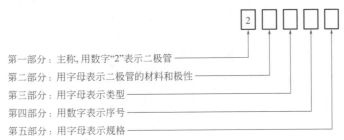

第一部分：主称，用数字"2"表示二极管
第二部分：用字母表示二极管的材料和极性
第三部分：用字母表示类型
第四部分：用数字表示序号
第五部分：用字母表示规格

图8-10 国产二极管的型号

其中，第二部分中的字母含义如表8-1所示。

表8-1　国产二极管中的第二部分字母含义

字母	含义	字母	含义
A	N 型锗材料	D	P 型硅材料
B	P 型锗材料	E	化合物材料
C	N 型硅材料		

第三部分中的字母含义如表8-2所示。

表8-2　国产二极管中的第三部分字母含义

字母	含义	字母	含义
P	普通管	V	微波管
W	稳压管	C	参量管
L	整流管	JD	激光管
N	阻尼管	S	隧道管
Z	整流管	CM	磁敏管
V	光电管	H	恒流管
K	开关管	Y	体效应管
B	变容管	EF	发光二极管
G	高频小功率管（f_0>3MHz，P_0<1W）	A	高频大功率管（f_0>3MHz，P_0>1W）
X	低频小功率管（f_0<3MHz，P_0<1W）	D	低频小功率管（f_0<3MHz，P_0>1W）

2. 日产二极管的型号

日产二极管型号由七个部分组成，而通常只用到前五部分，如图8-11所示。

其中，第一部分中的数字含义如表8-3所示。

表8-3　日产二极管中的第一部分中的数字含义

数字	0	1	2	3
含义	光敏二极管	二极管	三极或两个 PN 结的二极管（内置两个二极管）	四极或三个 PN 结的二极管（内置三个二极管）

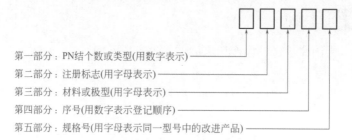

第一部分：PN结个数或类型(用数字表示)
第二部分：注册标志(用字母表示)
第三部分：材料或极型(用字母表示)
第四部分：序号(用数字表示登记顺序)
第五部分：规格号(用字母表示同一型号中的改进产品)

图8-11 日产二极管的型号

第二部分中的字母 S 表示为日本电子工业协会（JEIA）的注册标志。

3. 美产二极管的型号

美产二极管的型号主要由五个部分组成，如图 8-12 所示。

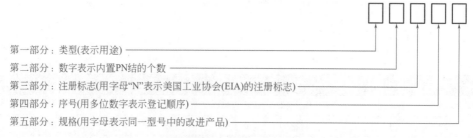

第一部分：类型(表示用途)
第二部分：数字表示内置PN结的个数
第三部分：注册标志(用字母"N"表示美国工业协会(EIA)的注册标志)
第四部分：序号(用多位数字表示登记顺序)
第五部分：规格(用字母表示同一型号中的改进产品)

图8-12 美产二极管的型号

4. 国际电子产二极管的型号

德国、意大利、法国、荷兰等欧洲国家采用国际电子联合会标准二极管型号，一般由四部分组成，具体方法如图 8-13 所示。

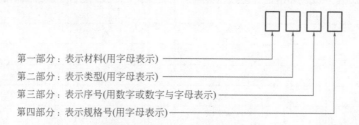

第一部分：表示材料(用字母表示)
第二部分：表示类型(用字母表示)
第三部分：表示序号(用数字或数字与字母表示)
第四部分：表示规格号(用字母表示)

图8-13 国际电子产二极管的型号

八、二极管引脚极性的标示

二极管的极性标示方法主要有色标法和电路图形符号标示法。

二极管引脚极性的
判断方法

1. 色标法

有些二极管的外壳上有色环标示，靠近色环的一端为负极，而另一端无标示的为正极。其标示方法如图 8-14 所示。

① 黑色塑封二极管用银色环表示负极，其标示形式如图 8-14 所示。

② 玻壳封装二极管用黑色环表示负极，其标示形式如图 8-15 所示。

③ 贴片二极管上平面的负极端有一条或数条平行细线标示，其标示形式如图 8-16 所示。

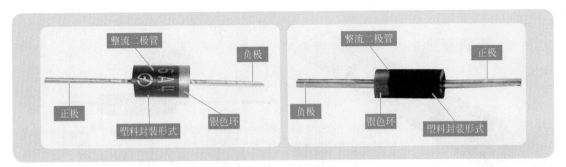

图8-14 黑色塑封二极管的极性标示

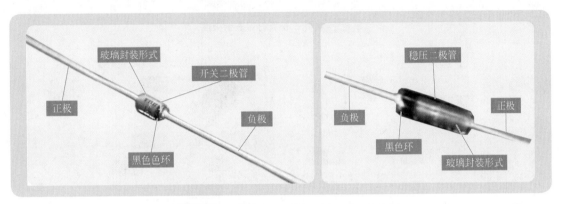

图8-15 玻壳封装二极管用黑色环表示负极

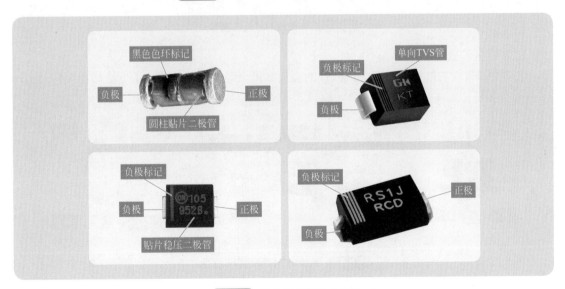

图8-16 贴片二极管极性标示

2. 电路图形符号标示法

将二极管的电路图形符号标注在二极管的外表面或安装位置来表示其极性，如图 8-17 所示。

3. 引脚长短标示法

发光二极管的极性可根据新元件引脚长短来判断，即引脚短的为负极，长的为正极，如图 8-18 所示。

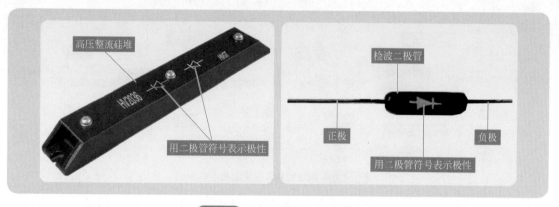

图8-17 用二极管符号表示极性

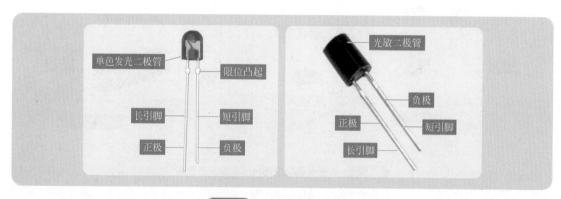

图8-18 未使用的发光二极管

4. 大功率二极管标示方法

大功率二极管有螺纹的一端为二极管的负极,另一端为正极,其标示方法如图 8-19 所示。

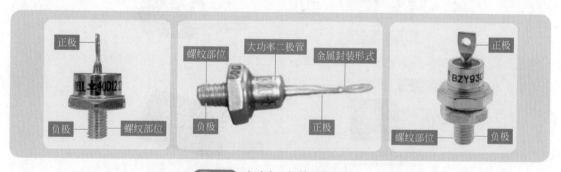

图8-19 大功率二极管的标示方法

要诀

二极管标示有多种,极性判断是常用。

色标方法很常用,电路图形符号标示记心中。

引脚长短标示中,脚短为负、长为正。

型号标示直接标,电路板上见分晓。

九、二极管的检测要诀

要 诀

检测管子量两次，阻值大小心中记。阻值小时红接负，称为正向电阻值。
正阻一般几千欧，阻值越小越好的。反向测量电阻大，红笔接的是正极。
两次阻值相差大，管子性能是优异。两次测量无穷大，管子断路应该弃。
两次阻值均为零，管子内部已被击。两次阻值相接近，管子失效很不利。
类型不同换挡位，表内电压应注意。换挡测量值不一，相差悬殊不为奇。
检测发光二极管，可串电阻接电池。

第二节 整流二极管

一、整流二极管的外形和电路图形符号

认识整流二极管

整流二极管的作用是将交流电整流成脉动直流电。其参数主要有最大整流电流和额定功率。整流二极管多采用硅（Si）半导体材料制作而成，内部包含一个 PN 结，根据额定功率大小不同，分别采用玻璃封装、表面封装、塑料封装和金属封装等多种形式。其外形和电路图形符号如图 8-20 所示。

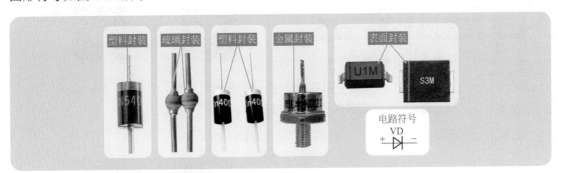

图8-20 整流二极管的外形和电路图形符号

二、整流二极管的应用

整流二极管主要应用于半波整流、全波整流和桥式整流电路中，如图 8-21 所示。

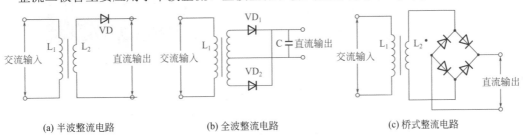

(a) 半波整流电路　　　　(b) 全波整流电路　　　　(c) 桥式整流电路

图8-21 整流二极管的应用

要诀

整流二极管啥作用，交流变成直脉动，参数主要有两种，最大电流和额定功（率），主要封装有两种，塑料、金属最常用，1A 以下塑料来采用，1A 以上两种都有用。

三、整流二极管的常见型号

整流二极管的常见型号有 2CZ52A-K ～ 2CZ86A-K、1N4001 ～ 1N4007、1N5400 ～ 1N5408 等。

四、整流二极管引脚极性的判断

整流二极管多为黑色塑料封装，通常在管的一端用色环标注极性，标注色环的一端为负极，另一端为正极。整流二极管引脚极性的判断如图 8-22 所示。

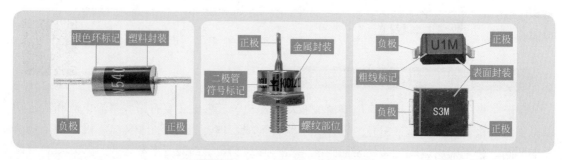

图8-22 整流二极管引脚极性的判断

五、整流二极管引脚极性的测量

被测整流二极管的外形如图 8-23 所示。

用指针万用表测量二极管的引脚极性

用数字万用表测量二极管的引脚极性

检测依据 正常情况下，锗整流二极管的正向压降为 0.2 ～ 0.3V，硅整流二极管的正向压降为 0.6 ～ 0.7V。

步骤 1 选择数字万用表的"二极管"挡，如图 8-24 所示。

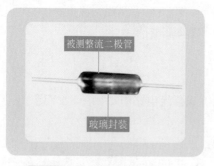

图8-23 被测整流二极管的外形

图8-24 选取数字万用表的"二极管"挡

步骤 2 将黑、红表笔分别搭在整流二极管的两只引脚上，此时万用表显示为 0.52V（正向导通压降），即正常，如图 8-25 所示。

步骤 3 交换黑、红表笔再次测量，此时万用表显示为"1."，即正常，如图 8-26 所示。

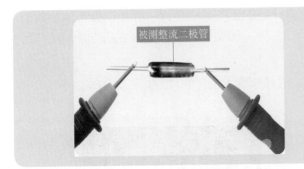

图8-25　被测整流二极管的测量

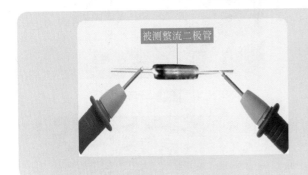

图8-26　被测整流二极管的再次测量

总结： 在上述测量中，以测量阻值较小的一次为标准，黑表所搭的引脚为整流二极管负极，红表所搭的引脚为整流二极管正极。

六、整流二极管的故障类型

普通整流二极管主要承担低频交流电的整流任务，正向工作电流较大，温度偏高。其故障主要有过流烧损，击穿（有时会炸裂），质量欠佳造成反向漏电，正向阻值增大或减小，开路，热稳定性变差，极易升温等。

> **要诀**
>
> 检测二极管量两次，阻值大小记心里，
> 阻值小时红接负，称为正向电阻值。
> 反向测量阻值大，红笔接的是正极。

七、用数字万用表在路检测整流二极管

待测整流二极管在电路板上的位置如图8-27所示。通过壳体上的标识，可区分整流二极管的正极和负极。

> **要诀**
>
> 二极管在路测量很常见，步骤严谨认真看，红笔接正黑笔负，正向压降屏幕显，
> 黑红表笔对调再测量，反向无穷没商量，正反压降近无穷，管子断路是病情，
> 正反压降都为零，管子短路可不轻。

| 用数字万用表区分锗、硅材料二极管 | 用数字万用表的二极管挡开路测量整流二极管的好坏 | 用数字万用表的电阻挡开路测量整流二极管的好坏 | 用数字万用表二极管挡在路测量整体二极管的好坏 | 用数字万用表的电阻挡在路测量整体二极管的好坏 |

检测依据 正常情况下，整流二极管有一定的正向导通压降，而反向处于截止状态。硅材料整流二极管的正向导通压降为 0.6 ~ 0.7V，锗材料整流二极管的正向导通压降为 0.2 ~ 0.3V。

步骤 1 对整流二极管两引脚进行清洁，去除引脚上的污物或胶层，如图 8-28 所示，以保证测量准确。

图8-27 待测整流二极管的位置

图8-28 除污

步骤 2 选择数字万用表的"二极管"挡，如图 8-29 所示。

步骤 3 将红表笔接整流二极管的正极引脚，黑表笔接负极引脚，此时万用表显示为 0.58V（即正向导通压降），即正常，如图 8-30 所示。

步骤 4 将黑、红表笔对调再次测量，此时万用表显示为"1."（即反向压降），即正常，如图 8-31 所示。

图8-29 选择数字万用表的"二极管"挡

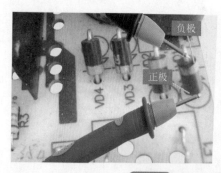

图8-30 整流二极管正向压降的测量

图8-31 整流二极管反向压降的测量

总结：**若所测整流二极管的正向导通压降和反向压降都接近无穷大，则表明二极管断路。若所测整流二极管的正向导通压降和反向压降都接近 0，则表明该二极管击穿短路。**

👆 **专家提示**

选择的数字万用表的量程尽量与被测电阻器的标称阻值接近，只有选择量程与被测电阻器的标称阻值尽可能相对应，才能保证测量的准确性。若被测电阻器的标称阻值为 100Ω，应选择与其最接近的量程欧姆挡的 200Ω；若被测电阻器的标称阻值为 1kΩ，应选择与其最接近的量程欧姆挡的 2kΩ 挡。

◣ 八、用指针万用表在路检测整流二极管

被测二极管在电路板上的位置如图 8-32 所示。

检测依据 用指针万用表的 "×1k" 挡测量时，正向电阻值一般为几到十几千欧，反向电阻值为无穷大。

用指针万用表开路测量整体二极管的好坏

用指针万用表在路测量整体二极管的好坏

步骤 1　将整流二极管从电路板上焊下一只引脚，如图 8-33 所示。

图8-32　二极管在电路板上的位置

图8-33　焊下一只引脚

步骤 2　用金属工具清洁引脚，如图 8-34 所示。

步骤 3　选择指针万用表的 "×100" 挡，并调零，如图 8-35 所示。

图8-34　用金属工具清洁引脚

图8-35　选择指针万用表的 "×100" 挡

步骤 4　将红表笔接整流二极管的正极引脚，黑表笔接负极引脚，此时万用表显示为 3kΩ（即正向电阻值），即正常，如图 8-36 所示。

图8-36 二极管正向电压的测量

专家提示

用指针万用表测得的阻值为表盘的指针指示数乘以电阻挡位，即被测电阻值＝刻度示值×挡位数。如选择的挡位是"×1k"挡，表针指示为20，则被测阻值为20×1kΩ=20kΩ。

步骤5 将黑、红表笔对调再次测量，此时万用表显示为无穷大，即正常，如图8-37所示。

图8-37 对调表笔测量二极管反向电压

总结：若所测正、反向电阻值均为无穷大，则表明被测整流二极管可能断路；若所测正、反向电阻值均接近0，则表明被测整流二极管被击穿短路；若所测正、反向电阻值相差不大，则表明被测整流二极管单向导电性不良或失去了单向导电性。

专家提示

因额定工作电流偏大的整流二极管漏电流也偏大，所以在使用"20MΩ"挡对被测整流二极管反向阻值进行测量时，出现反向阻值为几百千欧的也属于正常。若反向阻值小于几百千欧，表明漏电流过大，性能不良。

九、整流二极管的代换

① 普通整流二极管损坏后，尽可能用同型号的整流二极管进行更换，并注意损坏的整流二极管在电路板上的极性，同时应避免新元件不良或极性接反，否则后级电路不能工作或造成滤波电容反偏爆炸。若为桥式连接，则会造成自身过流炸裂连带损坏其他元件（如变压器或保险管）。

② 若没有找到相同型号的整流二极管，也可以选用额定工作电流、耐压、截止频率、反向恢复时间偏高的其他型号整流二极管进行代换。但不能使用额定电流和耐压偏小的整流

二极管进行代换。

　　③ 不同材质的二极管不应代换，例如硅整流二极管与锗整流二极管之间不能互换。

　　④ 如果怀疑整流二极管性能不良时，也可直接代换。

十、整流二极管的选用

　　整流二极管一般为平面型硅二极管，用于各种电源整流电路中。

　　选用整流二极管时，主要应考虑其最大整流电流、最大反向工作电流、截止频率及反向恢复时间等参数。

　　普通串联稳压电源电路中使用的整流二极管，对截止频率的反向恢复时间要求不高，只要根据电路的要求选择最大整流电流和最大反向工作电流符合要求的整流二极管即可，例如1N 系列、2CZ 系列、RLR 系列等。

　　开关稳压电源的整流电路及脉冲整流电路中使用的整流二极管，应选用工作频率较高、反向恢复时间较短的整流二极管（例如 RU 系列、EU 系列、V 系列、1SR 系列等）或选择快恢复二极管。

第三节　整流桥

认识整流桥

一、整流桥的外形和电路图形符号

　　整流桥也叫整流堆，在普通整流二极管的实际应用中，常将四只整流二极管按桥式进行连接。因此一些厂家则将 4 只参数相同的整流二极管桥式连接封装在一起，通常称为全桥或整流桥、整流堆。其主要参数有最大整流电流和最高反向工作电压。整流桥的外形和电路图形符号如图 8-38 所示。

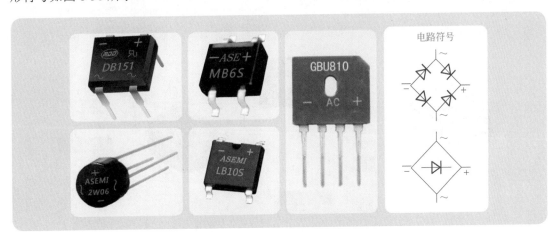

图8-38　整流桥的外形和电路图形符号

二、整流桥的原理

　　整流桥的整流作用也可以使用四只压力单向阀按桥式连接而进行描述，如图 8-39 所示。

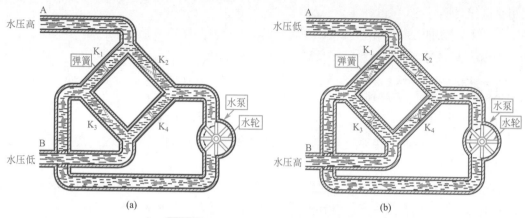

图8-39 桥式压力单向阀门的工作示意图

如图 8-39（a）所示，当水管 A 内的水压高于水管 B 内的水压时，单向阀门 K_1 和 K_4 的上位压力高于下位压力而关闭；单向阀门 K_2 和 K_3 的上位压力高于下位压力而被推开。此时水管 A 内的水通过阀门 K_2 从水泵的上端流进，推动水轮逆时针转动输出动力，从水泵下端流出，经阀门 K_3 返回 B 端。

如图 8-39（b）所示，当水管 B 内的水压高于水管 A 内的水压时，单向阀门 K_2 和 K_3 的上位压力低于下位压力而关闭；单向阀门 K_1 和 K_4 的左侧压力高于右侧压力而被推开。此时水管 B 内的水通过阀门 K_4，从水泵的上端流进，仍然推动水轮逆时针转动，从水泵下端流出，经阀门 K_1 返回 A 管。

总结：无论 A 管和 B 管内的水如何流动，通过水泵的水流方向不变，推动水轮朝一个方向旋转，将水势能转换为机械能向外输出。

三、整流桥引脚极性的判断

整流桥引脚极性的判断如图 8-40 所示。

用指针万用表测量
整流桥的引脚极性

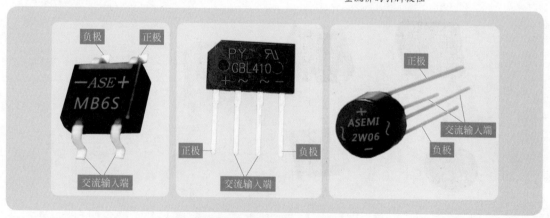

图8-40 整流桥引脚极性的判断

四、整流桥引脚极性的测量

整流桥的引脚极性一般在其外壳上都有标注且一目了然。但有些标注不清，使用时就应该判断其引脚极性。被测整流桥的型号为 KBJ5008，其外形和等效电路如图 8-41 所示。

步骤 1　选择指针万用表的"×1k"挡，并调零，如图 8-42 所示。

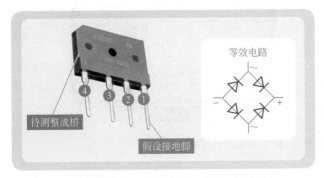

图8-41　整流桥的外形和等效电路

图8-42　选择指针万用表的"×1k"挡

步骤 2　设定 1 脚为接地端。将黑表笔搭在整流桥的 1 脚上，红表笔分别搭在 2、3、4 脚上。若 3 次测得阻值均为无穷大，则表明设定正确，设定的 1 脚为接地端，如图 8-43、图 8-44 所示。若 3 次测得阻值均较小，则表明设定错误，应重新设定 1 脚即接地端。

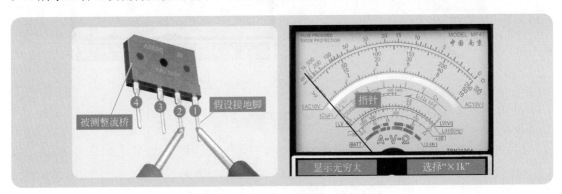

图8-43　整流桥的1脚和2脚电阻值的测量

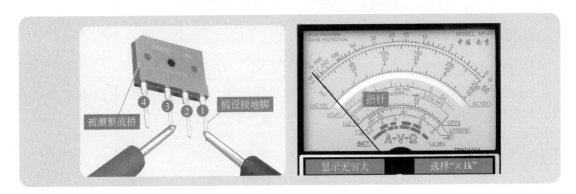

图8-44　整流桥的1脚和3脚电阻值的测量

步骤 3　1 脚确定为接地端后，将红表笔搭在 1 脚上，黑表笔分别搭在 2、3、4 脚上，若 2 次测量中的阻值均较小或相近，则表明这两脚为交流输入端，如图 8-45、图 8-46 所示。若 1 次测量阻值较大且与前两次测量阻值的 2 倍相近，则表明该脚为直流电压的输出脚，即正极。

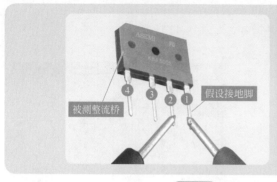

被测整流桥　４　３　２　１　假设接地脚

显示12kΩ　　　选择"×1k"

图8-45　整流桥的1脚和2脚电阻值的测量

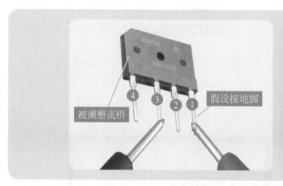

被测整流桥　４　３　２　１　假设接地脚

显示11.5kΩ　　　选择"×1k"

图8-46　整流桥的1脚和3脚电阻值的测量

要 诀

整流桥引脚容易检，步骤分明易于看，挡位要选二极管，黑笔到来1脚前，
三次较小阻值要记全，设定正确1脚为接地端，
按照步骤继续检，其他引脚功能得到判。

五、检测整流桥的注意事项

检测整流桥应注意以下几点：

① 测量整流桥中的正极和负极之间的正向电阻值时，实际测量的是两只串联二极管的正向电阻值，测得的结果要比单独测每只管子正向电阻值后再相加的数值大一些。单独测每个管子的正向电阻值一般为10kΩ。

② 整流桥中的二极管一般有短路，也有因击穿而造成断路。

③ 整流桥的型号不同，测得的正向电阻值也有所不同；使用不同挡位测得的正向电阻值也有所不同。

六、用数字万用表检测整流桥

整流桥的检测大多数人常采用测量8次的方法，虽然比较麻烦，但是不但可以检测到整流桥内部的二极管是否被击穿短路，而且可检测到是否出现断路情况。被测整流桥的外形和等效电路如图8-47所示。

用数字万用表测量
整流桥的好坏

检测依据　在不知是硅材料还是锗材料整流桥时，所测正向导通压降不超过 0.7V。对单只二极管来讲，正常情况下，整流二极管有一定的正向导通压降，而反向处于截止状态。硅材料整流二极管的正向导通压降为 0.6 ~ 0.7V，锗材料整流二极管的正向导通压降为 0.2 ~ 0.3V。

步骤 1　选择数字万用表的"二极管"挡，如图 8-48 所示。

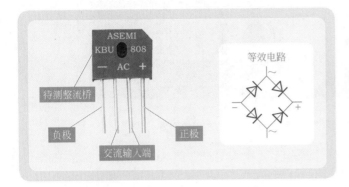

图8-47　被测整流桥的外形和等效电路

图8-48　选择数字万用表的"二极管"挡

步骤 2　将黑表笔搭在"+"极脚上，红表笔搭在整流桥的 AC 交流输入端的左脚上，此时万用表显示为".450"，即 0.450V 正向导通压降，即正常，如图 8-49 所示。

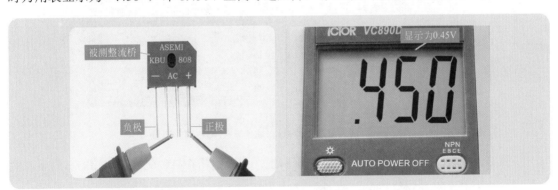

图8-49　黑表笔搭"+"极，红表笔搭AC左脚的测量

步骤 3　将黑表笔搭在"+"极脚上，红表笔搭在整流桥的 AC 交流输入端的右脚上，此时万用表显示".450"，即 0.450V 正向导通压降，即正常，如图 8-50 所示。

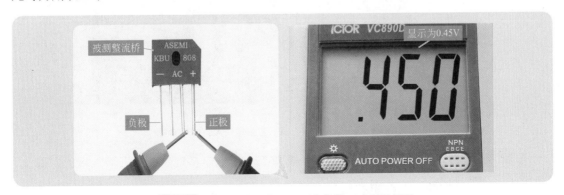

图8-50　黑表笔搭"+"极，红表笔搭AC右脚的测量

步骤 4 将红表笔搭在整流桥的"+"极脚上，黑表笔搭在的 AC 交流输入端的左脚上，此时万用表显示为无穷大，即正常，如图 8-51 所示。

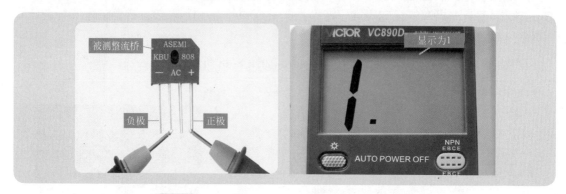

图8-51 红表笔搭"+"极，黑表笔搭AC左脚的测量

步骤 5 将红表笔搭在整流桥的"+"极脚上，黑表笔搭在的 AC 交流输入端的右脚上，此时万用表显示为无穷大，即正常，如图 8-52 所示。

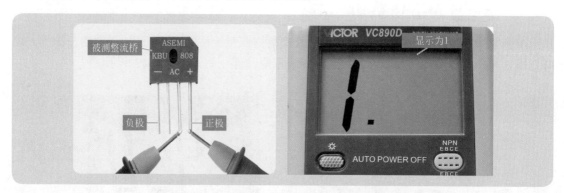

图8-52 红表笔搭"+"极，黑表笔搭AC右脚的测量

步骤 6 将黑表笔搭在整流桥的"−"极脚上，红表笔搭在 AC 交流输入端的右脚上，此时万用表显示为无穷大，即正常，如图 8-53 所示。

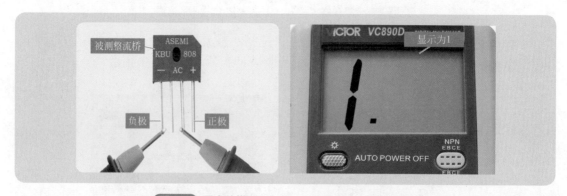

图8-53 黑表笔搭"−"极，红表笔搭AC右脚的测量

步骤 7 将黑表笔搭在整流桥的"−"极脚上，红表笔搭在 AC 交流输入端的左脚上，此时万用表显示为无穷大，即正常，如图 8-54 所示。

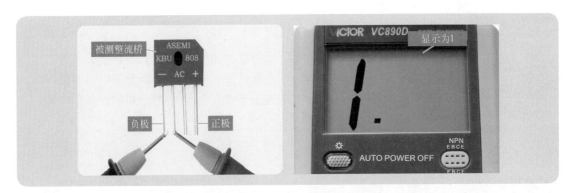

图8-54 黑表笔搭"—"极，红表笔搭AC左脚的测量

步骤8 将红表笔搭在整流桥的"-"极脚上，黑表笔搭在 AC 交流输入端的右脚上，此时万用表显示为".460"，即 0.46V 正向导通压降，即正常，如图 8-55 所示。

图8-55 红表笔搭"—"极，黑表笔搭AC右脚的测量

步骤9 将红表笔搭在整流桥的"-"极脚上，黑表笔搭在 AC 交流输入端的左脚上，此时万用表显示为".466"，即 0.466V 正向导通压降，即正常，如图 8-56 所示。

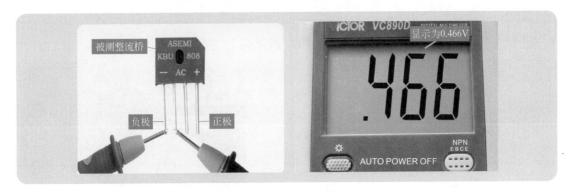

图8-56 红表笔搭"—"极，黑表笔搭AC左脚的测量

总结：若所测正向压降为 0.45 ~ 0.54V，反向测量时二极管皆截止（即万用表显示无穷大），则表明整流桥的质量合格。若所测正向和反向压降均接近 0，则表明被测整流桥击穿短路。若正向和反向测量二极管都截止，则表明整流桥断路。

专家提示

　　选择数字万用表的量程时，先将欧姆挡位调整到最低挡，若万用表显示"1."或".OL"，则表明选择的挡位太低，应提高一个挡位，直到有阻值显示为止。若测量一只电阻器时开始选择的挡位是200Ω，此时万用表显示"1."或".OL"（表示挡位较低），应提高一个挡位（即2kΩ），此时万用表仍显示"1."或".OL"（表示挡位较低），应再提高一个挡位（即20kΩ），此时万用表若显示15，表明被测电阻器的阻值为15kΩ。

◤ 七、用指针万用表快速检测整流桥

要诀

整流桥检测比较繁，八次测量大家选，维修实战我测量三（次），主要原因往下看，八次测量比较全，若有断路看得见，三次测量比较简，主要检测是否短（路），实战维修我发现，整流桥短路是常见，虽说有时断路现，发现一次像过年。

用指针万用表测量半桥的好坏

用指针万用表测量整流桥的好坏

用指针万用表测量整流桥的好坏

整流桥好坏的快速测量方法

　　整流桥的检测大多数人常采用上述测量八次的方法，比较麻烦。维修实战中没有那么烦琐，只需要测量三次就可以判断被测整流桥是否被击穿短路，但采用八次测量可检测到是否出现断路情况。现以BP65型整流桥为例加以说明，其外形和等效电路如图8-57所示。

检测依据 正常情况下，整流桥的1脚与2脚、2脚与1脚之间的电阻值均为无穷大（此时测量得的电阻值是两只二极管反接的电阻值），4脚与3脚之间的正向阻值一般为25～30kΩ，据此可判断被测整流桥是否短路。若被测整流桥的1脚与2脚或2脚与1脚之间的电阻值为9～10kΩ（此时测得的是两只二极管相串联的电阻值），则表明被测整流桥被击穿短路。若被测整流桥4脚与3脚之间的正向阻值为无穷大，则表明被测整流桥断路。

　　步骤1 选择指针万用表的"×10k"挡，并调零，如图8-58所示。

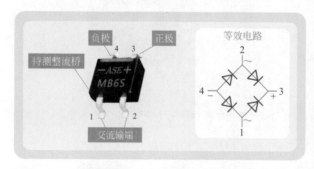

图8-57 整流桥的外形和等效电路

图8-58 选择指针万用表的"×10k"挡

　　步骤2 将黑表笔搭在整流桥的2脚上，红表笔搭在1脚上，此时万用表显示为无穷大，即正常，如图8-59所示。

　　步骤3 交换黑、红表笔再次测量，此时万用表也显示为无穷大，即正常，如图8-60所示。

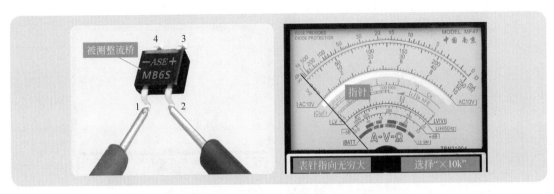

图8-59 整流桥2脚和1脚之间电阻值的测量（1）

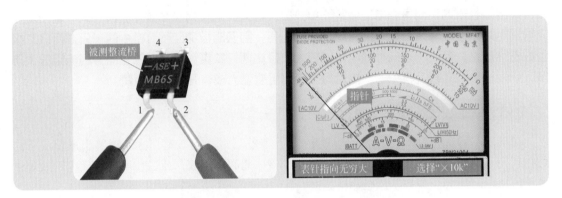

图8-60 整流桥2脚和1脚之间电阻值的测量（2）

专家提示

　　若被测硅整流桥性能良好，其1脚与2脚、2脚与1脚之间的电阻值均为无穷大，因为每次测量总有一只二极管处于反向截止状态。若测得1脚与2脚、2脚与1脚之间的电阻值只有几千欧，则表明硅整流桥中至少一只或多只二极管被击穿短路。注意：对1脚与2脚、2脚与1脚之间的电阻值的测量不能判断硅整流桥中的二极管是否处于断路状态。

　　步骤4　选择指针万用表的"×100"挡，并调零，如图8-61所示。

图8-61 选择指针万用表的"×100"挡

　　步骤5　将黑表笔搭在硅整流桥的3脚上，红表笔搭在4脚上，此时万用表显示正向导通电阻值为27kΩ，即正常，如图8-62所示。

图8-62 整流桥3脚和4脚之间正向导通电阻值的测量

总结： 若所测正向导通电阻值稍比单只二极管大，则表明被测硅整流桥正常；若所测正向导通电阻值接近单只二极管的正向导通电阻值，则表明被测硅整流桥中的一只或两只二极管被击穿短路；若所测正向导通电阻值较大，且比两只二极管串联时的正向导通电阻值大得多，则表明被测硅整流桥中的二极管有正向电阻值变大或有开路的二极管。

八、整流桥的代换与选用

可以用电流大于或等于原整流桥额定电流（或工作电流），耐压大于或等于原整流桥的进行代换。也可以用4只整流二极管代替，且整体的额定电流（或工作电流）应大于或等于原整流桥，耐压大于或等于原整流桥。

第四节 高压整流硅堆

一、高压整流硅堆的识别

高压整流硅堆又叫硅柱。它是一种硅高频高压整流二极管，工作电压在几千伏至几万伏之间，常用于黑白电视机或其他电子仪器中作高频高压整流。它之所以能有如此高的耐压本领，是因为它的内部是由若干个硅高频二极管的管芯串联起来组合而成的。外面用高频陶瓷进行封装。高压硅堆具有体积小、重量轻、机械强度高、使用简便和无辐射等优点，普遍用于直流高压设备中作为基本的整流元件。实际上一个硅堆常由数个至数十个硅整流二极管串联封装而成。常见高压整流硅堆的外形如图8-63所示。高压整流硅堆的常见型号有2DL、2CL、2DLG、2CLG等系列。

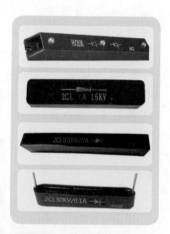

图8-63 高压整流硅堆的外形

要诀

高压硅堆硅二极管串，工作电压千、万伏现，
管壳上面二极管符号显，正负极区分易判断，
正反测量阻值无穷大应显，有阻值显示时生命完。

二、用数字万用表检测高压整流硅堆

被测高压整流硅堆的识别如图 8-64 所示。

检测依据 正常情况下，用数字万用表测量高压硅堆的正、反向压降均显示"1."。

步骤 1 选择数字万用表的"20MΩ"挡，如图 8-65 所示。

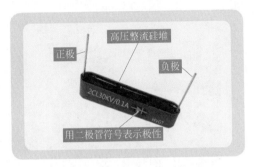

图8-64 被测高压整流硅堆的识别　　图8-65 选择数字万用表的"20MΩ"挡

步骤 2 将黑搭在高压硅堆的正极引脚上，红搭在负极引脚上，此时万用表显示为"1."，即正常，如图 8-66 所示。

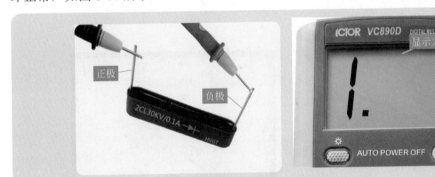

图8-66 高压硅堆的反向电阻值测量

步骤 3 交换黑、红表笔再次测量，此时万用表也显示"1."，即正常，如图 8-67 所示。

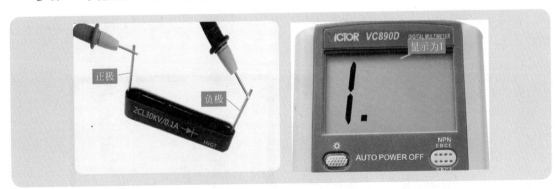

图8-67 高压硅堆的正向电阻值测量

总结：正常情况下，用数字万用表测量高压硅堆的正、反向压降均显示"1."，若所测压降与上述不一致，则表明被测高压硅堆损坏。

三、用指针万用表检测高压整流硅堆

被测高压整流硅堆的识别如图8-68所示。

检测依据 用指针万用表检测高压硅堆时，正常情况下，测量正向阻值标准略有偏转（其型号不同，表针偏转角度有所不同），测量反向阻值为无穷大。

步骤1 选择指针万用表的"×10k"挡，并调零，如图8-69所示。

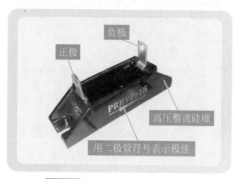

图8-68 被测高压整流硅堆的识别

图8-69 选择指针万用表的"×10k"挡

步骤2 将黑表笔搭在高压硅堆的正极引脚上，红表笔搭在负极引脚上，此时万用表指针略有偏转，即正常，如图8-70所示。

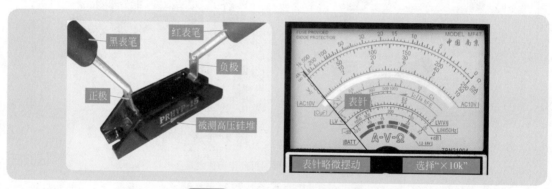

图8-70 高压硅堆的正向电阻值测量

步骤3 交换黑、红表笔再次测量，此时万用表指针指向无穷大位置，即正常，如图8-71所示。

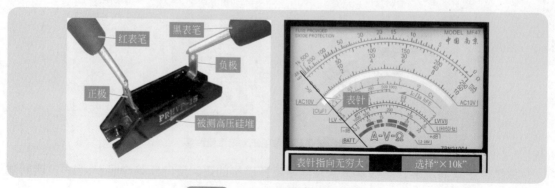

图8-71 高压硅堆的反向电阻值测量

总结：若所测阻值为较小，则表明被测高压硅堆不可再用。

　　选择的数字万用表的量程时，先将欧姆挡位调整到最低挡，若万用表显示"1."或".OL"，则表明选择的挡位太小，应提高一个挡位，直到有阻值显示为止。若测量一只电阻器时开始选择的挡位是200Ω，此时万用表显示"1."或".OL"（表示挡位较低），应提高一个挡位（即2kΩ），此时万用表仍显示"1."或".OL"（表示挡位较低），应再提高一个挡位（即20kΩ），此时万用表若显示15，表明被测电阻器的阻值为15kΩ。

四、高压整流硅堆的代换与选用

　　使用硅堆时还应掌握它的过载特性，一般硅堆的正向损坏是由于二极管PN结的热击穿造成的，根据大功率硅整流元件技术标准规定，PN结的最高允许工作温度为140℃。

　　因此在正常工作时结温必须低于140℃，不然会引起硅堆特性变坏和加速封装硅堆的绝缘介质的老化，从而影响硅堆使用寿命。为了在正常工作状态下保证PN结的温度不超过允许温度，必须注意以下几点：

　　① 所用硅堆的额定正向整流电流峰值，应不小于其在正常实际工作状态中的电流最大值。特别是对一些正常工作状态下负载侧经常发生闪络或击穿的直流高压设备（例如静电除尘器中）的硅堆，I_f值应适当选大一些。此外所规定的额定整流电流值I_f，一般是指在自然对流冷却下的允许使用值，如果采用油冷，则整流电流大约可提高一倍。

　　② 根据高压硅堆的频率特性可分工频高压硅堆（用2DL表示）和高频高压硅堆（用2DGL表示）。工频高压硅堆所整流的电流频率应在3kHz以下，高频高压硅堆所整流的电流频率可在3kHz以上。对于高频电压的整流应使用相应的高频高压硅堆。

　　③ 高压硅堆所标称的额定整流电流值是指在使用环境温度为室温时的平均整流电流值。在较高的环境温度下工作时，所允许的整流电流值应相应地减小。

　　④ 高压硅堆的结温是由于PN结的功率损耗对结部加热所致，而结功率损耗还与整流电流的波形和施加的反向电压有关。例如，当波形为非正弦波而是矩形波时，硅堆的整流电流值应减小。当反向电压较高时尚需考虑反向功率损耗（一般情况下可忽略），务必使其不要超过元件允许值。

　　但是在事故状态下，例如试品发生击穿或闪络，则硅堆有可能流过很大的正向电流，此时结温允许在一短时间内超过额定最高允许结温，若时间很短则尚不致造成损坏。但若在某一给定的时间间隔内，电流值超过了相应的某一限度，则PN结可能因过流而使元件烧毁。另外，即使电流值不超过这个限度，这种过电流的冲击次数在硅堆的整个使用寿命期间也不能太多（大约在几百次）。表示硅堆在多长的时间间隔内允许流过多大的故障电流的特性，称为过载特性（此时结温不能超过160℃），而该允许的电流值称为过载电流额定值。

　　为了保护硅堆必须保证流过硅堆的事故电流（峰值）不超过允许的过载电流（峰值），一般只需在高压回路选用合适的限流电阻器R即可。但在一些额定电流较大、持续运行时间较长的直流高压设备中，为了避免电阻器会增加设备在正常工作状态下的功率损耗，常不采用R而选用晶闸管、过流继电器和快速熔断器等元件作为过电流保护。

五、高压整流硅堆的修复

黑白电视机遇潮湿天气在高压包腔内容易产生高压打火的现象。火花将高压硅堆圆柱体表面击刻成条条沟槽，使硅堆在高电压下，外表面拉弧导通，显像管第二阳极无高压，造成电视无光栅。

这时，可把高压硅堆圆柱表面的碳化物用刀刮除，再用砂纸打磨干净，只要用表测量硅堆的性能仍属好的，即可在它的表面涂敷一层环氧树脂，待固化后即可使用。高压包在清除腔内碳化物后可以使用。

第五节 开关二极管

一、开关二极管的识别

认识开关二极管

开关二极管除具备普通二极管的特性外，还具有正向导通时电阻器小、反偏截止时电阻器大和有良好的高频开关等特性（即反向恢复时间较短）。在电路中对电流进行控制，起到接通与关断电路的作用。开关二极管主要有普通开关二极管（如 2AK 系列锗开关二极管）、高速开关二极管（如 2CK、1S、M 的系列）、超高速开关二极管、低功耗开关二极管、高反压开关二极管等，广泛应用于自动控制电路中，主要采用玻璃或陶瓷封装以减少分布电容，具有开关时间短、体积小、寿命长、可靠性高等特点。其外形和电路图形符号如图8-72所示。

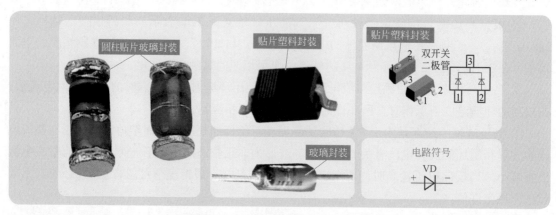

图8-72 开关二极管的外形及电路图形符号

二、开关二极管的基本参数

开关二极管的基本参数主要有开通时间、反向恢复时间和开关时间。

1. 开通时间

开通时间是指开关二极管从截止状态转为导通状态时所用的时间，该段时间越短越好。

2. 反向恢复时间

反向恢复时间是指开关二极管从导通状态转为截止状态所

要诀

开关二极管啥特性，
作用需要要记清，
反偏截止电阻值大，
电阻值较小正向导通，
控制电流要平衡，
接通与关断是作用。

需要的时间，该段时间越短越好。

3. 开关时间

开关时间是指开通时间和反向恢复时间之和，称为开关时间，该时间越短越好。

三、开关二极管的应用和常见型号

开关二极管主要应用于收音机、电视机等电子设备中的开关电路、检波电路和高频脉冲整流电路中。常见型号有 1N4148、1N4448、2AK1～2AK14、2CK9～2CK19、2CK73A-D～2CK76A-D、2CK80A-D～2CK82A-D、ISS103、ISS85、ISS265、MA165～MA167 等。

四、开关二极管引脚极性的判断

开关二极管引脚极性的判断如图 8-73 所示。

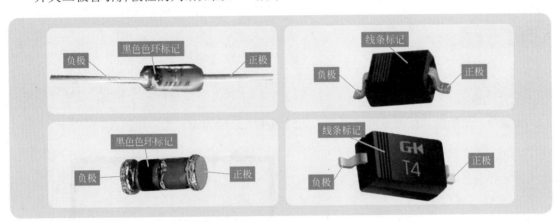

图8-73 开关二极管引脚极性的判断

五、开关二极管引脚极性的测量

若通过观察无法确定开关二极管的引脚极性，可用测量法确定。被测开关二极管的外形如图 8-74 所示。

检测依据 正常情况下，开关二极管的正向阻值很小，一般为几十欧到几百欧；其反向阻值很大，一般情况下，锗管为几十千欧到几百千欧，而硅管在 10MΩ 以上。

步骤 1 选择指针万用表的"×10"挡，并调零，如图 8-75 所示。

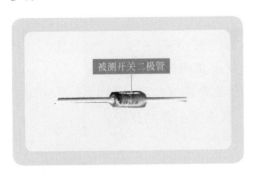

图8-74 被测开关二极管的外形

图8-75 选择指针万用表的"×10"挡，并调零

步骤2 将黑、红表笔分别搭在被测开关二极管的两只引脚上，此时万用表显示接近60Ω，如图 8-76 所示。

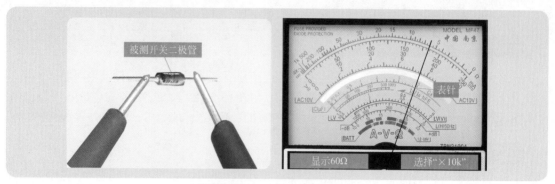

图8-76 被测开关二极管的测量

专家提示

用指针万用表测得的阻值为表盘的指针指示数乘以电阻挡位，即被测电阻值＝刻度示值 × 挡位数。如选择的挡位是"×1k"挡，表针指示为 20，则被测阻值为 20×1kΩ=20kΩ。

步骤3 交换黑、红表笔再次测量，此时万用表显示为无穷大，如图 8-77 所示。

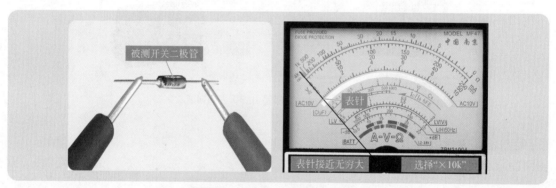

图8-77 被测开关二极管的再次测量

总结：在检测开关二极管的正、反向阻值时，以其中一次测量较小阻值为标准，黑表笔所搭的是开关二极管的正极，红表笔所搭的是负极。

六、开关二极管的检测

要诀

开关二极管啥特点，反向截止正向像短（路），
正向导通阻值要能言，几十欧到几百欧是一般，
反向截止阻值近无穷，阻值较小是病情。

被测开关二极管的外形如图 8-78 所示。

检测依据 开关二极管导通时相当于开关闭合（电路接通），截止时相当于开关断开

（电路切断），故开关二极管可作开关用。开关二极管的正向阻值很小，一般为几十欧到几百欧；其反向阻值很大，一般情况下，锗管为几十千欧到几百千欧，而硅管在 10MΩ 以上。

步骤 1 选择指针万用表的"×10"挡，并调零，如图 8-79 所示。

图8-78 被测开关二极管的外形

图8-79 选择指针万用表的"×10"挡

步骤 2 将黑表笔搭在开关二极管的正极引脚上，红表笔搭在负极引脚上，此时万用表显示正向阻值为 90Ω，即正常，如图 8-80 所示。

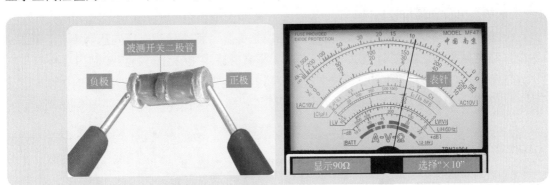

图8-80 被测开关二极管正向电阻值的测量

步骤 3 交换黑、红表笔再次测量，此时万用表显示反向阻值接近无穷大，即正常，如图 8-81 所示。

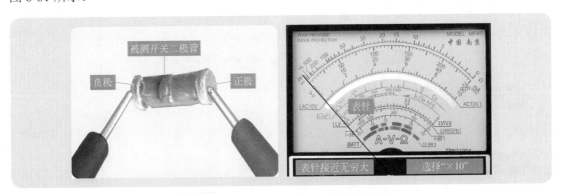

图8-81 被测开关二极管反向电阻值的测量

总结：正常情况下，所测正向电阻器值较小而反向阻值越大越好。若所测正、反向阻值均为 0，则表明被测开关二极管击穿短路。若所测正、反向阻值均为无穷大，则表明被测开关二极管开路。

专家指导：使用指针万用表的欧姆挡测量阻值时，表针应停在中间或附近（即欧姆挡刻度 5～40 附近），测量结果比较准确。

七、开关二极管的代换与选用

开关二极管损坏后，一般应以同型号为代换原则，若没有同型号的，可用与其主要参数相同的其他型号来代换。一般情况下，高速开关二极管可以代换普通开关二极管，反向击穿电压高的开关二极管可以代换反向击穿电压低的开关二极管。

第六节　检波二极管

认识检波二极管

一、检波二极管的结构原理

利用二极管的单向导电性将高频或中频载波中的半周信号去掉，然后经滤波电路取出载波中的低频信号或音频信号。

在检波电路中，为了减少检波二极管的非线性失真，常选择具有正向压降小（为 0.2～0.3V）、结电容小（通常在 1pF 以下）、工作频率高的锗半电导体材料点接触型二极管。它多采用玻璃封装，具有结电容小、频率特性好等特点。常见型号有 2AP9、2AP10 等，广泛应用于收音机、电视机及其他通信设备中。其外形、结构和电路图形符号如图 8-82 所示。

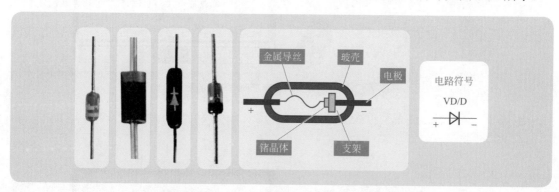

图8-82　检波二极管的外形、结构和电路图形符号

二、检波二极管的型号识别

检波二极管的常见型号为 2AP～2AP7、2AP11～2AP17，进口的有 IN60、IN34、IS34 等。

三、检波二极管引脚极性的判断

检波二极管多为红色玻璃外壳封装，通常在管的一端用色环标注极性，标注色环的一端为负极（K 极），另一端为正极（A 极）。有的黑色塑料外壳封装，通常在管的一端用色环标注极性，标注色环的一端为负极（K 极），另一端为正极（A 极）。

有的检波二极管在其表面标有二极管符号，来表示其正极和负极。

检波二极管引脚极性的判断如图 8-83 所示。

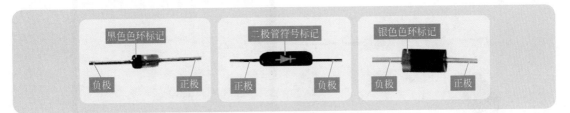

图8-83 检波二极管引脚极性的判断

要诀

电路中的检波二极管，滤波作用来体现，引脚极性好判断，管壳上面有色环，色环一端为负极，反方向正极不用疑，二极管符号外壳标，正负极显示很明了。

检测之时要知道，正向导通阻值小，反向近无穷大才好，表笔一动就完了。

四、检波二极管引脚极性的测量

若通过观察无法确定检波二极管的引脚极性，可用测量法确定。

被测检波二极管的外形如图 8-84 所示。

检测依据 正常情况下，锗材料检波二极管的正向阻值为几百到几千欧，反向阻值为几百千欧以上；硅材料检波二极管的正向阻值为几百千欧，反向阻值为无穷大。

步骤1 选择指针万用表的"×10"挡，并调零，如图 8-85 所示。

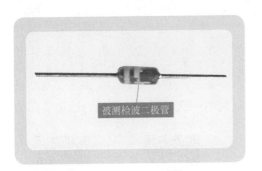

图8-84 被测检波二极管的外形

图8-85 选择指针万用表的"×10"挡，并调零

专家提示

检波二极管的工作电流一般较小，最大只有约 100mA，选择指针万用表挡位时，切不可选用"×10k"或"×1"挡，容易造成被测二极管损坏，应选择"×1k"或"×10""×100"。

步骤2 将黑、红表笔分别搭在被测检波二极管的两只引脚上，此时万用表显示为无穷大，即正常，如图 8-86 所示。

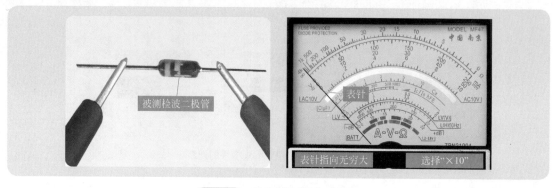

图8-86 被测检波二极管的测量

步骤 3 交换黑、红表笔再次测量，此时万用表显示为 300Ω，即正常，如图 8-87 所示。

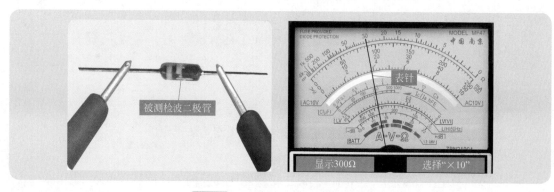

图8-87 被测检波二极管的再次测量

专家提示

用指针万用表测得的阻值为表盘的指针指示数乘以电阻挡位，即被测电阻值＝刻度示值×挡位数。如选择的挡位是"×1k"挡，表针指示为 20，则被测阻值为 20×1kΩ=20kΩ。

总结：在检测检波二极管正、反向阻值时，以其中一次测量较小阻值为标准，黑表笔所搭为检波二极管的正极，红表笔所搭的是负极。

五、检波二极管的检测

被测检波二极管的外形如图 8-88 所示。

用数字万用表开路测 用指针万用表开路测
量检波二极管的好坏 量检波二极管的好坏

检测依据 正常情况下，锗材料检波二极管的正向阻值为几百到几千欧，反向阻值为几百千欧以上；硅材料检波二极管的正向阻值为几百千欧，反向阻值为无穷大。

步骤 1 选择指针万用表的"×1k"挡，并调零，如图 8-89 所示。

步骤 2 将黑表笔搭在检波二极管的正极上，红表笔搭在负极上，此时万用表显示为 9kΩ，即正常，如图 8-90 所示。

步骤 3 交换黑、红表笔再次测量，此时万用表显示为无穷大，即正常，如图 8-91 所示。

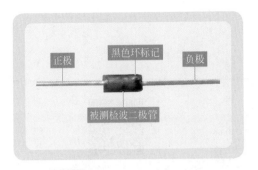

图8-88　被测检波二极管的外形

图8-89　选择指针万用表的"×1k"挡，并调零

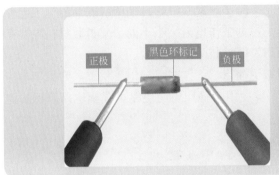

图8-90　被测检波二极管正向电阻值的测量

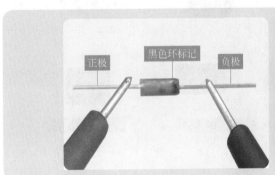

图8-91　被测检波二极管反向电阻值的测量

　　总结：检波二极管的正、反向阻值相差越大，则表明被测检波二极管的性能越好。若正、反向阻值相差过小，则表明检波二极管性能变差。若所测正向阻值为无穷大，则表明被测检波二极管断路；若所测反向阻值为 0Ω 或极小，则表明被测检波二极管击穿短路或漏电严重；若所测正向阻值过大，则表明被测检波二极管的性能变差。

　　专家指导：使用指针万用表的欧姆挡测量阻值时，表针应停在中间或附近（即欧姆挡刻度 5～40 附近），测量结果比较准确。

◣ 六、检波二极管的代换和选用

　　检波二极管损坏后，应以同型号代换为原则，若没有同型号进行代换，可选用主要参数相近、半导体材料相同的二极管进行代换。检波二极管选用时，一般要用点接触型锗热加工，选用时，应根据电路的要求，选择正向电流足够大、反向电流小、工作频率高的检波二极管。

第七节 稳压二极管

认识稳压二极管

一、稳压二极管的外形、结构和电路图形符号

利用稳压二极管反向击穿不随内部电流改变的特性来稳定电路中某个工作点的电压。

稳压二极管多采用硅（Si）半导体材料制成平面接触型二极管，采用特殊的制作工艺使其可以安全地工作在反向击穿状态而不被烧坏。根据工作电流大小不同，其封装材料主要有玻璃、塑料和金属。塑料封装又可分为引线型和表面封装两种类型。

在电路中，稳压二极管的正极接地，负极接受控点，工作在反向电压状态。常见型号主要有 2CW 系列、2BW 系列和 2DW 系列等，主要应用于稳压电源电路、限幅电路及保护电路等。其外形和电路图形符号如图 8-92 所示。

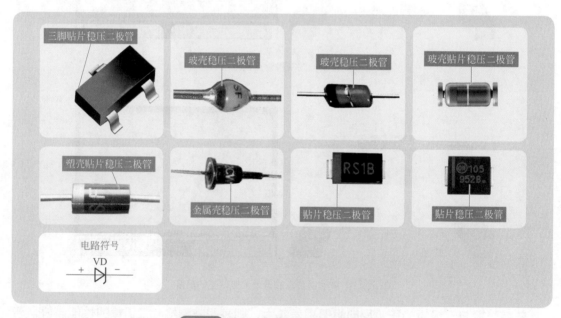

图8-92 稳压二极管外形及电路图形符号

二、稳压二极管的特性曲线

稳压二极管的特性曲线如图 8-93 所示。稳压二极管的特性曲线与普通二极管的特性曲线基本相同，但反向特性曲线有所不同。稳压二极管是利用反向击穿时其两端电压固定在一个数值而基本上不随电流大小变化这一特性来工作的。

三、稳压二极管的基本参数

稳压二极管的基本参数主要有稳定电压值、最大工作电流、电压温度系数、最大耗散功

率和动态电阻器。

1. 稳定电压值 U_Z

稳定电压值是稳压二极管的反向击穿电压，它是指稳压二极管进入稳压状态时两端的电压值。由于稳压二极管生产时的离散性，因此稳压二极管参数对照表中的稳压值是一个范围值，它是选择稳压二极管的一个重要依据。

根据反向击穿电压的范围，把 4V 左右的叫作齐纳二极管，把 7V 以上的叫作雪崩二极管。

2. 最大工作电流 I_{ZM}

最大工作电流是指稳压二极管长时间工作在稳压状态而不损坏时所允许通过的最大电流值。如果实际电流超过这个值，稳压二极管将因过热而烧坏。

3. 电压温度系数 C_{TV}

电压温度系数是用来表示稳压二极管的稳压值与温度之间关系和性质的一个参数。该系数有正负之分，根据稳压值的大小不同而有所区别。

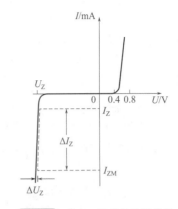

图8-93 **稳压二极管的特性曲线**

> 🖐 **专家提示**
>
> 稳压值小于 5V 的稳压二极管，其稳压值随温度的升高而下降，为负温度系数；
>
> 稳压值大于 5V 而小于 7V 的稳压二极管，其稳压值不随温度的变化而改变，其温度系数接近于零；
>
> 稳压值大于 7V 的稳压二极管，其稳压值随温度的升高而增大，为正温度系数；
>
> 稳压二极管的电压温度系数一般在 0.05 ～ 0.1 之间。

4. 最大耗散功率 P_M

最大耗散功率是稳压二极管处于稳压状态时所允许通过的最大工作电流与电压的乘积。当实际消耗功率大于其最大耗散功率时，则会被烧坏。

5. 动态电阻器 R_Z

动态电阻器是指稳压二极管在稳压工作状态下，其两端电压的变化量与所对应的电流变化量之比，即 $R_Z=\Delta I_Z/\Delta I_Z$。

> **要 诀**
>
> 稳压二极管啥作用，
> 某点电压稳定由它控，
> 结构特点要记清，
> 常见外形玻璃封，
> 基本参数有五种，
> 实用之时显神能。

四、稳压二极管的型号和稳压值

稳压二极管常见的有 2CW、2DW230 ～ 2DW236、IN46、IN47、IN52、IN59、IN4370、IN746 ～ IN986、2CW100 ～ 2CW121、2DW7 等。常见稳压二极管的稳压值：2CW55 型稳压二极管的稳压值为 6 ～ 7.5V，2CW54 型稳压二极管的稳压值为 6.5V，IN4627 型稳压二极管的稳压值为 6.3V，2CW55（2CW14）型稳压二极管的稳压值为 6 ～ 7.5V，2CW59（2CW18）型稳压二极管的稳压值为 10 ～ 12V。

五、三端稳压二极管引脚极性的判断

2DW7 等型号的三端稳压二极管的引脚极性为：引脚 1 为正极，引脚 2 为负极，3 脚为不用悬空脚，使用时，引脚 1 和引脚 2 可以互换，但引脚 1 和 2 均不可与引脚 3 互换。三端稳压二极管的外形、引脚功能和等效电路如图 8-94 所示。

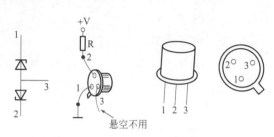

图8-94 三端稳压二极管的外形、引脚功能和等效电路

六、稳压二极管稳压值的标示

某些稳压二极管常采用 2 道或 3 道色环来表示其稳压值，即击穿电压值。各种色环颜色代表的意义与色环电阻器相同，其单位为 V。

靠近稳压管引脚（即负极端）的一端的色环为第 1 道色环，按照顺序为第 2 道色环、第 3 道色环。

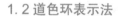

认识圆柱贴片稳压二极管稳压值的标识

1. 2 道色环表示法

第 1 道数字表示小数点前面的数字，第 2 道色环表示小数点后面的数字。

例如：稳压二极管上的色环标注为"蓝白"，则表明其稳压值为 6.9V，又如稳压二极管上的色环标注为"蓝绿"，则表明其稳压值为 6.5V，如图 8-95 所示。

2. 3 道色环表示法

（1）第 2 道和第 3 道色环颜色不同

第 1 道色环表示十位上的数字，第 2 道色环表示个位上的数字，第 3 道色环表示十分位上的数字，即小数点后的第一位数字。

例如：稳压二极管上的色环标注为"红白蓝"，则表明其稳压值为 29.6V，又如稳压二极管上的色环标注为"棕红蓝"，则表明其稳压值为 12.6V，如图 8-96 所示。

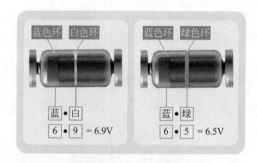

图8-95 2道色环表示法

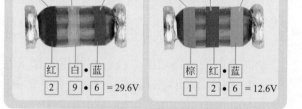

图8-96 第2道和第3道色环颜色不同表示法

（2）第 2 道和第 3 道色环颜色相同

第 1 道色环表示整数，第 2 道色环和第 3 道色环的颜色相同，一起表示十分位上的数字，即小数点后的第一位数字。

例如：稳压二极管上的色环标注为"绿棕棕"，则表明其稳压值为 5.1V，又如稳压二极管上的色环标注为"蓝红红"，则表明其稳压值为 6.2V，如图 8-97 所示。

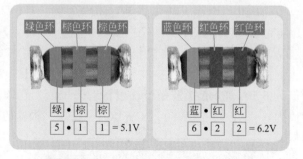

图8-97 第2道和第3道色环颜色相同表示法

专家提示

若被测稳压二极管稳压值高于万用表的"×10k"挡电池电压值（9V 或 15V），则被测稳压管不能被反向电压击穿而导通，也无法测出该稳压二极管的反向阻值。

七、稳压二极管的故障类型

由于稳压二极管工作在反向击穿导通状态，导通电流随加在两端的反压成正比例变化。若反向导通电流过大或自身质量欠佳，则会造成击穿、开路或稳压性能变差。

八、稳压二极管引脚极性的判断

在稳压二极管的外壳上一般都有极性标示，通过标示可判断稳压二极管的引脚极性。稳压二极管的引脚极性的判断如图 8-98 所示。

判断稳压二极管的引脚功能

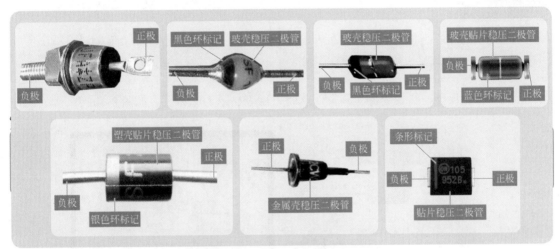

图8-98　稳压二极管的引脚极性的判断

九、稳压二极管引脚极性的测量

被测稳压二极管的外形如图 8-99 所示。

检测依据　正常情况下，稳压二极管的正向阻值为几到十几千欧，反向阻值为无穷大。

步骤 1　选择万用表的"×1k"挡，并调零，如图 8-100 所示。

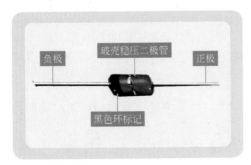

图8-99　被测稳压二极管的外形

图8-100　选择万用表的"×1k"挡，并调零

步骤 2 将黑、红表笔分别搭在稳压二极管的两只引脚上,此时万用表显示为12kΩ,如图 8-101 所示。

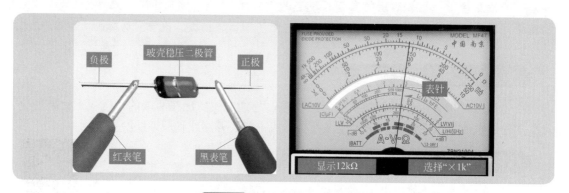

图8-101 被测稳压二极管的测量

专家提示

用指针万用表测得的阻值为表盘的指针指示数乘以电阻挡位,即被测电阻值=刻度示值 × 挡位数。如选择的挡位是"×1k"挡,表针指示为 20,则被测阻值为 20×1kΩ=20kΩ。

步骤 3 交换黑、红表笔再次测量,此时万用表显示为无穷大,如图 8-102 所示。

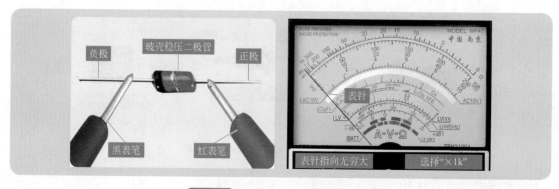

图8-102 被测稳压二极管的再次测量

总结: 在上述测量中,以测量阻值较小的一次为标准,黑表所搭的引脚为稳压二极管负极,红表所搭的引脚为稳压二极管正极。

十、稳压二极管好坏的检测

被测稳压二极管的外形如图 8-103 所示。

用数字万用表开路测量稳压二极管的好坏　　用指针万用表开路测量稳压二极管的好坏

检测依据 正常情况下,稳压二极管的正向阻值为几到十几千欧,反向阻值为无穷大。

步骤 1 选择万用表的"×1k"挡,并调零,如图 8-104 所示。

步骤 2 将黑表笔搭在稳压二极管的正极引脚上,红表笔搭在负极引脚上,此时万用表显示为 6kΩ,即正常,如图 8-105 所示。

步骤 3 交换黑、红表笔再次测量,此时万用表显示为无穷大,即正常,如图 8-106 所示。

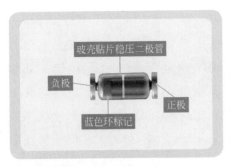

图8-103　被测稳压二极管的外形

图8-104　选择万用表的"×1k"挡

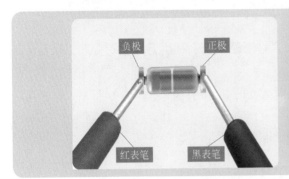

图8-105　被测稳压二极管正向阻值的测量

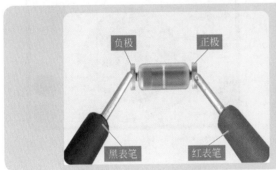

图8-106　被测稳压二极管反向阻值的测量

总结：若所测正、反向阻值均无穷大，则表明被测稳压二极管开路。若所测正、反向阻值均为 0，则表明被测稳压二极管击穿短路。若所测正、反向阻值差别较小，则表明被测稳压二极管的性能不良。

专家提示

　　对稳压二极管进行测量时，"×1k"挡使用的内部电源电压为 1.5V，一般不会将被测稳压二极管击穿，所以测出的反向阻值较大。而使用"×10k"挡测试时，万用表内部电池电压一般为 9V 以上，当被测管为稳压二极管，且稳压值低于电池电压值时，即被反向击穿，使测得的阻值大为减小。但如果被测的是一般整流二极管或检波二极管时，无论使用"×1k"挡还是"×10k"挡，测出的阻值不会相差很悬殊。注意，当被测稳压二极管的稳压值高于"×10k"挡的电压时，这种无法进行检测。

十一、稳压二极管稳压值的检测

检测依据 改变稳压二极管的端电压，其稳压值不变。利用万用表对稳压二极管的端电压进行测量，就可以检测到稳压值。

步骤1 营造检测环境。将微调电阻器（10kΩ）、可调直流电源（0～30V）和稳压二极管接入如图8-107所示的电路中。

步骤2 选择万用表50V直流电压挡，如图8-108所示。

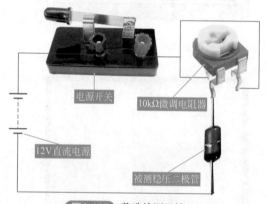

图8-107 营造检测环境

图8-108 选择万用表50V直流电压挡

步骤3 将黑表笔搭在稳压二极管的正极引脚上，红表笔搭在负极引脚上，此时万用表显示为12V，即正常，如图8-109所示。

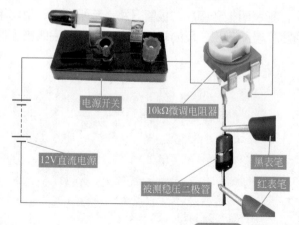

图8-109 稳压二极管的测量

步骤4 保持黑、红表笔不动，缓缓转动微调电阻器调整旋钮使其阻值减小到表针稳定在 3.8V 为止，即正常，如图 8-110 所示。

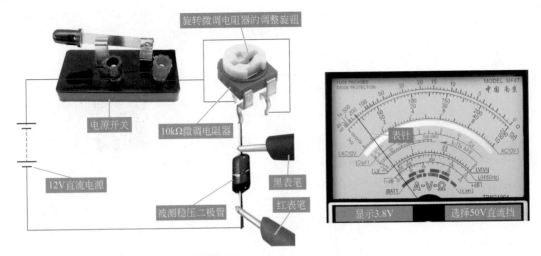

旋转微调电阻器的调整旋钮

电源开关

10kΩ微调电阻器

12V直流电源

被测稳压二极管

黑表笔

红表笔

显示3.8V 选择50V直流挡

图8-110 稳压二极管稳压值的测量

总结：当稳压二极管两端电压小于稳压值时，稳压二极管处于截止状态，万用表显示值为电源电压 12V。当稳压二极管的端电压超过 3.8V 时，万用表显示值为 3.8V。缓缓转动微调电阻器调整旋钮，尽量使稳压二极管的端电压逐渐升高，但万用表显示值仍稳定在 3.8V 左右，该值就是稳压二极管的稳压值。

十二、稳压二极管的代换

稳压二极管损坏后，应以同型号代换为原则。若没有同型号，可采用参数相同的稳压二极管极性代换。一般情况下，稳压值相同的高耗散功率稳压二极管代换低耗散功率稳压二极管，但不能用低耗散功率稳压二极管来代换高耗散功率稳压二极管，如：1W、5.8V 稳压二极管损坏后，可以用 2W、5.8V 稳压二极管进行代换。

十三、稳压二极管的选用

稳压二极管是工作在反向击穿状态下的，使管子两端电压基本不变的一种特殊二极管。

选用稳压管时，要根据具体电子电路来考虑，简单的并联稳压电源，输出电压就是稳压管的稳定电压。晶体管收音机的稳压电源可选用 2CW54 型的稳压管，其稳定电压达 6.5V 即可。稳压管的稳压值离散性很大，即使同一厂家同一型号产品其稳定电压值也不完全一样，这一点在选用时应加注意。对要求较高的电路，选用前应对稳压值进行检测。

使用稳压管时应注意，二极管的反向电流不能无限增大，否则会导致二极管的过热损坏。因此，稳压管在电路中一般需串联限流电阻。在选用稳压管时，如需要稳压值较大的管子，维修现场又没有，可用几只稳压值小的管子串联使用；当需要稳压值较小的管子时而又买不到，可以用普通硅二极管正向导通代替稳压管用。比如用两只 2CZ82A 硅二极管串联，可当作一个 1.4V 的稳压管使用；但稳压管一般不得并联使用。目前国产稳压管还有三个电极的，如 2DW7 型稳压管。这种稳压管是将两个稳压二极管相互对称地封装在一起，使两个稳压管的温度系数相互抵消，提高了管子的稳定性。这种三个电极的稳压管的外形很像晶体三极管，选用的时候要加以区别。 在收录机、彩色电视机的稳压电路中，可以选用 1N4370 型、1N746 ～ 1N986 型系列稳压二极管。比如 1N966 型管（2CW8）的稳定电压为 16V，动态电阻为 17Ω，电压温度系数为 0.09。1N975 型（2CW71）稳定电压力 39V，动态电阻为 80Ω，反向测试电流为 3.0mA，反向漏电流为 5μA，功耗为 500mW。

第八节 单色发光二极管

认识单色发光二极管

一、单色发光二极管的识别

单色发光二极管在电路中只有正向连接才能正常工作，单色发光二极管的两端有较低电压时，该单色发光二极管不导通，也不发光。只有单色发光二极管的端电压达到一定值时，单色发光二极管才能导通，此时端电压为单色发光二极管的导通电压。单色发光二极管导通后有电流通过且开始发光，通过单色发光二极管的电流越大，发出的光线就越强。

常见单色发光二极管外形、结构和电路图形符号如图 8-111 所示。

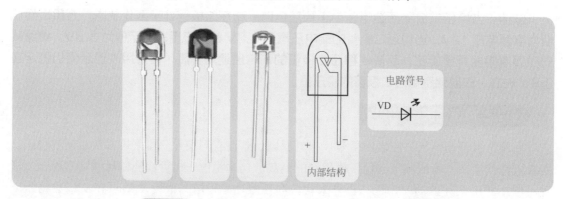

图8-111 常见单色发光二极管外形、结构及电路图形符号

二、单色发光二极管引脚极性的判断

单色发光二极管引脚极性的判断如图 8-112 所示。

判断单色发光二极管的引脚极性

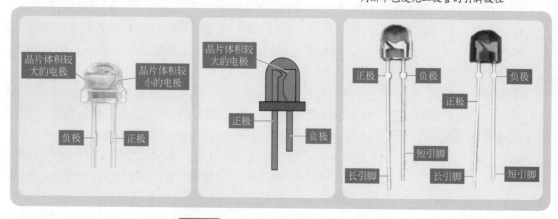

图8-112 单色发光二极管引脚极性的判断

三、单色发光二极管引脚极性的测量

被测单色发光二极管的外形如图 8-113 所示。

检测依据 由于"×10k"挡的电池为 9V，可使发光二极管正向导通，测量其正、反阻值时，会出现一次阻值较小，一次阻值为无穷大，根据这种现象就可以判断发光二极管引脚的极性。

步骤 1 选择指针万用表的"×10k"挡，并调零，如图 8-114 所示。

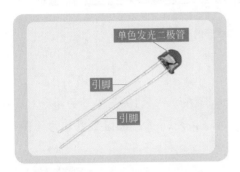

图8-113　被测单色发光二极管的外形

图8-114　选择指针万用表的"×10k"挡，并调零

步骤 2 将黑、红表笔（不分正、反）分别搭在单色发光二极管的两只引脚上，此时万用表显示值为 30kΩ，且二极管发微弱光，如图 8-115 所示。

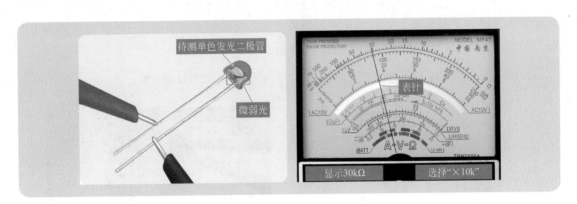

图8-115　被测单色发光二极管的测量

专家提示

用指针万用表测得的阻值为表盘的指针指示数乘以电阻挡位，即被测电阻值＝刻度示值 × 挡位数。如选择的挡位是"×10k"挡，表针指示为 3，则被测阻值为 3×10kΩ=30kΩ。

步骤 3 交换黑、红表笔再次测量，此时万用表显示为无穷大，如图 8-116 所示。

总结： 在检测单色发光二极管的正、反向阻值时，以其中一次测量较小阻值为标准，黑表笔所搭单色发光二极管的引脚为正极，红表笔所搭的引脚为负极。

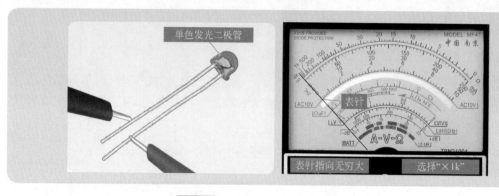

图8-116 被测单色发光二极管的再次测量

专家提示

　　由于单色发光二极管的导通电压在 1.5V 以上，若使用"×10k"以下的小量程，因此时表内 1.5V 电池无法使单色发光二极管正向导通，所测正、反向阻值均为无穷大，故无法测量发光二极管的引脚极性。

四、单色发光二极管的检测

　　被测单色发光二极管的外形如图 8-117 所示。

用数字万用表开路测量单色发光二极管的好坏　　用指针万用表开路测量单色发光二极管的好坏

　　检测依据　由于"×10k"挡的电池为 9V，可使发光二极管正向导通。正常情况下，单色发光二极管的正向阻值为几十千欧且发光（有些二极管不发光），反向阻值为无穷大而不发光。

　　步骤 1　选择指针万用表的"×10k"挡，并调零，如图 8-118 所示。

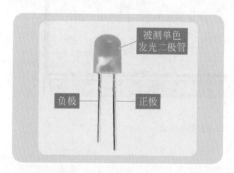

图8-117 被测单色发光二极管的外形

图8-118 选择指针万用表的"×10k"挡，并调零

　　步骤 2　将黑表笔搭在单色发光二极管的正极引脚上，红表笔搭在负极引脚上，此时万用表显示为 15kΩ，且二极管发微弱光，即正常，如图 8-119 所示。

　　步骤 3　交换黑、红表笔再次测量，此时万用表显示为无穷大，即正常，如图 8-120 所示。

　　总结：若正、反向阻值趋于 0，则表明被测单色发光二极管已击穿短路；若正、反向阻值趋于无穷大，则表明被测单色发光二极管已断路；若正、反向阻值都较小，则表明被测单色发光二极管已严重漏电。

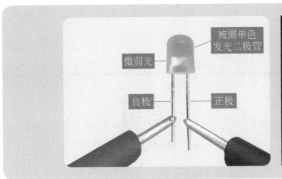

图8-119 被测单色发光二极管正向阻值的测量

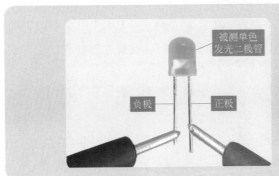

图8-120 被测单色发光二极管反向阻值的测量

要 诀

单色管来怎么检，挡位选择很关键，
一般都把10k选，检测现象很明显，
正向导通且发光，还要10k量一量，
反向测量近无穷，到此检测已完成。
两次阻值相差大，使用管子不要怕，
两次测量无穷大，管子断路应该换，
两次阻值均为零，管子击穿不可用，
两次阻值相接近，管子失效把货进。

五、单色发光二极管的代换与选用

选用或代换单色发光二极管时应考虑以下几点：
① 被选单色发光二极管的额定电流应大于电路允许的最大电流值。
② 根据电路要求选择单色发光二极管的颜色，作为电源指示灯一般选择红色。
③ 根据安装位置选择单色发光二极管的形状和尺寸。

④ 普通单色发光二极管的工作电压一般为 2 ～ 2.5V，电路只要满足其工作电压的要求，无论是直流或交流都可以。

第九节 双色发光二极管

一、双色发光二极管的识别

认识双色发光二极管

双色发光二极管是将两种不同颜色的发光二极管封装在一起而成的。在双色发光二极管中，不同颜色的两种发光二极管的连接方式：一是共阳极或共阴极形式；二是两只发光二极管相并联且一只发光二极管的负极与另一只发光二极管的正极相连，即正、负连接形式。

共阳极形式是把两只发光二极管的阳极（即正极）连接在一起，公共端为正极，其他两个电极均为负极（阴极）。共阴极形式是把两只发光二极管的阴极（负极）连接在一起，公共端为负极，其他两个极均为正极。

一般情况下，共阴极和共阳极连接形式有三脚，正、负极连接形式有两脚。双色发光二极管外形及电路图形符号如图 8-121 所示。

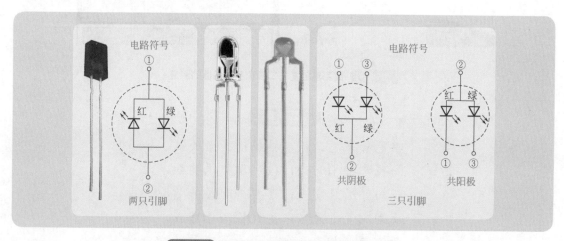

图8-121 双色发光二极管外形及电路图形符号

在三脚共阳极双色发光二极管电路中（见图 8-122），R 与 C 端加有正向导通电压时，红色发光二极管发红光。当 G 与两端加有正向导通电压时，绿色发光二极管发绿光。当将 R 与 C 两端和 G 与 C 两端同时加有正向导通电压时，红色和绿色发光二极管同时发亮，此时发出的是红色和绿色的混合色光，即黄色光。

在两脚双色发光二极管电路（见图 8-123）中，当 A 与 B 两端加正向导通电压时，即 A 端为正，B 端为负，此时红色二极管发红色光，绿色二极管因加反向电压而不发光。当 A 与 B 两端加反向电压时，A 端为负，B 端为正，此时绿色二极管发出绿色光，红色发光二极管因加反向电压而不发光。当 A、B 两端加上交流电压时，A、B 两端的极性重复变换，此时红色和绿色发光二极管都发出亮光，此时双色发光二极管所发出的光为红色和绿色的混合色光，即黄色光。

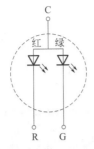

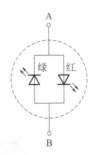

图8-122 三脚共阳极双色发光二极管电路　　图8-123 两脚双色发光二极管电路

二、双色发光二极管引脚极性的判断

对三脚双色发光二极管来讲，其中间的引脚为公共引脚，即共阳极或共阴极的引脚，另外两只引脚为红色和绿色发光二极管的引脚。具体是红色或绿色引脚，其判断在实际操作中没有意义。

> **要诀**
>
> 双色管由两只二极管组成，连接方法有三种，
> 共阳极来共阴极，还有一种反向并联在一起；
> 引脚极性好判断，中间是一般公共端，
> 红色、绿色引脚在两边，其他啥色不需判；
> 双色管来怎样检，确定公共端形式很关键，
> 测量需要10k挡选，正反测量性能即可判。

三、双色发光二极管类型的测量

双色发光二极管有共阳极和共阴极两种形式，使用时要区分开来。被测双色发光二极管的外形如图 8-124 所示。

双色发光二极管
类型的测量

检测依据 用万用表分别测量双色发光二极管任意两脚之间的阻值，在所测阻值较小时，红表笔不动，让黑表笔搭在余下的 2 只引脚，将黑表笔搭在双色发光二极管的公共端，对每个引出脚的正、反向阻值测量，便可判断双色发光二极管的引脚类型和公共端引脚。

步骤 1　选择指针万用表的"×10k"挡，并调零，如图 8-125 所示。

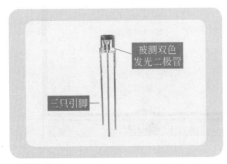

图8-124 被测双色发光二极管的外形

图8-125 选择指针万用表的"×10k"挡，并调零

221

　　步骤2　用黑、红表笔（不分正、反）分别测量任意两脚之间的阻值，在所测阻值较小的一次时，保持红表笔不动，让黑表笔搭在余下的 1 只引脚上，此时所测阻值均较小，则表明红表笔所搭的引脚为双色发光二极管的公共端引脚且该管为共阴极管，如图 8-126、图 8-127 所示。

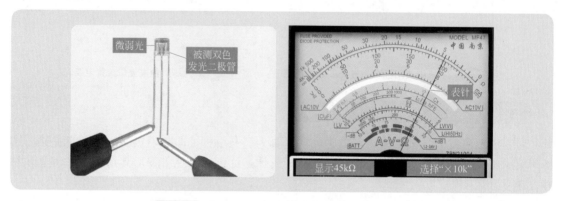

图8-126　被测双色发光二极管阻值较小的测量（1）

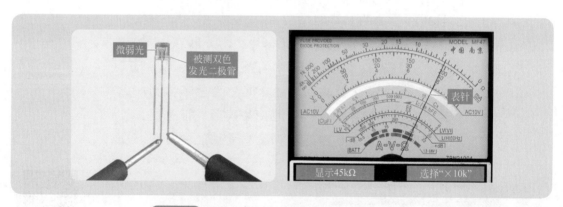

图8-127　被测双色发光二极管阻值较小的测量（2）

　　步骤3　假设。用黑、红表笔（不分正、反）分别测量任意两脚之间的阻值，在所测阻值接近无穷大的一次时，保持红表笔不动，让黑表笔搭在余下的 1 只引脚上，此时所测阻值均接近无穷大，则表明红表笔所搭的引脚为双色发光二极管的公共端引脚且该管为共阳极管，如图 8-128、图 8-129 所示。

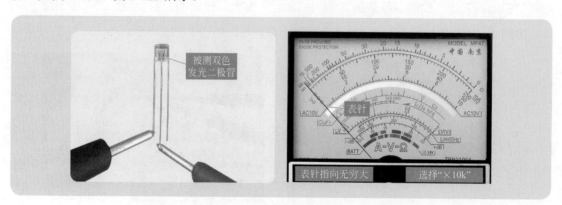

图8-128　被测双色发光二极管阻值为无穷大的测量（1）

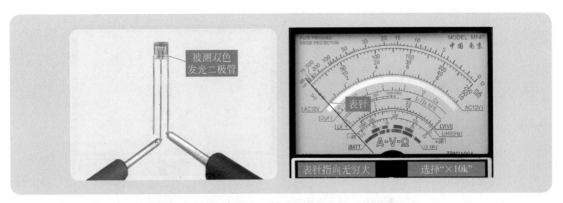

图8-129　被测双色发光二极管阻值为无穷大的测量（2）

总结：上述测量中，以阻值较小的两次为标准，红表笔所搭的引脚为双色发光二极管的公共端引脚且该管为共阴极管。

 专家提示

用"×10k"挡对双色发光二极管的极性测量时，有可能出现其内部的发光二极管没有亮点或亮光。

四、共阳极双色二极管的检测

由于正、负极连接形式的双色二极管的正、反向阻值接近而无法通过测量来判断其好坏，实践中常采用替换法。

用数字万用表测量共阳极
双色发光二极管的好坏

对于共阴极和共阳极连接的双色发光二极管，可采用测量的方法来判断其是否正常。

被测共阳极双色发光二极管的外形如图8-130所示。

检测依据　通过检测双色发光二极管的公共引脚分别与另外两脚间的正、反向阻值，就可以判断被测双色发光二极管的好坏。

步骤1　选择指针万用表的"×1k"挡，并调零，如图8-131所示。

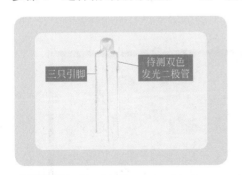

图8-130　被测共阳极双色发光二极管的外形

图8-131　选择指针万用表的"×1k"挡，并调零

步骤2　将黑表笔搭在双色发光二极管的中间引脚（即公共引脚）上，红表笔分别搭在其他两只引脚上，此时万用表显示值分别为30kΩ和30kΩ，即正常，如图8-132、图8-133所示。

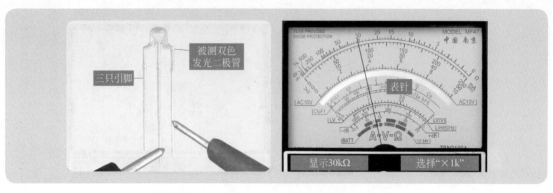

图8-132 被测双色发光二极管阻值较小的测量（1）

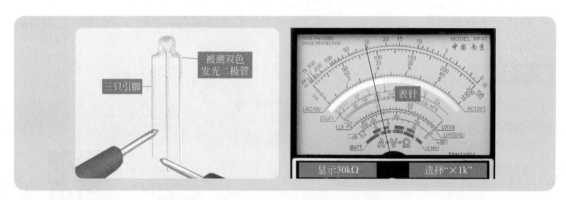

图8-133 被测双色发光二极管阻值较小的测量（2）

专家提示

用指针万用表测得的阻值为表盘的指针指示数乘以电阻挡位，即被测电阻值＝刻度示值×挡位数。如选择的挡位是"×1k"挡，表针指示为20，则被测阻值为20×1kΩ=20kΩ。

步骤3 将红表笔搭在双色发光二极管的中间引脚（即公共引脚）上，黑表笔分别搭在其他两只引脚上，此时万用表均显示无穷大，即正常，如图8-134、图8-135所示。

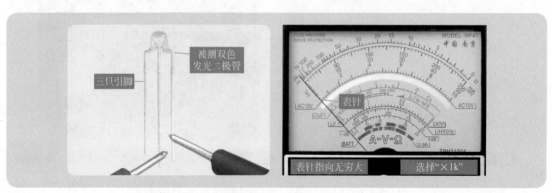

图8-134 被测双色发光二极管阻值为无穷大的测量（1）

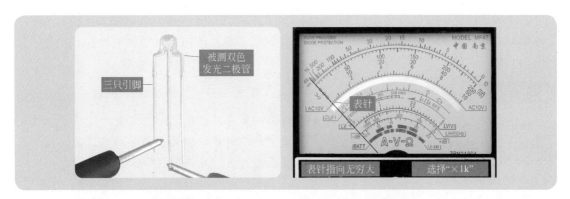

图8-135 被测双色发光二极管阻值为无穷大的测量（2）

总结：若检测结果与上述相近或相同，则表明被测双色发光二极管良好。若所测公共引脚与其他两脚的反向阻值一个或全部为 0 或较小，则表明被测双色发光二极管短路或漏电。若正向阻值一个或全部为无穷大，则表明被测双色发光二极管断路。

专家指导：使用指针万用表的欧姆挡测量阻值时，表针应停在中间或附近（即欧姆挡刻度 5～40 附近），测量结果比较准确。

用指针万用表测量共阴极
双色发光二极管的好坏

五、共阴极双色二极管的检测

当测量共阴极双色二极管时，方法与共阳极双色二极管的方法和步骤完全相同，但步骤中的黑、红表笔需对调，才能保证测出的共阴极双色二极管的性能和质量。

第十节 三基色发光二极管

一、三基色发光二极管的外形、结构和电路图形符号

认识三基色发光二极管

三基色是指红、绿、蓝三种基本色，通过调节红、绿、蓝的比例即可得到多种多样的颜色。

三基色发光二极管是将红、绿、蓝三种颜色的发光二极管通过内部连接并封装在一起构成。三基色发光二极管的内部连接可分为共阳极和共阴极连接两种形式。三基色发光二极管一般有 4 只引脚，其外形和电路图形符号如图 8-136 所示。

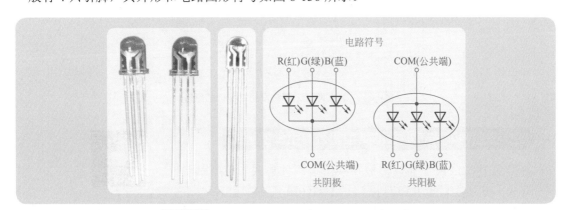

图8-136 三基色发光二极管的外形和电路图形符号

共阳极连接是把三个发光二极管的阳极（即正极）连接在一起，公共端为正极，其他三个电极均为负极（阴极）。共阴极连接是把三个发光二极管的阴极（负极）连接在一起，公共端为负极，其他三个极均为正极。

专家提示

当红色发光二极管加上正向导通电压时，该管发出红色光；绿色发光二极管加上正向导通电压时，该管发出绿色光；当两只发光二极管均加有正向导通电压时，均发光，而人眼能看到的只是其混合黄色光或橙色光（两只发光二极管分别通过的正向电流比例不同，混合光的颜色也不同）。

二、三基色发光二极管的原理

现以共阳极三基色发光二极管为例加以说明，其原理如图 8-137 所示。

认识三基色发光二极管的工作原理

接通开关 K_3 时，R-COM 端加上正向导通电压，三基色发光表笔二极管中的红色发光二极管导通并发出红色光。

接通开关 K_2 时，G-COM 端加正向导通电压，三基色发光二极管中的绿色发光二极管导通并发出绿色光。

接通开关 K_1 时，B-COM 端加上正向导通电压，三基色发光二极管中的蓝色发光二极管导通并发出蓝色光。

当 R、G 和 COM 端同时加上正向导通电压时，三基色发光二极管中的红色和绿色发光二极管同时导通并发出混合色光，即黄色光。

当 R、B 和 COM 端同时加上正向导通电压时，三基色发光二极管中的红色、蓝色发光二极管同时导通并发出混合色光，即紫色光。

当 R、G、B 与 COM 端同时加上正向导通电压时，三基色发光二极管中的红、绿、蓝发光二极管同时导通并发出混合色光，即白色光。

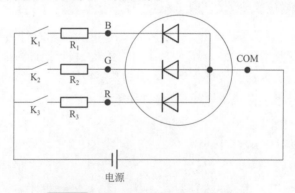

图8-137 共阳极三基色发光二极管的原理

三、三基色发光二极管的类型和公共引脚的测量

三基色发光二极管有共阳极和共阴极两种形式，使用时要区分开来。其他 3 只短引脚为 R（红）、G（绿）、B（蓝）。

被测三基色发光二极管的外形如图 8-138 所示。

三基色发光二极管的类型和公共端的测量

检测依据 用万用表分别测量三基色发光二极管任意两脚之间的阻值，在所测阻值较小时，红表笔不动，让黑表笔分别搭在余下的 3 只引脚，将黑表笔搭在三基色发光二极管的公共端，对每个引出脚的正、反向阻值测量，便可判断三基色发光二极管的引脚类型和公共端引脚。

步骤 1　选择指针万用表的"×1k"挡，并调零，如图 8-139 所示。

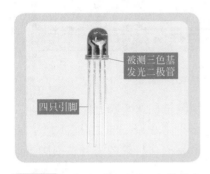

图8-138　被测三基色发光二极管的外形　　　图8-139　选择指针万用表的"×1k"挡，并调零

步骤 2　用黑、红表笔（不分正、反）分别测量任意两脚之间的阻值，在所测阻值较小的一次时，保持红表笔不动，让黑表笔分别搭在余下的 2 只引脚上，此时所测阻值均较小，则表明红表笔所搭的引脚为三基色发光二极管的公共端引脚且该管为共阴极管，如图 8-140 ～图 8-142 所示。

图8-140　被测三基色发光二极管阻值较小的测量（1）

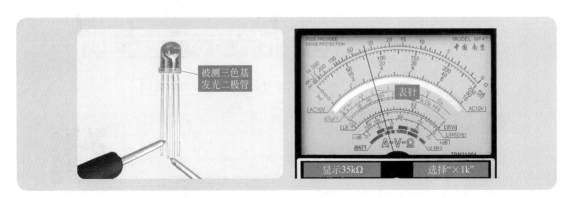

图8-141　被测三基色发光二极管阻值较小的测量（2）

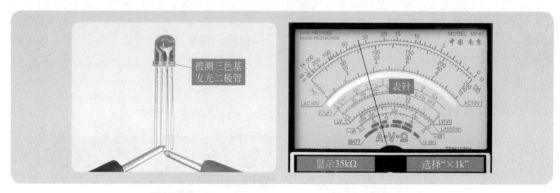

图8-142　被测三基色发光二极管阻值较小的测量（3）

　　步骤3　假设。用黑、红表笔（不分正、反）分别测量任意两脚之间的阻值，在所测阻值接近无穷大的一次时，保持红表笔不动，让黑表笔分别搭在余下的2只引脚上，此时所测阻值均接近无穷大，则表明红表笔所搭的引脚为三基色发光二极管的公共端引脚且该管为共阳极管，如图8-143～图8-145所示。

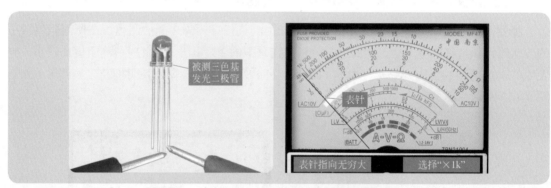

图8-143　被测三基色发光二极管阻值无穷大的测量（1）

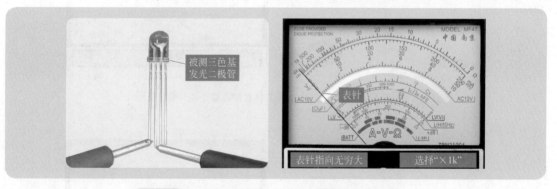

图8-144　被测三基色发光二极管阻值无穷大的测量（2）

四、三基色发光二极管好坏的检测

　　检测依据　R、G、B引脚与公共端之间的正向阻值较小，反向阻值较大（接近无穷大）。R、G、B引脚之间的正、反向阻值均为无穷大。

　　由于三基色发光二极管的类型和引脚极性已确定，可进行下步检测。

三基色发光二极管
好坏的测量

图8-145 被测三基色发光二极管阻值无穷大的测量（3）

步骤1　选择万用表的"×10k"挡，并调零。

步骤2　将万用表的其中一只笔搭在公共端引脚（COM）上，另一表笔分别搭在R、G、B引脚上，有下列两种情况。

① 所测正向阻值分别为20kΩ、19kΩ、18kΩ，即正常，则表明被测三基色发光二极管的正向阻值正常。

② 交换黑、红表笔再次测量，所测三基色发光二极管的反向阻值均为无穷大，即正常，则表明反向阻值正常。

步骤3　将黑、红表笔（不分正负）分别搭在R、G、B任意两个引脚上，此时万用表均显示无穷大。

总结：若所测符合上述测量结果，则表明被测三基色发光二极管的性能良好。若所测反向阻值为0或较小，则表明被测三基色发光二极管内部短路或漏电。若所测正向阻值为无穷大，则表明被测三基色发光二极管内部断路。正常时R、G、B任意两脚之间的正、反向阻值均为无穷大，否则表明被测三基色发光二极管已损坏。

第十一节　闪烁发光二极管

认识闪烁发光二极管

一、闪烁发光二极管的外形、结构和电路图形符号

闪烁发光二极管在通电后会时亮时暗地闪光。当在闪烁发光二极管的两端加上3～5V正向电压时，CMOS集成驱动电路开始工作，可输时高时低的脉冲电压，此时闪烁发光二极管时亮时暗地闪烁。闪烁频率一般为1.3～5.2Hz，常见的闪烁发光二极管有红、绿、橙、黄四种颜色，其外形、结构和电路图形符号如图8-146所示。

二、闪烁发光二极管引脚极性的判断

闪烁发光二极管的引脚有长有短，一般情况下，引脚长的为正极，引脚短的为负极。

三、闪烁发光二极管引脚极性的测量

有时，闪烁发光二极管的引脚极性无法从外形观察而得知，故采用测量法。

闪烁发光二极管引脚极性的观察　　用指针万用表测量闪烁发光二极管的引脚极性　　用数字万用表测量闪烁发光二极管的好坏

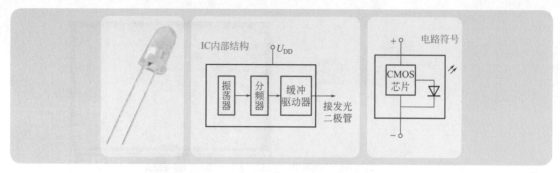

图8-146 闪烁发光二极管的外形、结构和电路图形符号

检测依据 由于闪烁发光二极管内设置有 CMOS 集成电路，该电路在电池 1.5V 电压下微弱地工作。正常情况下，对该管正反向测量时，会出现一次阻值较小、一次阻值较大的情况，以阻值较小的一次为准，红表笔所搭的是闪烁二极管的正极，黑表笔所搭的是负极。

步骤1 选择万用表的"×1k"挡，并调零。

步骤2 将黑、红表笔（不分正负）分别搭在闪烁发光二极管的两只引脚上，此时万用表表针指向 200kΩ，即正常。

步骤3 将黑、红表笔对调，此时万用表表针指向 180kΩ，即正常。

总结：根据上述检测，以表针显示阻值较小的一次为标准，此时，红表笔所搭的引脚为闪烁发光二极管的正极，黑表笔所搭的是负极。

四、闪烁发光二极管的代换

闪烁发光二极管损坏后，若无同型号的产品更换，则可选用与其类型及性能参数相同或相近的其他型号闪烁发光二极管代换。

第十二节 红外发光二极管

一、红外发光二极管的识别

认识红外发光二极管

红外发光二极管也叫红外发射二极管，常用的红外发光二极管（如 SE303、PH303），其外形和发光二极管 LED 相似，发出红外线。管压降约 1.4V，工作电流一般小于 20mA。为了适应不同的工作电压，回路中常常串有限流电阻器。发射红外线去控制相应的受控装置时，其控制的距离与发射功率成正比。

为了增加红外线的控制距离，红外发光二极管工作于脉冲状态，因为脉动光（调制光）的有效传送距离与脉冲的峰值电流成正比，只需尽量提高峰值 I_p，就能增加红外光的发射距离。常见的红外发光二极管，其功率分为小功率（1～10mW）、中功率（20～50mW）和大功率（50～100mW 以上）三大类。要使红外发光二极管产生调制光，只需在驱动管上加上一定频率的脉冲电压。

普通发光二极管发出的是可见光，而红外发光二极管发出的是肉眼看不到的红外线。它广泛应用在 VCD、电视、空调等设备的红外遥控器内。红外发光二极管可分为侧射式和顶射式两种。其外形和电路图形符号如图 8-147 所示，常见型号有 GL 型、HIR 型、SIM 型、SIR 型等。

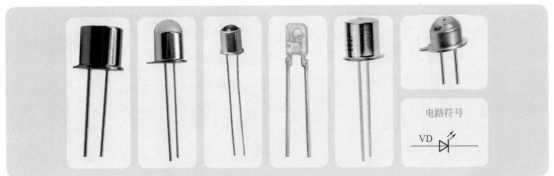

图8-147 红外发光二极管的外形和电路图形符号

认识红外发光二极管
的引脚极性

二、红外发光二极管引脚极性的判断

1. 引脚长短法

一般情况下，红外发光二极管的两只引脚中较长的发光二极管为正极，引脚较短的为负极。

2. 晶片大小区别法

将红外线发光二极管放到有光线的地方，透过塑料壳来观察晶片的大小，一般情况下，较宽大的晶片所接的是负极，较窄小的晶片所接的是正极。

红外发光二极管引脚极性的判断如图 8-148 所示。

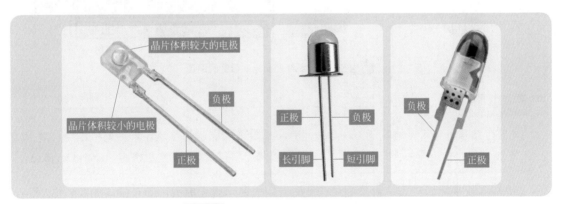

图8-148 红外发光二极管引脚极性的判断

要诀

红外发光二极管也常用，引脚极性要分明，引脚长的是正极，引脚短的不用提，电极晶片有小大，引脚区别就不怕，晶片大的是负极，晶片小的不用提。

三、红外发光二极管引脚极性的测量

若通过观察无法确定红外发光二极管的引脚极性，可用测量法确定。

被测红外发光二极管的外形如图 8-149 所示。

检测依据 正常情况下，红外发光二极管的正向阻值较小，反向阻值接近无穷大。

步骤1 选择万用表的"×1kΩ"挡，并调零，如图8-150所示。

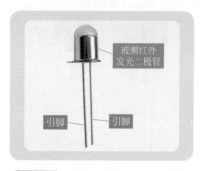

图8-149 被测红外发光二极管的外形

图8-150 选择万用表的"×1k"挡，并调零

步骤2 将黑、红表笔分别搭在被测红外发光二极管的两只引脚上，此时万用表显示为22kΩ，即正常，如图8-151所示。

图8-151 被测红外发光二极管的测量

专家提示

用指针万用表测得的阻值为表盘的指针指示数乘以电阻挡位，即被测电阻值＝刻度示值 × 挡位数。如选择的挡位是"×1k"挡，表针指示为20，则被测阻值为20×1kΩ=20kΩ。

步骤3 交换黑、红表笔再次测量，此时万用表显示为无穷大，即正常，如图8-152所示。

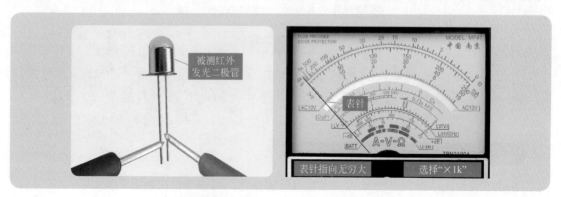

图8-152 被测红外发光二极管的再次测量

总结： 在检测红外发光二极管正、反向阻值时，以其中一次测量较小阻值（25～45kΩ）为标准，黑表笔所搭为红外发光二极管的正极，红表笔所搭的是负极。也可以用数字万用表的"二极管"挡检测，红外发光二极管的正向导通压降为0.65V，反向导通压降为1.9V。

专家指导：使用指针万用表的欧姆挡测量阻值时，表针应停在中间或附近（即欧姆挡刻度5～40附近），测量结果比较准确。

四、用指针万用表检测红外发光二极管

被测红外发光二极管的外形如图8-153所示。

检测依据 正常情况下，红外发光二极管的正向阻值一般为20～40kΩ，反向阻值应大于500kΩ，反向阻值越大越好。将检测的红外发光二极管的正、反向阻值与其对照，就可以判断被测红外发光二极管的性能是否良好。

步骤1 选择指针万用表的"×1k"挡，并调零，如图8-154所示。

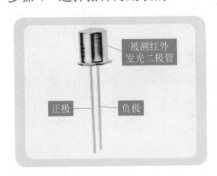

图8-153 被测红外发光二极管的外形

图8-154 选择指针万用表的"×1k"挡，并调零

步骤2 将黑表笔搭在红外发光二极管的正极引脚上，红表笔搭在负极引脚上，此时万用表显示正向阻值为20kΩ，即正常，如图8-155所示。

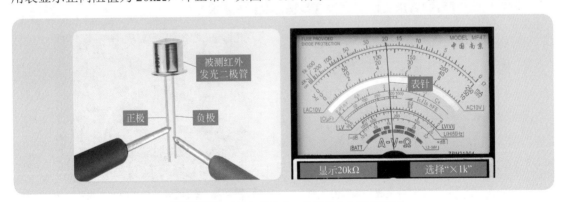

图8-155 被测红外发光二极管正向阻值的测量

步骤3 交换黑、红表笔再次测量，此时万用表显示反向阻值接近无穷大，即正常，如图8-156所示。

总结： 若所测正、反向阻值均为无穷大，则表明被测红外发光二极管开路；若所测正、反向阻值均为0，则表明被测红外发光二极管击穿短路；红外发光二极管开路或短路，都表明红外发光二极管已损坏。

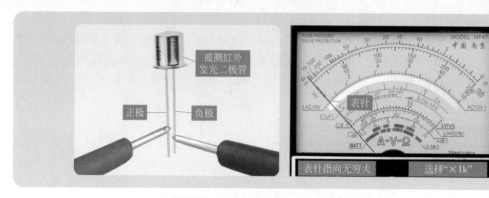

图8-156　被测红外发光二极管反向阻值的测量

要　诀

　　检测管子量两次，阻值大小心中记，阻值小时红接负，称为正向电阻值，正阻一般几十千欧，阻值越小越好的，反向测量电阻大，红笔接的是正极。两次阻值相差大，管子性能是优异，两次测量无穷大，管子断路应该弃，两次阻值均为零，管子内部已被击，两次阻值相接近，管子失效很不利，类型不同换挡位，表内电压应注意，换挡测量值不一，相差悬殊不为奇。

五、用数字万用表检测红外发光二极管

　　被测红外发光二极管的外形如图 8-157 所示。

　　检测依据　红外发光二极管的正向压降约为 0.6V，反向压降约为 1.6V。

　　步骤 1　选择数字万用表的"二极管"挡，如图 8-158 所示。

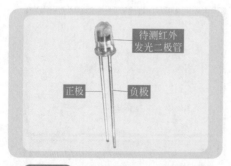

图8-157　被测红外发光二极管的外形

图8-158　选择数字万用表的"二极管"挡

　　步骤 2　将红表笔搭在红外发光二极管的正极引脚上，黑表笔搭负极引脚上，此时万用表显示为 0.62V（正向导通压降），即正常，如图 8-159 所示。

　　步骤 3　交换表笔再次测量，此时万用表显示为 1.5V（反向导通压降）且闪光，即正常，如图 8-160 所示。

　　总结：若所测正向导通压降过大或无穷大，则表明被测红外发光二极管的性能下降或开路。若所测反向导通压降值过小或为 0，则表明被测红外发光二极管漏电或击穿短路。

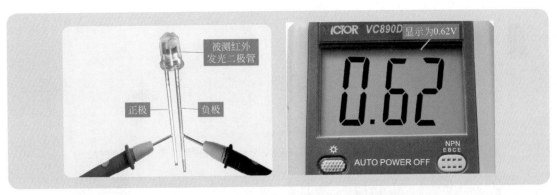

图8-159　被测红外发光二极管正向压降的测量

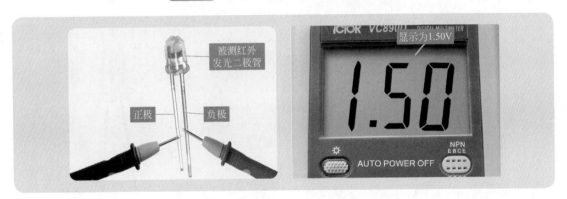

图8-160　被测红外发光二极管反向压降的测量

专家提示

红外发光二极管是新型的发射管，其反向导通压降是指内置保护二极管的导通压降值，正向导通压降是发射管的导通压降。

六、红外发光二极管的代换

红外发光二极管损坏后，若无同型号的产品更换，则可选用与其类型及性能参数相同或相近的其他型号红外发光二极管代换。

第十三节　红外接收二极管

认识红外接收
发光二极管

一、红外接收二极管的结构原理

红外接收二极管可以很好地接收红外发光二极管所发出波长940nm的红外光信号，而无法接收其他波段的光线，保证了接收红外信号的灵敏度和准确性。它广泛用于各种家用电器的遥控接收器中，如音响、彩色电视机、空调器、VCD视盘机、DVD视盘机以及录像机等。

常见型号为：HP型、J15型、TDE型、OSD型、RPM-301B型等。红外接收二极管的外形和电路图形符号如图8-161所示。

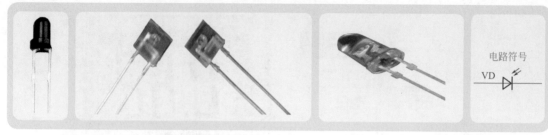

图8-161 红外接收二极管的外形和电路图形符号

认识红外接收发光
二极管的引脚极性

二、红外接收二极管引脚极性的判断

红外接收二极管引脚极性的判断如图 8-162 所示。

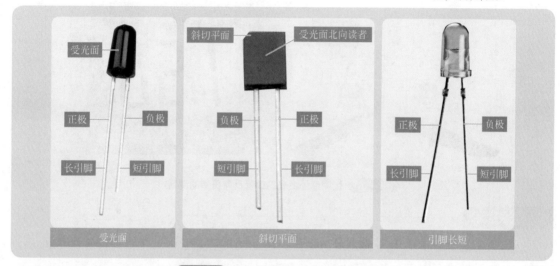

图8-162 红外接收二极管引脚极性的判断

三、红外接收二极管引脚极性的测量

若通过观察无法确定红外接收二极管的引脚极性，可用测量法确定。

被测红外接收二极管的外形如图 8-163 所示。

检测依据 一般情况下，红外接收二极管的正向阻值较小，反向阻值接近无穷大。

步骤 1 选择指针万用表的"×100"挡，并调零，如图 8-164 所示。

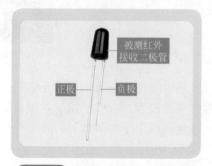

图8-163 被测红外接收二极管的外形

图8-164 选择指针万用表的"×100"挡，并调零

步骤 2 将黑、红表笔分别搭在被测红外接收二极管的两只引脚上,此时万用表显示为3kΩ,如图 8-165 所示。

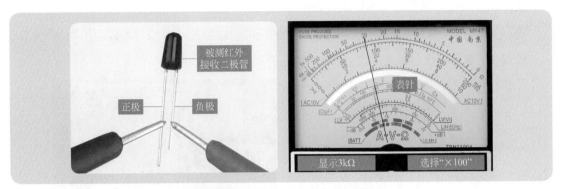

图8-165 被测红外接收二极管的测量

专家提示

用指针万用表测得的阻值为表盘的指针指示数乘以电阻挡位,即被测电阻值=刻度示值×挡位数。如选择的挡位是"×100"挡,表针指示为30,则被测阻值为30×100Ω=3000Ω=3kΩ。

步骤 3 交换黑、红表笔再次测量,此时万用表显示为无穷大,如图 8-166 所示。

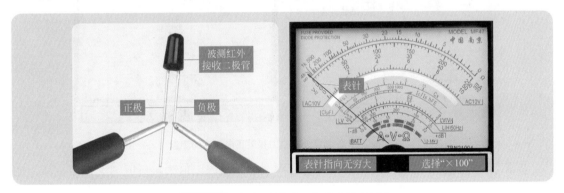

图8-166 被测红外接收二极管的再次测量

总结:在检测红外接收二极管正、反向阻值时,以其中一次测量较小阻值为标准,黑表笔所搭为红外接收二极管的正极,红表笔所搭的是负极。

要 诀

红外接收管极性咋判断,观察、测量法都可办,
观察法拥有啥特点,长脚为正极来负为短;
测量法拥有啥特点,正反测量后就可判,
首先把×100挡位选,两表笔在引脚上点一点,
正向阻值3kΩ显,反向无穷大中我选,
小阻值测量为标准简,黑正红负得判断。

四、红外接收二极管好坏的检测

被测红外接收二极管的外形如图 8-167 所示。

检测依据 正常情况下，红外接收二极管的正向阻值为 3 ~ 4kΩ，反向阻值为 500kΩ。

步骤 1 选择指针万用表的"×100"挡，并调零，如图 8-168 所示。

图8-167 被测红外接收二极管的外形

图8-168 选择指针万用表的"×100"挡，并调零

步骤 2 将黑表笔搭在红外接收二极管的正极引脚上，红表笔搭在负极引脚上，此时万用表显示正向阻值为 4kΩ，即正常，如图 8-169 所示。

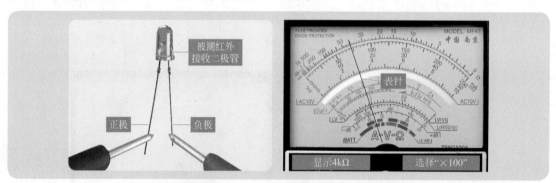

图8-169 被测红外接收二极管正向阻值的测量

步骤 3 对调黑、红笔再次测量，此时万用表显示反向阻值为接近无穷大，即正常，如图 8-170 所示。

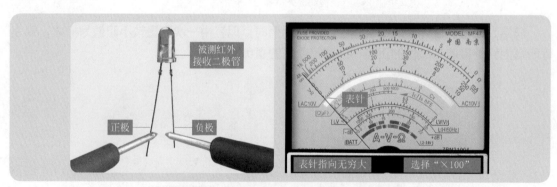

图8-170 被测红外接收二极管反向阻值的测量

总结：若所测正、反向阻值均为无穷大，则表明被测红外接收二极管开路；若所测正、反向阻值均为 0，则表明被测红外接收二极管击穿短路。

五、红外接收二极管性能的检测

被测红外接收二极管的外形如图 8-171 所示。

检测依据　正常情况下，红外线接收二极管的受光面有灯光或阳光照射时，表针向右摆动且摆动幅度较大。

步骤 1　选择数字万用表的"DCmA/0.5"挡，如图 8-172 所示。

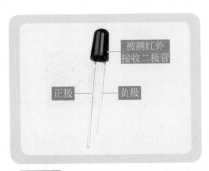

图8-171　被测红外接收二极管的外形　　图8-172　选择数字万用表的"DCmA/0.5"挡

步骤 2　将黑表笔搭在红外接收二极管的正极引脚上，红表笔搭在负极引脚上，此时万用表指针向右偏转且偏转角度较小，即正常，如图 8-173 所示。

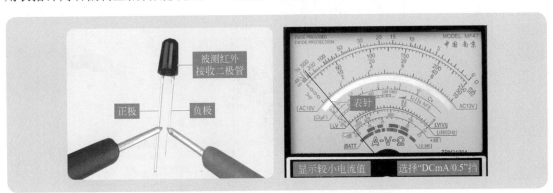

图8-173　被测红外接收二极管反向阻值的测量

步骤 3　黑、红表笔不动，让直射光照射红外接收二极管的受光面，此时万用表指针向右偏转且偏转角度较大，即正常，如图 8-174 所示。

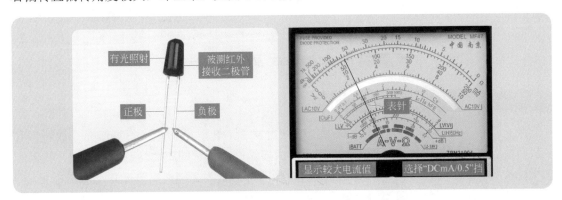

图8-174　被测红外接收二极管正向阻值的测量

总结： 若表针向右偏转且偏转角度较大，则表明被测红外接收二极管性能良好；若万用表表针不摆动，则表明红外接收二极管性能变差。

六、红外接收二极管的代换

红外接收二极管损坏后，若无同型号的产品更换，则可选用与其类型及性能参数相同或相近的其他型号红外接收二极管代换。

第十四节 激光二极管

认识激光二极管

一、激光二极管的结构原理

激光二极管大多是由双异质结构的半导体材料制成，具有一个 PN 结的发光器件，光波波长为 780 ～ 820nm，额定功率为 3 ～ 5mV。主要有近红外光和红外半导体激光二极管，应用于激光视盘机中以及条形码阅读器中。其文字符号用 LD 表示。它具有体积小、重量轻、耗电省、驱动电路简单、频率特性好、调制方便、耐机械冲击、光线单向性好等优点。但它常因过压、过流而损坏。它对温度极为敏感。其外形、结构和电路图形符号如图 8-175 所示。

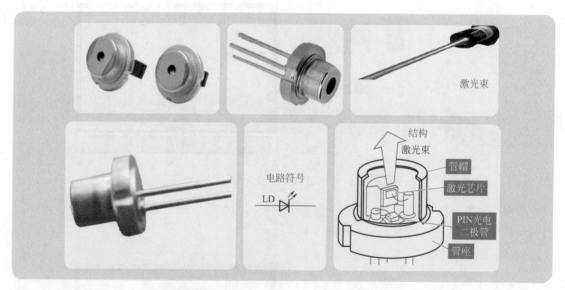

图8-175 激光二极管外形、结构及电路图形符号

二、激光二极管引脚功能的判断

激光二极管有两只二极管连接而成，可分为 M 型、P 型和 N 型，每种激光二极管都有三只引脚，其内部连接方式如图 8-176 所示。大多激光二极管的底面均有凹槽标记，将激光二极管按图 8-177 的方向放置，即底视图，矩形凹槽标记为 2 脚，上边三角形凹槽标记是 3 脚即公共脚，下边三角形凹槽标记是 1 脚。

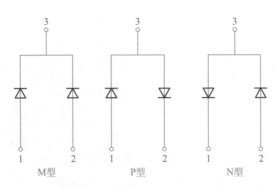

图8-176　激光二极管的内部连接方式

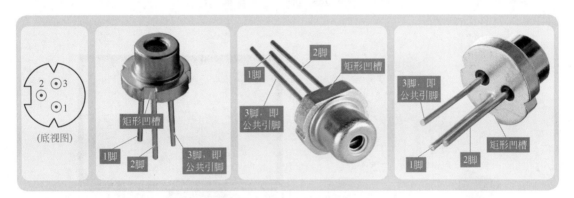

图8-177　激光二极管的底面凹槽标记

三、激光二极管好坏的检测

现以 M 型激光二极管为例加以说明，其外形和等效电路如图 8-178 所示。

图8-178　M型激光二极管的外形和等效电路

检测依据　激光二极管的种类较多，检测前要确定公共端引脚即 3 脚。正常情况下，激光二极管的 3 脚与 1 脚、2 脚之间的正向阻值均为 20 ～ 40kΩ，反向阻值均为无穷大，如图 8-179 所示。

步骤 1　选择指针万用表的 "×1k" 挡，并调零，如图 8-180 所示。

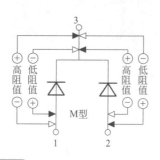

图8-179 M型激光二极管的极间电阻值

图8-180 选择指针万用表的"×1k"挡,并调零

步骤2 将红、黑表笔分别搭在激光二极管的 3 脚和 1 脚上,此时万用表显示为25kΩ,即正常,如图 8-181 所示。

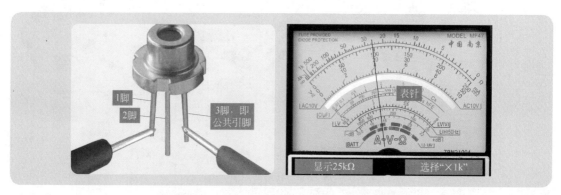

图8-181 激光二极管的3脚和1脚正向阻值的测量

专家提示

用指针万用表测得的阻值为表盘的指针指示数乘以电阻挡位,即被测电阻值 = 刻度示值×挡位数。如选择的挡位是"×1k"挡,表针指示为 20,则被测阻值为 20×1kΩ=20kΩ。

步骤3 交换黑、红表笔再次测量,此时万用表显示为无穷大,即正常,如图 8-182 所示。

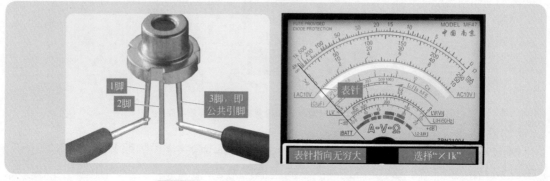

图8-182 激光二极管的3脚和1脚反向阻值的测量

步骤4 将红、黑表笔分别搭在激光二极管的 3 脚和 2 脚上,此时万用表显示为24kΩ,即正常,如图 8-183 所示。

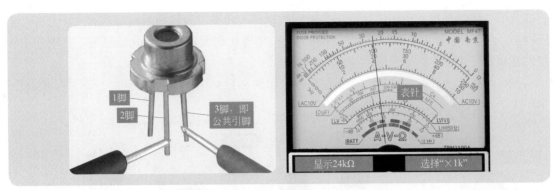

图8-183 激光二极管的3脚和2脚正向阻值的测量

步骤5 交换黑、红表笔再次测量，此时万用表显示为无穷大，即正常，如图8-184所示。

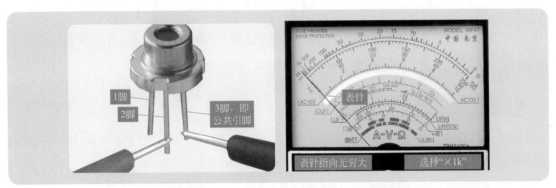

图8-184 激光二极管的3脚和2脚反向阻值的测量

总结: 上述检测结果表明被测激光二极管良好。若所测正向阻值大于90kΩ，则表明被测激光二极管内部的二极管性能下降。若所测正、反向阻值均为0，则表明被测激光二极管内部的二极管击穿短路。若所测正、反阻值均为无穷大，则表明激光二极管内部的二极管开路。

◤ 四、激光二极管的代换

激光二极管损坏后，若无同型号的产品更换，则可选用与其类型及性能参数相同或相近的其他型号激光二极管代换。

第十五节 光敏二极管

◤ 一、光敏二极管的外形和结构

认识光敏二极管

光敏二极管又称光电二极管，它与普通半导体二极管在结构上是相似的。在光敏二极管管壳上有一个能射入光线的玻璃透镜，入射光通过透镜正好照射在管芯上。光敏二极管管芯是一个具有光敏特性的PN结，它被封装在管壳内。光敏二极管管芯的光敏面是通过扩散工艺在N型单晶硅上形成的一层薄膜。光敏二极管的管芯以及管芯上的PN结面积做得较大，而管芯上的电极面积做得较小，PN结的结深比普通半导体二极管做得浅，这些结构上的特点都是为了提高光电转换的能力。

光敏二极管是电子电路中广泛采用的光敏器件。光敏二极管和普通二极管一样具有一个PN结，不同之处是在光敏二极管的外壳上有一个透明的窗口以接收光线照射，实现光电转换，在电路图中文字符号一般为VD。

光敏二极管的外形、结构和电路图形符号如图8-185所示。

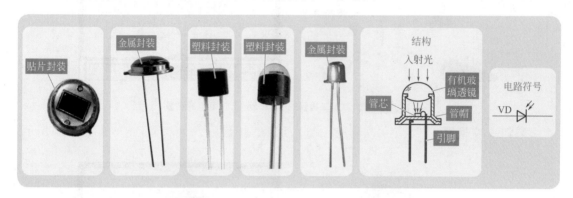

图8-185 光敏二极管的外形、结构和电路图形符号

二、光敏二极管的常见型号

光敏二极管的常见型号有2CU型、2DU型、HPD型、BS型、PD型、SBC型、SPD型，主要应用于自动控制设备、红外光探测器、激光接收器、遥控接收器等。

三、光敏二极管的原理

光敏二极管与普通二极管一样，它的PN结具有单向导电性，因此，光敏二极管工作时应加上反向电压。当无光照时，电路中也有很小的反向饱和漏电流（称为暗电流），此时相当于光敏二极管截止；当有光照射时，PN结附近受光子的轰击，半导体内被束缚的价电子吸收光子能量而被击发产生电子-空穴对。这些载流子的数目，对于多数载流子影响不大，但对P区和N区的少数载流子来说，则会使少数载流子的浓度大大提高，在反向电压作用下，反向饱和漏电流大大增加，形成光电流，该光电流随入射光强度的变化而相应变化。光电流通过负载RL时，在电阻器两端将得到随入射光变化的电压信号。光敏二极管就是这样完成电功能转换的。

要 诀

光敏二极管很重要，电路常常用得到，正极电位比较低，负极电位比较高，
无光照射电流小，光线渐强电流高，这一特性要记牢，故障检测常用到。

四、光敏二极管的基本参数

由于光敏二极管的正向电阻器较大，其反向电阻器随入射光的强弱变化而发生较大范围的变化（一般为几百欧至几兆欧）。

1. 最高反向工作电压

它是指光敏二极管在无入射光状态下，其反向电流小于 0.2 ～ 0.3μA 时，加在两端的最高反向电压。该电压通常为 10 ～ 50V。

2. 暗电流 I_B

暗电流是指当没有入射光时，在光敏二极管两端加有一定反向电压时的反向漏电流，称为暗电流。暗电流越小越好。在反向电压为 50V 时，暗电流小于 0.1mA。光敏二极管的暗电流受温度影响较大。以硅光敏二极管为例：当环境温度升高 30 ～ 40℃时，其暗电流将增大到 10 倍左右。

3. 光电流 I_2

光电流是指当光敏二极管受到一定入射光照，且两端加有最高反向工作电压时，通过的反向电流，称为光电流。

> **专家提示**
>
> 光电流一般为几十微安，且与光照强度呈线性关系。光电流越大越好。

4. 光谱响应特性

光敏二极管的类型不同，其光谱响应特性也不相同。锗光敏二极管的光谱响应范围比硅管宽。硅光敏二极管的光谱响应范围为 400 ～ 1100nm，光谱响应峰值对应的光波长为 880 ～ 900nm（红外线波长），可将接收到遥控器发射的红外调制信号转换为相应的电信号，经解调整形送往单片机执行相应的功能。

五、光敏二极管引脚极性的判断

光敏二极管的引脚极性判断如图 8-186 所示。

光敏二极管引脚极性的判断

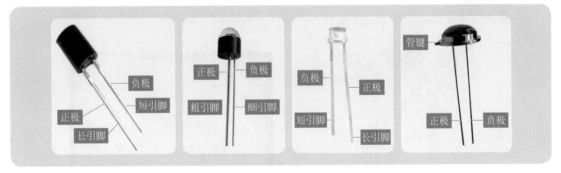

图8-186 光敏二极管的引脚极性判断

六、光敏二极管引脚极性的测量

若通过观察无法确定光敏二极管的引脚极性，可用测量法确定。被测光敏二极管的外形如图 8-187 所示。

用指针万用表测量光敏二极管的引脚极性

检测依据 正常情况下，光敏二极管在没有光照射在光敏二极管时，它和普通的二极管一样，具有单向导电作用。其正向电阻值为 3 ～ 10kΩ，反向电阻值大于 5MΩ，即接近无穷大。

步骤 1　选择指针万用表的"×1k"挡，并调零，如图 8-188 所示。

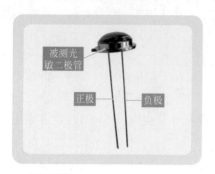

图8-187　被测光敏二极管的外形

图8-188　选择指针万用表的"×1k"挡，并调零

步骤 2　在无光照时，将黑、红表笔分别搭在被测光敏二极管的两只引脚上，此时万用表显示为 5kΩ，如图 8-189 所示。

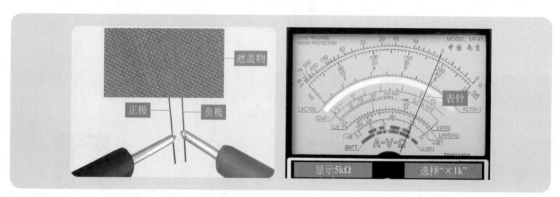

图8-189　被测光敏二极管的测量

步骤 3　交换黑、红表笔再次测量，此时万用表显示为无穷大，如图 8-190 所示。

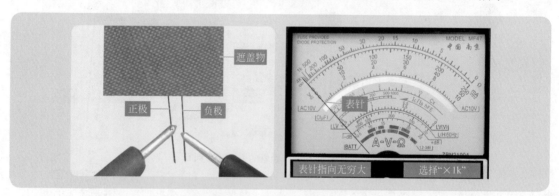

图8-190　被测光敏二极管的再次测量

总结：在上述检测中，以测量阻值较小的一次为标准，黑表笔所搭的引脚为光敏二极管的正极，红表笔所搭的引脚为负极。

七、光敏二极管灵敏性的检测

被测光敏二极管的外形如图 8-191 所示。

用数字万用表测量光敏二的极管的好坏

检测依据 正常情况下，光敏二极管的正向阻值随着照射光的强度加强而减小。正常情况下，光敏二极管在没有光照射在光敏二极管时，它和普通的二极管一样，具有单向导电作用。其正向电阻器为 3 ~ 10kΩ，反向电阻器大于 5MΩ，即接近无穷大。

步骤 1 选择指针万用表的 "×1k" 挡，并调零，如图 8-192 所示。

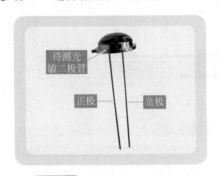

图8-191 被测光敏二极管的外形

图8-192 选择指针万用表的 "×1k" 挡，并调零

步骤 2 常光照射下，将黑表笔搭在光敏二极管的正极引脚上，红表笔搭在负极引脚上，此时万用表显示正向阻值为 8kΩ，即正常，如图 8-193 所示。

图8-193 常光照射下，被测光敏二极管正向阻值的测量

步骤 3 常光照射下，交换黑、红表笔再次测量，此时万用表显示反向阻值为无穷大，即正常，如图 8-194 所示。

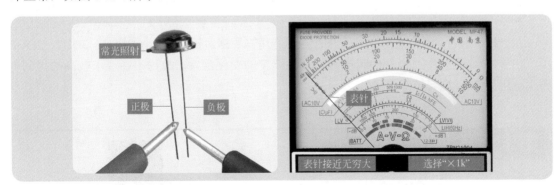

图8-194 常光照射下，被测光敏二极管反向阻值的测量

步骤 4 强光照射下，将黑表笔搭在光敏二极管的正极引脚上，红表笔搭在负极引脚上，此时万用表显示正向阻值为 2kΩ，即正常，如图 8-195 所示。

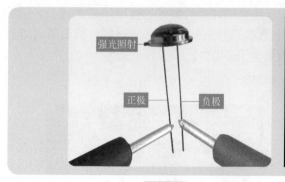

图8-195 强光照射下，被测光敏二极管正向阻值的测量

总结：若所测正向阻值随着光照强度的变化而有规律地变化，则表明被测光敏二极管性能良好，即灵敏性较高。若所测正、反阻值均为无穷大，则表明被测光敏二极管断路。若所测正、反向阻值均较小或为0，则表明被测光敏二极管漏电或击穿短路。

要诀

用表测量光敏管，要知道有啥特点，正向阻值有特点，阻值随光变化而规律显，反向无穷都不变，管子性能良好得到判，正反阻值近为0，漏电或短路是病情，正反阻值无穷大，光敏管断路稀少呀。

八、光敏二极管的代换

光敏二极管损坏时，应采用型号及规格相同的元件进行更换，在更换之前也应检测其反向电阻器随光线强弱变化范围应符合电路要求，否则会影响原有电路的光检测灵敏度。

若没有相同型号的光敏二极管可以更换，也可代换，代换主要考虑光敏二极管的最高工作电压、光电流、暗电流以及光谱响应特性等参数，应符合电路要求，绝不能使用工作电压低、光电流小、暗电流大，或代换工作电压高、光电流大、暗电流小的光敏二极管，更不能使用可见光敏二极管代换红外光敏二极管。锗光敏二极管与硅光敏二极管之间不能相互代换。

九、光敏二极管的选用

在光敏二极管的体积允许的情况下，尽量选用光照窗口较大的，如2CU1、2DU2、2DUB型。由于2CU型光敏二极管的暗电流随环境温度的变化较大，故稳定性要求较高的控制电路上可选用2CU型光敏二极管。

第十六节 变容二极管

认识变容二极管

一、变容二极管的结构原理

变容二极管不仅具备普通二极管的基本特性，同时因自身的结构特点，也具有其独特的功能。

将变容二极管的 PN 结做成面接触型或阶梯接触型来扩大结面积，以提高结电容。当变容二极管两端加有反向偏置电压时，随着反向偏置电压的升高，PN 结的厚度增大（相当于电容的两个极板之间距离增大），造成结电容下降。反向偏置电压越高结电容越小。反之，当反向偏置电压降低时，结电容增大。它主要应用于电子调谐器，其外形和电路图形符号如图 8-196 所示。

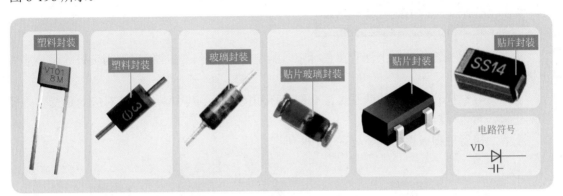

图8-196　变容二极管的外形和电路图形符号

二、变容二极管的基本参数

变容二极管的基本参数有品质因数 Q 和截止频率 f。

1. 品质因数

品质因数是衡量变容二极管质量好坏的一个参数，它是由 PN 结的材料等因素决定的。Q 值越大，质量越好。

2. 截止频率

当经过变容二极管的频率升高时，Q 值要下降，当 Q 值下降到 1 时，对应的信号频率为截止频率。每个型号的变容二极管均有其特定的截止频率。

三、变容二极管的种类

变容二极管的种类较多，根据不同的原则方法可分为多种类型。按封装形式可分为玻璃外壳封装、塑料封装、金属外壳封装和表面封装等。按 PN 结的结电容随反向电压变化的速率可分为缓变结型、突变结型和超变结型等三种类型。

四、变容二极管的型号

常见的硅材料变容二极管的型号有 2CC13A ～ 2CCBF、2EC12EA ～ 2EC13C、2ECA ～ 2ECE 等，锗材料变容二极管的型号有 2AC1A ～ 2AC1D 等。还有进口的 SMV123X 系列。

五、变容二极管的应用

应用电压能改变变容二极管结电容大小的作用，可以实现利用电压去控制 LC 振荡频率或 LC 滤波（或陷波）器频率的作用，在电子调谐器中得到了广泛应用。典型应用电路如图 8-197 所示。

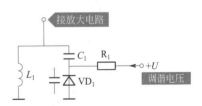

图8-197　变容二极管应用电路

由电感 L_1、电容 C_1 和变容二极管 VD_1 组成 LC 并联谐振电路。其谐振频率由电感 L 的电感量、电容 C 的电容量、变容二极管 VD_1 的结电容量共同决定。

$f \approx 1/(2\pi\sqrt{L_1C_1C_{VD1}})$。当调谐电压升高时，经电阻器 R_1 隔离加到变容二极管 VD_1 负极，反向偏压增大，VD_1 的结电容 C_{VD1} 减小，谐振电路的谐振频率 f 升高；反之，调谐电压下降时，谐振频率也下降，从而实现直流电压控制振荡频率作用。

六、变容二极管引脚极性的判断

有些变容二极管的外壳上涂有黑色标记，其中，黑色标记对应的引脚为负极，另一端为正极。

有些变容二极管的外壳的两端标注有红色环和黄色环：其中，红色环对应的是变容二极管的正极，黄色环对应的是负极。

变容二极管引脚极性的判断如图 8-198 所示。

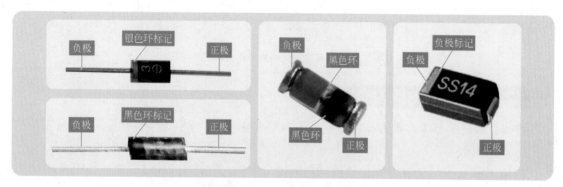

图8-198 变容二极管引脚极性的判断

七、变容二极管引脚极性的测量

若通过观察无法确定变容二极管的引脚极性，可用测量法确定。

被测变容二极管的外形如图 8-199 所示。

检测依据 正常情况下，变容二极管的正向阻值较小，反向阻值接近无穷大。

步骤 1 选择指针万用表的 "×1k" 挡，并调零，如图 8-200 所示。

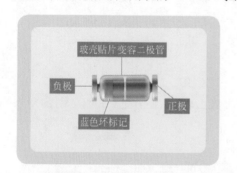

图8-199 被测变容二极管的外形

图8-200 选择指针万用表的 "×1k" 挡，并调零

步骤 2 将黑、红表笔分别搭在被测变容二极管的两只引脚上，此时万用表显示为 $15k\Omega$，如图 8-201 所示。

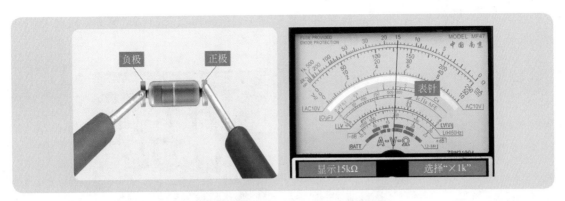

图8-201　被测变容二极管阻值的测量

步骤 3　交换黑、红表笔再次测量，此时万用表显示为无穷大，如图 8-202 所示。

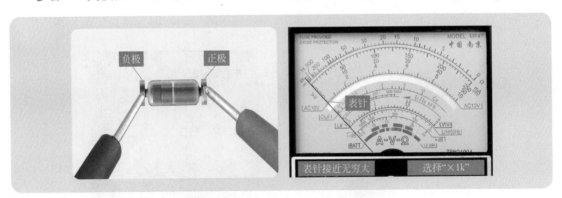

图8-202　被测变容二极管阻值的再次测量

总结：在上述检测中，以其中测量阻值较小的一次为标准，红表笔所搭的引脚为变容二极管的负极，黑表笔所搭的是正极。

八、用数字万用表检测变容二极管

被测变容二极管的外形，如图 8-203 所示。

检测依据　正常情况下，变容二极管的正向压降为 0.58 ～ 0.65V，反向压降测量时显示 "1."。

步骤 1　选择数字万用表的"二极管"挡，如图 8-204 所示。

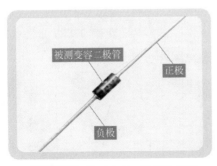

图8-203　被测变容二极管的外形

图8-204　选择数字万用表的"二极管"挡

步骤2　将黑表笔搭在变容二极管的正极引脚上，红表笔搭在负极引脚上，此时万用表显示正向压降为 0.60V，即正常，如图 8-205 所示。

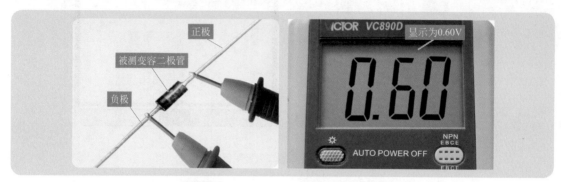

图8-205　被测变容二极管正向压降的测量

步骤3　交换黑、红表笔再次测量，此时万用表显示为"1."，即正常，如图 8-206 所示。

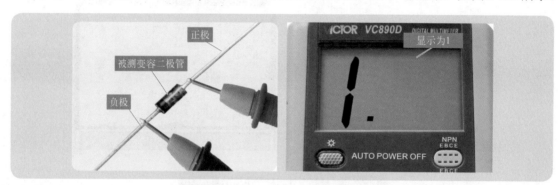

图8-206　被测变容二极管反向压降的测量

总结：若所测正向压降为 0.6V，反向测量时显示"1."，则表明被测变容二极管性能良好。若所测压降不在 0.58 ~ 0.65V 之间，则表明被测变容二极管的性能不良。

九、用指针万用表检测变容二极管

被测变容二极管的外形如图 8-207 所示。

检测依据　正常情况下，变容二极管的正向阻值应为 20kΩ 左右（不同型号，其正向阻值有所不同），反向阻值为无穷大。

步骤1　选择指针万用表的"×1k"挡，并调零，如图 8-208 所示。

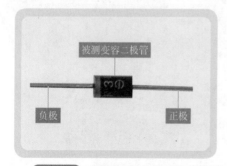

图8-207　被测变容二极管的外形

图8-208　选择指针万用表的"×1k"挡，并调零

步骤2 将黑表笔搭在变容二极管的正极引脚上，红色表笔搭在负极引脚上，此时万用表显示为18kΩ，即正常，如图8-209所示。

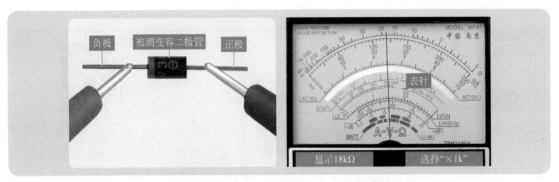

图8-209 被测变容二极管正向阻值的测量

步骤3 对调黑、红表笔再次测量，此时万用表显示为无穷大，即正常，如图8-210所示。

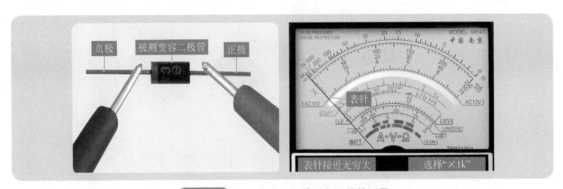

图8-210 被测变容二极管反向阻值的测量

总结：若所测正向有一定阻值，反向阻值为无穷大，则表明被测变容二极管良好。若所测正、反向阻值均为无穷大，则表明被测变容二极管开路。若所测正、反向阻值为0或很小，则表明被测变容二极管击穿短路或漏电。

要诀

用表测量变容管，检测依据听我言，表型不同怎么办，分开说明细细看，
数字表测量怎么显，正向压降几伏点，反向无穷为好管，请记住这特点，
指针表测量怎么显，正向阻值几十千，反向无穷为好管，也要记住这特点。

十、变容二极管的代换

变容二极管损坏后，应以同型号代换为原则。若没有同型号的变容二极管，可用主要参数相同的进行代换，特别注意，结电容范围应相同或相近。

十一、变容二极管的选用

选用变容二极管时，应考虑变容二极管的工作频率、最高反向工作电压、最大正向电

流、零偏压结电容、电容变化范围等参数，应符合电路要求，尽量选择结电容变化大、高 Q 值、反向漏电流小的变容二极管。

第十七节 双向触发二极管

认识双向触发二极管

一、双向触发二极管的结构原理

双向触发二极管内部相当于将两只参数相同的二极管共阴极连接，而只留两个阳极的复合二极管，常态下正、反向阻值均为∞。双向触发二极管的正、反向特性相同，具有对称性，故双向触发二极管没有极性区别，双向触发二极管的触发电压较高，一般有 20 ～ 60V、100 ～ 150V 和 200 ～ 250V 三个等级，而以 30V 最为常见。

其外形和电路图形符号如图 8-211 所示。

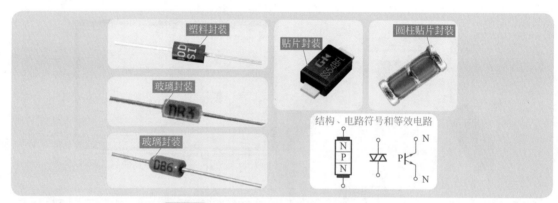

图8-211 双向触发二极管的外形和电路图形符号

二、双向触发二极管的常见型号

双向触发二极管的常见型号有 2CSA、2CSB、2CTS、DB3、DB4 等。

三、双向触发二极管的应用

双向触发二极管主要应用于交流电路中，用来触发晶闸管来控制电气设备，实现调光、调速、调功率等功能，也可以用于过压保护、定时或移相电路。

四、双向触发二极管的故障类型

由于双向触发二极管是由两只等效二极管反向串联而成，常态下正反向电阻器为无穷大。其主要作用是触发晶闸管，当晶闸管异常时也会造成双向二极管击穿损坏。因此双向二极管的故障主要有击穿、开路或阻值减小等类型。

五、双向触发二极管好坏的检测

因双向触发二极管的正、反向阻值均表现为无穷大，用万用表的电阻挡测量双向触发二极管时，

用指针万用表测量双向触发二极管的好坏

用数字万用表测量双向触发二极管的好坏

只能测量其是否短路，但不能测量其是否断路。

被测双向触发二极管的外形和等效电路如图 8-212 所示。

检测依据　正常情况下，双向触发二极管的正、反向阻值均为无穷大。

步骤 1　选择指针万用表的"×10k"挡，并调零，如图 8-213 所示。

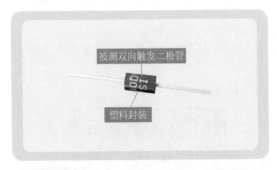

图8-212　被测双向触发二极管的外形和等效电路　　图8-213　选择指针万用表的"×10k"挡，并调零

步骤 2　将黑、红表笔分别搭在双向触发二极管的两只引脚上，此时万用表显示为无穷大，即正常，如图 8-214 所示。

步骤 3　交换黑、红表笔再次测量，此时万用表显示也为无穷大，即正常，如图 8-215 所示。

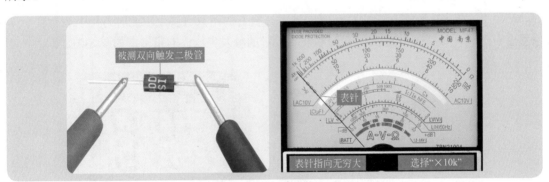

图8-214　被测双向触发二极管的测量

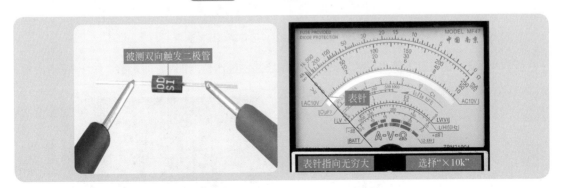

图8-215　被测双向触发二极管的再次测量

总结：若正、反向阻值均为无穷大，则表明被测双向触发二极管的良好的。若正、反向阻值较小或为 0，则表明被测双向触发二极管漏电或击穿短路。

六、双向触发二极管性能的检测

因双向触发二极管的正、反阻值均表现为无穷大，而万用表各电阻挡的内电压均不能使双向触发二极管触发导通，因此需要搭建检测电路。

检测依据 搭建检测电路，通过对双向触发二极管进行正、反电压的检测，便可判断双向触发二极管性能的好坏。

步骤1 搭建检测电路，将双向触发二极管、电解电容器、开关、电阻器接入电路，如图 8-216 所示。

步骤2 选择万用表的直流 200V 挡，如图 8-217 所示。

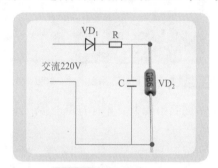

图8-216 搭建检测电路　　　　　　图8-217 选择万用表的直流200V挡

步骤3 将黑、红表笔分别搭在双向触发二极管的两只引脚上，此时万用表表针在 25V 位置左右摆动，该 25V 电压就是双向触发二极管的触发电压，即正常，如图 8-218 所示。

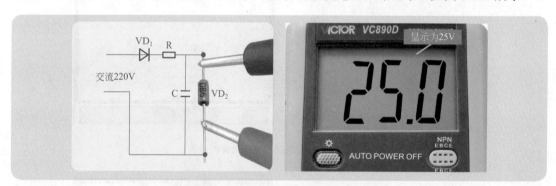

图8-218 被测双向触发二极管端电压的测量

步骤4 交换黑、红表笔再次测量，此时万用表显示电压也为25V，即正常，如图 8-219 所示。

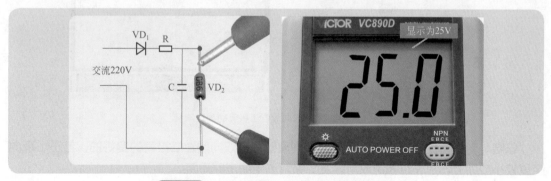

图8-219 被测双向触发二极管端电压的再次测量

总结：上述情况下，双向触发二极管的正、反向电压应相等或相近。正、反向电压相差越小，则表明双向触发二极管的性能越好。

专家提示

一般情况下，双向触发二极管处于截止状态，只有外电压（不论正向或反向）加到双向触发二极管上且外加电压大于双向触发二极管的触发电压时，双向触发二极管才被击穿导通。双向触发二极管的击穿电压一般为几十伏。

七、双向触发二极管的代换

双向触发二极管的代换主要考虑触发电压相同，耗散功率不能减小为原则，应查阅参数表进行代换或测量其触发电压值。

第十八节 肖特基二极管

认识肖特基二极管及
其引脚极性

一、肖特基二极管的识别

肖特基二极管又称为肖特基势垒二极管，主要是将高频大电流的交流电整流成脉动直流电。肖特基二极管是一种功耗低、反向恢复时间短、正向电流大、超高速的半导体器件。其英文名称简写为 SBD，其缺点是反向击穿电压较低。

肖特基二极管可分为单管式和双管式。单管式是一只肖特基二极管，一般有两个引脚，常见型号有 FR107；双管式是将两只肖特基二极管采用共阴极或共阳极方式连接而成，一般有三个引脚，常见型号主要有 MBR20100CT、MBR1660 等。肖特基二极管的外形和电路图形符号如图 8-220 所示。肖特基二极管主要应用在高频电源电路、变频器或驱动器中，也可用作高频大电流整流、续流或保护电路。

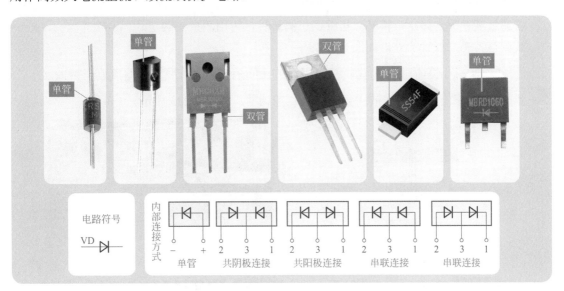

图8-220 肖特基二极管的外形和电路图形符号

二、肖特基二极管的常见型号

常见肖特基二极管的型号有 DBO-004、MBR1545、MBR2535、B82-004 等和表面封装的 RB 型，还有 2SII 型。

三、肖特基二极管引脚极性的判断

用指针万用表测量
双管肖特基二极管
的引脚极性

肖特基二极管常采用引线和贴片封装。引线法封装的有单管（两只引脚）和双管（三只引脚，即双二极管）两种形式。在单管封装形式中，有色环的一端为负极，另一端为正极。在双管封装形式中，让正面对着读者，从右到左依次为 1 脚、3 脚和 2 脚，中间脚为公共端。贴片封装有单管、双管和三管等。肖特基二极管引脚极性的判断如图 8-221 所示。

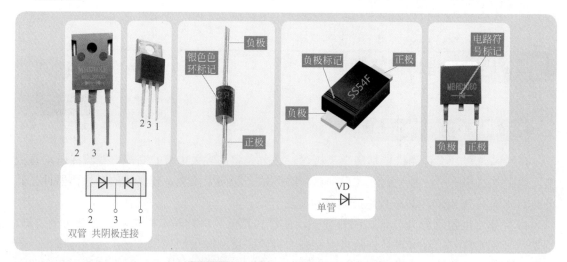

图8-221 肖特基二极管引脚极性的判断

四、肖特基二极管引脚极性的测量

若通过观察无法确定肖特基二极管的引脚极性，可用测量法确定。

被测肖特基二极管的外形如图 8-222 所示。

检测依据 正常情况下，肖特基二极管的正向阻值较小，反向阻值接近无穷大。

步骤 1 选择指针万用表的 "×1k" 挡，并调零，如图 8-223 所示。

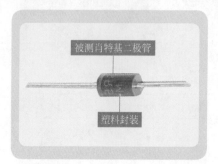

图8-222 被测肖特基二极管的外形

图8-223 选择指针万用表的 "×1k" 挡，并调零

步骤 2　将黑、红表笔分别搭在被测肖特基二极管的两只引脚上，此时万用表显示为 5kΩ，如图 8-224 所示。

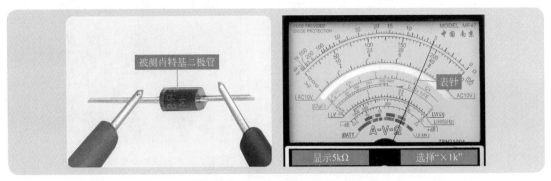

图8-224　被测肖特基二极管的测量

🖱 **专家提示**

用指针万用表测得的阻值为表盘的指针指示数乘以电阻挡位，即被测电阻值 = 刻度示值 × 挡位数。如选择的挡位是"×1k"挡，表针指示为 20，则被测阻值为 20×1kΩ=20kΩ。

步骤 3　交换黑、红表笔再次测量，此时万用表显示为无穷大，如图 8-225 所示。

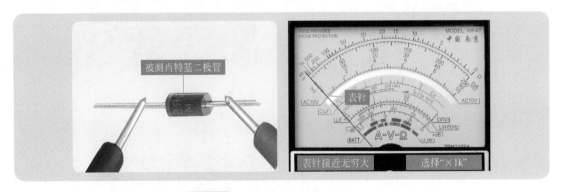

图8-225　被测肖特基二极管的再次测量

总结：在上述测量中，以其中一次测量较小阻值为标准，黑表笔所搭肖特基二极管的引脚为正极，红表笔所搭的引脚为是负极。

◤ **五、肖特基二极管的故障类型**

由于肖特基二极管的工作电流大，反向击穿电压低，因此该类肖特基二极管故障主要有击穿或炸裂、漏电等故障。

◤ **六、用数字万用表测量单管肖特基二极管**

被测肖特基二极管的外形如图 8-226 所示。

用数字万用表测量肖特基二极管的好坏

检测依据　正常情况下，肖特基二极管的正向压降约为 0.4V，反向压降测量时显示为"1."。

步骤 1 选择数字万用表的"二极管"挡,如图 8-227 所示。

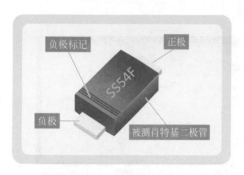

图8-226 被测肖特基二极管的外形

图8-227 选择数字万用表的"二极管"挡

步骤 2 将黑表笔搭在肖特基二极管的负极引脚上,红表笔搭在正极引脚上,此时万用表显示正向压降为 0.40V,即正常,如图 8-228 所示。

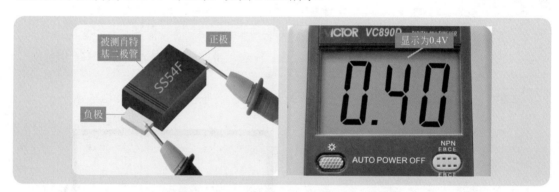

图8-228 被测肖特基二极管正向压降的测量

步骤 3 交换黑、红表笔再次测量,此时万用表显示为"1.",即正常,如图 8-229 所示。

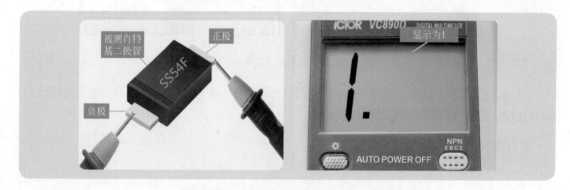

图8-229 被测肖特基二极管反向压降的测量

总结: 若所测正向压降约为 0.4V,反向测量时显示"1.",则表明被测肖特基二极管性能良好。若所测压降过大或过小,则表明被测肖特基二极管性能不良。

七、用指针万用表测量双管肖特基二极管

被测双管肖特基二极管的外形和等效电路如图 8-230 所示。

检测依据 肖特基二极管的种类较多，检测前要确定公共端引脚（即3脚）。正常情况下，肖特基二极管的3脚与1脚、2脚之间的正向阻值均为几千欧，反向阻值均为无穷大，如图8-231所示。

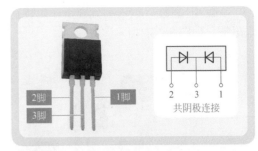

图8-230 被测双管肖特基二极管的外形和等效电路

步骤1　选择指针万用表的"×100"挡，并调零，如图8-232所示。

步骤2　将红、黑表笔分别搭在肖特基二极管的3脚和1脚上，此时万用表显示为2.5kΩ，即正常，如图8-233所示。

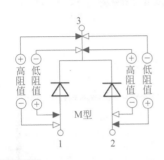

图8-231 肖特基二极管的极间电阻值

图8-232 选择指针万用表的"×100"挡，并调零

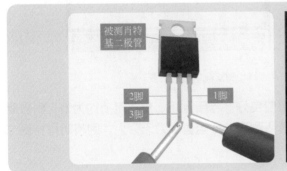

图8-233 肖特基二极管的3脚和1脚正向阻值的测量

步骤3　交换黑、红表笔再次测量，此时万用表显示为无穷大，即正常，如图8-234所示。

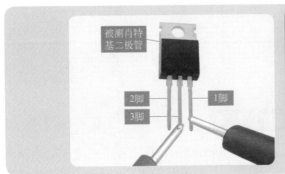

图8-234 肖特基二极管的3脚和1脚反向阻值的测量

步骤4　将红、黑表笔分别搭在肖特基二极管的3脚和2脚上，此时万用表显示为2.4kΩ，即正常，如图8-235所示。

图8-235　肖特基二极管的3脚和2脚正向阻值的测量

步骤5　交换黑、红表笔再次测量，此时万用表显示为无穷大，即正常，如图8-236所示。

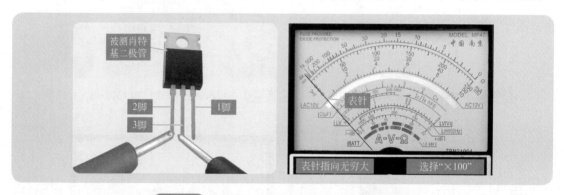

图8-236　肖特基二极管的3脚和2脚反向阻值的测量

总结：上述检测结果表明被测肖特基二极管良好。若所测正、反向阻值均为0，则表明被测肖特基二极管内部的二极管击穿短路。若所测正、反阻值均为无穷大，则表明肖特基二极管内部的二极管开路。

八、肖特基二极管的代换

由于肖特基二极管适用于高额、低压、大电流整流电路，因此肖特基二极管的代换主要考虑额定工作电流和最大反向击穿电压两项参数。

第十九节　快恢复二极管

一、快恢复二极管的外形、结构和电路图形符号

快恢复二极管的英文名称简写为FRD，主要作用是将高频高压交流电整流成脉动直流电。它是一种开关特性好、反向恢复时间短的二极管，具有正向压降低、反向击穿电压较高等优点。根据封装形成可分为TO-220FP塑料封装（5～20A采用），TO-3P顶部带金属散

热片塑料封装（20A以上），DO-41、DO-15或DO-27塑料封装（5A以下采用），双管大功率快恢复二极管有共阴极和共阳极之分。

快恢复二极管可分为单管式和双管式。单管式是一只二极管，一般有两个引脚；双管式是将两只二极管采用共阴极或共阳极方式连接而成，一般有三个引脚。快恢复二极管的外形和电路图形符号如图8-237所示。

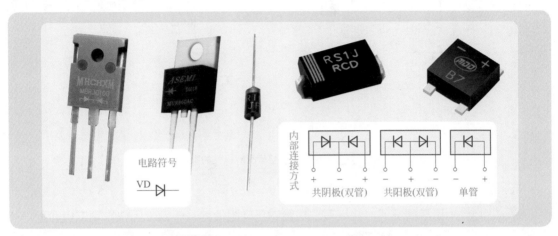

图8-237 快恢复二极管的外形和电路图形符号

二、快恢复二极管的常见型号

快恢复二极管的常见型号有C20-40、C92-02、MUR1680A、MUR3040PT、FR、PFR、DO-203AA（DO-4）等。

三、快恢复二极管的主要参数

1. 反向击穿电压（耐压）
快恢复二极管的耐压极高，可达1000多伏。
2. 正向工作电流
快恢复二极管的正向工作电流较大，可以高达几百安培（注意散热条件）。
3. 反向恢复时间
反向恢复时间可短至5s内。

四、快恢复二极管的应用

快恢复二极管主要应用于开关电源、PWM调制器等高压整流电路中作为整流二极管，阻尼二极管。

五、快恢复二极管引脚极性的判断

快恢复二极管引脚极性的判断如图8-238所示。

六、快恢复二极管引脚极性的测量

若通过观察无法确定快恢复二极管的引脚极性，可用测量法确定。

用指针万用表测量快恢复二极管的引脚极性

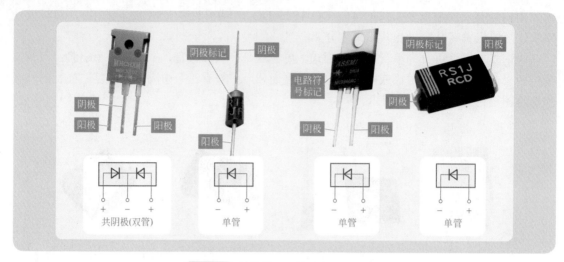

图8-238 快恢复二极管引脚极性的判断

被测快恢复二极管的外形如图 8-239 所示。

检测依据 正常情况下，快恢复二极管的正向阻值为几千欧（因快恢复二极管型号的不同而有所差别），反向阻值为无穷大。

步骤 1 选择指针万用表的"×100"挡，并调零，如图 8-240 所示。

图8-239 快恢复二极管的外形

图8-240 选择指针万用表的"×100"挡，并调零

步骤 2 将黑、红表笔分别搭在被测快恢复二极管的两只引脚上，此时万用表显示为无穷大，如图 8-241 所示。

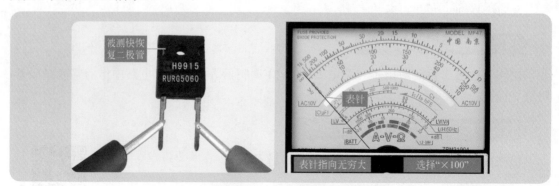

图8-241 快恢复二极管的测量

步骤 3 交换黑、红表笔再次测量，此时万用表显示为 4.5kΩ，如图 8-242 所示。

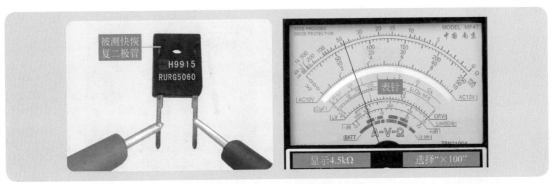

图8-242 快恢复二极管的再次测量

总结： 在检测快恢复二极管的正、反向阻值时，以其中一次测量较小阻值为标准，黑表笔所搭快恢复二极管的引脚为正极，红表笔所搭的引脚为是负极。

七、用数字万用表检测快恢复二极管

被测快恢复二极管的外形如图 8-243 所示。

用数字万用表测量快恢复二极管的好坏

检测依据 正常情况下，快恢复二极管的正向压降约为 0.4V，反向压降测量时显示"1."。

步骤 1 选择数字万用表的"二极管"挡，如图 8-244 所示。

图8-243 快恢复二极管的外形

图8-244 选择数字万用表的"二极管"挡

步骤 2 将黑表笔搭在快恢复二极管的阴极引脚上，红表笔搭在阳极引脚上，此时万用表显示正向压降为 0.60V，即正常，如图 8-245 所示。

图8-245 快恢复二极管正向压降的测量

步骤 3 交换黑、红表笔再次测量，此时万用表显示为"1."，即正常，如图 8-246 所示。

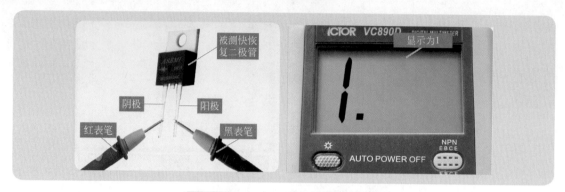

图8-246 快恢复二极管反向压降的测量

总结：若所测压降过大或过小，则表明被测快恢复二极管性能不良。

专家提示

有些单管快恢复二极管有三只引脚，中间脚为空脚，一般在出厂时去掉，但有些没有去掉。对双管快恢复二极管来讲，若其中一只管损坏可当作单管使用。

八、快恢复二极管的代换

快恢复二极管损坏后，若无同型号的产品更换，则可选用与其类型及性能参数相同或相近的其他型号快恢复二极管代换。

第二十节 双基极二极管

一、双基极二极管的外形和结构

双基极二极管又叫单结晶体管，也叫双肖特基二极管，其基本作用是组成弛张振荡器，也用作延时和触发电路等多种脉冲发生电路。

双基极二极管是一种只有一个PN结和两个欧姆电极的负阻性半导体器件，有三个引脚，分别为发射极（e）和两个基极（b1、b2）。常见型号有BT-31～BT-33型等。其双基极二极管的外形、结构、等效电路和电路图形符号如图8-247所示。

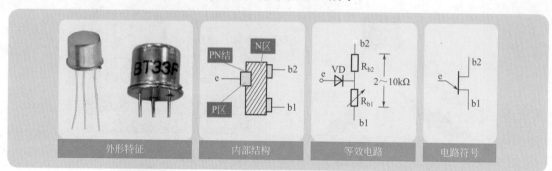

| 外形特征 | 内部结构 | 等效电路 | 电路符号 |

图8-247 双基极二极管的外形、结构、等效电路和电路图形符号

二、双基极二极管的原理

如图 8-248 所示，将双基极二极管 VD 与电路连接。通过发射极的电流 I_e 与正向电压 U_e 之间关系的曲线如图 8-249 所示。当发射极电压 U_e 大于峰点电压 U_p 时，PN 结处于正向偏置状态，随着发射极电流增大，发射极电压反而减小，表明发射极 e 与基极 b1 之间的阻值呈现负增大，称为负阻特性。

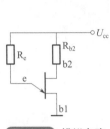

图8-248 模拟电路

图8-249 单结晶体管发射极伏安特性曲线

专家提示

利用双基极二极管的负阻特性与外接的阻容电路可组成弛张振荡器。

三、双基极二极管引脚极性的判断

双基极二极管的常见型号有 BT31 ~ BT35 等，将双基极二极管按底视图方向放置，与管键相对的引脚为 b1，上边的引脚为 b2，下边的引脚为 e。双基极二极管引脚极性的判断如图 8-250 所示。

图8-250 双基极二极管引脚极性的判断

四、双基极二极管引脚极性的测量

被测双基极二极管的外形和等效电路如图 8-251 所示。

检测依据 由双基极二极管的等效电路看出：b1 极与 b2 极之间的正、反向阻值大致相等，一般为 2 ~ 10kΩ；b1 极与 e 极和 b2 极与 e 极的正向阻值大致相等，一般为几千欧，其反向阻值大致相等且较大。

1. 双基极二极管 e 极的测量

步骤 1 选择指针万用表的"×100"挡，并调零，如图 8-252 所示。

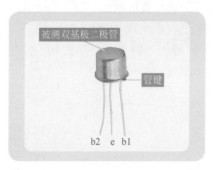

图8-251 被测双基极二极管的外形和等效电路　图8-252 选择指针万用表的"×100"挡，并调零

步骤 2 将黑、红表笔（不分正负）分别搭在双基极二极管任意两极上，两极间均正反各测一次。若两极间的正、反向阻值接近或相等（实测为 4.5kΩ），则表明此时表笔所搭的电极是 b1 和 b2 极，余下的就是 e 极，如图 8-253 所示。

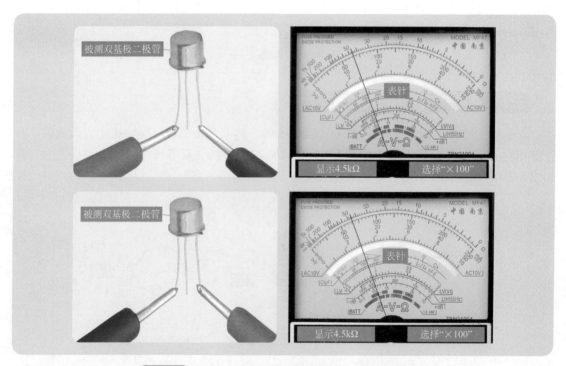

图8-253 被测双基极二极管的两极间的正、反向阻值相等

总结：上述测量中，若两极间的正、反向阻值一次较大，一次较小，此时以阻值较大的一次为标准，红表笔所搭的就是 e 极，其他两极为 b1 和 b2 极。

2. 双基极二极管 e 极与 b1、b2 极的测量

由于 e 极已经确定，可进行 b1 和 b2 极的测量。

将黑表笔搭在 e 极上，红表笔分别搭在余下的两个电极上，此时万用表分别显示为 3kΩ 和 1.5kΩ，如图 8-254 所示。

总结：以阻值较大的一次为标准，红表笔所搭的就是 b2 极，余下的为 b1 极。

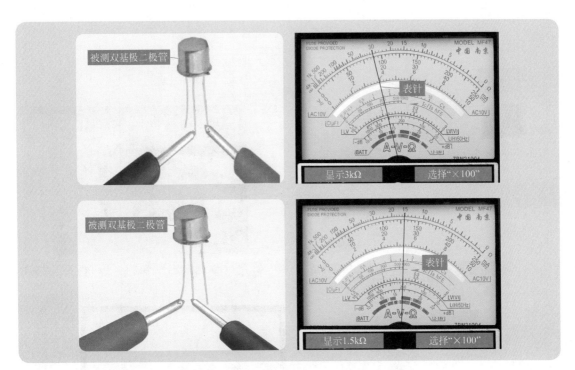

图8-254　被测双基极二极管的b1和b2极的测量

专家提示

上述判别b1、b2的方法，不一定对所有的单结晶体管都适用，有个别管子的e—b1间的正向电阻值较小。不过准确地判断哪极是b1，哪极是b2在实际使用中并不特别重要。即使b1、b2用颠倒了，也不会使管子损坏，只影响输出脉冲的幅度（单结晶体管多作脉冲发生器使用），当发现输出的脉冲幅度偏小时，只要将原来假定的b1、b2对调过来就可以了。

五、双基极二极管的检测

检测依据　正常情况下，双基极二极管应满足以下条件（如图8-255所示）。

① e 与 b1 极的正向阻值为 10kΩ，反向阻值为无穷大。

② e 与 b2 极的正向阻值为 8kΩ，反向阻值为无穷大。

③ b1 与 b2 极之间的正、反向阻值均为 7.5kΩ。

步骤 1　选择指针万用表的"×1k"挡，并调零，如图8-256所示。

步骤 2　将红表笔搭在双基极二极管的 b1 极引脚上，黑表笔搭在 e 极引脚上，此时万用表显示正向阻值为 10kΩ，即正常，如图8-257所示。

专家提示

用指针万用表测得的阻值为表盘的指针指示数乘以电阻挡位，即被测电阻值＝刻度示值 × 挡位数。如选择的挡位是"×1k"挡，表针指示为 20，则被测阻值为 20×1kΩ=20kΩ。

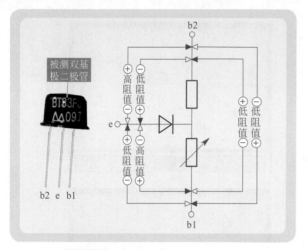

图8-255 被测双基极二极管的检测阻值

图8-256 选择指针万用表的"×1k"挡，并调零

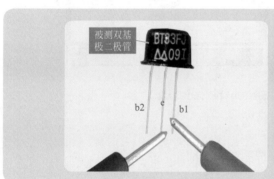

图8-257 被测双基极二极管b1极与e极正向阻值的测量

步骤3 交换黑、红表笔再次测量，此时万用表显示反向阻值为无穷大，即正常，如图8-258所示。

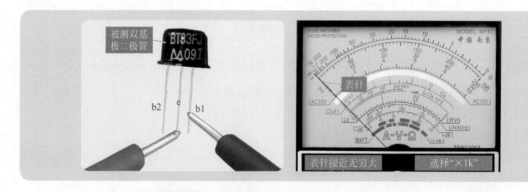

图8-258 被测双基极二极管b1极与e极反向阻值的测量

步骤4 将黑表笔搭在双基极二极管的e极引脚上，红表笔搭在b2极引脚上，此时万用表显示正向阻值为8kΩ，即正常，如图8-259所示。

步骤5 交换黑、红表笔再次测量，此时万用表显示向阻值为无穷大，即正常，如图8-260所示。

图8-259　被测双基极二极管b2极与e极正向阻值的测量

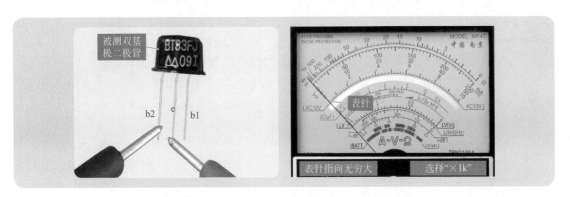

图8-260　被测双基极二极管b2极与e极反向阻值的测量

步骤6　将红表笔搭在双基极二极管的 b1 极引脚上，黑表笔搭在 b2 极引脚上，此时万用表显示阻值为 7.5kΩ，即正常，如图 8-261 所示。

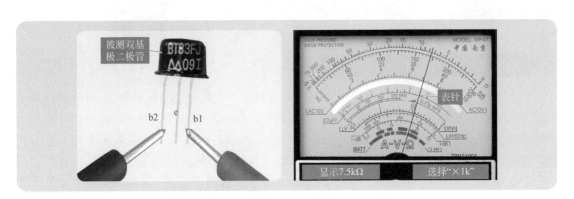

图8-261　被测双基极二极管b2极与b1极的测量

步骤7　交换黑、红表笔再次测量，此时万用表显示阻值为 7.5kΩ，即正常，如图 8-262 所示。

总结：若测量结果与上述相同，则表明被测双基极二极管性能良好。若正向阻值过大或无穷大，则表明被测双基极二极管开路或导通阻值过大；若反向阻值为 0 或过小，则表明被测双基极二极管击穿短路或漏电。

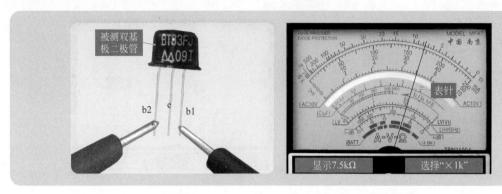

图8-262 被测双基极二极管b2极与b1极的再次测量

专家提示

　　对同一个双基极二极管，用数字万用表和指针万用表测得的结果有所不同，其原因在于双基极二极管内部结构的特殊性。在测量时，若所测正向阻值过大或无穷大，则表明被测双基极二极管开路或导通阻值过大；若所测反向阻值为0或过小，则表明被测双基极二极管击穿短路或漏电。

六、双基极二极管的代换

　　双基极二极管损坏后，若无同型号的产品更换，则可选用与其类型及性能参数相同或相近的其他型号双基极二极管代换。

第二十一节 瞬态电压抑制二极管

认识瞬态电压抑制
二极管

一、瞬态电压抑制二极管的结构

　　瞬态电压抑制二极管（TVS）是一种具有双向稳压特性和双向负阻特性的过压保护器件，类似于压敏电阻器。它应用于各种交流及直流电源电路中，用来抑制瞬态过电压。当被保护电路瞬态出现浪涌脉冲电压时，双向击穿二极管能迅速齐纳击穿，由高阻状态变为低阻状态，对浪涌电压进行分流和钳位，从而保护电路中各元件不被瞬态浪涌脉冲电压损坏。

　　TVS管有单向与双向之分（单向TVS管的型号后面的字母为"A"，双向TVS管的型号后面的字母为"CA"），单向TVS管的特性与稳压二极管相似，双向TVS管的特性相当于两个稳压二极管反向串联。它是一种保护用的电子零件，可以保护电气设备不受导线引入的电压尖峰破坏。瞬态电压抑制二极管的外形、结构和电路图形符号如图8-263所示。

二、瞬态电压抑制二极管的特点

　　TVS管会和要保护的电路并联。当其电压超过崩溃电压时，直接分流过多的电流。TVS管是钳位器，会抑制超过其崩溃电压的过高电压。当过电压消失时，TVS管会自动复归，而其吸收的能量比类似额定的撬棒电路要大很多。

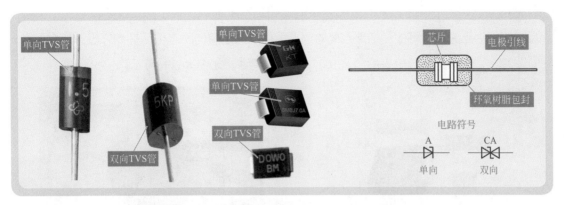

图8-263 瞬态电压抑制二极管的外形、结构和电路图形符号

TVS 管有单向的及双向的。单向的 TVS 管在顺向操作时类似整流子，但在其设计条件下允许承受很大的峰值电流，1.5KE 系列的瞬间功率可以到 1500W。

双向的 TVS 管可以视为是两个极性相反的雪崩二极管相串联，再和要保护的电路并联。虽然在电路中会标示为两个二极管，不过实际元件是将两个二极管封装在同一个包装中。

三、瞬态电压抑制二极管的故障类型

若瞬态电压抑制二极管使用在超过其设计条件的环境下，可能会损坏。瞬态电压抑制二极管的失效模式有三种：短路、开路和元件性能下降。

瞬态电压抑制二极管的引脚极性

四、瞬态电压抑制二极管引脚极性的判断

单向瞬态电压抑制二极管的引脚有正负极之分，在其外壳上标有负极标记，标有多条细线的一端为负极，另一端为正极；贴片单向瞬态电压抑制二极管的引脚也有正负极之分，在其外壳上标有负极标记，标有银色环的一端为负极，另一端为正极。双向瞬态电压抑制二极管的引脚没有有正负极之分。瞬态电压抑制二极管引脚极性的判断如图 8-264 所示。

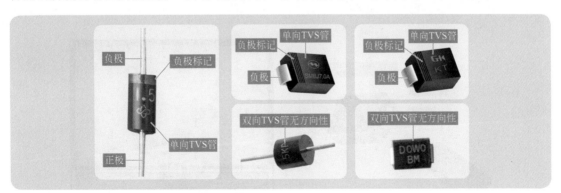

图8-264 瞬态电压抑制二极管引脚极性的判断

五、瞬态电压抑制二极管的检测

1. 单向瞬态电压抑制二极管的检测

单向瞬态电压抑制二极管的外形如图 8-265 所示。

检测依据 正常情况下，单向瞬态电压抑制二极管（TVS）的正向阻值为 3～5kΩ，而反向阻值为无穷大。将检测结果与此对照，就可以判定单向瞬态电压抑制二极管是否正常。

步骤1 选择指针万用表的"×100"挡，并调零，如图 8-266 所示。

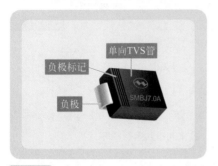

图8-265 单向瞬态电压抑制二极管的外形　　图8-266 选择指针万用表的"×100"挡，并调零

步骤2 将黑、红表笔分别搭在单向瞬态电压抑制二极管的两只引脚上，此时万用表显示正向阻值为 4.5kΩ，即正常，如图 8-267 所示。

图8-267 单向瞬态电压抑制二极管正向阻值的测量

步骤3 交换黑、红表笔再次测量，此时万用表显示反向阻值为无穷大，即正常，如图 8-268 所示。

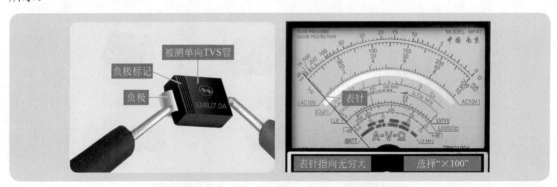

图8-268 单向瞬态电压抑制二极管反向阻值的测量

总结：若所测反向阻值较小或为 0，则表明被测单向瞬态电压抑制二极管漏电或击穿短路；若所测正向阻值为无穷大，则表明被测单向瞬态电压抑制二极管开路。

2. 双向瞬态电压抑制二极管的检测

检测依据 正常情况下，双向瞬态电压抑制二极管的正、反向阻值均为无穷大。

步骤 1　选择万用表的"×10k"挡，并调零。

步骤 2　将黑、红表笔分别搭在双向瞬态电压抑制二极管的两只引脚上，此时万用表显示为无穷大，即正常。

步骤 3　交换黑、红表笔再次测量，此时万用表也显示为无穷大，即正常。

总结：双向瞬态电压抑制二极管的正、反向阻值均为无穷大是正常。若所测阻值小或为零，则表明被测双向瞬态电压抑制二极管漏电或击穿短路。

六、瞬态电压抑制二极管的代换

瞬态电压抑制二极管损坏后，若无同型号的产品更换，则可选用与其类型及性能参数相同或相近的其他型号瞬态电压抑制二极管代换。

七、瞬态电压抑制二极管的选用

选择 TVS 管时，一方面击穿电压不能选得过低，以免影响系统的正常工作，另一方面也要保证其最大钳位电压不能超过系统内各元器件的极限电压值，以免在瞬态高压出现时损坏其他元器件。再有就是要估计一下瞬态高压出现时可能达到的最大瞬态电流值，选择大于此值的 TVS 管，以免因 TVS 管损坏造成保护失效。

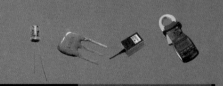

第九章
三极管

第一节 三极管的基础知识

一、三极管的结构

　　三极管是由两个相距很近的 PN 结构成的，如图 9-1 所示，中间共用一个半导体区域，叫作基区，另外两个半导体区域叫作集电区和发射区，各引出一个电极。中间共同的电极称为基极（用字母 b 表示）；另外两个电极称为集电极（用字母 c 表示）和发射极（用字母 e 表示）。集电极与基极之间的 PN 结称为集电结；发射极与基极之间的 PN 结称为发射结。根据各个半导体区域所使用的材料不同又可分为 NPN 型三极管和 PNP 型三极管，相关电路图形符号如图 9-1 所示。

　　图中三极管的电路图形符号中，表示发射极的箭头符号，即为通过发射极的电流方向。

(a) NPN型三极管　　　　　　　　　　　　(b) PNP型三极管

图9-1 三极管的内部等效结构示意图及电路图形符号

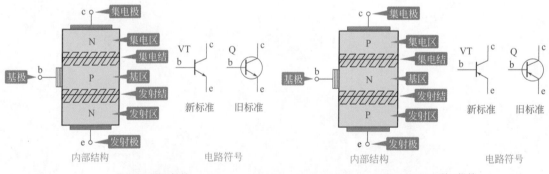

要诀

三极管结构来分析，两个 PN 结相隔离。

中间一个是基极，还有集电、发射极。

材料不同名称异，NPN 和 PNP 比一比。

NPN 管型向外射，PNP 管型向内射。

二、三极管的原理

1. 三极管的基本工作条件

以 NPN 型三极管为例，三极管的基本工作条件是：
基极 b 与发射极 e 之间加有正向偏置电压（硅三极管为 0.6V
左右，锗管为 0.2V 左右），使基极与发射极之间产生一个
较小的电流 I_b；基极 b 与集电极 c 之间加上一个反向偏置
电压，且该反向偏置电压要高于基极与发射极之间的偏置
电压的两倍，则集电极与发射极之间就会产生一个较大的
电流 I_c。如图 9-2 所示。

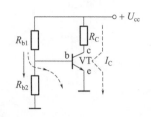

图9-2　NPN型接地三极管的偏置电路

$+U_{CC}$ 电压经阻 R_{b1} 与 R_{b2} 串联对地分压为三极管 VT 的基极，提供一个合适的偏压，
则 $+U_{CC}$ 电压经上偏置电阻 R_{b1}、三极管 VT 的基极 b、发射极 e 对地形成电流 I_b。则会使
$+U_{CC}$ 电压经 VT 的集电极负载电阻 R_C、VT 的集电极 c、发射极 e 对地形成电流 I_c。

2. 三极管的放大作用

当三极管满足基本工作条件后，则集电极电流 I_c 与基极电流 I_b 之间存在一定比例关系。
基极电流 I_b 的较小变化则引起集电极电流 I_c 的较大变化，且成正比例变化。集电极电流 I_c
的变化量 ΔI_c 与基极电流 I_b 的变化量 ΔI_b 之比约为一个常数，这就是三极管的电流放大系数，
用"β"表示。$\beta = \Delta I_c / \Delta I_b$。同时也看出，三极管不仅是电流控制型器件，对变化的电流也具
有放大作用。

三极管的电流放大系数 β 是由自身的材料和结构决定的，但是也会随着某些因素而变化。

同时三极管的基极电流 I_b 与集电极电流 I_c 之和等于发射极电流 I_e。这就是著名的基尔霍
夫电流定律：$I_e = I_b + I_c$。

三极管的电流放大作用可以使用压力阀门进行描述。

若基极水管没有水或水压较小，对闸门活塞的压力没有克服弹簧对闸门活塞的推力时，
闸门处于最右侧位置，此时，阀门的集电极水箱对发射极不能导通形成水流，而基极对发射
极也没有导通形成水流。这就相当于加到三极管基极与发射极之间偏压低于发射结的正向导
通偏压而处于截止状态。

如图 9-3（b）所示，当加在基极水管内的水压增大，对闸门活塞的压力增大，当大于弹
簧的推力时，活塞带动闸门向左移动，使得基极水管内水从缝隙中流往活塞发射极形成较
小的基极水流。因集电极与发射极之间的闸门向左移动时出现较大裂缝，形成较大的集电极
水流。

如图 9-3（c）所示，当加在基极水管内的水压继续增大时，闸门活塞进一步向左移动，
基极水流进一步加大，集电极水流则更大。当活塞向左移动到头时，集电极水流便不随基极
水流的增大而增大，处于饱和流通状态。

当基极水管内的水压减弱且对活塞的压力小于弹簧的推力时，活塞向右移动，集电极水
流减小直至截止，实现通过调整基极较小水流来控制集电极较大水流的作用。

通过发射极管的水流是基极水流与集电极水流之和。

3. 三极管的三种工作状态

根据电路中三极管的基极电流 I_b、集电极电流 I_c 的大小及规律可分为截止状态、放大状
态和饱和状态。

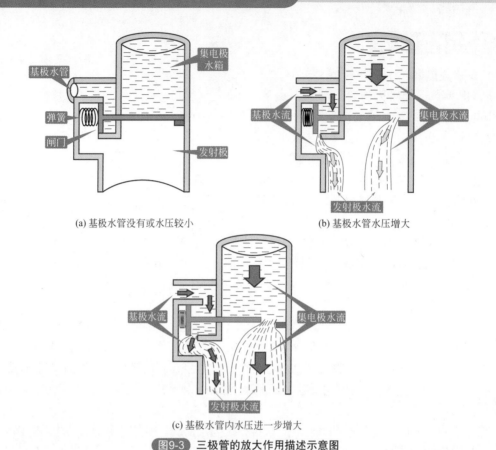

(a) 基极水管没有或水压较小　　　　　　(b) 基极水管水压增大

(c) 基极水管内水压进一步增大

图9-3　三极管的放大作用描述示意图

（1）截止状态

当电路中三极管的基极 b 与发射极 e 之间的正向偏压 U_{be} 小于发射结的正向导通电压（硅三极管为 0.5V，锗管为 0.2V）时，则基极几乎没有电流通过，而集电极中也几乎没有电流通过。集电极与发射极 e 之间相当于开路，整个三极管处于截止状态。集电极 c 与发射极 e 之间电压 U_{ce} 约等于电源电压（以射极接地 NPN 型硅三极管为例加以说明），其中因 $U_{be}<0.5V$，导致 $I_b \approx 0A$，控制 $I_c \approx 0A$，造成 $U_{ce} \approx U_{cc}$。

专家提示

在实际应用中，为了使三极管可靠地截止，常使 $U_{be}<0$，若此时给三极管的基极输入一个正弦信号，若信号峰值小于发射结的导通电压则不会产生基极电流 I_b 和集电极电流 I_c，若输入信号幅值偏大，峰值超过发射结的导通电压时，则超出部分会产生基极电流 I_b 和集电极电流 I_c，从集电极输出反相放大的信号，从集电极输出的信号与基极输入的信号相比较产生严重的交越失真，即产生非线性失真。

（2）放大状态

当电路中三极管的基极 b 与发射极 e 之间的正向偏压 U_{be} 处于 0.5 ~ 0.7V 之间时，则基极电流 I_b 与 U_{be} 成正比例变化；I_c 也随 I_b 呈正比例变化。在此状态，基极电流 I_b 的微小变化就会引起集电极电流 I_c 大幅度地变化。即 $\Delta I_c / \Delta I_b = \beta$。由此可见，只有使三极管的基极偏压控制在一定范围内并产生基极电极，才具有放大作用。其中 $U_{be} \uparrow \to I_b \uparrow \to R_{ce} \downarrow \to I_c \uparrow \to U_{RC} \uparrow \to U_c \downarrow$；反之，$U_{be} \downarrow \to I_b \downarrow \to R_{ce} \uparrow \to I_c \downarrow \to U_{RC} \downarrow \to U_c \uparrow$。

在三极管处于放大状态时，当基极输入一个微弱正弦信号时，从集电极则会输出一个幅度较大反相的正弦信号，实现对交流信号的线性放大。

（3）饱和状态

当电路中的三极管工作在放大状态时，若基极电压 U_{be} 进一步升高，基极电流 I_b 增大，集电极电流 I_c 也随之进一步增大。当集电极电流 I_c 增大到某一程度时，则不再随基极电流 I_b 的增大而增大，使 I_b 失去对 I_c 的控制，电流放大系数 β 下降较多。集电极对发射极的压降 U_{ce} 也降至最低且低于 U_{be}，集电极与发射极之间呈现导通状态。电源电压几乎完全加到集电极所接的负载电阻两端。

综上所述，要使三极管工作在放大状态，通过选择三极管合适的电流放大系数和设置适当的偏置电路即可以实现。要想使三极管工作在开关状态，则需要提高基极偏置电压和选择电流放大系数更高的三极管。

通过测量各极的工作电压即可判断三极管的工作状态，以及三极管工作是否异常。

4. 三极管各极电压与电流之间的关系

现以 NPN 型硅三极管（发射极接地）的电路为例加以说明，如图9-4所示。

三极管的各极电压与电流之间关系可以用坐标曲线进行描述。

要诀

三极管状态有几种，请您跟我往下听，截止状态电路用，放大、饱和要记清。

用来描述基极 b 与发射极 e 之间电压 U_{be} 与基极电流 I_b 之间关系的曲线被称为输入特性曲线；用来描述集电极 c 与发射极 e 之间电压 U_{ce} 和集电极电流 I_c 之间关系的曲线被称为输出特性曲线。

（1）输入特性曲线

当三极管的集电极 c 与发射极 e 之间电压 U_{ce} 为某一参考值，用来描述基极 b 与发射极 e 之间电压 U_{be} 和基极电流 I_b 之间关系的输入特性曲线如图9-5所示。由于三极管的基极 b 与发射极 e 之间等效于一只二极管，因此输入特性曲线也就是发射结的伏安特性曲线。从图中可以看出：三极管的输入特性曲线主要包括死区（电压为 0.5V 以下），非线性区

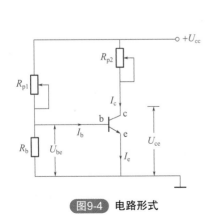

图9-4 电路形式

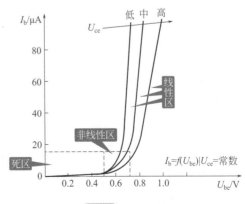

图9-5 输入特性曲线

（0.5～0.65V），线性区（0.65～0.7V），会随着集电极 c 与发射极 e 之间电压 U_{ce} 变化而左右移动，即三个区的电压范围随 U_{ce} 的改变而变化。

由于在三极管放大电路中，必须保证 $U_{ce}>U_{be}$，而事实上，当 $U_{ce}>1V$ 后，U_{be} 与 I_b 之间关系基本不随 U_{ce} 的增大而变动较多。因此常将 $U_{ce}=1V$ 时的输入特性曲线作为三极管的输入特性曲线。

（2）输出特性曲线

在电路中，当三极管的基极电流 I_b 为某一参考值时，用来描述经过集电极 c 与发射极 e 之间电流 I_c 与两极之间电压 U_{ce} 的输出特性曲线如图 9-6 所示。

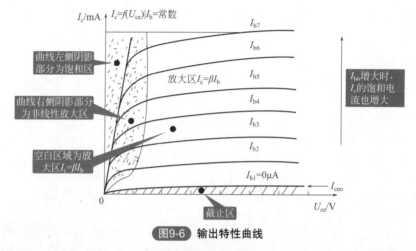

图9-6 输出特性曲线

当三极管的基极电流 I_b 大小不同时对应的输出特性曲线也不相同。根据三极管的集电极电流 I_c 随集电极电压 U_{ce} 变化状态，输出特性曲线可分截止区、放大区和饱和区。

① 截止区。当基极电流 $I_b=0A$ 时，集电极电流 I_c 极小，为其漏电流，且随集电极电压 U_{ce} 的增大而略有增大，集电极与发射极之间呈开路状态。当 U_{ce} 电压超过三极管的承受极限时就会击穿。

② 放大区。当基极电流 I_b 为某一定值时，I_c 随 U_{ce} 的增大而增大，当 U_{ce} 超过某一定电压时，则 I_c 随 U_{ce} 的增大速度迅速减慢，最后基本不随 U_{ce} 的增大而增大多少。这时，若提高基极电流 I_b，则 I_c 会随着 I_b 的增大而增大，且成正比例关系，$I_c=\beta I_b$，表明三极管正进入放大状态。在此状态发射结正偏导通，产生基极电流 I_b，集电极反偏由 I_b 控制产生集电极电流 I_c。

③ 饱和区。当 I_c 受 I_b 控制增大到某一值时，则不再随 I_b 的增大而增大，而此时集电极电压 U_{ce} 也降到基极电压 U_{be} 以下，表明三极管已进入饱和区，如图 9-6 中曲线左侧区域，三极管也失去放大能力。

④ 三极管的恒流作用。由图 9-6 中可以看出，当三极管的基极电流 I_b 为某一固定值时，穿过集电极的电流大小几乎不随集电极电压的变化而改变，如图中曲线的平坦部分。因此说，三极管也具有恒流特性。

三、三极管的基本参数

三极管的基本参数较多，主要包括直流参数、交流参数和极限参数等几类。

1. 直流参数

三极管的直流参数主要有：

（1）共发射极直流放大系数（$\bar{\beta}/h_{FE}$）

在共发射极电路中，在基极电流 I_b 没有变化时，集电极的直流电流 I_c 与基极输入的直流电流 I_b 之比，称为共射直流放大系数，用 $\bar{\beta}$ 或 h_{FE} 表示。即 $\bar{\beta}(I_c-I_{ceo})/I_b\approx I_c/I_b$，式中，$I_{ceo}$ 为基极开路时集电极与发射极之间的漏电流。

（2）集电极-基极反向穿透电流 I_{cbo}

它是指发射极开路，在基极与集电极加有一定反向偏量电压时，集电极与基极之间的反向电流。通常，小功率硅三极管的 I_{cbo} 只有微安以下，而小功率锗三极管则有几微安，三极管的 I_{cbo} 受温度影响较大。

（3）集电极-发射极穿透电流 I_{ceo}

它是在基极开路情况下，集电极与发射极加有正向偏压时的穿透电流，通常小功率硅三极管的 I_{ceo} 只有几微安，锗三极管稍大，受温度影响较大，当三极管温度每升高 10℃ 时，I_{ceo} 就会增大一倍，同时 I_{ceo} 还与 β 值有关，β 值大的三极管 I_{ceo} 也大。

2. 交流参数

（1）共发射极交流电流放大系数 β

在共发射极电路中，基极电流的微小变化量 ΔI_b 则会引起集电极电流较大的变化 ΔI_c，那么 ΔI_c 与 ΔI_b 的比值就称为三极管的交流电流放大系数 β。

专家提示

在三极管的非线性放大区域内，交流电流放大系数 β 与直流电流放大系数 $\bar{\beta}$ 之间有差异，而在线性放大区域 β 与 $\bar{\beta}$ 较为接近，即 $\beta\approx\bar{\beta}$。电流放大系数大的三极管，稳定性也差。

（2）特征频率 f_T

因三极管的 β 值会随交流信号频率的升高而下降，当 β 值下降到 1 时所对应的信号频率称为特征频率，用字母"f_T"表示。当信号频率等于三极管的特征频率时，三极管便失去放大能力。特征频率 f_T 是三极管的基本参数。

3. 极限参数

（1）集电极最大允许电流 I_{CM}

因三极管在工作时，当集电极电流 I_c 超过一定值时，电流放大系数 β 则会明显下降。因此通常规定三极管的 β 值下降至正常值的 2/3 时集电极的电流称为集电极最大允许电流，用字母"I_{CM}"表示。当三极管的集电流 I_c 超过 I_{CM} 不多时，也不会损坏，但会失去放大能力。

（2）集电极-发射极击穿电压 U_{ce}

它是指在基极开路情况下，加在集电极与发射极间的最大允许电压。共射极三极管的集电极与发射极之间电压超过其击穿电压 U_{ceo}，三极管就会被击穿损坏。

（3）集电极最大允许耗散功率 P_{CM}

因三极管工作时，集电极电流 I_c 通过集电结时受到阻力较大，消耗功率较大，而产生热量，使结温升高，当三极管的结温过高时则会被烧坏。为此，规定三极管因温度升高而引起参数变化不超过允许值时，集电极所消耗的功率为集电极最大允许耗散功率，用字母"P_{CM}"表示，可通过关系式 $P_{CM}=I_cU_{ce}$ 进行计算。

通常为功率较大的三极管降低结温，要附装散热片。

主要参数有六个，放大系数为其一，反压、反流、集电流，还有功率和频率。

四、三极管的型号

① 国产三极管的型号主要由 5 部分组成，如图 9-7 所示。

第一部分：用数字"3"表示三极管
第二部分：用字母表示三极管的材料和极性
第三部分：用字母表示三极管的类型
第四部分：用数字表示同类型中的不同品种
第五部分：用字母表示规格

图9-7 国产三极管型号命名规则

其中第二部分表示三极管材料和极性的字母含义如表 9-1 所示。

表 9-1 三极管型号中第二部分字母含义对照表

字母	含义	字母	含义	字母	含义
A	锗材料，PNP 型	C	硅材料，PNP 型	E	化合物材料
B	锗材料，NPN 型	D	硅材料，NPN 型		

第三部分表示三极管类型的字母含义如表 9-2 所示。

表 9-2 三极管型号中第三部分字母含义对照表

字母	含义	字母	含义	字母	含义
X	低频小功率管	B	雪崩管	U	光敏管 / 光电管
G	高频小功率管	J	阶跃恢复管	V	微波管
D	低频大功率管	K	开关管		
A	高频大功率管	T	闸流管		

典例：大功率铁壳三极管型号为 3DD207 的识别，如图 9-8 所示。

"3"表示三极管
"207"表示同类型中的不同品种
"D"表示硅材料，NPN型
"D"表示低频大功率管

图9-8 大功率铁壳三极管3DD207的识别

② 日产三极管的型号主要由 5 部分组成，如图 9-9 所示。

第一部分：用数字"2"表示有两个PN结
第二部分：用字母"S"表示已在日本电子工业协会注册登记的半导体器件
第三部分：用字母表示极性和类型
第四部分：用2～3位数字表示在日本电子工业协会登记顺序号
第五部分：规格号，用字母"A～F"表示同一型号中的改进型产品

图9-9　日产三极管型号命名规则

其中第三部分中字母的含义如表 9-3 所示。

表 9-3　日产三极管第三部分中字母含义对照表

字母	含义	字母	含义
A	PNP 型高频管	C	NPN 型高频管
B	PNP 型低频管	D	NPN 型低频管

典例：大功率塑封三极管 2SC2246 的识别如图 9-10 所示。

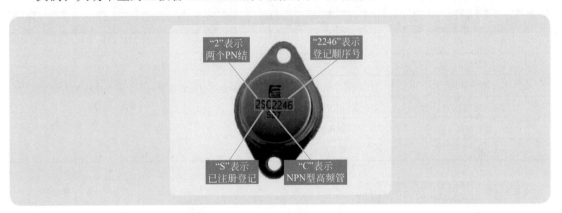

图9-10　大功率塑封三极管2SC2246的识别

专家提示

　　有些三极管的第一部分和第二部分常常省略，如常见的大功率塑封三极管 D1710，表示 NPN 型低频三极管，省略了前两部分。

③ 美产三极管的型号主要由 5 部分组成，如图 9-11 所示。

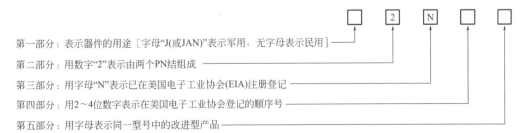

第一部分：表示器件的用途［字母"J(或JAN)"表示军用，无字母表示民用］
第二部分：用数字"2"表示由两个PN结组成
第三部分：用字母"N"表示已在美国电子工业协会(EIA)注册登记
第四部分：用2～4位数字表示在美国电子工业协会登记的顺序号
第五部分：用字母表示同一型号中的改进型产品

图9-11　美产三极管型号命名规则

典例：大功率塑封三极管 2N3773 的识别如图 9-12 所示。

④ 欧洲产三极管型号主要由 4 部分组成，如图 9-13 所示。

第一部分：用字母表示材料

第二部分：用字母表示类型

第三部分：用三位数字表示登记号

第四部分：用字母表示改进型

图9-12 大功率塑封三极管2N3773的识别

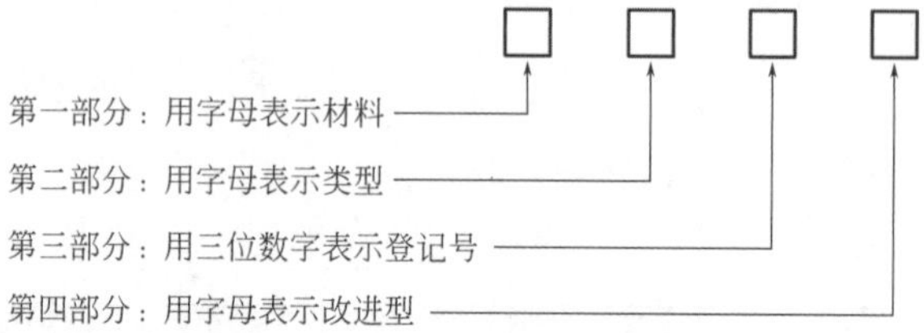

图9-13 欧洲产三极管型号命名规则

其中字母数字含义如表 9-4 所示。

表 9-4 欧洲产三极管型号含义对照表

第一部分	第二部分	第三部分	第四部分
A：锗材料	C：低频小功率	用数字或字母加数字表示登记号	用字母表示同一型号的器件的改进型
B：硅材料	D：低频大功率		
C：砷化镓	F：高频小功率		
D：锑化铟	L：高频大功率		
R：复合材料	S：小功率开关管		
	V：大功率开关管		

五、三极管的串联和并联

在实际应用中为了提高放大电路的放大系数、输出功率，以及实现某种功能，也可将两只或多只三极管连接在一起。

1. 三极管的串联

三极管的串联叫作复合，如图 9-14 所示。

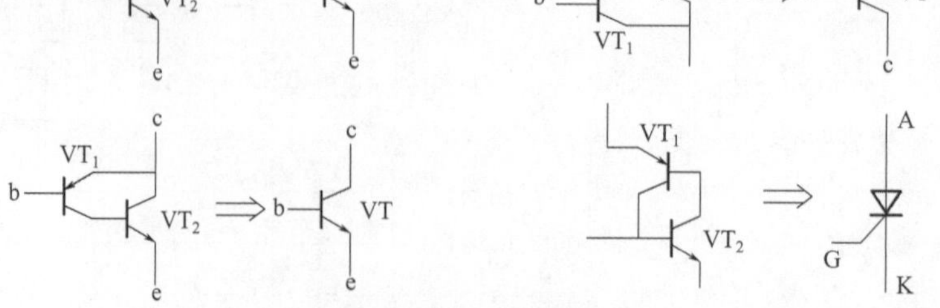

图9-14 两只三极管的复合

　　三极管复合后等效三极管 VT 的电流放大系数 β 是该两个三极管 VT_1 和 VT_2 电流放大系数的乘积。有些生产厂家则把两只三极管按上述连接方式直接复合制造在一起，称为达林顿管。

2. 三极管的并联

　　在大功率放大器中，为了提高输出功率，可将两只或两只以上参数及规格相同的三极管进行并联连接，如图 9-15 所示。

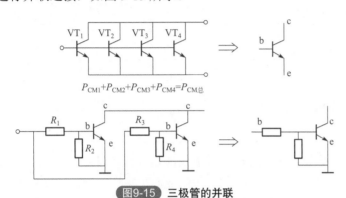

$$P_{CM1}+P_{CM2}+P_{CM3}+P_{CM4}=P_{CM总}$$

图9-15　三极管的并联

要诀

三极管串、并联，
实际应用很常见。
三极管串联叫复合管，
提高性能不一般。
多只三极管相并联，
功率提高笑开颜。

　　多只三极管并联后的输出功率 P_{CM} 为各个三极管额定功率之和。

　　三极管并联时一定注意各个三极管的电流放大系数 β 需一致。否则不仅会降低输出功率，还会造成电流放大系数过高的三极管负荷偏重而过早损坏。而有些厂家把偏置电阻也制造在三极管内部，称为带阻三极管。

第二节　三极管的精要识别

认识三极管

一、小功率三极管的精要识别

　　小功率三极管的功率一般小于1W，在电子电路中应用最多。国产的型号有 3AG1 ～ 3AG4、3AG11 ～ 3AG14、2CG21、3DG8、3DG30，进口的型号有 2N5551、2N5401、BC148、BC158、BC548、BC558、9011 ～ 9015、S9011 ～ S9015、2SA1015、2SC1815、2SA673 等。小功率三极管外形如图 9-16 所示。

　　以常用的三极管为例加以说明，如表 9-5 所示。

二、中功率三极管的精要识别

　　中功率三极管的功率一般大于 1W 而小于 10W，主要应

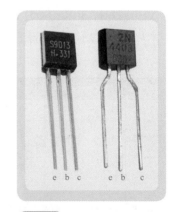

图9-16　小功率三极管的外形

表 9-5 常见小功率三极管参数表

型号	材料 / 极性	用途 / 特性	主要参数				封装	备注
			U_{CBO} /V	I_{CM}/A	P_{CM} /W	f_T /MHz		
S9012	硅（Si）PNP 型	音频 / 低频驱动电路，具有开关特性	40	0.1	0.5	60	S-1B	互补管 S9013
S9013	硅（Si）NPN 型	音频 / 低频驱动电路，具有开关特性	40	0.1	0.5	60	S-1B	互补管 S9012
S9014	硅（Si）NPN 型	低频通用低噪声放大电路	30	0.05	0.3	50	S-1B	互补管 S9015
S9015	硅（Si）PNP 型	低频通用低噪声放大电路	30	0.05	0.3	50	S-1B	互补管 S9014
S9018	硅（Si）NPN 型	VHF/UHF 波段放大	30	0.02	0.2	700	S-1B	高频、低耐压、小功率
2SA1015	硅（Si）PNP 型	低频通用放大和开关电路	50	0.15	0.4	80	S-1B	互补管 2SC1815
2SC1815	硅（Si）NPN 型	低频通用放大电路	60	0.15	0.4	80	S-1B	互补管 2SA1015
S8050	硅（Si）NPN 型	音频 / 低频驱动具有开关特性	40	0.5	0.625	150	S-1B	互补管 S8550
S8550	硅（Si）NPN 型	音频 / 低频驱动具有开关特性	40	0.5	0.625	120	S-1B	互补管 S8050

用于激励电路或驱动电路，通常都有散热孔，而有些带金属散热片，以常见的中功率三极管为例来说明其参数，如表 9-6 所示。常见型号有 2SA940、2SC2073、2SC1815、2SB134、2N2944 ～ 2N2946 等。中功率三极管外形如图 9-17 所示。

表 9-6 几种常见中功率三极管参数表

型号	材料 / 极性	用途 / 特性	U_{CBO}/V	I_{CM}/A	P_{CM}/W	f_T/MHz	总结
D882	硅（Si）NPN 型	音频 / 低频功率放大	40	3	10	90	耐压低，低频，功率较大
C2258	硅（Si）NPN 型	视频输出放大	250	0.1	1	100	耐压高、功率小
J13007-2	硅（Si）NPN 型	开关电源调整管	700	1.5	15		

三、大功率三极管的精要识别

大功率三极管的功率一般在十几至几百瓦，由于耗散功率比较大，体积也较大，有金属封装、塑料封装，工作时产生的温度较高，均安装在较大面积的散热片上，其输出功率也与其散热效果有关。常见型号有 3DD102、3DD15、DD01、3AD6、3AD30、DF104、2SD820、2SD850、2SD1401、2SD1431 ～ 2SD1433、2SC1942 等。

常见的大功率三极管参数如表 9-7 所示，其外形如图 9-18 所示。

表 9-7 常见大功率三极管参数表

型号	材料 / 极性	用途 / 特性	U_{CBO}/V	I_{CM}/A	P_{CM}/W	总结
D1710C	硅（Si）NPN 型	彩电行管、开关电源调整管	1500	5	50	耐压高，功率大
3DD73D	硅（Si）NPN 型	音频 / 低频功率放大，串联稳压电源调整管、开关管	110	20	200	耐压一般，功率更大
3DD15D	硅（Si）NPN 型	音频 / 低频功率放大，串联稳压电源调整管	200	5	50	$\beta > 20$
2D1651	硅（Si）NPN 型	彩电行管	1500	5	60	f_T=3MHz（带阻尼二极管及偏置电阻）

图9-17　中功率三极管的外形

图9-18　大功率三极管的外形

四、中、低频三极管的精要识别

低频三极管的特征频率通常小于 3MHz，中频三极管的特征频率大于 3MHz 而小于 30MHz。中、低三极管的功率一般在 1W 以下，多用于工作频率较低的功率放大和低频放大的电路中。

常见国产低频三极管型号有 3DX200 ～ 3DX204、3CX200 ～ 3CX204 等，常见低频大功率三极管的型号有 3AD30、3DA58、DD01、3DD15、3DD102 等。中、低频三极管的外形如图 9-19 所示。

五、高频三极管的精要识别

高频三极管的特性频率通常大于 30MHz。其功率在 1W 以下，多用于工作频率较高的放大电路、振荡器、混频电路、控制电路等。

常见高频三极管型号有 3DG6、3DG8、3DG30、2N5551、2N5401、BD148、BC158、BC328、BC548、9011 ～ 9015、S9011 ～ S9015、2SA1815 等。高频三极管的外形如图 9-20 所示。

图9-19　中、低频三极管的外形

图9-20　高频三极管的外形

六、超高频三极管的精要识别

超高频三极管的特征频率通常大于 50MHz，多用于彩电的高频调谐器电路中，用以处理超高频信号。

常见的超高频三极管型号有 3DG56（2G201）、3DG80（2G211、2G910）等。

第三节 三极管的封装形式、检测维修、代换和选用

认识三极管封装形式
和引脚功能

一、三极管的封装形式和引脚功能

1. 国产塑料封装三极管的封装形式和引脚功能

国产塑料封装三极管的封装形式和引脚功能如图 9-21 所示。

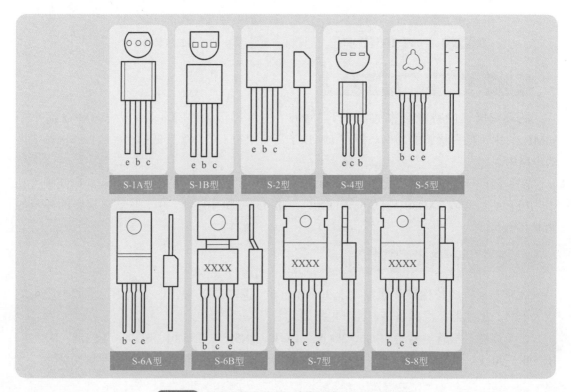

图9-21 国产塑料封装三极管的封装形式和引脚功能

2. 国产金属三极管的封装形式和引脚功能

国产金属三极管的封装形式和引脚功能如图 9-22 所示。

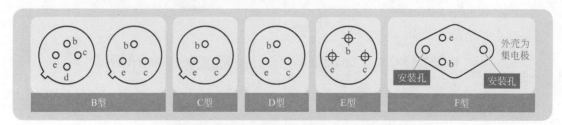

图9-22 国产金属三极管的封装形式和引脚功能

3. 进口三极管的封装形式和引脚功能

进口三极管的封装形式和引脚功能如图 9-23 所示。

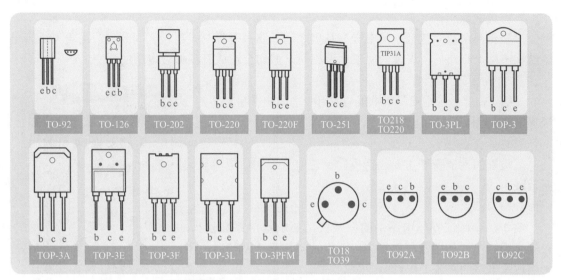

图9-23 进口三极管的封装形式和引脚功能

二、三极管的检测规律

认识三极管
的检测规律

三极管分为 NPN 型和 PNP 型，它们都有两个 PN 结，在实际检测中，都有 6 种情况。现以用指针万用表测量为例加以说明，如图 9-24 所示。

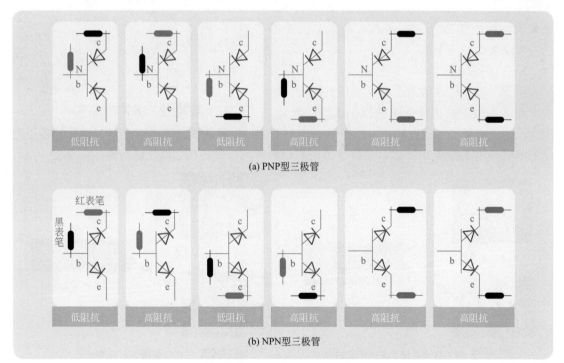

图9-24 三极管的检测规律

三、三极管的故障类型

普通三极管的故障主要有开路（包括局部开路）、击穿、性能变差和噪声变大。

1. 开路故障

三极管开路故障包括：集电极与基极之间开路；基极与发射极之间开路。由于三极管电路结构不同，开路后所表现的现象也不相同，但均会造成直流偏置电压的改变。

2. 击穿故障

三极管击穿故障主要是集电极与发射极之间的击穿，多见三极管集电极电压较高的电路。

3. 性能变差

三极管的性能变差主要包括反向穿透电流偏大，电流放大系数减小。

4. 噪声变大

工作在音频或视频电路中的三极管，要求噪声系数较小，否则会影响声音和图像的质量。当三极管出现噪声故障时，不影响放大电路的直流工作点。

> **要 诀**
>
> 三极管主要啥故障，
> 实践经验不用想，
> 开路故障多现象，
> 击穿多在集电极上，
> 性能变差没商量，
> 噪声变大有声响，
> 遇到故障不用慌，
> 总结经验用得上。

四、三极管的检测依据

三极管的检测主要有锗管和硅管区别检测，极性鉴别检测和质量好坏及性能检测，在路检测和开路检测。可用指针万用表或数字万用表来进行一般性检测，而无法检测耐压等参数。

1. 三极管的内部结构

由于三极管的发射结与集电结各等效于一只二极管，如图 9-25 所示，因此可根据二极管的检测方法来检测三极管。

2. 三极管各极之间阻值特点

由于三极管内部等效于两只二极管的反向串联，而锗二极管的正反向阻值均小于硅二极管，

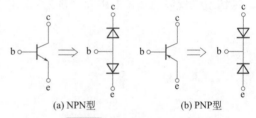

(a) NPN型　　　　(b) PNP型

图9-25　三极管的等效电路

因此，锗三极管的各极之间正、反向阻值均小于硅三极管各极之间阻值。锗三极管的各极之间的阻值特点如图 9-26 所示。用数字万用表检测时三极管各极之间压降特点如图 9-27 所示。

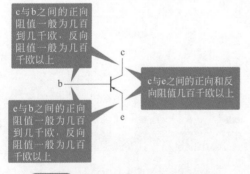

图9-26　锗三极管各极之间阻值的特点

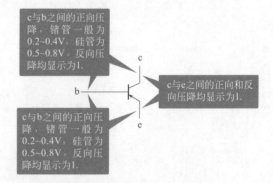

图9-27　三极管各极之间压降特点

五、PNP 型三极管引脚极性的测量

在实际应用中，若通过外观观察无法确定三极管的引脚极性，可借助万用表进行测量。现以 PNP 型三极管为例讲述其引脚极性的判断方法。

被测 PNP 型三极管的外形如图 9-28 所示。

1. 基极（b）的确定

【检测依据】 假设其中一只引脚为基极，通过测量该脚与其他两只引脚的正向阻值，就可以确定被测 PNP 型三极管的基极。若假设的基极与其他两只引脚的正向阻值都较小，则表明红笔所接的引脚为基极，且被测三极管为 PNP 型。

步骤 1 选择指针万用表 "×1k" 挡，并调零，如图 9-29 所示。

图9-28 被测PNP型三极管的外形

图9-29 选择指针万用表 "×1k" 挡，并调零

步骤 2 将红表笔搭在三极管的假设基极上，黑表笔搭在另外任意一只引脚上，此时万用表显示阻值较小，如图 9-30 所示。

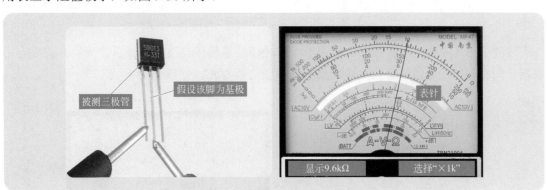

图9-30 被测PNP型三极管的检测（1）

步骤 3 保持红表笔不动，将黑表笔搭在余下的其中一只引脚上，此时万用表显示阻值也较小，如图 9-31 所示。

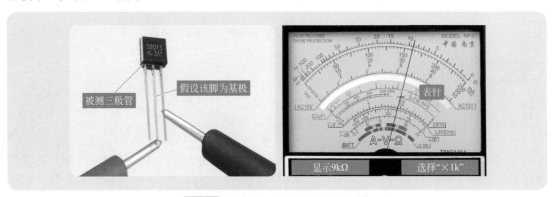

图9-31 被测PNP型三极管的检测（2）

总结：两次测量正向阻值均较小，则表明红笔所接的引脚为三极管的基极，且为PNP型。

为证实判断的引脚为基极（b），可将黑表笔搭在已确定的三极管基极（b）引脚上，红表笔分别搭在余下的两只引脚上，此时若所测阻值均接近无穷大，则表明已确定的基极（b）引脚正确。若所测阻值一大一小，则表明已确定的基极（b）错误。

2. 集电极和发射极的确定

步骤1 将黑表笔搭在三极管的基极（b）左侧的引脚上，红表笔搭在三极管的基极（b）右侧的引脚上，此时万用表显示接近无穷大，如图9-32所示。

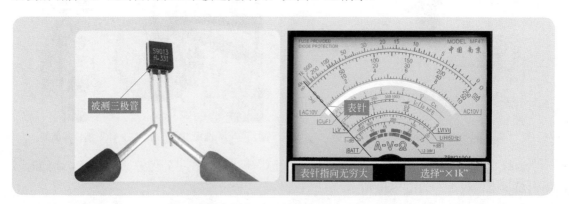

图9-32 被测PNP型三极管的再次检测（1）

步骤2 保持黑、红表笔不动，用手指同时接触基极和右边的引脚再次测量，此时万用表指针向右偏转，即由无穷大到表针指示值的变化量为 R_1，如图9-33所示。

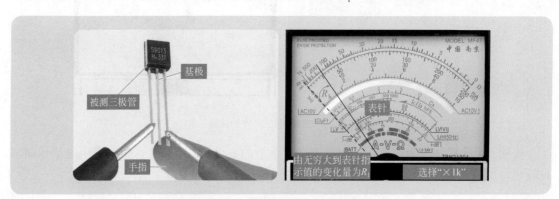

图9-33 被测PNP型三极管的再次检测（2）

专家提示

手指同时接触基极和集电极，相当于给PNP三极管的基极加一个电压，当基极有电流通过时，发射极与集电极之间的阻值将减小，故测得的阻值较小。

步骤3 用手指同时接触基极和左边的引脚，将黑表笔搭在三极管的基极（b）右侧的引脚上，红表笔搭在三极管的基极（b）左侧的引脚上，此时万用表指针也向右偏转，即由无穷大到表针指示值的变化量为 R_2，如图9-34所示。

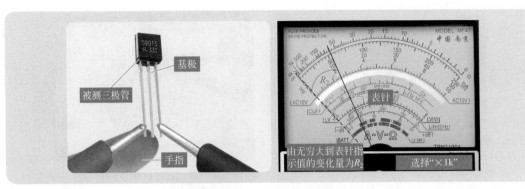

图9-34　被测PNP型三极管的再次检测（3）

专家提示

　　交换表笔，手指同时接触基极和发射极，相当于给 PNP 三极管的基极加一个电压，当基极有电流通过时，发射极与集电极之间的阻值也将减小，故测得的阻值较小。一般情况下，正向阻值下降较多，反向阻值下降较少。

　　总结：上述测量结果是 $R_2 > R_1$。

　　① 以阻值较小（R_1）的一次为标准，红表笔所搭的引脚为发射极（e），黑表笔所搭的引脚为集电极（c）。

　　② 以阻值较大（R_2）的一次为标准，黑表笔所搭的引脚为发射极（e），红表笔所搭的引脚为集电极（c）。

专家提示

　　如果两次测量的阻值相差过小，此时可将手指蘸点水，以减小手指的电阻值。

六、NPN 型三极管引脚极性的测量

　　将 NPN 的测量中黑表笔换成红表笔即可。

　　在实际应用中，若通过外观观察无法确定三极管的引脚极性，可借助万用表进行测量。现以 NPN 型三极管为例讲述其引脚极性的判断方法。

　　被测 NPN 型三极管的外形如图 9-35 所示。

　　1. 基极（b）的确定

　　检测依据 假设其中一只引脚为基极，通过测量该脚与其他两只引脚的正向阻值，就可以确定被测 NPN 型三极管的基极。若假设的基极与其他两只引脚的正向阻值都较小，则表明红笔所接的引脚为基极，且被测三极管为 NPN 型。

　　步骤 1　选择指针万用表"×1k"挡，并调零，如图 9-36 所示。

　　步骤 2　将黑表笔搭在三极管的假设基极上，红表笔搭在另外任意一只引脚上，此时万用表显示阻值较小，如图 9-37 所示。

　　步骤 3　保持黑表笔不动，将红表笔搭在余下的其中一只引脚上，此时万用表显示阻值也较小，如图 9-38 所示。

图9-35　被测NPN型三极管的外形

图9-36　选择指针万用表"×1k"挡，并调零

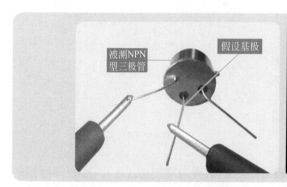

图9-37　被测NPN型三极管的测量（1）

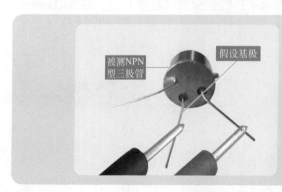

图9-38　被测NPN型三极管的测量（2）

总结：两次测量正向阻值均较小，则表明黑笔所接的引脚为三极管的基极，且为NPN型。

为证实判断的引脚为基极（b），可将红表笔搭在已确定的三极管基极（b）引脚上，黑表笔分别搭在余下的两只引脚上，此时若所测阻值均接近无穷大，则表明已确定的基极（b）引脚正确。若所测阻值一大一小，则表明已确定的基极（b）错误。

2. 集电极和发射极的确定

步骤1　将黑表笔搭在三极管的基极（b）左侧的引脚上，红表笔搭在三极管的基极（b）右侧的引脚上，此时万用表显示接近无穷大，如图9-39所示。

步骤2　保持黑、红表笔不动，用手指同时接触基极和左边的引脚再次测量，此时万用表指针向右偏转，即由无穷大到表针指示值的变化量为 R_1，如图9-40所示。

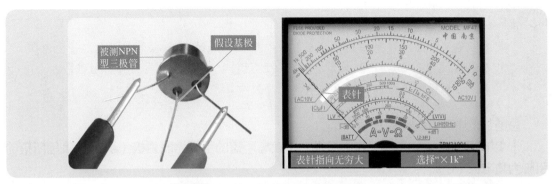

图9-39 被测NPN型三极管的再次测量（1）

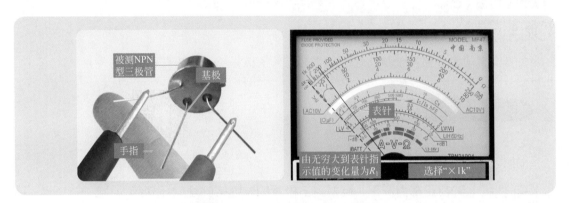

图9-40 被测NPN型三极管的再次测量（2）

专家提示

手指同时接触基极和集电极，相当于给NPN三极管的基极加一个电压，当基极有电流通过时，发射极与集电极之间的阻值将减小，故测得的阻值较小。

步骤3　用手指同时接触基极和左边的引脚，将红表笔搭在三极管的基极（b）左侧的引脚上，黑表笔搭在三极管的基极（b）右侧的引脚上，此时万用表指针也向右偏转，即由无穷大到表针指示值的变化量为 R_2，如图9-41所示。

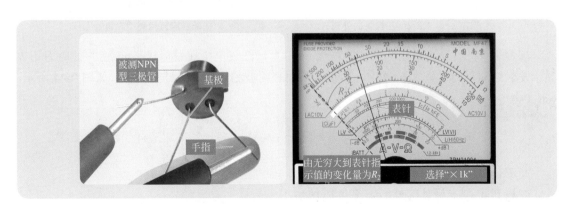

图9-41 被测NPN型三极管的再次测量（3）

专家提示

　　交换表笔，手指同时接触基极和发射极，相当于给 NPN 三极管的基极加一个电压，当基极有电流通过时，发射极与集电极之间的阻值也将减小，故测得的阻值较小。一般情况下，正向阻值下降较多，反向阻值下降较少。

　　总结：上述测量结果是 $R_2 > R_1$。
　　① 以阻值较小（R_1）的一次为标准，黑表笔所搭的引脚为发射极（e），红表笔所搭的引脚为集电极（c）。
　　② 以阻值较大（R_2）的一次为标准，红表笔所搭的引脚为发射极（e），黑表笔所搭的引脚为集电极（c）。

专家提示

　　如果两次测量的阻值相差过小，此时可将手指蘸点水，以减小手指的电阻值。

七、三极管材料的测量

用数字万用表测量
三极管的材料

1. NPN 型三极管材料的测量
NPN 型三极管的外形如图 9-42 所示。

检测依据　在正常情况下，硅材料三极管的发射结的正向压降约为 0.5 ~ 0.8V，锗材料三极管发射结的正向压降约为 0.1 ~ 0.4V。

步骤 1　选择数字万用表"二极管"挡，如图 9-43 所示。

图9-42　NPN型三极管的外形

图9-43　选择数字万用表"二极管"挡

步骤 2　将黑表笔搭在三极管的基极（e）上，红表笔搭在发射极（b）上，此时万用表显示发射结的正向压降为 0.640V，即正常，则表明被测三极管是硅三极管，如图 9-44 所示。

专家提示

　　若上述测量万用表显示发射极正向压降为 0.3V，则表明被测三极管为锗三极管。

2. PNP 型三极管材料的测量
被测 PNP 型三极管的外形如图 9-45 所示。
步骤 1　选择数字万用表"二极管"挡，如图 9-46 所示。

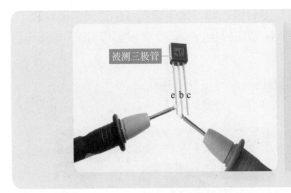

图9-44　NPN型三极管发射结正向压降的检测

图9-45　PNP型三极管的外形

图9-46　选择数字万用表"二极管"挡

步骤 2　将黑表笔搭在三极管的基极（b）上，红表笔搭在发射极（e）上，此时万用表显示发射结的正向压降为 0.34V，即正常，则表明被测三极管是锗三极管，如图 9-47 所示。

图9-47　PNP型三极管发射结正向压降的检测

🖐 专家提示

若上述测量万用表显示发射极正向压降为 0.60V，则表明被测三极管为硅三极管。

八、三极管类型的测量

被测三极管的外形如图 9-48 所示。

用指针万用表测量
三极管的类型

用数字万用表测量
三极管的类型

检测依据 PNP 型三极管的基极（b）与发射极（e）、集电极（c）的正向阻值均较小，反向阻值均接近无穷大。NPN 型三极管与 PNP 型正好相反，但两者发射极（e）与集电极（c）之间的阻值均较大。

步骤 1　假定一只引脚为基极（b），使用万用表即可进行下项检查。

步骤 2　选择指针万用表的"×1k"挡，并调零，如图 9-49 所示。

图9-48　被测三极管的外形　　　　图9-49　选择指针万用表的"×1k"挡，并调零

步骤 3　将红表笔搭在三极管假定的基极（b）上，黑表笔搭在另外一只引脚上，此时万用表显示阻值为 6kΩ，即正常，如图 9-50 所示。

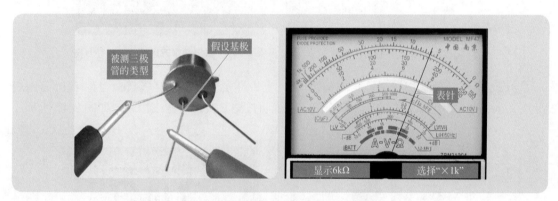

图9-50　三极管的测量

步骤 4　保持红表笔搭在基极（b）上不动，黑表笔接在三极管的最后一只引脚上，此时万用表显示阻值为 9kΩ，即正常，如图 9-51 所示。

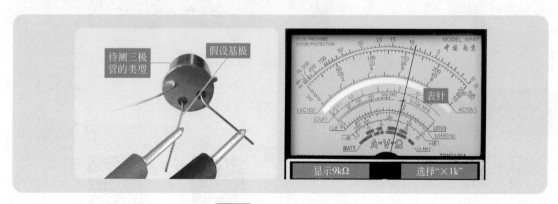

图9-51　三极管的再次测量

👆 **专家提示**

用指针万用表测得的阻值为表盘的指针指示数乘以电阻挡位，即被测电阻值＝刻度示值 × 挡位数。如选择的挡位是"×1k"挡，表针指示为 20，则被测阻值为 20×1kΩ=20kΩ。

总结：若所测两次阻值都较小（约几千欧），则表明红表笔所搭的引脚为基极（b），且被测三极管为 PNP 型。若上述所测两次阻值都接近无穷大，则表明被测三极管为 NPN 型。

九、中、小功率 NPN 型三极管的检测

用数字万用表测量小功率 NPN 型三极管的好坏

被测小功率 NPN 型三极管的外形如图 9-52 所示。

检测依据 中、小功率三极管的基极（b）与发射极（e）、基极（b）与集电极（c）之间的压降一般为零点几伏，反向截止，硅材料三极管都要比锗材料三极管正向压降大。

步骤 1 选择数字万用表的"二极管"挡，如图 9-53 所示。

图9-52 被测小功率NPN型三极管的外形

图9-53 选择数字万用表的"二极管"挡

步骤 2 将红表笔搭在三极管的基极（b）上，黑表笔搭在发射极（e）上，此时万用表显示正向压降为 0.640V，即正常，如图 9-54 所示。

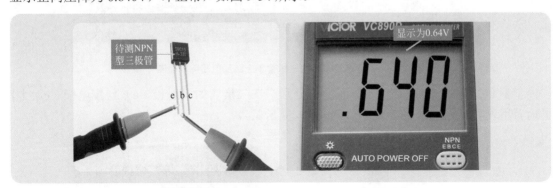

图9-54 被测NPN型三极管发射结正向压降的检测

步骤 3 交换黑、红表笔再次测量，此时万用表显示为无穷大，即正常，如图 9-55 所示。

步骤 4 将红表笔搭在三极管的基极（b）上，黑表笔搭在集电极（c）上，此时万用表显示正向压降为 0.540V，即正常，如图 9-56 所示。

步骤 5 交换黑、红表笔再次测量，此时万用表显示反向阻值接近无穷大，即正常，如图 9-57 所示。

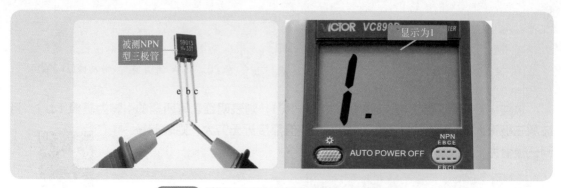

图9-55 被测NPN型三极管发射结反向压降的检测

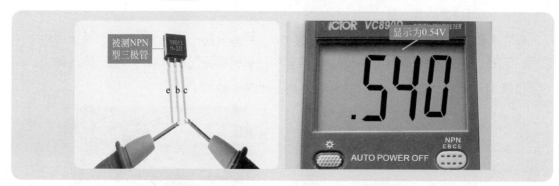

图9-56 被测NPN型三极管集电结正向压降的检测

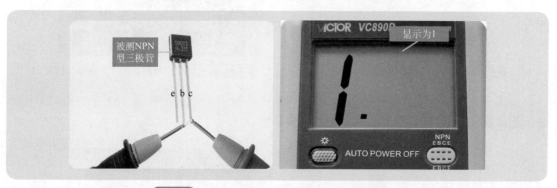

图9-57 被测NPN型三极管集电结反向压降的检测

步骤6 将黑、红表笔（不分正反）分别搭在三极管的发射极（e）与集电极（c）上，此时万用表显示为无穷大，即正常，如图9-58所示。

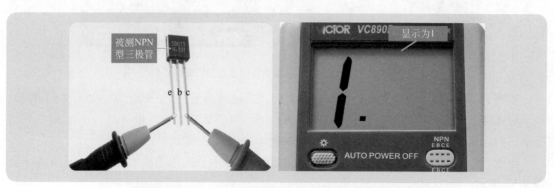

图9-58 被测NPN型三极管集电极和发射极之间压降的检测

步骤 7 交换黑、红表笔再次测量，此时万用表显示为无穷大，即正常，如图 9-59 所示。

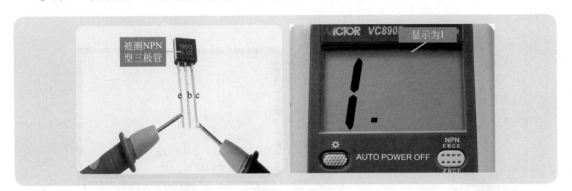

图9-59 被测NPN型三极管集电极和发射极之间压降的再次检测

十、中、小功率 PNP 型三极管的检测

被测 PNP 型三极管的外形如图 9-60 所示。

用指针万用表测量小功率
PNP 型三极管的好坏

检测依据 中、小功率三极管的基极（b）与发射极（e）、基极（b）与集电极（c）之间的正向阻值一般为几百至几千欧，反向阻值在几百千欧以上，无论正向阻值还是反向阻值，硅材料三极管都要比锗材料三极管的阻值大。

步骤 1 选择指针万用表的"×1k"挡，并调零，如图 9-61 所示。

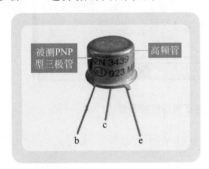

图9-60 被测PNP型三极管的外形

图9-61 选择指针万用表的"×1k"挡，并调零

步骤 2 将红表笔搭在三极管的基极（b）上，黑表笔搭在发射极（e）上，此时万用表显示正向阻值为 9kΩ，即正常，如图 9-62 所示。

图9-62 被测PNP型三极管发射结正向阻值的测量

步骤 3 交换黑、红表笔再次测量，此时万用表显示反向阻值接近无穷大，即正常，如图 9-63 所示。

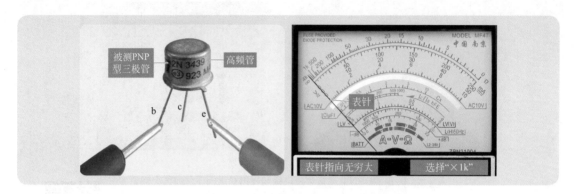

图9-63 被测PNP型三极管发射结反向阻值的测量

步骤 4 将红表笔搭在三极管的基极（b）上，黑表笔搭在集电极（c）上，此时万用表显示正向阻值为 6.5kΩ，即正常，如图 9-64 所示。

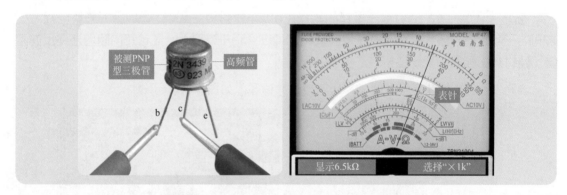

图9-64 被测PNP型三极管集电结正向阻值的测量

步骤 5 交换黑、红表笔再次测量，此时万用表显示反向阻值接近无穷大，即正常，如图 9-65 所示。

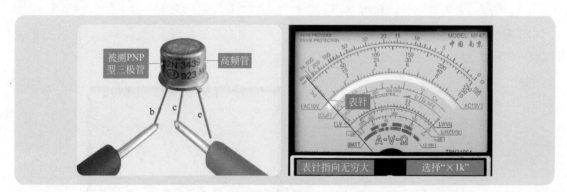

图9-65 被测PNP型三极管集电结反向阻值的测量

步骤 6 将黑红表笔（不分正反）分别搭在三极管的发射极（e）与集电极（c）上，此时万用表显示阻值接近无穷大，即正常，如图 9-66 所示。

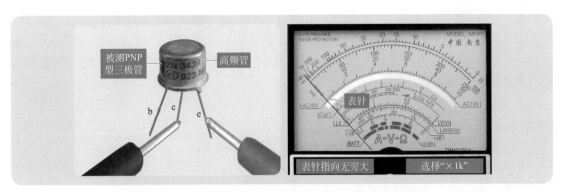

图9-66 被测PNP型三极管集电极和发射极之间压降的测量

步骤7 交换黑、红表笔再次测量，此时万用表也显示阻值接近无穷大，即正常，如图9-67所示。

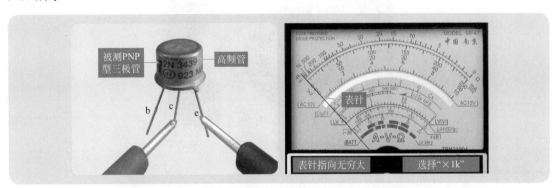

图9-67 被测PNP型三极管集电极和发射极之间压降的再次测量

总结：正常情况时，三极管的发射极（e）与基极（b）之间的反向阻值应远大于正向阻值；集电极（c）与基极（b）之间的反向阻值也应远大于正向阻值；发射极（e）与基极（b）之间的正向阻值应约等于集电极（c）与基极（b）之间的正向阻值。否则，表明被测三极管损坏。若所测正向阻值为无穷大，则表明被测三极管断路，若所测反向阻值很小或为0，则表明被测三极管漏电或击穿短路。

十一、大功率 NPN 型三极管的检测

大功率 NPN 型三极管的外形如图 9-68 所示。

用指针万用表测量
高频三极管的好坏

用数字万用表测量
高频三极管的好坏

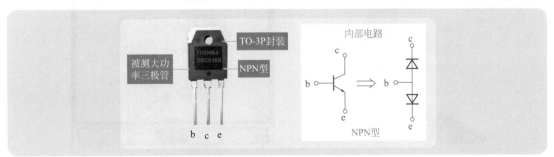

图9-68 大功率NPN型三极管的外形

检测依据 正常情况下，用指针万用表的"×1"挡检测大功率三极管应满足以下条件：

① 基极（b）与发射极（e）、集电极（c）的正向阻值较小。对硅材料三极管来讲，表针应处于中间偏右或中间区域位置；对于锗材料三极管来讲，表针靠近表盘的右侧基本不动，基本在 0 刻线附近。

② 基极（b）与发射极（e）、集电极（c）的反向阻值硅材料三极管和锗材料三极管不尽相同。硅材三极管的反向阻值接近无穷大，即表针基本不动，而锗材料三极管的反向阻值较小，即表针产生小偏转，但不越过表盘满刻度的四分之一。

③ 发射极（e）与集电极（c）之间的正、反阻值接近无穷大，与硅材料三极管和锗材料三极管无关。

步骤 1 选择指针万用表的"×1"挡，并调零，如图 9-69 所示。

图9-69 选择指针万用表的"×1"挡，并调零

专家提示

利用万用表检测中、小功率三极管的极性、类别和性能的各种方法，对检测大功率三极管来说基本适用。但是，由于大功率三极管的工作电流较大，因此其 PN 结面积增大，其反向饱和电流也增大。所以若像检测中、小功率三极管间阻值那样使用"×1k"挡测量，必然测得的阻值较小，好像极间短路一样，所以检测大功率三极管通常使用"×10"或"×1"挡。

步骤 2 将黑表笔搭在大功率三极管的基极（b）上，红表笔搭在发射极（e）上，此时万用表显示正向阻值为 15Ω，即正常，如图 9-70 所示。

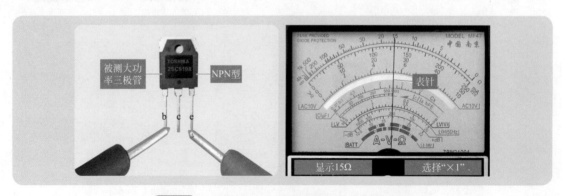

图9-70 大功率NPN型三极管发射结正向阻值的测量

步骤3　交换黑、红表笔再次测量，此时万用表显示反向阻值接近无穷大，即正常，如图9-71所示。

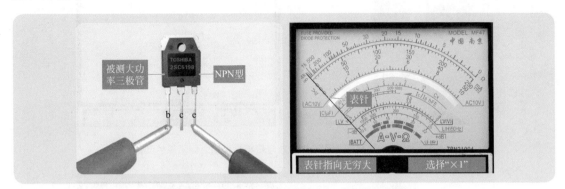

图9-71　大功率NPN型三极管发射结反向阻值的测量

步骤4　将黑表笔搭在大功率三极管的基极（b）上，将红表笔搭在大功率三极管的集电极（c）上，此时万用表显示正向阻值为5Ω，即正常，如图9-72所示。

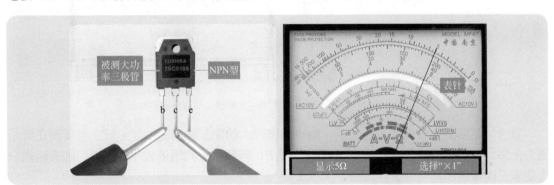

图9-72　大功率NPN型三极管集电结正向阻值的测量

步骤5　交换黑、红表笔再次测量，此时万用表显示反向阻值接近无穷大，即正常，如图9-73所示。

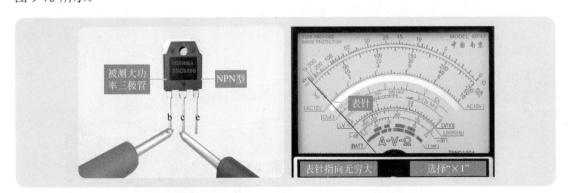

图9-73　大功率NPN型三极管集电结反向阻值的测量

步骤6　将黑红表笔（不分正反）分别搭在大功率三极管的发射极（e）与集电极（c）上，此时万用表显示阻值接近无穷大，即正常，如图9-74所示。

步骤7　交换黑、红表笔再次测量，此时万用表也显示阻值接近无穷大，即正常，如图9-75所示。

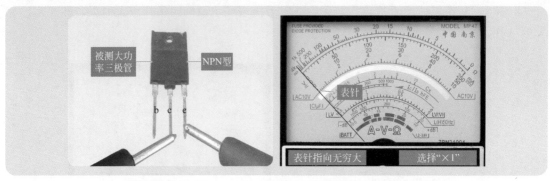

图9-74 大功率NPN型三极管集电极与发射极之间阻值的测量

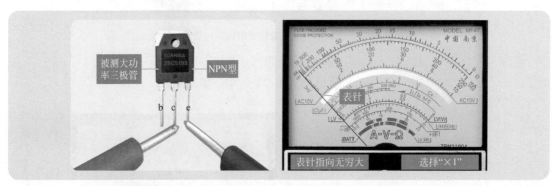

图9-75 大功率NPN型三极管集电极与发射极之间阻值的再次测量

总结：若所测结果满足上述要求，则表明被测大功率三极管的性能良好。若所测正向阻值为无穷大，则表明被测大功率三极管内部断路；若所测反向阻值较小或为 0，则表明被测大功率三极管内部漏电或击穿短路。

十二、大功率 PNP 型三极管的检测

当测量大功率 PNP 型三极管时，方法与 NPN 型的方法和步骤完全相同，但步骤中的黑、红表笔需对调，才能保证测出的大功率 PNP 型三极管的性能和质量。

十三、PNP 型三极管穿透电流的估测

被测 PNP 型三极管的外形如图 9-76 所示。

步骤 1　选择指针万用表的"×10k"挡，并调零，如图 9-77 所示。

图9-76 被测PNP型三极管的外形

图9-77 选择指针万用表的"×10k"挡，并调零

步骤 2　将黑表笔搭在三极管的发射极（e）上，红表笔搭在集电极（c）上，此时万用表显示为 50kΩ，即正常，如图 9-78 所示。

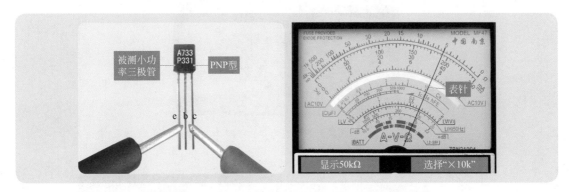

图9-78　被测PNP型三极管发射极与集电极之间阻值的测量

步骤 3　交换黑、红表笔再次测量，此时万用表显示反向阻值接近无穷大，即正常，如图 9-79 所示。

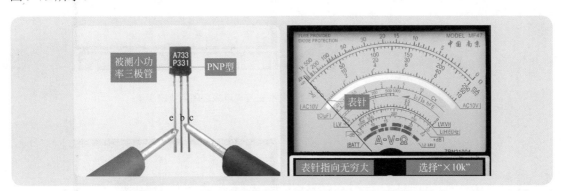

图9-79　被测PNP型三极管发射极与集电极之间阻值的再次测量

总结：三极管的发射极（e）与集电极（c）间的阻值一般为几千欧到无穷大；该数值越大，表明三极管穿透电流就越小，三极管的性能也就越好。若所测阻值在 26kΩ 以下，则表明被测三极管的穿透电流大，工作不稳定并伴有很大噪声，应予以更换。若阻值过小或表针缓慢向右移动，表明被测三极管的通透电流较大。

十四、NPN 型三极管穿透电流的估测

被测 NPN 型三极管的外形如图 9-80 所示。

步骤 1　选择指针万用表的"×10k"挡，并调零，如图 9-81 所示。

步骤 2　将黑表笔搭在三极管的集电极（c）上，红表笔搭在发射极（e）上，此时万用表显示阻值为 2000kΩ，即正常，如图 9-82 所示。

步骤 3　交换黑、红表笔再次测量，此时万用表显示反向阻值接近无穷大，即正常，如图 9-83 所示。

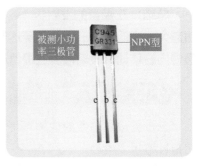

图9-80　被测NPN型三极管的外形

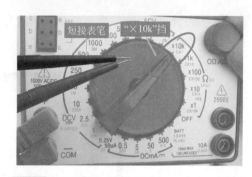

图9-81 选择指针万用表的"×10k"挡，并调零

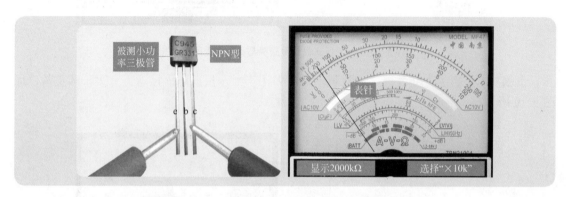

图9-82 被测NPN型三极管发射极与集电极之间阻值的测量

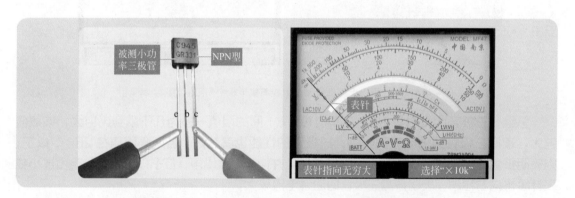

图9-83 被测NPN型三极管发射极与集电极之间阻值的再次测量

总结：三极管的发射极（e）与集电极（c）之间的阻值通常应在几百千欧以上；该数值越大，表明被测三极管的穿透电流就越小，三极管的性能就越好。若所测阻值过小或表针缓慢向右移动，表明被测三极管通透电流较大。

十五、三极管放大倍数的检测

三极管放大倍数的检测可用数字万用表的 hFE 挡（即三极管放大倍数测试挡），也可使用指针万用表检测。

测量三极管放大倍数时，首先确定被测三极管是 NPN 型还是 PNP 型。同时还要确定三极管的引脚极性即 b、c、e 极。

1. 三极管各引脚明确

被测三极管的外形如图 9-84 所示。

步骤 1　将数字万用表挡位旋钮调至 hFE 测量挡，如图 9-85 所示。

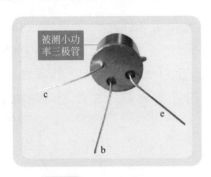

被测小功率三极管

c

e

b

图9-84　被测三极管的外形

图9-85　将数字万用表挡位旋钮调至 hFE测量挡

步骤 2　将三极管的 3 只引脚 b、c、e 分别插入数字万用表面板上相应的 b、c、e 插孔内，此时万用表显示放大倍数为 124，即正常，如图 9-86 所示。

专家提示

若所测数值为 0 或较小（如图 9-87 所示），可能是 c、e 极插反了，交换 c、e 极后再次测量即可。

显示放大倍数为124

图9-86　被测三极管放大倍数的测量

显示为0

图9-87　被测三极管放大倍数显示为0

总结：正常情况下，三极管都有一定的放大倍数，在检测时若万用表显示不出放大倍数，则表明被测三极管已经损坏。

2. 三极管只有基极（b）引脚明确

步骤 1　将数字万用表挡位旋钮调至 hFE 测量挡。

步骤 2　先将三极管的基极（b）引脚插入数字万用表面板上的基极（b）插孔中，另外两只未知引脚分别插入另外的插孔中。

步骤 3　万用表显示放大倍数为 60。

步骤 4　保持基极（b）不动，将另外两只未知引脚互换插孔，此时万用表显示放大倍数为 80。

总结：两次测量所得三极管的放大倍数一小一大，选择放大倍数较大的一次为准，此时 e 引脚插孔对应的发射极（e），c 引脚对应的集电极（c）。

十六、三极管的检测要诀

要诀

检测晶体三极管，类型不同先来比，将表拨在电阻挡，测量阻值细分析，红表笔检测一电极，分测两个极间值，阻值均小 NPN，阻值均大 PNP，对调表笔重新测，结果正好相反的。找到基后判发、集，用手触基便可知，要测放大的倍数，两种方法均合适，判断管子好与坏，三极之间测阻值。

十七、三极管的代换

1. 三极管代换的基本原则

三极管代换的基本原则主要有：代换管与原管之间的类型、特性、参数和外形应相同或相近。

（1）类型要相同

三极管的类型相同主要是锗管代换锗管，硅管代换硅管，PNP 型管代换 PNP 型管，NPN 型号代换 NPN 型号，普通管代换普通管，高频管代换高频管，开关管代换开关管，复合管代换复合管。

（2）主要特性和参数要相同或相近

代换三极管的主要参数要和原管相同或相近。

对于应用在高频电路中的小功率三极管，在进行代换时，必须要考虑其频率参数——特征频率 f_T。要求代换管的特征频率应高于原管。

对于工作在开关电源中的开关管，主要应考虑其集电极最大耗散功率（P_{CM}），集电极最大允许电流（I_{CM}）和集电极反向击穿电压（U_{CBO}）三个参数。要求代换管的该三项参数不低于原管。

对于功率放大管要严格应用原型号质量好的管子更换，而对于推挽放大电路中的功率放大管有配对要求，若损坏一只应两只一同使用相同型号对管更换。

专家提示

对于工作在低频电路中的低频三极管也可以用高频三极管进行更换。

（3）外形相同或相近

由于三极管的功率大小不同，其体积大小也有所不同，而大功率三极管的外形种类较多，且差异较大。在代换时，应选择外形相同或相近的三极管进行更换，安装方便。

2. 三极管的代换方法

① 采用相同型号三极管代换时，不仅方法简单，而且可靠有保障；

② 找不到相同型号时，可以选用参数性能更优的管子进行代换，但不可以任意加大其电流放大系数，否则可能会造成电路自励。

3. 三极管的更换操作方法

① 对于检测已经损坏的三极管在拆卸之前，应清楚各极在电路板上的位置，必要时，

可在电路板上做上标记，而正规厂家生产的电子设备在电路板上三极管的安装孔附近已做了相应标志，防止安反。

② 根据三极管的型号标示、电路工作原理图及电路特点来鉴别损坏三极管的内部结构各极名称来选择相同或相似的管子。若三极管已炸裂，用数字万用表在路测量各极之间阻值均较大，无法判断其极性，而通过观察其标示为"2N5551"，左侧引脚接地，右侧引脚按继电器线圈，可判断该管为 NPN 结构的驱动管，对功率有要求，又由于集电极为感性负载，有一定的反峰脉冲，因此对耐压也有一定要求。

③ 通电试验。将存在故障的三极管按上述原则和方法进行更换后，则需要通电试验，检查整机性能以不下降为标准，再连续工作一段时间，确认无异常时，代换才算完成。

十八、三极管的选用

1. 三极管类型的选择

应根据电路的实际需要选择三极管的类型，即三极管在电路中的作用应与所选三极管的功能相吻合。

三极管的种类很多，分类的方法也不同，一般按半导体导电特性分为 NPN 型与 PNP 型两大类；按其在电路中的作用分为放大管和开关管等。各种三极管在电路中的作用如下：

① 低频小功率三极管一般工作在小信号状态，主要用于各种电子设备的低频放大、输出功率小于 1W 的功率放大器；

② 高频小功率三极管主要应用于工作频率大于 3MHz、功率小于 1W 的高频率振荡及放大电路；

③ 低频大功率三极管主要用于特征频率 f_T 在 3MHz 以下、功率大于 1W 的低频功率放大电路中，也可用于大电流输出稳压电源中做调整管，有时在低速大功率开关电路中也用到它；

④ 高频大功率三极管主要应用于特征频率 f_T 大于 3MHz、功率小于 1W 的高频振荡及放大电路；

⑤ 低频大功率三极管主要用于特征频率 f_T 在 3MHz 以下、功率大于 1W 的低频功率放大电路中，也可用于大电流输出稳压电源中做调整管，有时在低速大功率开关电路中也用到它；

⑥ 高频大功率三极管主要应用于特征频率 f_T 大于 3MHz、功率大于 1W 的电路中，可作功率驱动、放大，也可用于低频功率放大或开关稳压电路。

2. 三极管主要参数的选择

三极管主要参数的选择一般是指特征频率、β 值、噪声和输出功率的选择。

（1）特征频率 f_T

在设计和制作电子电路时，对高频放大、中频放大、振荡器等电路中的三极管，宜选用极间电容较小的三极管，并应使其特征频率 f_T 为工作频率的 3 ～ 10 倍。如制作无线话筒就应选特征频率大于 600NHz 的三极管 9018 等。

（2）β 值（hFE）的选择

在选用三极管时，一般希望 β 值选大一点，但也并不是越大越好。β 值太大，容易引起自激振荡（自生干扰信号），此外一般 β 值高的管子工作都不稳定，受温度影响大。通常，硅管 β 值选在 40 ～ 150，锗管 β 值选在 40 ～ 80 为宜。对整个电子产品的电路而言，还应该从各级的配合来选择 β 值。例如，在音频放大电路中，如果前级用值较低，那么后级就可以用 β 值较低的管子。反之，若前级的管子 β 值低，那么后级则用 β 值高的。对称电路，如乙类推挽功率放大电路及双稳态、无稳态等开关电路，需要选用两只 β 值和 I_{ceo} 值尽可能相同的三极管，否则就会出现信号失真。

（3）噪声和输出功率的选择

在制作低频放大器时，主要考虑三极管的噪声和输出功率等参数。宜选用穿透电流 I_{ceo} 较小的管子，因为 I_{ceo} 越小对放大器的温度稳定性越好。在低放电路中，如果采用中、小功率互补推挽对管，其耗散功率宜小于或等于 1W，最大集电极电流宜小于或等于 1.5A，最高反向电压为 50 ～ 300V。

第四节 贴片三极管

认识贴片三极管

一、贴片三极管的识别

贴片三极管也叫片状三极管或片式三极管，它是由传统引线三极管发展过来的，管芯相同但封装形式不同，常用字母 V、VD、Q 表示。

功率较小，常用于体积受限制的电子设备中，以常见的贴片三极管为例说明其参数，如表 9-8 所示。

表 9-8　常见贴片三极管参数表

标记	型号	材料 / 极性	用途 / 特性	U_{CBO}/V	I_{CM}/A	P_{CM}/W	f_T/MHz	备注	总结
	Y2	硅（Si）/ NPN 型	UHF/SHF 波段放大	9	0.03	0.14	1.2K		超高频、耐压较低、功率更小
2F	MMBT2907A	硅（Si）/ NPN 型		75	0.6	0.3	200	互补管 MMBT2222A	高频、耐压低、功率较小
1P	MMBT2222A	硅（Si）/ NPN 型		75	0.6	0.3	300	互补管 MMBT2907A	高频、耐压低、功率较小

贴片三极管有集电极（c）、发射极（e）和基极（b），其结构形式一般有单列式和双列式。贴片三极管的外形如图 9-88 所示。

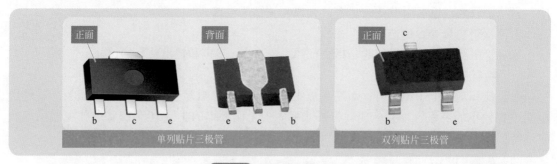

图9-88　贴片三极管的外形

贴片三极管可分为 NPN 型和 PNP 型，其内部结构如图 9-89 所示。

二、贴片三极管的封装形式和引脚功能

贴片三极管的封装形式和引脚功能如图 9-90 所示。

认识贴片三极管的引脚功能

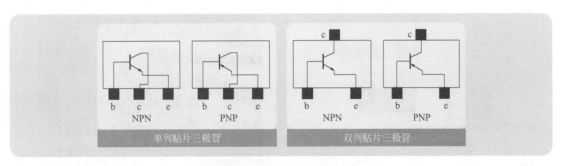

图9-89　贴片三极管的内部结构

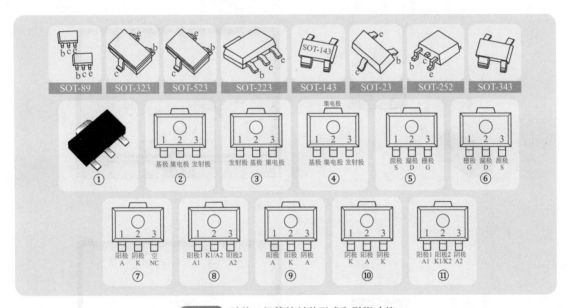

图9-90　贴片三极管的封装形式和引脚功能

三、贴片三极管的引脚极性和类型的测量

贴片三极管的种类较多，常见的有中小功率贴片三极管、大功率贴片三极管、达林顿贴片三极管、带阻贴片三极管、带阻尼贴片三极管等，现以小功率贴片三极管为例讲述其检测方法，其他类型的贴片三极管与引线三极管的检测方法相同。

被测贴片三极管的外形如图9-91所示。

检测依据 贴片三极管的基极（b）与集电极（c）之间有一个PN结并具有单向导通特性，其阻值较小；而在基极（b）、发射极（e）之间有两个PN结，其正向阻值较大。

步骤1　选用指针万用表"×1k"挡，并调零，如图9-92所示。

专家指导：使用指针万用表的欧姆挡测量阻值时，表针应停在中间或附近（即欧姆挡刻度5～40附近），测量结果比较准确。

步骤2　假定基极（b）。将黑表笔搭在贴片三极管的假定基极（b）上，红表笔搭在其中的未知引脚上，此时万用表指针指向无穷大位置，如图9-93所示。

步骤3　保持黑表笔搭在贴片三极管的假定基极（b）引脚上不动，红表笔搭在另一未知引脚上，此时万用表指针指向无穷大位置，如图9-94所示。

图9-91 被测贴片三极管的外形

图9-92 选用指针万用表"×1k"挡,并调零

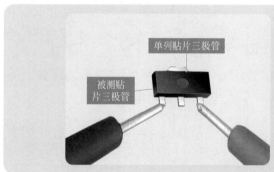

图9-93 被测贴片三极管的测量（1）

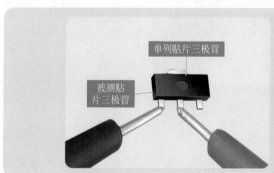

图9-94 被测贴片三极管的测量（2）

总结：两次测量结果均为无穷大,此时不能盲目认为被测贴片三极管是 PNP 型且黑表笔所搭的引脚是基极。

> 专家提示
>
> 在三极管中,不止 N-P 之间的阻值无穷大,集电极与发射极之间也可能为无穷大,需要进一步测量。

步骤 4 将红表笔搭在贴片三极管的假定基极（b）上,黑表笔搭在其中的未知引脚上,此时万用表显示为 8.5kΩ,如图 9-95 所示。

步骤 5 保持红表笔搭在贴片三极管的假定基极（b）引脚上不动,黑表笔搭在另一未知引脚上,此时万用表显示为 9kΩ,如图 9-96 所示。

图9-95 被测贴片三极管的再次测量（1）

图9-96 被测贴片三极管的再次测量（2）

专家提示

用指针万用表测得的阻值为表盘的指针指示数乘以电阻挡位，即被测电阻值＝刻度示值 × 挡位数。如选择的挡位是"×1k"挡，表针指示为 20，则被测阻值为 20×1kΩ=20kΩ。

总结：两次测量正向阻值均较小，则表明红笔所接的引脚贴片三极管的基极，假设正确且为 PNP 型。测量数值小时，黑表笔所搭的引脚为贴片三极管的集电极；测量数值大时，黑表笔所搭的引脚为贴片三极管的发射极。

四、贴片三极管好坏的检测

贴片三极管的种类较多，常见的有中小功率贴片三极管、大功率贴片三极管、达林顿贴片三极管、带阻贴片三极管、带阻尼贴片三极管等，现以小功率贴片三极管为例讲述其检测方法，其他类型的贴片三极管与引线三极管的检测方法相同。

被测贴片三极管的外形如图 9-97 所示。

检测依据 正常情况下，用指针万用表的"×1"挡检测大功率三极管应满足以下条件：

① 基极（b）与发射极（e）、集电极（c）的正向阻值较小，反向阻值为无穷大。

② 基极（b）与发射极（e）、集电极（c）的正向阻值较小，反向阻值为无穷大。

③ 发射极（e）与集电极（c）之间的正、反阻值接近无穷大，与硅材料三极管和锗材料三极管无关。

步骤 1 选择指针万用表"×1"挡，并调零，如图 9-98 所示。

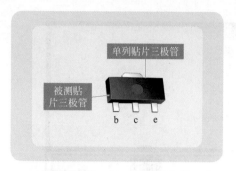

图9-97 被测贴片三极管的外形

图9-98 选择指针万用表"×1k"挡,并调零

步骤 2　将红表笔搭在大功率三极管的基极（b）上，黑表笔搭在发射极（e）上，此时万用表显示正向阻值为9Ω，即正常，如图 9-99 所示。

图9-99 被测贴片三极管发射结正向阻值的测量

步骤 3　交换黑、红表笔再次测量，此时万用表显示反向阻值接近无穷大，即正常，如图 9-100 所示。

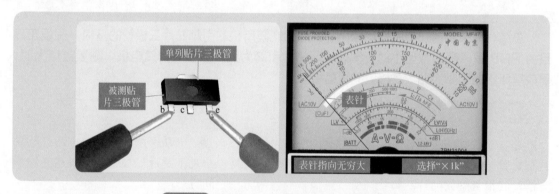

图9-100 被测贴片三极管发射结反向阻值的测量

🖑 **专家提示**

　　由于三极管的基极到发射极之间的阻值较小，且发射极到基极之间的阻值为无穷大，故三极管的发射结功能正常。

步骤 4　将红表笔搭在大功率三极管的基极（b）上，将黑表笔搭在大功率三极管的集电极（c）上，此时万用表显示正向阻值为8.5Ω，即正常，如图 9-101 所示。

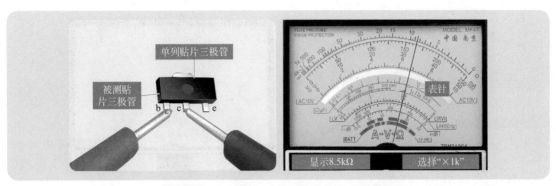

图9-101 被测贴片三极管集电结正向阻值的测量

步骤 5　交换黑、红表笔再次测量，此时万用表显示反向阻值接近无穷大，即正常，如图 9-102 所示。

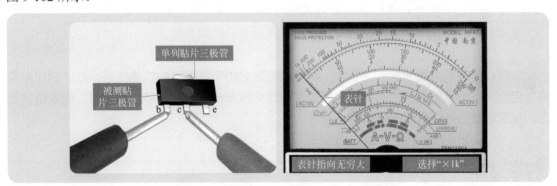

图9-102 被测贴片三极管集电结反向阻值的测量

专家提示

由于三极管的基极到集电极之间的阻值较小，且集电极到基极之间的阻值为无穷大，故三极管的集电结功能正常。

步骤 6　将黑红表笔（不分正反）分别搭在大功率三极管的发射极（e）与集电极（c）上，此时万用表显示阻值接近无穷大，即正常，如图 9-103 所示。

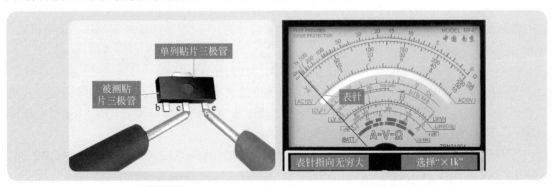

图9-103 被测贴片三极管集电极与发射极之间阻值的测量

步骤 7　交换黑、红表笔再次测量，此时万用表也显示阻值接近无穷大，即正常，如图 9-104 所示。

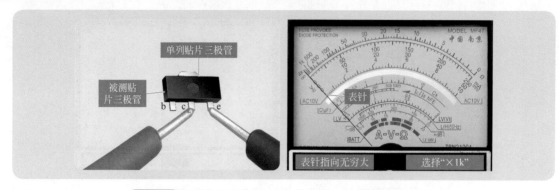

图9-104 被测贴片三极管集电极与发射极之间阻值的再次测量

专家提示

> 由于三极管的发射极到集电极之间的阻值为无穷大，且集电极到发射极之间的阻值也为无穷大，故三极管的发射极与集电极之间的绝缘性良好。

总结： 若所测结果满足上述要求，则表明被测大功率三极管的性能良好。若所测正向阻值为无穷大，则表明被测大功率三极管内部断路；若所测反向阻值较小或为 0，则表明被测大功率三极管内部漏电或击穿短路。

第五节 带阻三极管

一、带阻三极管的识别

带阻三极管与小功率三极管的外形相同，但内部结构不同，故一般不能作为普通三极管使用，只能"专管专用"。带阻三极管的文字符号和电路图形符号，目前国内外没有统一的标准。如：飞利浦公司和 NEC（日电）的文字符号用"Q"表示，东芝公司的文字符号用"RN"表示，日立、松下公司的文字符号用"QR"表示，还有很多厂家的文字符号用"IC"表示。中国的文字符号通常用"V"或"VT"表示。

带阻三极管分 NPN 型和 PNP 型，其外形相同，均有 3 只引脚，即基极（b）、集电极（c）和发射极（e）。

带阻三极管的封装形式和电路图形符号如图 9-105 所示。

带阻三极管常用作开关管中内置电阻器的阻值的大小对带阻三极管的饱和导通程度有决定性作用。带阻三极管的基极串入电阻器 R_1，其阻值越小，导通程度就越大，ce 结电压降就越小。若阻值过小，会影响带阻三极管的开关速度。

带阻三极管的常见型号有 GR1101 ～ GR1104、GR2101 ～ GR2104、GR2201 ～ GR2204、GR3101 ～ GR3104、GR4101 ～ GR4104。

二、NPN 型带阻三极管的检测

NPN 型带阻三极管的外形如图 9-106 所示。

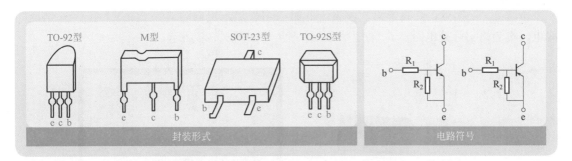

图9-105 带阻三极管的封装形式和电路图形符号

检测依据 带阻三极管的检测方法与普通三极管基本相同，只不过带阻三极管一般在基极串接有电阻器 R_1，在基极（b）和发射极（e）之间并接有电阻器 R_2，故实测时的 be 结阻值会小于 bc 结阻值。

另外，bc 结的反向阻值为无穷大，但 be 结的反向阻值因并接有 R_2 值不再是无穷大，而是 R_2 的阻值。所以，正常情况下，带阻三极管应满足以下条件：

① 基极（b）与发射极（e）之间的正、反向阻值都较小。

② 基极（b）与集电极（c）之间的正向阻值小，反向阻值接近无穷大。

③ 发射极（e）与集电极（c）之间的正、反向阻值均接近无穷大。

步骤 1 选择指针万用表"×1k"挡，并调零，如图 9-107 所示。

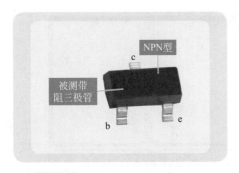

图9-106 NPN型带阻三极管的外形

图9-107 选择指针万用表"×1k"挡，并调零

步骤 2 将黑表笔搭在带阻三极管的基极（b）上，红表笔搭在发射极（e）上，此时万用表显示正向阻值 16kΩ（此时发射结导通），即正常，如图 9-108 所示。

图9-108 NPN型带阻三极管发射结正向阻值的测量

步骤3　交换黑、红表笔再次测量，此时万用表显示反向阻值为25kΩ（由于be结反向截止，实测值实际是电阻器 R_2 的阻值），即正常，如图9-109所示。

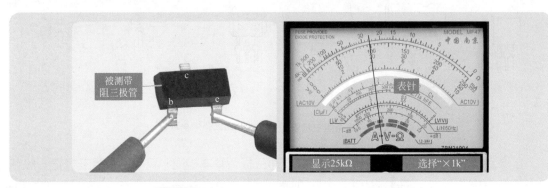

图9-109　NPN型带阻三极管发射结反向阻值的测量

专家提示

用指针万用表测得的阻值为表盘的指针指示数乘以电阻挡位，即被测电阻值＝刻度示值×挡位数。如选择的挡位是"×1k"挡，表针指示为20，则被测阻值为 $20×1kΩ=20kΩ$。

步骤4　将黑表笔搭在带阻三极管的基极（b）上，红表笔搭在集电极（c）上，此时万用表显示正向阻值为18kΩ，即正常，如图9-110所示。

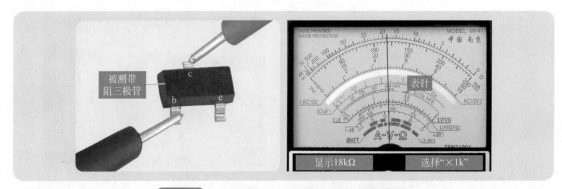

图9-110　NPN型带阻三极管集电结正向阻值的测量

步骤5　交换黑、红表笔再次测量，此时万用表显示反向阻值为无穷大，即正常，如图9-111所示。

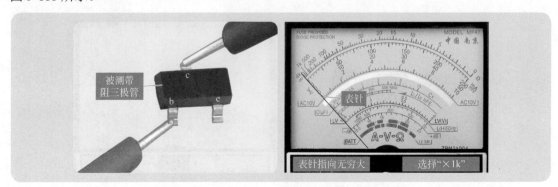

图9-111　NPN型带阻三极管集电结反向阻值的测量

步骤6　将黑表笔搭在带阻三极管的集电极（c）上，红表笔搭在发射极（e）上，此时万用表显示无穷大，即正常，如图9-112所示。

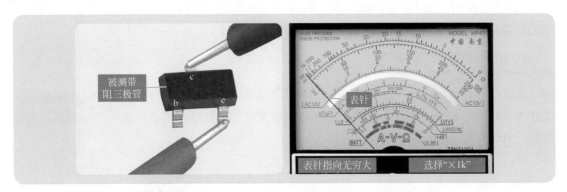

图9-112　NPN型带阻三极管集电极与发射极之间阻值的测量

步骤7　为检测带阻三极管的性能，在上步的情况下，用导线短接基极（b）和集电极（c），此时万用表显示为25kΩ（短接后实测数值就是电阻器 R_2 的阻值），即正常，如图9-113所示。

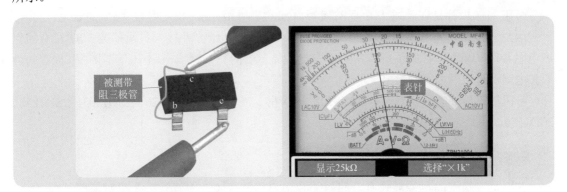

图9-113　短接基极和集电极后，NPN型带阻三极管集电极与发射极之间阻值的测量

步骤8　拆下短路导线后，交换黑、红表笔再次测量，此时万用表显示无穷大，即正常，如图9-114所示。

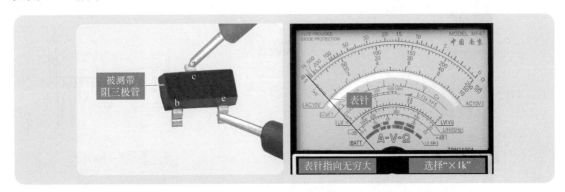

图9-114　NPN型带阻三极管集电极与发射极之间阻值的再次测量

总结：若检测结果符合上述结果，则表明被测带阻三极管良好。否则，表明带阻三极管损坏。

三、PNP 型带阻三极管的检测

当测量 PNP 型带阻三极管时，方法与 NPN 型的方法和步骤完全相同，但步骤中的黑、红表笔需对调，才能保证测出的带阻三极管的性能和质量。

四、带阻三极管的选用

带阻三极管在家电中常用到，它只能做到"专管专用"。选择带阻三极管时，应根据三极管在电路中输入电压的高低、开关速度、饱和深度、功耗等要求及结合内部电阻器的阻值搭配，来选择合适的带阻三极管。

第六节 带阻尼三极管

认识带阻尼三极管
及其引脚功能

一、带阻尼三极管的识别

带阻尼三极管是在普通大功率三极管内部的集电极（c）和发射极（e）的 ce 结上并接一只阻尼二极管，同时在基极（b）和发射极（e）的 be 结上并接一只阻值为 30Ω 左右的保护电阻器，以减少行频的干扰，常用于彩电、显示器的扫描输出电路中。带阻尼三极管的外形和电路图形符号如图 9-115 所示。

带阻尼三极管的主要型号有 2SD870、2SD869、2SD898、2SD1426、2SD1403、2SD1878、2SD1556、BU205、BU208 等。

二、带阻尼三极管引脚极性的判断

带阻尼三极管的封装形式有金属封装和塑料封装。该三极管有三个引脚，即基极（b）、集电极（c）和发射极（e）。带阻尼三极管的封装形式如图 9-116 所示。

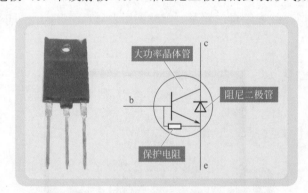

图9-115 带阻尼三极管的外形和电路图形符号

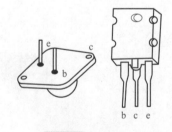

图9-116 封装形式

带阻尼三极管的引脚极性可通过观察即可得到判断。

① 金属封装的带阻尼三极管的引脚分布规律是：若被判断管只有两只引脚，识别时将引脚朝上，上面的引脚为发射极（e），下边的引脚为基极（b），管壳为集电极（c）。

② 塑料封装的带阻尼三极管的引脚分布规律是：若被判断管有三只引脚，识别时将引

脚朝下且带有标示的面朝向读者，从左到右，分别是基极（b）、集电极（c）、发射极（e）。

用指针万用表测量带
阻尼三极管的好坏

三、带阻尼三极管的检测

带阻尼三极管的外形和电路图形符号如图9-117所示。

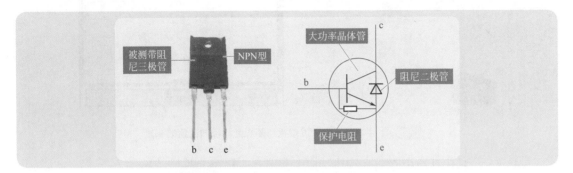

图9-117 带阻尼三极管的外形和电路图形符号

检测依据 正常情况下，带阻尼三极管应满足以下条件：

① 基极（b）与发射极（e）之间的正、反向阻值均较小，但反向阻值等于保护电阻器的阻值，正向阻值更小一些（因be结与保护电阻器并联，故所测阻值应比保护电阻器小）。

② 集电极（c）与基极（b）之间的正向阻值较小，反向阻值接近无穷大。

③ 发射极（e）与集电极（c）之间的正向阻
值接近无穷大，反向阻值极小（此时所测阻值为阻
尼二极管的正向导通阻值）。

步骤1 选择指针万用表的"×1"挡，并调零，
如图9-118所示。

专家指导：使用指针万用表的欧姆挡测量阻值
时，表针应停在中间或附近（即欧姆挡刻度5～40
附近），测量结果比较准确。

步骤2 将黑表笔搭在带阻尼三极管的发射极

图9-118 选择指针万用表的"×1"挡，并调零

（e）上，红表笔搭在基极（b）上，此时万用表显示阻值为36Ω（普通三极管be结的反向阻值接近无穷大，实测的阻值为30Ω，实际上就是保护电阻器的阻值），即正常，如图9-119所示。

图9-119 带阻尼三极管发射极与基极之间正向阻值的测量

步骤3 交换黑、红表笔再次测量，此时万用表显示正向阻值为19Ω（此时三极管 be 结导通，所测阻值是 be 结和保护电阻器并联后的阻值，显然略小于30Ω），即正常，如图9-120所示。

图9-120 带阻尼三极管发射极与基极之间反向阻值的测量

步骤4 选择指针万用表的"×1k"挡，并调零，如图 9-121 所示。

图9-121 选择指针万用表的"×1k"挡，并调零

步骤5 将黑表笔搭在带阻尼三极管的基极（b）上，红表笔搭在集电极（c）上，此时万用表显示正向阻值为 19.5kΩ，即正常，如图 9-122 所示。

图9-122 带阻尼三极管集电极与基极之间正向阻值的测量

步骤6 交换黑、红表笔再次测量，此时万用表显示反向阻值为无穷大，即正常，如图9-123所示。

步骤7 将黑表笔搭在带阻尼三极管的发射极（e）上，红表笔搭在集电极（c）上，此时万用表显示正向阻值为17.5kΩ（实际所测阻值是阻尼二极管的正向导通阻值），即正常，如图 9-124 所示。

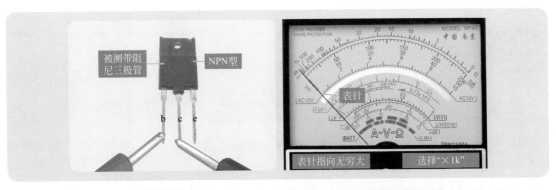

图9-123 带阻尼三极管集电极与基极之间反向阻值的测量

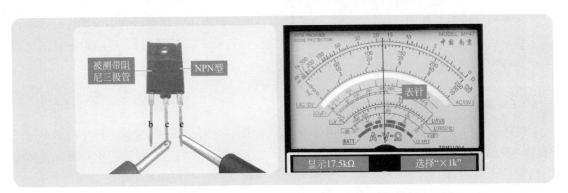

图9-124 带阻尼三极管集电极与发射极之间阻值的测量

步骤 8　交换黑、红表笔再次测量，此时万用表显示反向阻值为无穷大，即正常，如图 9-125 所示。

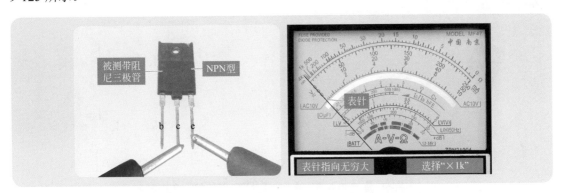

图9-125 带阻尼三极管集电极与发射极之间阻值的再次测量

总结：若检测符合上述结果，则表明被测带阻尼三极管性能良好。否则，表明被测带阻尼三极管性能不良。

✋ 专家提示

　　由于带阻尼三极管的 be 结并联有分流电阻，因此，测量 be 结正、反阻值实际上就是测量分流电阻器的阻值。不同的带阻尼三极管并联的电阻器阻值不尽相同，一般为 20 ～ 47Ω。

第七节 达林顿三极管

一、达林顿三极管的外形、结构和电路图形符号

达林顿三极管是一种复合管，一般由两只三极管组合而成，即第一只三极管的发射极（e）直接与第二只三极管的基极（b）相连。

二、达林顿三极管的原理

达林顿三极管与普通三极管一样，也需要向各极提供电压，让各极有电流通过，才能正常工作。达林顿三极管具有放大倍数高（可达几百、几千，甚至更高）、热稳定好、简化放大电路等特点。

三、达林顿三极管的分类和特点

达林顿三极管按功率的大小不同可分为小功率和大功率达林顿三极管。按结构的不同可分为 PNP 型和 NPN 型达林顿三极管。按封装形式的不同可分为金属封装和塑料封装达林顿三极管。

1. 小功率达林顿三极管

小功率达林顿三极管的内部只有两只三极管，没有保护电路，一般体形和功率较小，常采用 TO-92 塑料封装，常用在继电器驱动电路、高增益放大电路。其外形、结构和等效电路如图 9-126 所示。

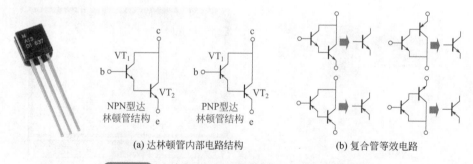

(a) 达林顿管内部电路结构　　　　(b) 复合管等效电路

图9-126 小功率达林顿三极管外形、结构和等效电路

2. 大功率达林顿三极管

大功率达林顿三极管内部不仅有两只三极管，还有泄放电阻器、续流二极管等组成的保护电路，常采用金属封装（TO-3 型）和塑料封装（TO-126、TO-220、TO-3P 型），常用在音频放大、大电流驱动、开关控制、电源稳压等电路中。

由于大功率达林顿三极管工作时的温度高，极易引起达林顿三极管的热稳定性下降而损坏。这是大功率达林顿三极管增加保护电路的重要原因。常见的大功率达林顿三极管的外形和内部电路如图 9-127 所示。

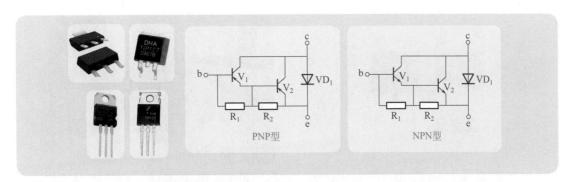

图9-127　常见的大功率达林顿三极管的外形和内部电路

四、达林顿三极管引脚极性和封装形式

达林顿三极管有多重封装形式，其引脚极性和封装形式如图 9-128 所示。

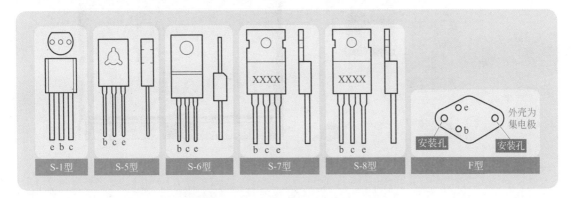

图9-128　达林顿三极管引脚极性和封装形式

① S-1 型塑料封装形式。该类型管子的底面是半圆形，识别时将引脚朝下，切口面面对读者，此时达林顿三极管的引脚从左到右依次为发射极（e）、基极（b）、集电极（c）。

② S-5 型塑料封装的达林顿三极管的中间有一个三角形孔，识别时将引脚向下，有标示的一面面向读者，此时从左到右依次为基极（b）、集电极（c）、发射极（e）。

③ S-6 型塑料封装的达林顿三极管，识别时将引脚向下，有标示的一面面向读者，此时从左到右依次为基极（b）、集电极（c）、发射极（e）。

④ S-7 型和 S-8 型塑料封装的达林顿三极管一般均有散热面，识别时将引脚向下，有标示的一面面向读者，此时从左到右依次为基极（b）、集电极（c）、发射极（e）。

⑤ F 型金属封装的大功率达林顿三极管只有两只引脚，识别时将引脚向上，此时上边的引脚为发射极（e），下边的引脚为基极（b），管壳为集电极（c）。

五、用指针万用表测量达林顿三极管的引脚极性

被测达林顿三极管 TIP147 的外形如图 9-129 所示。

（检测依据）达林顿三极管的基极（b）与集电极（c）之间有一个 PN 结并具有单向导通特性，其阻值较小；而在基极（b）、发射极（e）之间有两个 PN 结，其正向阻值较大。

步骤 1　选用指针万用表"×1k"挡，并调零，如图 9-130 所示。

图9-129　被测达林顿三极管TIP147的外形

图9-130　选用指针万用表"×1k"挡，并调零

步骤2　假定基极（b）。将红表笔搭在达林顿三极管的假定基极（b）上，黑表笔搭在其中的未知引脚上，此时万用表显示为8.5kΩ，如图9-131所示。

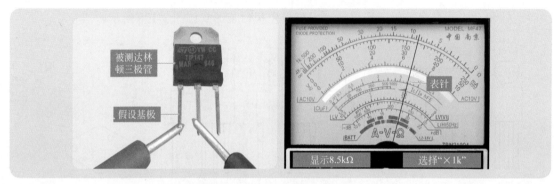

图9-131　被测达林顿三极管的测量（1）

步骤3　保持红表笔搭在达林顿三极管的假定基极（b）引脚上不动，黑表笔搭在另一未知引脚上，此时万用表显示为9kΩ，如图9-132所示。

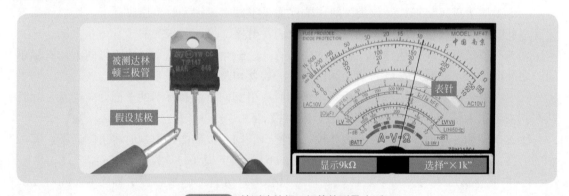

图9-132　被测达林顿三极管的测量（2）

总结：两次测量正向阻值均较小，则表明红笔所接的引脚是三极管的基极，假设正确且为PNP型。测量数值小时，黑表笔所搭的引脚为达林顿三极管的集电极，测量数值大时，黑表笔所搭的引脚为达林顿三极管的发射极。

六、用数字万用表测量达林顿三极管的引脚极性

被测达林顿三极管TIP122的外形如图9-133所示。

（检测依据）达林顿三极管的基极（b）与集电极（c）之间有一个 PN 结并具有单向导通特性，其压降较小；而在基极（b）、发射极（e）之间有两个 PN 结，其正向压降较大。一个引脚为基极。

步骤 1　选用数字万用表的"二极管"挡，如图 9-134 所示。

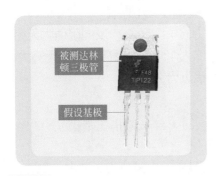

（图9-133）被测达林顿三极管TIP122的外形　　（图9-134）选用数字万用表的"二极管"挡

步骤 2　将黑表笔搭在达林顿三极管的假定基极（b）上，红表笔搭在其中的未知引脚上，此时万用表显示为 0.78V，即正常，如图 9-135 所示。

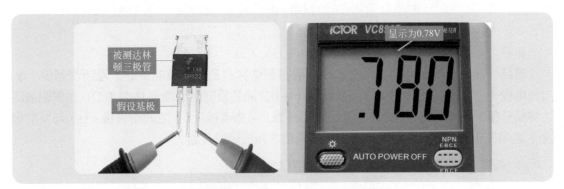

（图9-135）被测达林顿三极管压降的测量

步骤 3　保持黑表笔搭在达林顿三极管的假定基极（b）引脚上不动，红表笔搭在另一未知引脚上，此时万用表显示为 0.68V，即正常，如图 9-136 所示。

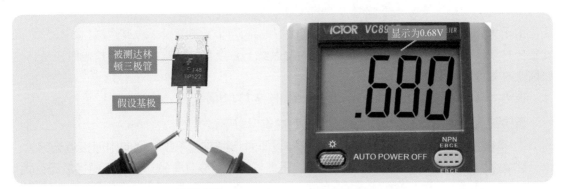

（图9-136）被测达林顿三极管压降的再次测量

总结：两次测量正向压降均较小，则表明红笔所接的引脚是三极管的基极，假设正确且

为 PNP 型。测量数值小时，红表笔所搭的引脚为达林顿三极管的集电极；测量数值大时，红表笔所搭的引脚为达林顿三极管的发射极。

七、小功率 PNP 型达林顿三极管的检测

检测依据 正常情况下，小功率达林顿三极管应满足以下条件：

① 基极（b）与发射极（e）之间的正向阻值为 6 ~ 35kΩ，反向阻值为无穷大。

② 基极（b）与集电极（c）之间的正向阻值约为 10kΩ，反向阻值为无穷大。

③ 集电极（c）与发射极（e）之间的阻值均接近无穷大。

步骤 1 选择万用表"×1k"挡，并调零。

步骤 2 将黑表笔搭在达林顿三极管的发射极（e），红表笔搭在基极（b）上，此时万用表显示正向阻值为 18kΩ。

步骤 3 交换黑、红表笔再次测量，此时万用表显示反向阻值为无穷大。

步骤 4 将黑表笔搭在达林顿三极管的基极（b）上，红表笔搭在集电极（c）上，此时万用表显示正向阻值为 11kΩ。

步骤 5 交换黑、红表笔再次测量，此时万用表反向阻值为无穷大。

步骤 6 将黑、红表笔分别搭在达林顿三极管的集电极（c）、发射极（e）上，此时万用表显示为接近无穷大。

步骤 7 交换黑、红表笔再次测量，此时万用表显示为无穷大。

总结：若所测与上述结果相符，则表明被测达林顿三极管性能良好。若所测基极（b）与集电极（c）之间或基极（b）与发射极（e）之间的反向阻值接近 0 或为 0，则表明被测达林顿三极管漏电或击穿短路。若所测基极（b）与集电极（c）之间或基极（b）与发射极（e）之间的正向阻值为无穷大，则表明被测达林顿三极管开路。

八、小功率 NPN 型达林顿三极管的检测

当测量小功率 NPN 型达林顿三极管时，方法与 PNP 型的方法和步骤完全相同，但步骤中的黑、红表笔需对调，才能保证测出的达林顿三极管的性能和质量。

九、大功率 PNP 型达林顿三极管的检测

由于大功率 PNP 型达林顿三极管中有保护电路，即在集电极（c）与发射极（e）之间并接一只续流二极管，同时在两只三极管的发射结上并接有电阻器，因此，检测时应考虑这些因素对测量数据的影响。

被测大功率 PNP 型达林顿三极管的外形如图 9-137 所示。

检测依据 正常情况下，达林顿三极管应满足以下条件：

① 基极（b）与发射极（e）之间的正向阻值为几百或几千欧，反向阻值接近无穷大。

② 基极（b）与集电极（c）之间的正向阻值约为几百或几千欧，反向阻值接近无穷大。

③ 集电极（c）与发射极（e）之间的正向阻值约为几千欧到十几千欧，反向阻值为无穷大。

步骤1　选择指针万用表的"×1k"挡，并调零，如图9-138所示。

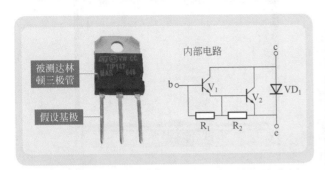

图9-137　被测大功率PNP型达林顿三极管的外形　　图9-138　选择指针万用表的"×1k"挡，并调零

步骤2　将红表笔搭在大功率达林顿三极管的基极（b）引脚上，黑表笔搭在集电极（c）上，此时万用表显示正向阻值为8.5kΩ，即正常，如图9-139所示。

图9-139　被测大功率PNP型达林顿三极管基极与集电极之间正向阻值的测量

步骤3　交换黑、红表笔再次测量，此时万用表显示反向阻值接近无穷大，即正常，如图9-140所示。

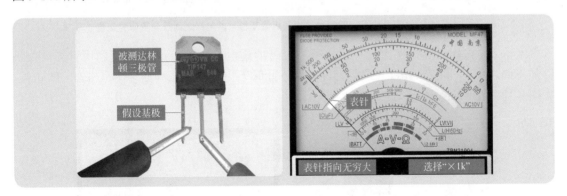

图9-140　被测大功率PNP型达林顿三极管基极与集电极之间反向阻值的测量

步骤4　将红表笔搭在大功率达林顿三极管的基极（b）引脚上，黑表笔搭在发射极（e）上，此时万用表显示正向阻值为9kΩ，即正常，如图9-141所示。

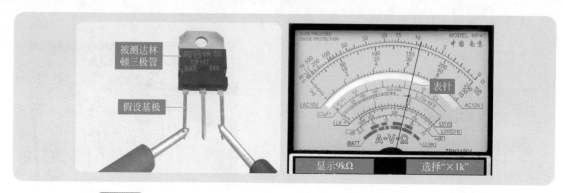

图9-141 被测大功率PNP型达林顿三极管基极与发射极之间正向阻值的测量

专家提示

用指针万用表测得的阻值为表盘的指针指示数乘以电阻挡位，即被测电阻值＝刻度示值×挡位数。如选择的挡位是"×1k"挡，表针指示为20，则被测阻值为20×1kΩ=20kΩ。

步骤5 交换黑、红表笔再次测量，此时万用表显示反向阻值接近无穷大，即正常，如图9-142所示。

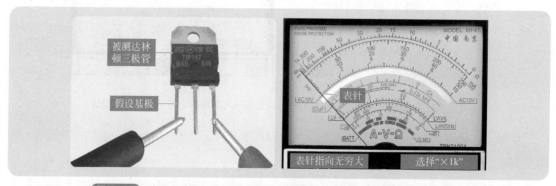

图9-142 被测大功率PNP型达林顿三极管基极与发射极之间反向阻值的测量

步骤6 将黑表笔搭在大功率达林顿三极管的集电极（c）上（实际是向内置续流二极管加正向电压），红表笔搭在发射极（e）上，此时万用表显示正向阻值为6.5kΩ，即正常，如图9-143所示。

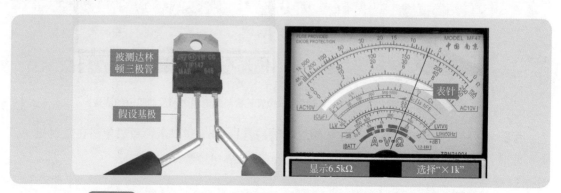

图9-143 被测大功率PNP型达林顿三极管集电极与发射极之间正向阻值的测量

步骤7 交换黑、红表笔再次测量，此时万用表显示反向阻值接近无穷大，即正常，如图 9-144 所示。

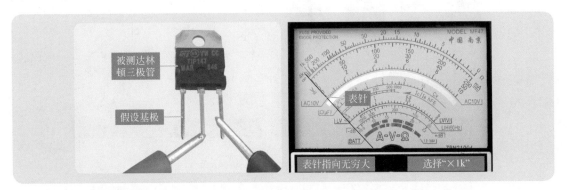

图9-144 被测大功率PNP型达林顿三极管集电极与发射极之间反向阻值的测量

总结：若所测与上述结果相符，则表明被测大功率达林顿三极管的性能良好。若所测基极（b）与集电极（c）之间或基极（b）与发射极（e）之间的反向阻值接近 0 或为 0，则表明被测达林顿三极管漏电或击穿短路。若所测基极（b）与集电极（c）之间或基极（b）与发射极（e）之间的正向阻值为无穷大，则表明被测达林顿三极管开路。

十、大功率 NPN 型达林顿三极管的检测

当测量 NPN 型达林顿三极管时，方法与 PNP 型的方法和步骤完全相同，但步骤中的黑、红表笔需对调，才能保证测出的达林顿三极管的性能和质量。

十一、达林顿三极管的选用

达林顿管应用于音频功率输出、开关控制、电源调整、继电器驱动、高增益放大等电路中。复合管在继电器驱动电路与高增益放大电路中使用时，可以选用不带保护电路的中、小功率普通达林顿管。在音频功率输出、电源调整等电路中使用时，可以选用大功率、大电流型普通达林顿管或带保护电路的大功率达林顿管。

第八节 光敏三极管

一、光敏三极管的外形和电路图形符号

光敏三极管是在光敏二极管的基础上发展而来的，主要起放大作用。其文字符号用"V"或"VT"表示。光敏三极管的外形和电路图形符号如图 9-145 所示。

二、光敏三极管的主要参数

光敏三极管的主要参数如下：

1. 光电流

光电流是指光敏三极管在有光照时其集电极的电流，一般为几毫安。光照强度越大，集

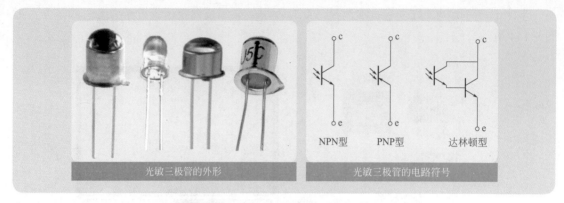

NPN型   PNP型   达林顿型

光敏三极管的外形

光敏三极管的电路符号

图9-145 光敏三极管的外形和电路图形符号

电极的电流就越大，则表明光敏三极管的灵敏度就越高。

2. 暗电流

暗电流是指光敏三极管在无光照时其集电极与发射极之间的漏电电流（也是流过集电极的反向电流），一般小于 $1\mu A$，漏电电流越小越好。

3. 最高工作电压

最高工作电压是指光敏三极管在无光照时其集电极和发射极之间允许施加的最高电压值，一般为 $10 \sim 50V$。

4. 响应时间

响应时间是指光敏三极管对入射光信号的反应速度，一般为 $10^{-3} \sim 10^{-7}s$。

5. 最大允许功耗

最大允许功耗是指光敏三极管在正常情况下所能承受的最大功耗。

三、光敏三极管的工作原理

光敏三极管的等效电路图如图 9-146 所示。当光敏三极管无光照时，光敏二极管截止，而会有很小的暗电流；当受到光照时，形成光电流，它随着入射光强度的加强而增大。

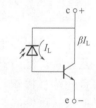

图9-146 光敏三极管的等效电路图

当光敏三极管有光照时，光敏三极管导通并产生导通电流，导通电流输入到光敏三极管的基极，而使其导通，此时光敏三极管的导通电流通过集电极流出。由于光敏二极管的基极输入的是光信号，故光敏三极管没有基极引脚，即只有集电极（c）和发射极（e）两只引脚。但少数型号的光敏三极管有三只引脚。

四、光敏三极管的封装形式和型号

光敏三极管的封装形式有塑料封装、金属封装、陶瓷封装和环氧树脂封装等。常见的光敏三极管型号有 3DU11 ～ 3DU13、3DU31 ～ 3DU33、3DU111 ～ 3DU113、3DU411 ～ 3DU433 等。

五、光敏三极管好坏的检测

被测光敏三极管的外形如图 9-147 所示
光敏三极管好坏应分别检测其暗电阻和亮电阻。

检测依据 正常情况下，在无光照时，光敏三极管的集电极和发射极之间的正、反阻值均为无穷大；有光照射光敏三极管时，其发射极与集电极之间的正、反向阻值均为10～30kΩ。

步骤1 选择指针万用表的"×1k"挡，并调零，如图9-148所示。

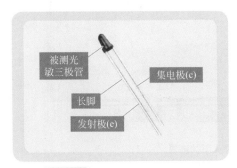

图9-147 被测光敏三极管的外形

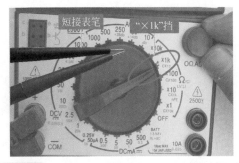

图9-148 选择指针万用表的"×1k"挡，并调零

步骤2 用遮光布盖着被测光敏三极管，将黑表笔搭在光敏三极管的集电极（c）上，红表笔搭在发射极（e）上，此时万用表显示为无穷大，即正常，如图9-149所示。

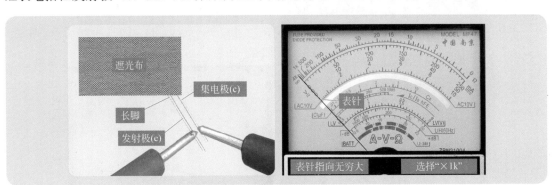

图9-149 光敏三极管暗光下的测量

步骤3 交换黑、红表笔再次测量，此时万用表也显示为无穷大，即正常，如图9-150所示。

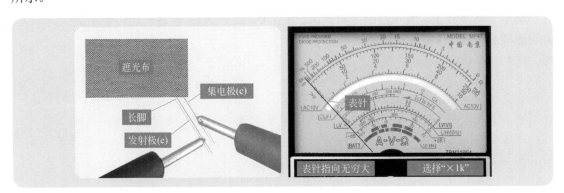

图9-150 光敏三极管暗光下的再次测量

总结： 若所测阻值较小，则表明被测光敏三极管漏电；若所测阻值为0，则表明光敏三极管已击穿短路。

步骤4 在一般光下，将黑表笔搭在光敏三极管的集电极（c）上，红表笔搭在发射极（e）上，此时万用表显示为11kΩ，即正常，如图9-151所示。

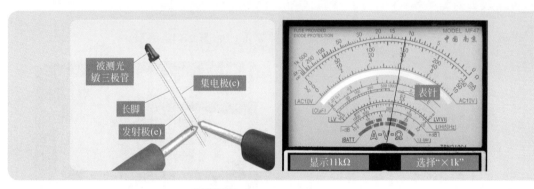

图9-151 光敏三极管亮光下的测量

专家提示

用指针万用表测得的阻值为表盘的指针指示数乘以电阻挡位，即被测电阻值＝刻度示值×挡位数。如选择的挡位是"×1k"挡，表针指示为20，则被测阻值为20×1kΩ=20kΩ。

步骤5 交换黑、红表笔再次测量，此时万用表显示为25kΩ，即正常，如图9-152所示。

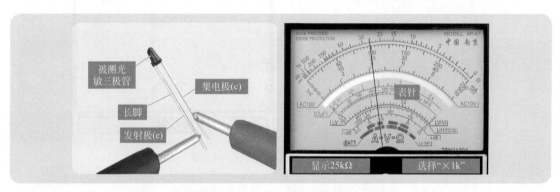

图9-152 光敏三极管亮光下的再次测量

总结：若所测正、反阻值都为无穷大，则表明被测光敏三极管开路；若所测阻值较大，则表明被测光敏三极管的灵敏度降低。

专家提示

光线较暗的时候，光敏三极管的阻值较大；光线较亮时，其阻值较小。阻值越小，则表明被测光敏三极管的灵敏度就越高。阻值过大或无穷大，则表明被测光敏三极管的灵敏度降低或开路。光线亮度发生变化，其阻值应随着变化，否则，表明被测光敏三极管的性能不良，应予以更换。

六、光敏三极管的代换

光敏三极管损坏后，若无同型号的产品更换，则可选用与其类型及性能参数相同或相近的其他型号光敏三极管代换。

七、光敏三极管的选用

在实际选用光敏三极管时，应注意按参数要求选择管型，如要求灵敏度高，可选用达林顿型光敏三极管；如要求响应时间快，对温度敏感性小，就不选用光敏三极管而选用光敏二极管。探测暗光一定要选择暗电流小的管子，同时可考虑有基极引出线的光敏三极管，通过偏置取得合适的工作点，提高光电流的放大系数，例如，探测 10^{-3}lx 的弱光，光敏三极管的暗电流必须小于 0.1nA。

第九节 复合三极管

一、复合三极管的结构特点

复合三极管简称复合管，是将两只性能一致的三极管封装在一起而成。复合三极管有塑料封装和金属封装。塑料封装一般采用贴片形式，即塑料贴片复合三极管。金属封装一般采用引脚形式。复合三极管按结构可分为 PNP 型和 NPN 型，常用作音频功率放大互补对管。

二、复合三极管引脚极性的判断

复合三极管引脚极性的判断如图 9-153 所示。

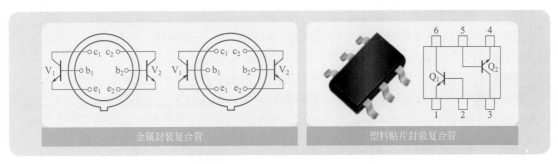

金属封装复合管 　　　　　　塑料贴片封装复合管

图9-153　复合三极管引脚极性的判断

① 金属封装复合三极管的引脚极性判断：将其引脚朝上，管键朝下，复合三极管中的两列引脚是左右对称，从上到下依次为集电极（c）、基极（b）、发射极（e）。

② 塑料封装贴片复合三极管的引脚极性判断：将其粘面朝下，字面朝上，其引脚分别标注为 1、2、3、4、5、6，与此对应的引脚依次为 e、b、c、e、b、c。

三、复合三极管的常见型号

中、小功率复合三极管的常见型号有 2SC945/2SA733、2SC1815/2SA1015、2N5401/2N5551、S8950/S8550 等。大功率复合三极管的常见型号有 2SC2922/2SA1216、2SC3280/2SA1301、2SC3281/2SA1302、2N3055/MJ2955 等。

四、复合三极管的检测

复合三极管的检测方法与一般三极管相同。

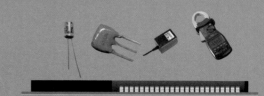

第十章
晶闸管

第一节　晶闸管的基础知识

一、晶闸管的外形、结构和电路图形符号

晶闸管是晶体闸流管的简称，又叫可控硅。其文字符号用字母"VS"表示。它是一种可控的大功率半导体器件，具有耐压高、容量大、体积小、重量轻、效率高、控制灵敏等特点，广泛应用在可控整流、无触点开关、变频等电路中。

二、晶闸管的分类

晶闸管按照控制方式可分为单向晶闸管（SCR）、双向晶闸管（TRIAC）、门极可关断晶闸管（GOT）、逆导晶闸管、光控晶闸管、BTG 晶闸管等。

晶闸管按照功率的大小可分为小功率晶闸管、中功率晶闸管和大功率晶闸管。

晶闸管按照封装形式可分为金属封装、塑料封装和陶瓷封装。金属封装晶闸管又分为平板形、螺栓形和圆壳形。塑料封装又分为带散热片晶闸管和不带散热片晶闸管。

三、晶闸管的基本参数

晶闸管的基本参数较多，常用参数主要有正向转折电压 U_{BO}、反向击穿电压 U_{BR}、通态平均电流 I_T、控制极触发电压 U_{GT}、控制极触发电流 I_{GT}、控制极反向电压 U_{RG}、正向平均压降 U_F、额定正向平均电流 I_F、维持电流 I_H、断态重复峰值电压 U_{DRM}、断态重复峰值电流 I_{DR}、反向重复峰值电压 U_{RRM}、反向重复峰值电流 I_{RRM} 等。

1. 正向转折电压 U_{BO}

晶闸管的正向转折电压是指晶闸管在结温为 100℃且控制极（G）开路状态时，加在 A 极与 K 极之间的正向峰值电压使 A 极与 K 极由截止状态转变为导通状态时的电压值。

2. 反向击穿电压 U_{BR}

晶闸管的反向击穿电压是指单向晶闸管在额定温度下，加在 A 极与 K 极之间的反向峰值电压使 A 极与 K 极之间的反向漏电电流剧增时所对应的电压值。

3. 通态平均电流 I_T

晶闸管的通态平均电流是指晶闸管在额定温度下正常工作时，A 极与 K 极（或 T1 与 T2）之间所允许通过的平均电流值。

4. 控制极触发电压 U_{GT}

控制极触发电压是指晶闸管在额定温度下，A 极与 K 极之间加有一定正向电压且使 A 极与 K 极由开路状态转变为导通状态时，加在控制极 G 的最小直流电压，通常为 1.5V 左右。

5. 控制极触发电流 I_{GT}

晶闸管的控制极触发电流是指在规定的环境温度且晶闸管的阳极与阴极之间的正向电压为某一定值条件下，能够使晶闸管从阻断状态转变为导通状态所需要的最小控制极（G）直流电流。

6. 控制极反向电压 U_{RG}

晶闸管的控制极反向电压是指晶闸管控制极所加的额定电压，一般不超过 10V。

7. 正向平均压降 U_F

晶闸管的正向平均压降又称通态平均电压或通态压降 U_T，是指在规定环境温度和标准散热条件下，当通过晶闸管的电流为额定电流时，其阳极（A）与阴极（K）之间电压降的平均值，通常为 0.4 ～ 1.2V 左右。

8. 额定正向平均电流 I_F

晶闸管的额定正向平均电流是指在低于 40℃ 的环境温度和标准散热条件下，允许通过晶闸管的工频（50Hz）正弦波半波电流平均值。

四、晶闸管的故障类型

由于晶闸管也是采用半导体材料制成的，当自身质量不良、外加电压或内部电流超过其自身承受能力时，也会出现开路、击穿、漏电、性能不良、功能不良、功能失效等故障类型。在实际应用中出现故障时以击穿较为常见。

五、晶闸管的相关要诀

> **要 诀**
>
> 可控硅称晶闸管，单向、双向记心间，
> 单向三极三个结，双向两单反并联，
> 文字符号为 VS，图形符号有异点，
> 可控整流、调电压，还能开关调光源。

六、晶闸管的代换

晶闸管代换的基本原则如下：

1. 类型要相同

三极管的类型相同主要是指单向晶闸管代换单向晶闸管，双向晶闸管代换双向晶闸管，可关断晶闸管代换可关断晶闸管等。

2. 主要特性和参数要相同或相近

代换管的主要参数要和原管相同或相近。

更换晶闸管时，需要注意其额定峰值电压（重复峰值电压）、额定电流（通态平均电流）、控制极触发电压和触发电流等参数要和原管一致，或者也可选用额定峰值电压更高的晶闸管进行代换。

而对于高速晶闸管损坏后，只能选用同类型的高速晶闸管，而不能使用普通晶闸管进行代换。

3. 外形相同或相近

由于晶闸管的功率不同，其外形也不相同，选用相同外形体积的晶闸管较易进行更换。

第二节 单向晶闸管

一、单向晶闸管的外形、结构和电路图形符号

二极管内部由一个 PN 结构成，三极管内部由两个 PN 结串联构成，而单向晶闸管（SCR）内部则由三个 PN 结相串联而成。其外形和电路图形符号如图 10-1 所示。

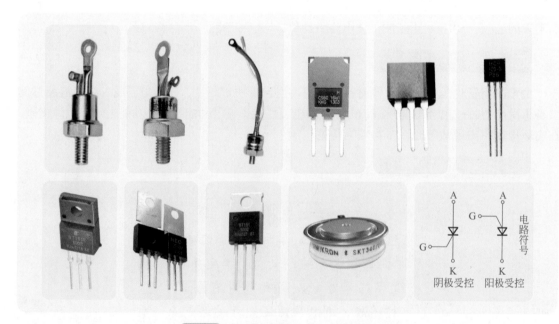

图10-1 单向晶闸管的外形和电路图形符号

单向晶闸管有 3 个电极，分别是控制极（G）、阳极（A）和阴极（K）。其中，G 极和 K 极之间有一个 PN 结，而 G 极与 A 极之间有两个 PN 结，G 极与 A 极之间相当于一个 PNP 型三极管。单向晶闸管的结构和等效电路如图 10-2 所示。

二、单向晶闸管的工作原理

1. 单向晶闸管等效电路分析

从单向晶闸管等效电路看出，当 A 极加正向电压，K 极加上负向电压时，单向晶闸管不能导通；当控制极 G 和阴极 K 之间加上正向导通电压时，其内部等效三极管 Q_1 和 Q_2 均及时导通，此时 A 极与 K 极处于正向导通状态；若此时 G 极与 K 极之间失去正向导通电压，

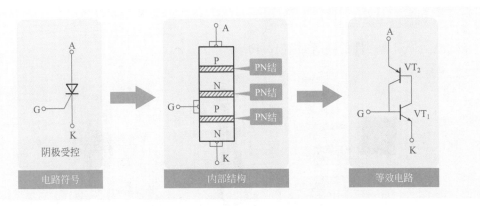

図10-2 单向晶闸管的结构和等效电路

A 极与 K 极之间继续保持导通状态；当 A 极与 K 极之间的正向导通电压消失时，单向晶闸管的 A 极与 K 极恢复截止状态。因此单向晶闸管的 A 极与 K 极的单向导通受 G 极触发电压的触发控制。

2. 单向晶闸管工作原理模拟分析

单向晶闸管的工作原理模拟如图 10-3 所示。图 10-3（a）中，闸门在重力作用下切断阳极水管与阴极水管之间的通道，即使阳极水压再高也无法通过闸门而进入阴极水管。

如图 10-3（b）所示，当控制极水管内有适当水压时，会推动闸门活塞向上移动并进入阴极水管，此时阳极水管内的水通过闸门活塞进入阴极水管。此时对控制极水管内的水不再施压而通过闸门活塞的水会对其产生向上的侧压力并阻止闸门活塞下落，从而保持阳极水管与阴极水管之间畅通。

如图 10-3（c）所示，当阳极水管内的水流尽时，闸门会自然下落堵住阳极水管与阴极水管之间的通道，使阀门处于截止状态。

因此该阀门在受到控制极水管内水压触发后即可导通，而只有阳极水管内停水后才能截止。

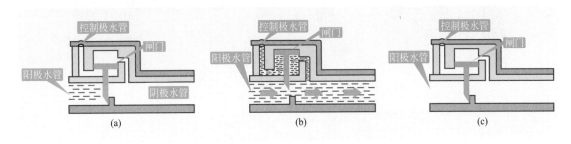

図10-3 单向晶闸管模型示意图

三、单向晶闸管的特点

由晶闸管的工作原理可知，单向晶闸管不仅具有普通二极管单向导电的整流作用，而且能对单向导通电流进行控制。

单向晶闸管具有可以用小电流（电压）控制大电流（电压）的作用，具有效率高、开关速度快、功耗低、重量轻、体积小的优点，广泛应用于无触点开关、可控整流、保护逆变，调压调光和调速等电路中。

四、单向晶闸管引脚极性的判断

单向晶闸管引脚极性的判断如图 10-4 所示。

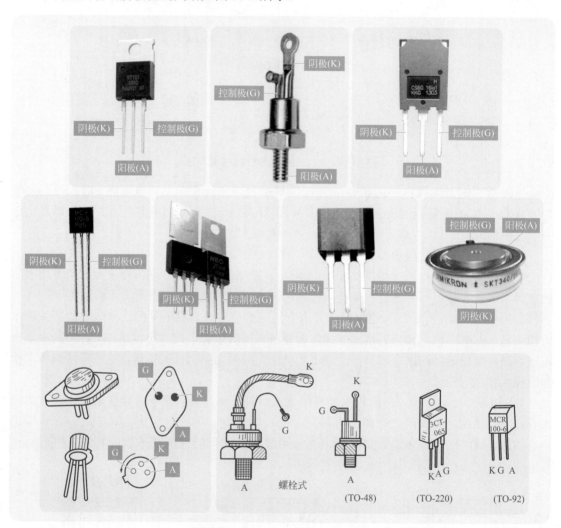

图10-4 单向晶闸管引脚极性的判断

五、单向晶闸管引脚极性的测量

被测单向晶闸管的外形如图 10-5 所示。

检测依据 单向晶闸管的控制极（G）与阴极（K）之间有一个 PN 结，其正向阻值较小，反向阻值较大；其他两极之间的正、反向阻值均接近无穷大。

步骤 1 选取指针万用表"×1k"挡，并调零，如图 10-6 所示。

专家指导：使用指针万用表的欧姆挡测量阻值时，表针应停在中间或附近（即欧姆挡刻度 5～40 附近），测量结果比较准确。

步骤 2 将黑表笔搭在单向晶闸管的中间电极上，红表笔搭在左侧电极上，此时万用表显示阻值接近无穷大，如图 10-7 所示。

图10-5　被测单向晶闸管的外形

图10-6　选取指针万用表"×1k"挡，并调零

图10-7　被测单向晶闸管的测量

步骤3　保持红表笔不动，将黑表笔搭在单向晶闸管的右侧电极上，此时万用表显示为9kΩ，如图10-8所示。

图10-8　被测单向晶闸管的再次测量

总结： 以上述测量阻值较小的一次为标准，黑表笔所搭的单向晶闸管的引脚为控制极（G），红表笔所搭的引脚为阴极（K），余下的引脚为阳极（A）。

要诀

检测单向晶闸管，表置百欧测分晓，

黑笔任搭测两极，找到一次阻值小，

此次黑G红接K，余下阳极不用找。

六、用数字万用表检测单向晶闸管的性能

被测单向晶闸管的外形如图 10-9 所示。

检测依据 正常情况下，单向晶闸管的控制极（G）和阴极（K）之间的正向压降为（硅管约为 0.7V，锗管约为 0.3V），反向压降万用表显示"1."；阳极（A）与阴极（K）、控制极（G）与阳极（A）之间的正、反向压降万用表均显示"1."。

步骤 1 选取数字万用表的"二极管"挡，如图 10-10 所示。

图10-9 被测单向晶闸管的外形　　图10-10 选取数字万用表的"二极管"挡

步骤 2 将红表笔搭在单向晶闸管的控制极（G）上，黑表笔搭在阴极（K）上，此时万用表显示正向压降为 0.28V，即正常，如图 10-11 所示。

图10-11 被测单向晶闸管控制极（G）和阴极（K）之间正向压降的测量

步骤 3 交换黑、红表笔再次测量，此时万用表显示压降为"1."，即正常，如图 10-12 所示。

图10-12 被测单向晶闸管控制极（G）和阴极（K）之间反向压降的测量

步骤 4　将红表笔搭在单向晶闸管的控制极（G）上，黑表笔搭在阳极（A）上，此时万用表显示为"1."，即正常，如图 10-13 所示。

图10-13　被测单向晶闸管控制极（G）和阳极（A）之间压降的测量

步骤 5　交换黑、红表笔再次测量，此时万用表显示"1."，即正常，如图 10-14 所示。

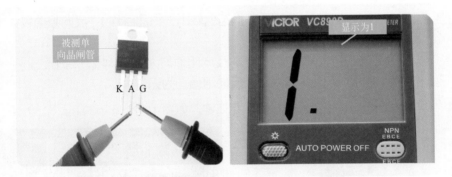

图10-14　被测单向晶闸管控制极（G）和阳极（A）之间压降的再次测量

步骤 6　将红表笔搭在单向晶闸管的阴极（K）上，黑表笔搭在阳极（A）上，此时万用表显示"1"，即正常，如图 10-15 所示。

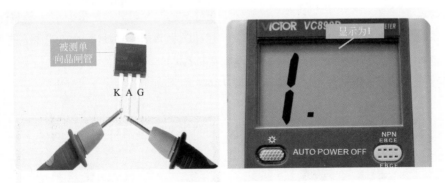

图10-15　被测单向晶闸管阴极（K）和阳极（A）之间压降的测量

步骤 7　交换黑、红表笔再次测量，此时万用表显示"1."，即正常，如图 10-16 所示。

总结：若检测结果符合上述规律，则表明被测单向晶闸管的性能良好。若所测控制极（G）与阴极（K）之间无导通压降，控制极（G）与阳极（A）或阳极（A）与阴极（K）之间有导通压降，均表明被测单向晶闸管损坏。

图10-16 被测单向晶闸管阴极（K）和阳极（A）之间压降的再次测量

七、用指针万用表检测单向晶闸管的性能

被测单向晶闸管的外形如图 10-17 所示。

检测依据 正常情况下，单向晶闸管应满足以下条件：

① 控制极（G）与阴极（K）之间的正向阻值较小（约几百欧），反向阻值较大（一般大于 8kΩ）。

② 控制极（G）与阳极（A）之间的正、反向阻值均为无穷大或几百千欧。

③ 阳极（A）与阴极（K）之间的正、反向阻值均为无穷大。

步骤 1 选择指针万用表"×10"挡，并调零，如图 10-18 所示。

图10-17 被测单向晶闸管的外形　　图10-18 选择指针万用表"×10"挡，并调零

步骤 2 将黑表笔搭在单向晶闸管的控制极（G）上，红表笔搭在阴极（K）上，此时万用表显示正向阻值为 150Ω，即正常，如图 10-19 所示。

图10-19 被测单向晶闸管控制极（G）和阴极（K）之间阻值的测量

用指针万用表测得的阻值为表盘的指针指示数乘以电阻挡位，即被测电阻值＝刻度示值×挡位数。如选择的挡位是"×10"挡，表针指示为 15，则被测阻值为 $15×10Ω=150Ω$。

步骤 3　交换黑、红表笔再次测量，此时万用表显示无穷大，即正常，如图 10-20 所示。

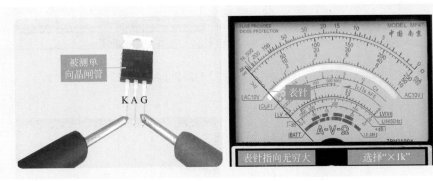

图10-20　被测单向晶闸管控制极（G）和阴极（K）之间阻值的再次测量

若所测控制极（G）与阴极（K）之间的正向阻值为无穷大，则表明被测单向晶闸管开路；若所测反向阻值较小或为 0，则表明被测单向晶闸管漏电或击穿短路。

步骤 4　将黑表笔搭在单向晶闸管的控制极（G）上，红表笔搭在阳极（A）上，此时万用表显示为无穷大，即正常，如图 10-21 所示。

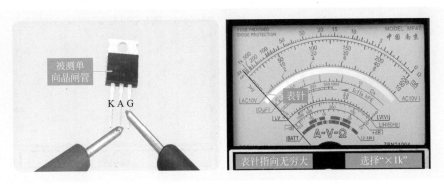

图10-21　被测单向晶闸管控制极（G）和阳极（A）之间阻值的测量

步骤 5　交换黑、红表笔再次测量，此时万用表也显示无穷大，即正常，如图 10-22 所示。

若所测控制极（G）与阳极（A）之间的正、反向阻值较小或为零，则表明被测单向晶闸管漏电或击穿短路。

步骤 6　将红、黑表笔（不分正负）分别搭在单向晶闸管的阳极（A）和阴极（K）上，此时万用表显示为无穷大，即正常，如图 10-23 所示。

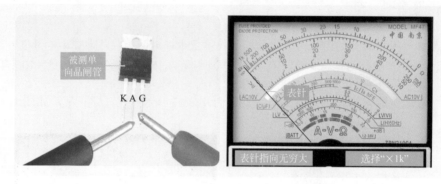

图10-22 被测单向晶闸管控制极（G）和阳极（A）之间阻值的再次测量

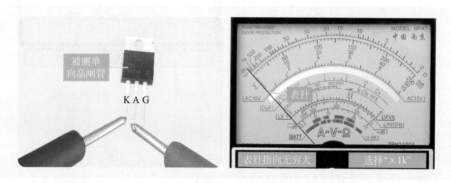

图10-23 被测单向晶闸管阳极（A）和阴极（K）之间阻值的测量

步骤7 交换黑、红表笔再次测量，此时万用表也显示无穷大，即正常，如图10-24所示。

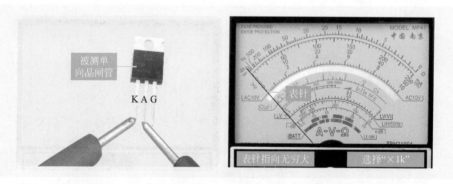

图10-24 被测单向晶闸管阳极（A）和阴极（K）之间阻值的再次测量

✍ 专家提示

　　若所测阴极（K）与阳极（A）之间的正、反向阻值较小或为零，则表明被测单向晶闸管漏电或击穿短路。

　　总结：若所测结果与上述相同，则表明被测单向晶闸管的性能良好。否则，表明被测单向晶闸管的性能不良。

八、4.5A 以下小功率单向晶闸管触发能力的检测

被测小功率单向晶闸管的外形如图 10-25 所示。

【检测依据】 在正常情况下，单向晶闸管的触发能力应满足以下条件：

① 黑表笔搭在单向晶闸管的阳极（A）上，红表笔搭在阴极（K）上，所测阻值应为无穷大。

② 红表笔搭在单向晶闸管的阴极（K）上不动，让黑表笔短接控制极（G）和阳极（A），即在控制极加上触发电压而使单向晶闸管导通，此时万用表显示阻值为几到几十欧，不同的单向晶闸管所测的阻值有所不同。

③ 红表笔仍搭在单向晶闸管的阴极（K）上不动，让黑表笔脱离控制极（G）只搭在阳极（A）上，此时单向晶闸管维持导通状态，万用表显示的阻值为低阻抗。

步骤 1 选择指针万用表"×1"挡，并调零，如图 10-26 所示。

图10-25 被测小功率单向晶闸管的外形　　**图10-26** 选择指针万用表"×1"挡，并调零

专家指导：使用指针万用表的欧姆挡测量阻值时，表针应停在中间或附近（即欧姆挡刻度 5～40 附近），测量结果比较准确。

步骤 2 将黑表笔搭在单向晶闸管的阳极（A）上，红表笔搭在阴极（K）上，此时万用表显示接近无穷大，即正常，如图 10-27 所示。

步骤 3 将红表笔搭在单向晶闸管的阴极（K）上，黑表笔同时搭在控制极（G）和阳极（A）上，使两引脚短路，此时万用表表针向右偏转一个大角度，即显示为 9Ω，即正常，表明被测单向晶闸管已正向触发导通，如图 10-28 所示。

步骤 4 保持红表笔搭在阴极（K）不动，将黑表笔离开控制极（G）而单独搭在阳极（A）上，此时万用表显示为 9Ω，即正常，则表明单向晶闸管维持导通状态，如图 10-29 所示。

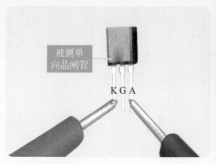

图10-27 被测单向晶闸管阳极（A）和阴极（K）之间阻值的测量

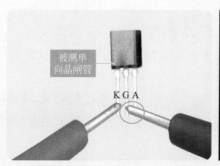

图10-28 被测单向晶闸管触发导通的测量

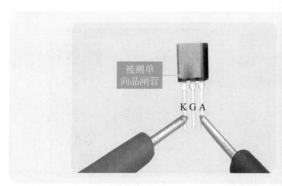

图10-29 被测单向晶闸管维持导通状态的测量

总结：若上述检测时黑表笔脱离控制极（G）后表针不摆动，则表明被测单向晶闸管的性能良好。

九、4.5A以上的中、大功率单向晶闸管触发能力的检测

被测大功率单向晶闸管的外形如图10-30所示。

检测依据 在正常情况下，大功率单向晶闸管的触发能力应满足以下条件：

① 黑表笔搭在大功率单向晶闸管的阳极（A）上，红表笔搭在阴极（K）上，所测阻值应为无穷大。

② 红表笔搭在大功率单向晶闸管的阴极（K）上不动，闭合闸刀开关以使控制极（G）和阳极（A）连接在一起，即在控制极加上触发电压而使大功率单向晶闸管导通，此时万用表显示阻值为几到几十欧，不同的大功率单向晶闸管所测的阻值有所不同。

③ 红表笔仍搭在大功率单向晶闸管的阴极（K）上不动，让黑表笔脱离控制极（G）只搭在阳极（A）上，此时大功率单向晶闸管维持导通状态，万用表显示的阻值为低阻抗。

步骤1　选择指针万用表"×1"挡，并调零，如图10-31所示。

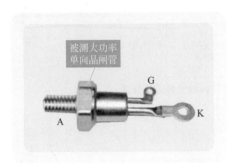

图10-30　被测大功率单向晶闸管的外形

图10-31　选择指针万用表"×1"挡，并调零

步骤2　断开闸刀开关，将黑表笔搭在大功率单向晶闸管的阳极（A）上，红表笔搭在阴极（K）上，此时万用表显示接近无穷大，即正常，如图10-32所示。

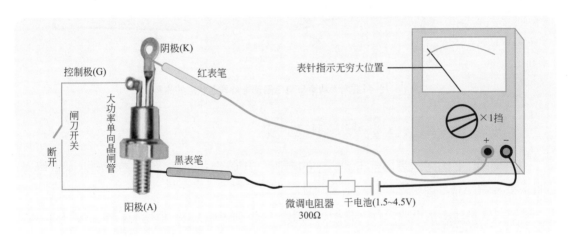

图10-32　被测大功率单向晶闸管的阳极（A）和阴极（K）之间阻值的测量

步骤3　闭合闸刀开关，保持黑、红表笔不动，此时万用表表针向右偏转一个大角度，即显示为几到几百欧姆，即正常，则表明被测大功率单向晶闸管已正向触发导通，如图10-33所示。

步骤4　断开闸刀开关，保持黑、红表笔不动，此时万用表指针指示位置不变，即正常，则表明大功率单向晶闸管维持导通状态，如图10-34所示。

总结：若上述检测时黑表笔脱离控制极（G）后表针不摆动，则表明被测大功率单向晶闸管的性能良好。

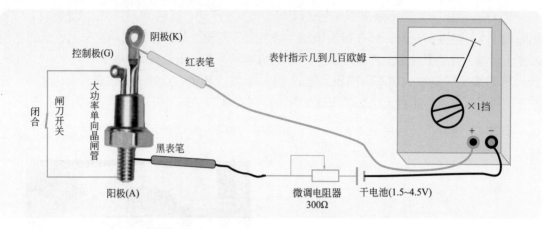

图10-33 被测大功率单向晶闸管正向触发导通的测量

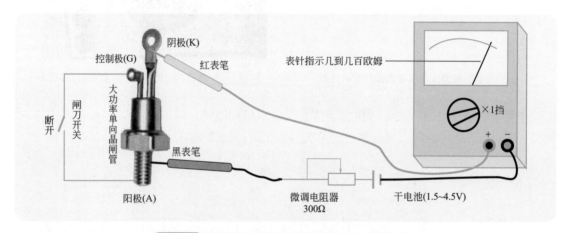

图10-34 被测大功率单向晶闸管维持导通状态的测量

十、普通单向晶闸管触发能力的灯式检测

检测依据 因万用表内部电池产生的电压、电流无法使中、大功率单向晶闸管导通，因此需要搭建电路才能检测单向晶闸管的触发能力。

步骤 1 搭建检测电路。将一只微调电阻器（调到 50Ω）、干电池（4 节 1.5V 干电池）、灯泡（6.3V 手电筒中的小电珠）及闸刀开关接入如图 10-35 所示的电路中。

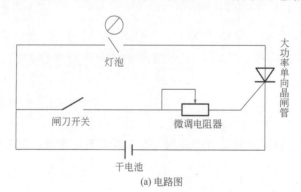

(a) 电路图

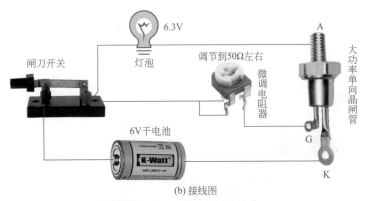

(b) 接线图

图10-35 搭建单向晶闸管的检测电路

步骤2 检测过程。

过程1：断开闸刀开关时，灯泡 L 未被点亮，则表明单向晶闸管处于截止状态，即正常，如图 10-36 所示。

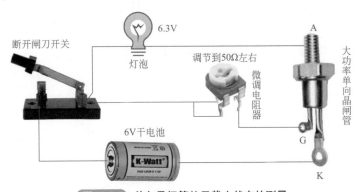

图10-36 单向晶闸管处于截止状态的测量

过程2：闭合闸刀开关时，灯泡 L 被点亮，则表明单向晶闸管已触发导通，即正常，如图 10-37 所示。

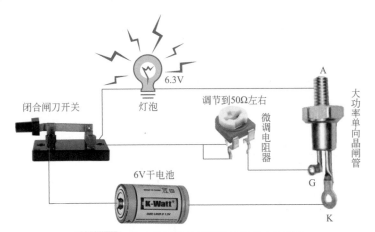

图10-37 单向晶闸管处于触发导通状态的测量

过程3：断开闸刀开关时，灯泡 L 一直被点亮，则表明单向晶闸管的触发性能良好，如图 10-38 所示。

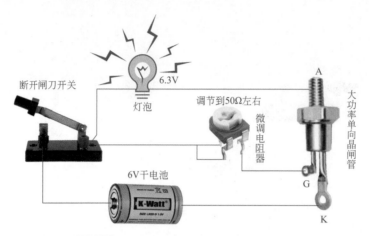

图10-38 单向晶闸管处于维持导通状态的测量

　　总结：若检测结果与上述一致，则表明被测单向晶闸管的触发性能良好。若过程 1 中的灯泡 L 被点亮，则表明被测单向晶闸管已被击穿短路或严重漏电。若过程 2、3 中的灯泡 L 亮度偏低，则表明被测单向晶闸管的性能不良。若开关接通时灯泡被点亮，而断开开关时灯泡熄灭，则表明被测单向晶闸管的性能不良且已损坏。

第三节 双向晶闸管

一、双向晶闸管的外形、结构和电路图形符号

　　双向晶闸管内部是由四个 PN 结组合而成的，内部等效于两个单向晶闸管的反向并联，同为三个极输出，分别是控制极（G）、第一电极（T_1）和第二电极（T_2）组成。其内部结构、等效电路和电路图形符号如图 10-39 所示。

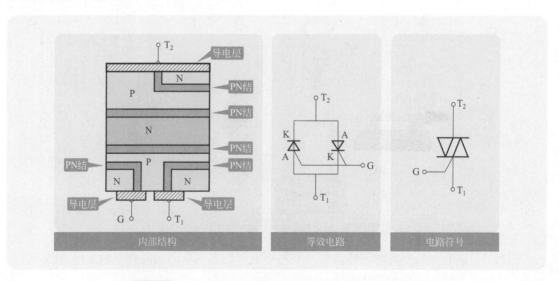

图10-39 双向晶闸管的内部结构、等效电路和电路图形符号

双向晶闸管弥补了单向晶闸管只能单向导通的不足，可以使用于交流控制电路，常用于工频工业控制。在双向晶闸管的第一电极 T_1 和第二电极 T_2 之间加有直流或交流电压时不导通。当控制极 G 无论加上正向电压或反向电压时，均能触发双向晶闸管的 T_1 和 T_2 之间单向或双向导通。只有当加在两电极的电压极性改变或偏压消失且无触发电压时，双向晶闸管才能阻断。

三、双向晶闸管的特点和作用

双向晶闸管可以控制单向或双向导通，没有阳极和阴极之分，广泛应用于交流无触点开关，交流调压、调光、调速等电路中。

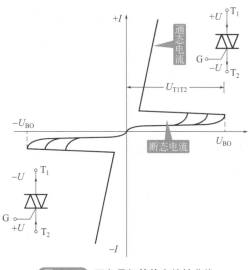

四、双向晶闸管的伏安特性

由于双向晶闸管具有双向导通功能，因此该管具有两个方向相同的伏安特性，其特性曲线如图 10-40 所示。当电极 T_1 加有正电压，电极 T_2 加有负电压时，两端电压 U_{T1T2} 与内部电流 $+I$ 之间关系曲线位于坐标的第一象限（右上部分）；当电极 T_1 加有负电压，电极 T_2 加有正电压时，两端电压 U_{T1T2} 与内部电流 $-I$ 之间关系曲线位于第三象限（左下部分）。

图10-40 双向晶闸管伏安特性曲线

五、双向晶闸管的触发控制方式

根据触发电压的极性和工作电压不同，双向晶闸管有四种触发导通控制方式，如图 10-41 所示。

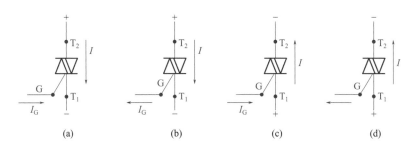

(a)   (b)   (c)   (d)

图10-41 双向晶闸管的四种触发导通控制方式

第一种：当控制极（G）和第二电极（T_2）的电位高于第一电极（T_1）的电位时，电流方向从第二电极（T_2）到第一电极（T_1），此时第二电极（T_2）为阳极，第一电极（T_1）为阴极。

第二种：当控制极（G）和第一电极（T_1）的电位高于第二电极（T_2）的电位时，电流方向从第二电极（T_2）到第一电极（T_1），此时第二电极（T_2）为阳极，第一电极（T_1）为阴极。

第三种：当控制极（G）和第一电极（T_1）的电位高于第二电极（T_2）的电位时，电流方向从第一电极（T_1）到第二电极（T_2），此时第一电极（T_1）为阳极，第二电极（T_2）为阴极。

第四种：当控制极（G）和第二电极（T_2）的电位高于第一电极（T_1）的电位时，电流方向从第一电极（T_1）到第二电极（T_2），此时第一电极（T_1）为阳极，第二电极（T_2）为阴极。

六、双向晶闸管引脚极性的判断

双向晶闸管的引脚极性可通过一些双向晶闸管的外形来判断，现举例如下。常见双向晶闸管的外形及其引脚排列如图10-42所示。

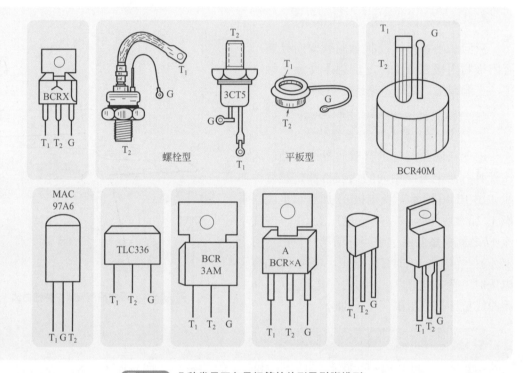

图10-42 几种常见双向晶闸管的外形及引脚排列

双向晶闸管有塑封、塑料金属复合封装、金属壳封装、螺栓型及平板型封装。通常情况下，同一个国家（或厂家）生产的相同封装形式的晶闸管，其引脚排列也有一定规律。

其中，带金属散热片的塑料封装双向晶闸管的中间引脚为第二电极 T_2，且与其背部金属散热片相通。

专家提示

螺栓型双向晶闸管的螺栓端为第二电极 T_2，另一端较粗引出线端为第一电极 T_1，较细的引出线为控制极 G，平板型双向晶闸管的较细长引出线为控制极 G，平面端为第二电极 T_2，另一端为第一电极 T_1。

七、双向晶闸管引脚极性的测量

被测双向晶闸管的外形如图10-43所示。

检测依据 正常情况下，双向晶闸管应满足以下条件。

① 第二电极（T_2）与第一电极（T_1）、控制极（G）之间的正、反阻值都接近无穷大，以此来确定第二电极（T_2）。

② 第一电极（T_1）与控制极（G）之间的正、反向阻值均较小，而以其中一次阻值最小（约几十欧）的为标准，来确定控制极（G）和第一电极（T_1）。

双向晶闸管的引脚极性的检测应分两步：

1. 第二电极（T_2）的确定

步骤 1　选择指针万用表"×10"挡，并调零，如图 10-44 所示。

图10-43　被测双向晶闸管的外形

图10-44　选择指针万用表"×10"挡，并调零

步骤 2　将红、黑表笔搭在双向晶闸管的左边和中间引脚上，此时万用表显示为无穷大，即正常，如图 10-45 所示。

图10-45　被测双向晶闸管第二电极（T_2）判断的测量

步骤 3　将黑、红表笔搭在双向晶闸管的右边和中间引脚上，此时万用表显示为无穷大，即正常，如图 10-46 所示。

图10-46　被测双向晶闸管第二电极（T_2）判断的再次测量

总结：因为第二电极（T_2）与控制极（G）、第一电极（T_1）之间的正、反阻值均为无穷大，故双向晶闸管的中间引脚是第二电极（T_2）。

2. 判断第一电极（T_1）与控制极（G）

找到第二电极（T_2）后，才可以判断第一电极（T_1）和控制极（G）。

步骤 1　将黑、红表笔分别搭在双向晶闸管的两只未知引脚上，此时万用表显示阻值为80Ω，如图 10-47 所示。

图10-47　被测双向晶闸管第一电极（T_1）与控制极（G）判断的测量

步骤 2　交换黑、红表笔再次测量，此时万用表显示阻值为30Ω，如图 10-48 所示。

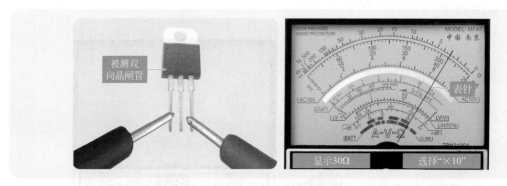

图10-48　被测双向晶闸管第一电极（T_1）与控制极（G）判断的再次测量

总结：正常情况下，双向晶闸管的控制极（G）与第一电极（T_1）之间的正、反向阻值都较小。以所测阻值较小（几十欧）的一次测量为准，红表笔所搭的引脚为控制极（G），黑表笔所搭的引脚为第一电极（T_1）。

> ### 要 诀
>
> 检测双向晶闸管，表置挡位测 G、T，
> T_2、G 间阻无穷，阻值小在 G、T_1，
> 黑搭 T_1 红搭 G，正阻总比反阻低。

八、双向晶闸管的性能检测

被测双向晶闸管的外形如图 10-49 所示。

检测依据 正常情况下，双向晶闸管应满足以下条件。

① 第一电极（T_1）与第二电极（T_2）之间的正、反向阻值均接近无穷大。

② 第二电极（T_2）与控制极（G）之间的正、反向阻值接近无穷大。

③ 第一电极（T_1）与控制极（G）之间的正、反向阻值均较小，一般为几欧到几十欧 [红表笔搭在控制极（G）、黑表笔搭在第一电极（T_1）时所测的正向阻值应略小于其反向阻值]。

步骤 1 选择指针万用表 "×10" 挡，并调零，如图 10-50 所示。

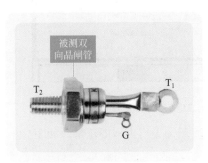

图10-49 被测双向晶闸管的外形   图10-50 选择指针万用表 "×10" 挡，并调零

专家指导：使用指针万用表的欧姆挡测量阻值时，表针应停在中间或附近（即欧姆挡刻度 5 ～ 40 附近），测量结果比较准确。

步骤 2 将黑、红表笔分别搭在双向晶闸管的第一电极（T_1）和第二电极（T_2）上，此时万用表显示为无穷大，即正常，如图 10-51 所示。

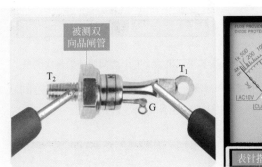

图10-51 被测双向晶闸管的第一电极（T_1）和第二电极（T_2）之间阻值的测量

步骤3 交换黑、红表笔再次测量，此时万用表也显示为无穷大，即正常，如图 10-52 所示。

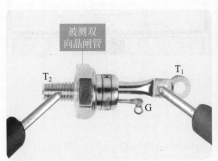

图10-52 被测双向晶闸管的第一电极（T_1）和第二电极（T_2）之间阻值的再次测量

步骤4 将黑、红表笔分别搭在双向晶闸管的第二电极（T₂）和控制极（G）上，此时万用表显示为无穷大，即正常，如图10-53所示。

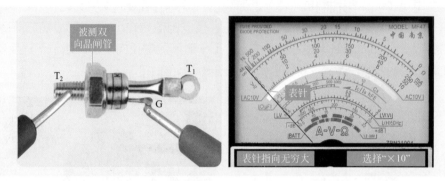

图10-53 被测双向晶闸管的控制极（G）和第二电极（T₂）之间阻值的测量

步骤5 交换黑、红表笔再次测量，此时万用表也显示为无穷大，即正常，如图10-54所示。

图10-54 被测双向晶闸管的控制极（G）和第二电极（T₂）之间阻值的再次测量

步骤6 将黑表笔搭在双向晶闸管的第一电极（T₁）上，红表笔搭在控制极（G）上，此时万用表显示正向阻值为60Ω，即正常，如图10-55所示。

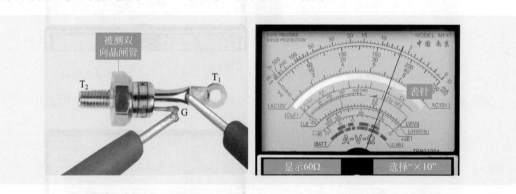

图10-55 被测双向晶闸管的控制极（G）和第一电极（T₁）之间阻值的测量

专家提示

　　用指针万用表测得的阻值为表盘的指针指示数乘以电阻挡位，即被测电阻值 = 刻度示值 × 挡位数。如选择的挡位是"×10"挡，表针指示为6，则被测阻值为6×10Ω=60Ω。

步骤7 交换黑、红表笔再次测量，此时万用表显示反向阻值为90Ω，即正常，如图10-56所示。

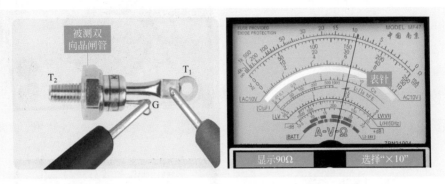

图10-56 被测双向晶闸管的控制极（G）和第一电极（T₁）之间阻值的再次测量

总结：**若所测第一电极（T₁）与第二电极（T₂）、第二电极（T₂）与控制极（G）之间的阻值均较小或为0，则表明被测双向晶闸管的内部漏电或击穿短路。若所测控制极（G）与第一电极（T₁）之间的正、反向阻值均为无穷大，则表明被测双向晶闸管开路。**

要 诀

判断双晶好与坏，表置十欧测阻值，

黑搭 T₂ 红搭 T₁，表针不摆才合适，

T₂、G 极瞬间通，表针发生偏摆急。

九、小功率双向晶闸管触发能力的检测

被测小功率双向晶闸管的外形如图10-57所示。

检测依据 正常情况下，双向晶闸管的触发能力应满足以下条件。

① 使用指针万用表的"×1"挡时万用表内部输出的电流和电压比较大。

② 将黑表笔搭在双向晶闸管的第二电极（T₂）上，红表笔搭在第一电极（T₁）上，所测阻值应为无穷大。

③ 将红表笔不动，黑表笔同时搭在双向晶闸管的第二电极（T₂）和控制极（G）上，万用表显示低阻抗，表明双向晶闸管已开始导通。

④ 将黑、红表笔对调再次测量，此时万用表显示为低阻抗，表明双向晶闸管另一方向也导通。

⑤ 保持红表笔不动，将黑表笔脱离控制极（G）而只搭在第二电极（T₂）上，万用表也显示低阻抗，表示双向晶闸管维持导通。

1. 向控制极 G 加正触发，使管子在 T₂→T₁ 方向导通

步骤1 选择指针万用表"×1"挡，并调零，如图10-58所示。

步骤2 将黑表笔搭在双向晶闸管的第二电极（T₂）上，红表笔搭在第一电极（T₁）上，此时万用表显示无穷大，即正常，如图10-59所示。

图10-57 被测小功率双向晶闸管的外形

图10-58 选择指针万用表"×1"挡,并调零

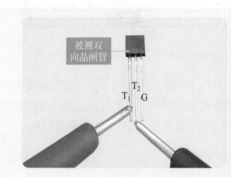

图10-59 被测小功率双向晶闸管T₂→T₁方向阻值的测量

步骤3 红表笔仍搭在第一电极(T₁)上,黑表笔同时搭在双向晶闸管的控制极(G)和第二电极(T₂)上,此时万用表显示10Ω,即正常,则表明被测双向晶闸管已导通,如图10-60所示。

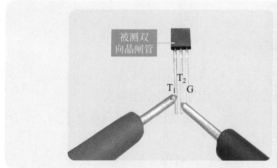

图10-60 被测小功率双向晶闸管T₂→T₁方向触发导通状态阻值的测量

步骤4 红表笔仍搭在第一电极(T₁)上,黑表笔只搭在双向晶闸管的第二电极(T₂)上,此时万用表显示10Ω,即正常,则表明被测双向晶闸管仍维持导通状态,如图10-61所示。

2. 向控制极 G 加负触发,使管子在 T₁ → T₂ 方向导通

步骤1 将黑表笔搭在第一电极(T₁)上,红表笔搭在双向晶闸管的第二电极(T₂)上,此时万用表显示无穷大,即正常,如图10-62所示。

步骤2 黑表笔仍搭在第一电极(T₁)上,红表笔同时搭在双向晶闸管的控制极(G)和第二电极(T₂)上,此时万用表显示10Ω,即正常,则表明被测双向晶闸管已导通,如图10-63所示。

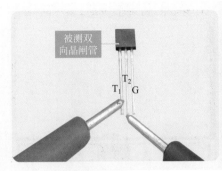

图10-61 被测小功率双向晶闸管T₂→T₁方向维持导通状态阻值的测量

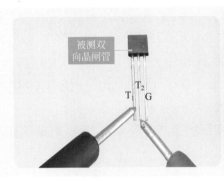

图10-62 被测小功率双向晶闸管T₁→T₂方向阻值的测量

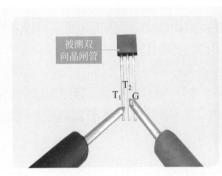

图10-63 被测小功率双向晶闸管T₁→T₂方向触发导通状态阻值的测量

步骤3 黑表笔仍搭在第一电极（T₁）上，红表笔只搭在双向晶闸管的第二电极（T₂）上，此时万用表显示10Ω，即正常，则表明被测双向晶闸管仍维持导通状态，如图10-64所示。

总结： 在双向晶闸管导通后将控制极（G）断开，若第一电极（T₁）和第二电极（T₂）之间不能维持低阻抗而导通，则表明被测双向晶闸管的性能不良。若在控制极加正或负极触发信号而第一电极（T₁）和第二电极（T₂）之间的正、反向阻值均为无穷大，则表明被测双向晶闸管无触发导通能力，即表明其已损坏。

十、工作电流大于8A的中、大功率双向晶闸管触发能力的检测

小功率双向晶闸管在不加电源电压的情况下，用指针万用表的"×1"挡就可以对其触

图10-64 被测小功率双向晶闸管T₁→T₂方向维持导通状态阻值的测量

发能力和导通性能进行检测。但对于工作电流大于 8A 的中、大功率双向晶闸管，用指针万用表的"×1"挡无法使管子触发导通，故需要外加电源以提高触发电压的方法进行检测。

被测大功率双向晶闸管的外形如图 10-65 所示。

检测依据 正常情况下，用指针万用表的"×1"挡检测中、大功率双向晶闸管的触发能力应满足以下条件：

① 断开闸刀开关，将黑表笔搭在双向晶闸管的第二电极（T_2）上，红表笔搭在第一电极（T_1）上，万用表显示无穷大。

② 闭合闸刀开关，保持黑、红表笔不动，万用表指针向右偏摆角度较大，则表明被测双向晶闸管已导通，管子在 $T_2 \rightarrow T_1$ 方向导通。此时万用表显示阻值应为几欧到几十欧（不同型号的双向晶闸管，测得阻值有所不同）。

③ 对调黑、红表笔，万用表指针向右偏摆角度也较大，则表明被测双向晶闸管另一方向也导通，管子在 $T_1 \rightarrow T_2$ 方向导通。此时万用表显示阻值应为几欧到几十欧（不同型号的双向晶闸管，测得阻值有所不同）。

④ 上述被测双向晶闸管的两个方向导通后，断开闸刀开关后，万用表指针均有较大的偏摆角度，则表明被测双向晶闸管维持导通状态，即被测双向晶闸管具有触发能力。

1. 向控制极 G 加正触发，使管子在 $T_2 \rightarrow T_1$ 方向导通

步骤 1 选择指针万用表"×1"挡，并调零，如图 10-66 所示。

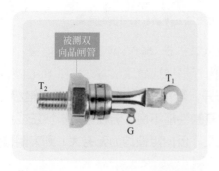

图10-65 被测大功率双向晶闸管的外形　　图10-66 选择指针万用表"×1"挡，并调零

步骤 2 断开闸刀开关，将黑表笔搭在双向晶闸管的第二电极（T_2）上，红表笔搭在第一电极（T_1）上，此时万用表显示无穷大，即正常，如图 10-67 所示。

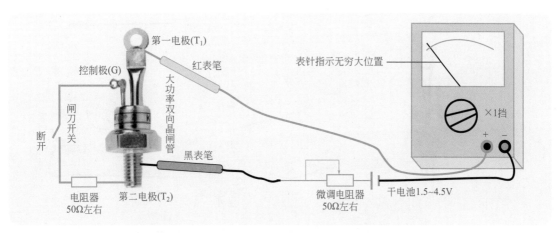

图10-67　被测大功率双向晶闸管T₂→T₁方向阻值的测量

步骤 3　闭合闸刀开关，保持黑、红表笔不动，此时万用表显示 10Ω，即正常，则表明被测双向晶闸管已导通，如图 10-68 所示。

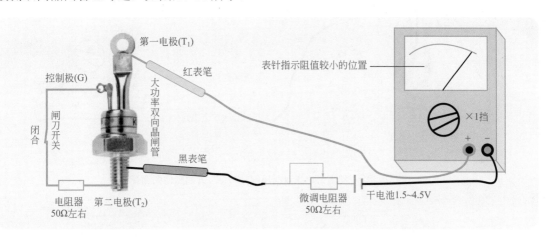

图10-68　被测大功率双向晶闸管T₂→T₁方向触发导通状态阻值的测量

专家提示

　　闭合闸刀开关是将被测双向晶闸管的第二电极（T₂）和控制极（G）短路，相当于给控制极（G）加上了正触发信号，使被测双向晶闸管触发导通，此时万用表显示阻值应为几欧到几十欧（不同型号的双向晶闸管，测得阻值有所不同）。

　　步骤 4　断开闸刀开关，保持黑、红表笔不动，此时万用表也显示 10Ω，即正常，则表明被测双向晶闸管仍维持导通状态，如图 10-69 所示。

2. 向控制极 G 加负触发，使管子在 T₁ → T₂ 方向导通

　　步骤 1　断开闸刀开关，将黑表笔搭在第一电极（T₁）上，红表笔搭在双向晶闸管的第二电极（T₂）上，此时万用表显示无穷大，即正常，如图 10-70 所示。

　　步骤 2　闭合闸刀开关，保持黑、红表笔不动，此时万用表显示 10Ω，则表明被测双向晶闸管已导通，即正常，如图 10-71 所示。

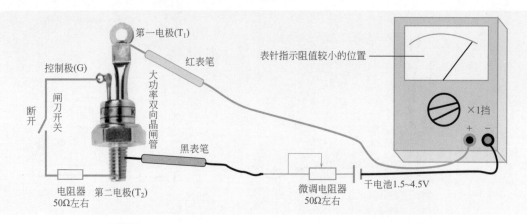

图10-69 被测大功率双向晶闸管T₂→T₁方向维持导通状态阻值的测量

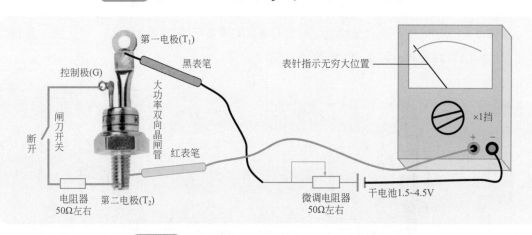

图10-70 被测大功率双向晶闸管T₁→T₂方向阻值的测量

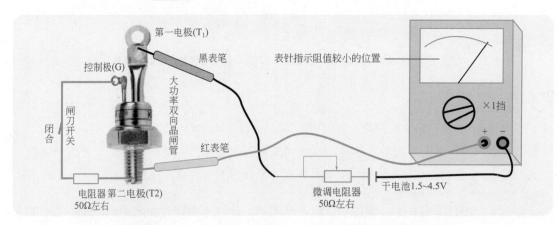

图10-71 被测大功率双向晶闸管T₁→T₂方向触发导通状态阻值的测量

专家提示

　　闭合闸刀开关是将被测双向晶闸管的第二电极（T₂）和控制极（G）短路，相当于给控制极（G）加上了负触发信号，使被测双向晶闸管触发导通，此时万用表显示阻值应为几欧到几十欧（不同型号的双向晶闸管，测得阻值有所不同）。

步骤3　断开闸刀开关，保持黑、红表笔不动，此时万用表显示10Ω，则表明被测双向晶闸管仍维持导通状态，即正常，如图10-72所示。

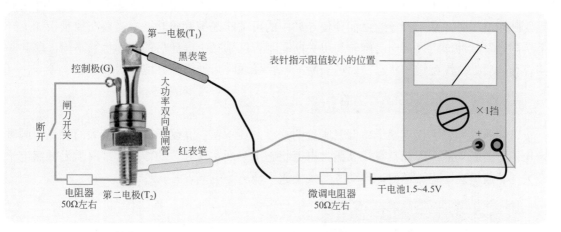

图10-72　被测大功率双向晶闸管$T_1 \rightarrow T_2$方向维持导通状态阻值的测量

总结：双向晶闸管导通后将控制极（G）断开，若第一电极（T_1）和第二电极（T_2）之间不能维持低阻抗而导通，则表明被测双向晶闸管的性能不良。若在控制极加正或负极触发信号而第一电极（T_1）和第二电极（T_2）之间的正、反向阻值均为无穷大，则表明被测双向晶闸管无触发导通能力，即表明其已损坏。

第四节　可关断晶闸管

一、可关断晶闸管的外形和电路图形符号

可关断晶闸管（GTO）也称为门控晶闸管，是在单向晶闸管的基础上开发的功率型控制器件。它也是由四层半导体组成，外部也有三个引脚，分别为阳极（A）、阴极（K）和控制极（G）。它是由若干个小的可关断晶闸管（GTO）单元共阳极连接，而阴极（K）和控制极（G）又各自并联而成。其外形、结构、等效电路和电路图形符号如图10-73所示。

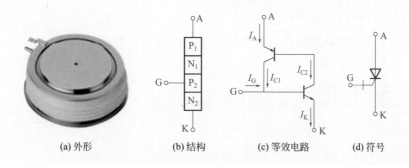

(a) 外形　　(b) 结构　　(c) 等效电路　　(d) 符号

图10-73　可关断晶闸管的外形、结构、等效电路和电路图形符号

二、可关断晶闸管的工作原理

可关断晶闸管不仅具备单向晶闸管的功能及特性，同时也具有当控制极（G）加有正向触发脉动电压时，晶闸管导通；而要使导通中的可关断晶闸管关断，只需要在控制极加上一个负向触发脉冲即可。单向晶闸管与可关断晶闸管区别在于导通后的饱和状态不同，单向晶闸管导通后处于深度饱和状态，而可关断晶闸管导通时只处于临界饱和状态。

三、可关断晶闸管的特点和作用

可关断晶闸管不仅克服了单向晶闸管的缺点，还保留了其耐压高、电流大的优点，同时增加了可关断功能，因此具有在高压大电流状态下灵活实现开关的作用，常用于无触点电子开关、斩波调速、直流逆变、电动机变频调速、调压等电气设备。

四、可关断晶闸管引脚极性的判断

可关断晶闸管引脚极性的判断如图 10-74 所示。

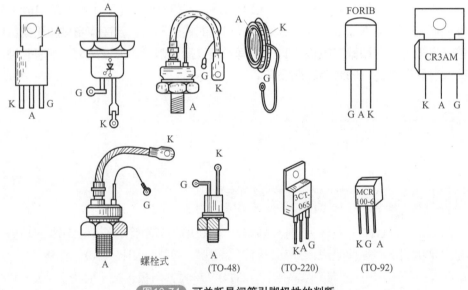

图10-74 可关断晶闸管引脚极性的判断

五、可关断晶闸管引脚极性的测量

可关断晶闸管是单向晶闸管的一种派生器件，也是四层 PNPN 三端（A、K、G）结构，故其引脚极性的测量与之类同。

六、小功率可关断晶闸管触发和关断能力的检测

被测可关断晶闸管的外形如图 10-75 所示。

检测依据 在正常情况下，可关断晶闸管的触发能力应满足以下条件：
① 黑表笔搭在可关断晶闸管的阳极（A）上，红表笔搭在阴极（K）上，所测阻值应为无穷大。

② 红表笔搭在可关断晶闸管的阴极（K）上不动，让黑表笔短接控制极（G）和阳极（A），即在控制极加上触发电压而使可关断晶闸管导通，此时万用表显示阻值为几到几十欧，不同的可关断晶闸管所测的阻值有所不同。

③ 红表笔仍搭在可关断晶闸管的阴极（K）上不动，让黑表笔脱离控制极（G）只搭在阳极（A）上，此时单向晶闸管维持导通状态，万用表显示的阻值为低阻抗。

步骤 1　选择指针万用表"×1"挡，并调零，如图 10-76 所示。

图10-75　被测可关断晶闸管的外形

图10-76　选择指针万用表"×1"挡，并调零

步骤 2　将黑表笔搭在可关断晶闸管的阳极（A）上，红表笔搭在阴极（K）上，此时万用表显示接近无穷大，即正常，如图 10-77 所示。

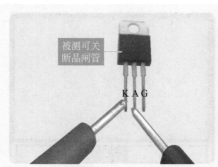

图10-77　被测可关断晶闸管的阳极（A）和阴极（K）之间阻值的测量

步骤 3　将红表笔搭在可关断晶闸管的阴极（K）上，黑表笔同时搭在控制极（G）和阳极（A）上，使两引脚短路，此时万用表表针向右偏转一个大角度，即显示为9Ω，表明被测可关断晶闸管已正向触发导通，即正常，如图 10-78 所示。

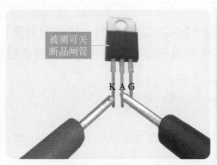

图10-78　被测可关断晶闸管正向触发导通的测量

步骤4 保持红表笔搭在阴极（K）不动，将黑表笔离开控制极（G）而单独搭在阳极（A）上，此时万用表显示为9Ω，即正常，说明可关断晶闸管维持导通状态，如图10-79所示。

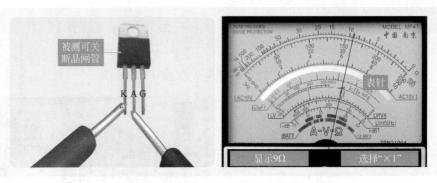

图10-79 被测可关断晶闸管维持导通状态的测量

总结：若上述检测时黑表笔脱离控制极（G）后表针不摆动，则表明被测可关断晶闸管的性能良好。

步骤5 向控制极（G）提供负触发信号关断。将一节1.5V干电池和一只阻值为50Ω左右的电阻器串联后接在可关断晶闸管的控制极（G）和阴极（K）之间，万用表指针指示的阻值马上由几十欧变为无穷大，即正常，如图10-80所示。

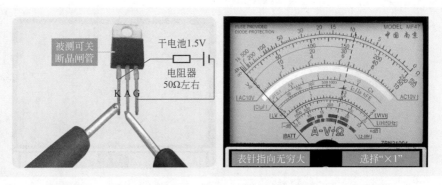

图10-80 被测可关断晶闸管向控制极（G）提供负触发信号关断的测量

🖑 **专家提示**

将一节1.5V干电池和一只阻值为50Ω左右的电阻器串联后接在可关断晶闸管的控制极（G）和阴极（K）之间，相当于给控制极（G）加一个负向触发信号。

总结：正常的可关断晶闸管在其控制极（G）加正触发信号时，被触发导通；去掉触发信号后，可关断晶闸管仍维持导通。只有在可关断晶闸管的控制极（G）加负触发信号后，其才被关断。

◀ **七、中、大功率可关断晶闸管触发和关断能力的检测**

对于中、大功率可关断晶闸管触发和关断能力的检测与小功率可关断晶闸管类同，所不同的是，因中、大功率可关断晶闸管触发电流、通态压降和维持电流相应也大，故在检测中、大可关断晶闸管的关断时，干电池的电压应改为3V或4.5V（2节或3节干电池）。

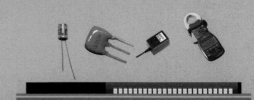

第十一章
场效应管

第一节　场效应管的基础知识

一、场效应管的简介

场效应晶体管（Field Effect Transistor）简称场效应管（FET），也是由 PN 半导体材料构成的三引脚晶体管，分别为栅极（G）、漏极（D）和源极（S），与三极管较相似。它是一种电压控制型器件，由栅极电压 U_G 高低来控制漏极（D）与源极（S）之间的电流大小，具有输入阻抗高、开关速度快、频率特性好、热稳定性好、功率大和噪声系数小等优点。按内部结构不同它分为结型场效应管（JFET）和绝缘栅型场效应管（MOSFET），每种类型又有 N 沟道和 P 沟道之分。

二、场效应管的分类

① 按场效应管的内部结构不同可分为结型场效应管（JFET）和绝缘栅型场效应管（MOSFET）。

② 按导通沟道所用半导体材料不同可分为 P 沟道场效应管和 N 沟道场效应管。

③ 按绝缘栅场效应管中栅极与半导体材料之间所用的绝缘材料不同可分为：以二氧化硅（SiO_2）为绝缘层的 MOS 场效应管；以氮化硅为绝缘层的 MNS 场效应管；以氧化铝为绝缘层的 MALS 场效应管。

④ 按工作方式不同，结型场效应管可分为 P 沟道耗尽型场效应管和 N 沟道耗尽型场效应管；绝缘栅型场效应管可分为 P 沟道耗尽型绝缘栅型场效应管、P 沟道增强型绝缘栅场效应管、N 沟道耗尽型场效应管和 N 沟道增强型场效应管。

⑤ 按特点不同可分为双栅场效应管、开关型场效应管、高压型场效应管、功率 MOS 型场效应管、高频场效应管、低噪声场效应管等。

三、场效应管的封装形式和引脚极性

场效应管的封装形式和引脚极性如图 11-1 所示。日产 2SJ 系列为 P 沟道管，2SK 系列为 N 沟道管，2N5452 ～ 2N5454、2N5457 ～ 2N5459、2N4220 ～ 2N4222 都为 N 沟道。国产 N 沟道结型场效应管常见有 3DJ2、3DJ4、3DJ6、3DJ7，P 沟道管有 CS1 ～ CS4。

认识场效应管的封装
形式和引脚功能

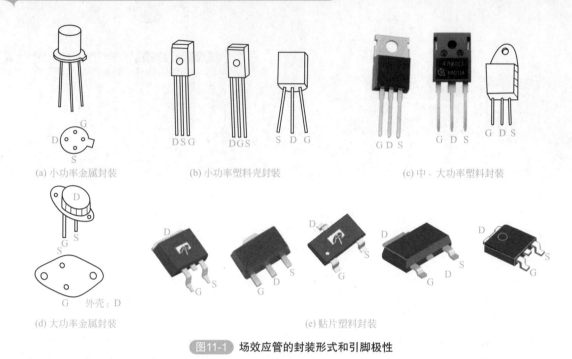

(a) 小功率金属封装　　(b) 小功率塑料壳封装　　(c) 中、大功率塑料封装

(d) 大功率金属封装　　(e) 贴片塑料封装

图11-1 场效应管的封装形式和引脚极性

四、场效应管的电路图形符号的识别和记忆

认识场效应管的电路符号和记忆

从场效应管的电路图形符号可看出多种信息，如图 11-2 所示。

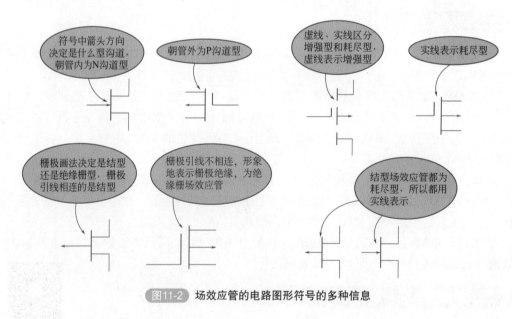

图11-2 场效应管的电路图形符号的多种信息

场效应管的电路图形符号的理解和记忆应从表 11-1 中的三个方面进行。

表 11-1 场效应管的电路图形符号的理解和记忆

名称	符号	说明
两种栅极符号		栅极符号的画法决定了是结型还是绝缘栅型场效应管,相连的是结型,不连的是绝缘栅型
箭头符号		箭头方向在电路图形符号中用来表示沟道类型,箭头向里的是 N 沟道型,箭头向外的是 P 沟道型
实线和虚线符号		电路图形符号中的实线和虚线用来表示增强型和耗尽型,实线为耗尽型,虚线为增强型

第二节 结型场效应管(JFET)

一、结型场效应管的结构和图形符号

由于导电沟道所用材料不同,内部结构也有所不同。结型场效应管由 P 型半导体和 N 型半导体组成,可分为 N 沟道和 P 沟道。其内部结构和电路图形符号如图 11-3 所示。

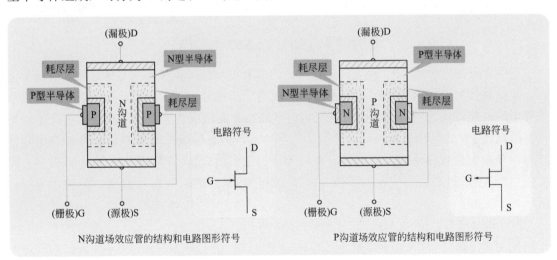

N沟道场效应管的结构和电路图形符号　　　　P沟道场效应管的结构和电路图形符号

图11-3 结型场效应管的结构和电路图形符号

专家提示

电路图形符号中的箭头朝里表示为 N 沟道型,箭头朝外为 P 沟道型。

现以 N 沟道结型场效应管为例加以说明。

硅材料 N 型半导体的上下两端引出漏极(D)和源极(S)两个电极,同时两侧各安置一个 P 型半导体,并用导线连接在一起引出一个电极叫作栅极(G),则在两侧 N 型半导体和 P 型半导体交界处各形成一个 PN 结,由于在 PN 结内部载流子已经消耗尽,而不能导电,

又称为耗尽区，在两个耗尽区中间剩余的 N 型半导体构成导电通道。由于 PN 结横面积较大，因此分布电容也较大。在右侧的电路图形符号中，箭头指向表示 PN 结中电流的方向，即从 P 区指向 N 区，也同时表示该管为 N 型半导体材料。

二、结型场效应管的工作原理

现以 N 沟道结型场效应管为例加以说明。

将场效应管的漏极（D）接通正电源（+U_{CC}），源极（S）接地，根据栅极（G）的电压 U_{GS} 的大小不同，则通过漏极（D）到源极（S）的电流 I_D 出现不同的变化，如图 11-4 所示，具体控制过程如下：

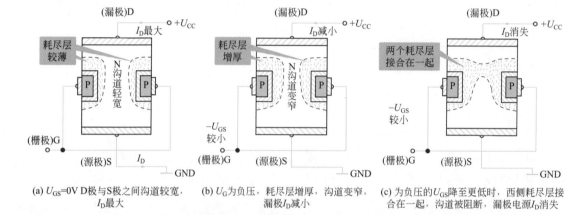

(a) U_{GS}=0V D极与S极之间沟道较宽，I_D最大

(b) U_G为负压，耗尽层增厚，沟道变窄，漏极I_D减小

(c) 为负压的U_{GS}降至更低时，西侧耗尽层接合在一起，沟道被阻断，漏极电源I_D消失

图11-4 N沟道结型场效应管的工作原理

当场效应管的栅极（G）没有加电压时，内部 P 型半导体和 N 型半导体之间没有外加电压，仅依靠接触面的两侧空穴和电子的相互渗透而形成较薄的 PN 结，在 PN 结的两侧形成静电场，在结电场的内部，由于空穴与电子的结合而造成载流子已消耗尽，因此不能导电，所以该 PN 结又称为耗尽层，等效为绝缘电场。而在漏极与源极中剩余的 N 型半导体较宽，存在大量可移动的自由电子，表明为该导电沟道较宽，可以通过的电子数目多，因此正电源 +U_{CC} 经结场效应管的漏极（D），源极（S）到地的电流 I_D 最大。如图 11-4（a）所示。

当在场效应管的栅极（G）与地之间加有少许负电压 −U_{GS} 时，即在场效应管的 P 型半导体与 N 型半导体之间 PN 结两端加上了反向偏置电压。由于外加电压与 PN 结内部的电场方向相同，加强了该电场的强度，造成 PN 结耗尽层增厚［如图 11-4（b）所示］。由于场效应管的漏极 D 与栅极 G 之间的电压差比源极 S 与栅极 G 之间的电压差大得多，因此在 G 极与 D 极之间的耗尽层比 G 极与 S 极之间耗尽层厚得多。由于两侧耗尽层间的增厚，造成漏极 D 与源极 S 之间的 N 型半导体沟道变窄，对通过的载流子阻力增大，影响到正电源 +U_{CC} 经场效应管的漏极 D、源极 S 到地的电流 I_D 减小。

当加在场效应管栅极（G）的负压增加较多时，则会使内部两侧形成的耗尽层进一步增厚而接合在一起，形成一道绝缘屏障，阻挡了 D 极与 S 极之间电流通道，此时称为沟道发生夹断。如图 11-4（c）所示，但当加到栅极 G 的负压进一步增大，超过场效应管的承受极限时就会发生反向击穿。

专家提示

经上述分析可知，通过改变结型场效应管栅极 G 与源极之间的电压 U_{GS}，就可以使内部的耗尽层宽度发生变化，以至于影响到漏极与源极 S 之间导电沟道的宽度，从而有效地控制漏极 D 与源极 S 之间电流强度 I_D 的大小。

当加在结型场效应管的栅极 G 与源极 S 之间负压的绝对值小于其漏极 D 与源极 S 之间电压 U_{DS} 时，则该管工作在放大状态。由于场效应管是通过改变加在栅极 G 与源极 S 之间电压来控制其漏极 D 与源极 S 之间电流大小，因此该场效应管是电压控制型器件。由于加在栅极 G 与源极 S 之间的控制电压相对于其中间的 PN 结来说，是一种反向偏压，漏电流较小，因此，场效应管具有较高的输入阻抗。

三、结型场效应管的引脚极性和沟道的测量

结型场效应管的漏极（D）和源极（S）在制造工艺上是对称的，故漏极（D）和源极（S）可互换使用，故一般只判断栅极（G）和沟道的类型，而不需要判断漏极（D）和源极（S）的极性区别。

待测结型场效应管的外形如图 11-5 所示。

检测依据 正常情况下，结型场效应管应满足以下条件。

① 栅极（G）与源极（S）和漏极（D）之间的反向阻值均较大，接近无穷大。

② 栅极（G）与源极（S）和漏极（D）之间的正向阻值均较小，一般为几百欧到几千欧（不同型号有所不同）。

步骤 1 选择指针万用表的"×100"挡，并调零，如图 11-6 所示。

图11-5 待测结型场效应管的外形

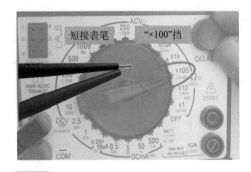

图11-6 选择指针万用表的"×100"挡，并调零

专家指导：使用指针万用表的欧姆挡测量阻值时，表针应停在中间或附近（即欧姆挡刻度 5 ～ 40 附近），测量结果比较准确。

步骤 2 将黑表笔搭在结型场效应管的右侧引脚上，红表笔搭在左侧引脚上，此时万用表显示的阻值较小，如图 11-7 所示。

步骤 3 将红表笔搭在结型场效应管的中间引脚上，黑表笔搭在右侧引脚上，此时万用表显示的阻值也较小，如图 11-8 所示。

总结：黑表笔所搭的引脚为结型场效应管的栅极 G，另外的两极分别为源极 S 和漏极 D，且管子为 N 沟道型。结型场效应管的源极 S 和漏极 D 原则上可以互换。

金属封装

待测结型
场效应管

红表笔

黑表笔

显示600Ω   选择"×100"

图11-7 待测结型场效应管的测量（1）

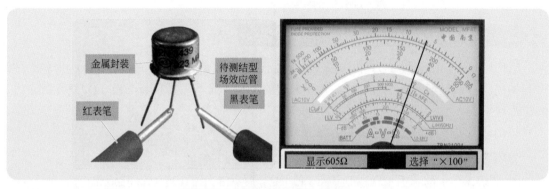

金属封装

待测结型
场效应管

红表笔

黑表笔

显示605Ω   选择"×100"

图11-8 待测结型场效应管的测量（2）

若用黑表笔搭在管子的一个电极，红表笔分别搭在另外的两个电极上，若两次测得的组织者都很小，则黑表笔所搭的引脚为栅极 G，且判定被测结型场效应管是 N 沟道型。

👆 专家提示

判别栅极和沟道的类型要注意以下几点。

① 与 D、S 极相连的半导体类型总是相同的，即要么都是 P 型，要么都是 N 型。D、S 极之间的正反阻值相等且比较小。

② G 极连接的半导体类型与 D、S 极连接的半导体类型都是不相同的。如 G 极连接的为 P 型时，D、S 极连接的一定是 N 型。

③ G 极与 D、S 极之间有 PN 结，PN 结的正向阻值较小，反向阻值较大。

要 诀

检测结型场效应管，表置百欧手拿笔，
黑笔人搭一电极，分测其余极阻值，
两次测得阻值近，黑笔所搭是栅极。

四、用数字万用表检测 N 沟道结型场效应管的好坏

N 沟道结型场效应管的外形和引脚极性如图 11-9 所示。

检测依据 正常情况下，N 沟道结型场效应管应满足以下条件。

① 栅极（G）与漏极（D）之间的正向阻值一般为几百欧到几千欧，反向阻值接近无穷大。

② 栅极（G）与源极（S）之间的正向阻值一般为几百欧到几千欧，反向阻值接近无穷大。

③ 源极（S）与漏极（D）之间的正、反向阻值均相等，一般为几千欧。

专家提示

　　检测时，前两个条件应使用万用表"×100"挡，第三个条件应用"×1k"挡。将测量结果与此对照即可判断被测 N 沟道结场效应管的好坏。

　　步骤 1　选择数字万用表的"2kΩ"挡，如图 11-10 所示。

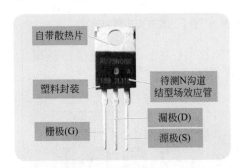

图11-9　N沟道结型场效应管的外形和引脚极性

图11-10　选择数字万用表的"2kΩ"挡

专家提示

　　选择数字万用表的量程时，先将欧姆挡位调整到最低挡，若万用表显示"1."或".OL"，则表明选择的挡位太小，应提高一个挡位，直到有阻值显示为止。若测量一只电阻器时开始选择的挡位是 200Ω，此时万用表显示"1."或".OL"（表示挡位较低），应提高一个挡位（即 2kΩ），此时万用表仍显示"1."或".OL"（表示挡位较低），应再提高一个挡位（即 20kΩ），此时万用表仍显示 15，表明被测电阻器的阻值为 15kΩ。

　　步骤 2　将红表笔搭在 N 沟道结场效应管的栅极（G）上，黑表笔搭在漏极（D）上，此时万用表显示正向阻值为 0.3kΩ，即正常，如图 11-11 所示。

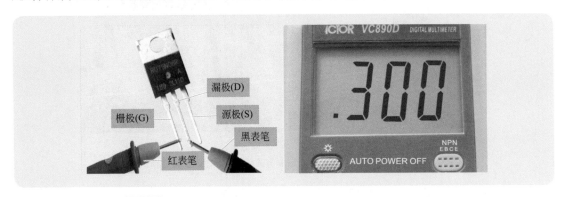

图11-11　结型场效应管栅极（G）与漏极（D）之间正向阻值的测量

　　步骤 3　交换黑、红表笔两次测量，此时万用表显示反向阻值接近无穷大，即正常，如

图 11-12 所示。

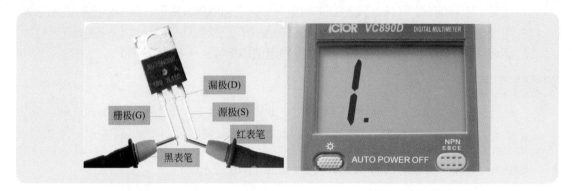

图11-12 结型场效应管栅极（G）与漏极（D）之间反向阻值的测量

步骤 4 将红表笔搭在 N 沟道结型场效应管栅极（G）上，黑表笔搭在源极（S）上，此时万用表显示正向阻值为 0.3kΩ，即正常，如图 11-13 所示。

图11-13 结型场效应管栅极（G）与源极（S）之间正向阻值的测量

步骤 5 交换黑、红表笔两次测量，此时万用表显示反向阻值接近无穷大，即正常，如图 11-14 所示。

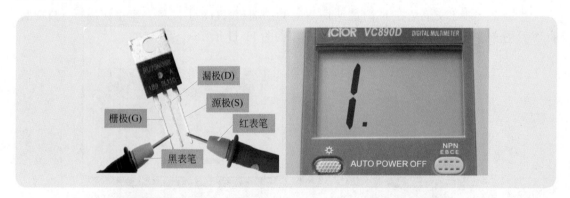

图11-14 结型场效应管栅极（G）与源极（S）之间反向阻值的测量

步骤 6 选择数字万用表的"20kΩ"挡，如图 11-15 所示。

步骤 7 将红表笔搭在 N 沟道结型场效应管源极（S）上，黑表笔搭在漏极（D）上，此时万用表显示正向阻值为 6.50kΩ，即正常，如图 11-16 所示。

图11-15　选择数字万用表的"20kΩ"挡

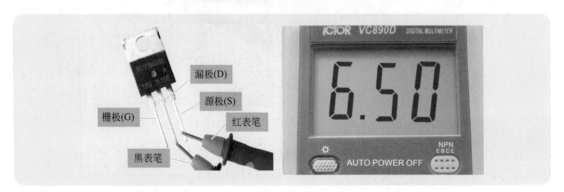

图11-16　结型场效应管漏极（D）与源极（S）之间正向阻值的测量

步骤 8　交换黑、红表笔两次测量，此时万用表显示反向阻值为 6.40kΩ，即正常，如图 11-17 所示。

图11-17　结型场效应管漏极（D）与源极（S）之间反向阻值的测量

总结：若上述所测阻值为 0，则表明被测 N 沟道结型场效应管被击穿；若所测应有一定阻值的两电极之间的阻值反而为无穷大，则表明被测 N 沟道结场效应管开路。

五、P 沟道结型场效应管好坏的检测

　　P 沟道结型场效应管好坏的检测与 N 沟道结型场效应管好坏的检测基本相同，所不同的是表笔的使用，即将 N 沟道结型场效应管好坏的检测步骤中的黑红表笔对调就可以了，例如："将红表笔搭在 N 沟道结型场效应管源极（S）上，黑表笔搭在漏极（D）上"，直接改为"将黑表笔搭在 N 沟道结型场效应管源极（S）上，红表笔搭在漏极（D）上"就可以了。

六、结型场效应管放大能力的检测

结型场效应管的外形如图 11-18 所示。

万用表没有专门测量场效应管放大能力的挡位，但用万用表可粗略地估计结型场效应管的放大能力。

步骤 1 选择指针万用表的"×1k"挡，并调零，如图 11-19 所示。

图 11-18 结型场效应管的外形　　　图 11-19 选择指针万用表的"×1k"挡，并调零

步骤 2 将黑表笔搭在结型场效应管的漏极（D）上，红表笔搭在源极（S）上，此时万用表指针显示 5.5kΩ 而不发生偏摆，即正常，如图 11-20 所示。

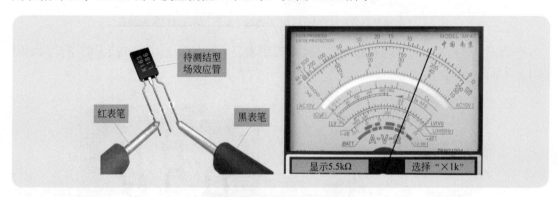

图 11-20 结型场效应管的测量

专家提示

用指针万用表测得的阻值为表盘的指针指示数乘以电阻挡位，即被测电阻值 = 刻度示值 × 挡位数。如选择的挡位是"×1k"挡，表针指示为 20，则被测阻值为 20×1kΩ=20kΩ。

步骤 3 保持黑、红表笔不动，让手指接触栅极（G），此时万用表表针开始左右摆动，即正常，如图 11-21 所示。

总结：在步骤 3 中，表针摆动幅度越大，则表明被测结型场效应管的放大倍数就越大；若表针不发生偏转，则表明被测结型场效应管已损坏。

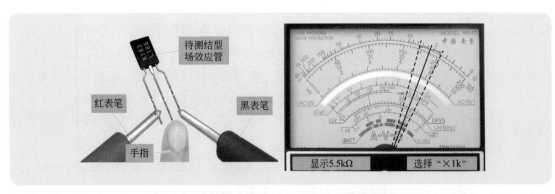

图11-21 结型场效应管的再次测量

专家提示

上述检测中，黑表笔搭在漏极（D）上，红表笔搭在源极（S）上时，表内1.5V电池给结型场效应管的漏极（D）、源极（S）加上一个正向电压。用手指接触栅极（G）目的是将人体的感应电压作为输入信号加到栅极（G）上。值得一提的是，无论表针向左或向右摆动都属于正常情况。

七、场效应管的代换

1. 场效应管代换的基本原则

场效应管代换的基本原则主要有：代换管与原管之间的类型、特性、参数和外形应相同或相近。

（1）类型要相同

场效应管的类型相同主要是结型管代换结型管，绝缘栅管代换绝缘栅管，N沟道代换N沟道管，P沟道管代换P沟道管。

（2）主要特性和参数要相同或相近

对于应用在低压小信号放大、阻抗变换等电路中的小功率场效应管要注意代换管与原管之间的低频跨导 g_m、输入阻抗 R_i、夹断电压 $U_{GS (off)}$、开启电压 $U_{GS (th)}$ 及输出电阻 R_0 等参数要相同或相近；而对于应用在大功率放大电路中的功率型场效应管，要注意代换管与原管之间的漏源击穿电压 BU_{DS}，最大耗散功率 P_{DM}，漏源极最大电流 I_{DM} 等参数要相同或相近。可以使用性能更好的代换性能差的场效应管，而不能使用性能差的代换性能好的场效应管。

（3）外形相同或相近

由于场效应管形状各异，引脚距离远近不同，功率较大时，引脚距离相等，因此选择外形相同或相近的代换管进行更换，安装也方便。

2. 场效应管的更换操作技巧

① 对于经在路检测已经击穿损坏的场效应管，应清楚各极在电路板上的位置，在电路上有引脚名称标识的应记住场效应管各极名称；如无引脚名称标识，应记住代表场效应管方向性的标识平面、朝向等信息。

② 根据场效应管的型号标识（如N沟道或P沟道），和电路原理图中场效应管的符号（如各极连接情况及符号中箭头朝里表示N型、箭头朝外表示P型）。

专家提示

在更换场效应管时应注意，绝缘栅型场效应管的栅极易感染静电积累电荷而击穿，因此在场效应管的使用中，手不要触摸栅极，最好将三个电极短接，或用金属箔包装屏蔽。在使用电烙铁进行焊接时，要注意防静电，例如电烙铁应接地，焊接温度不要过高，先焊接源极 S，再焊接栅极 G，最后焊接漏极 D。对于功率型场效应管，应注意在管背与其散热片之间要涂抹散热硅脂等。

第三节 绝缘栅场效应管（MOS管）

绝缘栅场效应管的内部由金属、氧化物和半导体材料组成，因此又称为金属氧化物 - 半导体场效应管（Metal Oxide Semiconductor），简称为 MOS 场效应管、MOS 管。根据氧化物（SiO_2）是否掺有正离子，可分为增强型和耗尽型，根据构成导电沟道的半导体材料的不同可分为 P 沟道型和 N 沟道型。

一、增强型绝缘栅场效应管结构原理

认识增强型绝缘栅场效应管

1. 增强型绝缘栅场效应管的外形

常见的增强型 MOS 场效应管的外形和电路图形符号如图 11-22 所示。

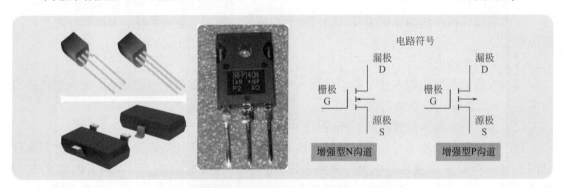

图11-22 增强型MOS场效应管的外形

2. 增强型绝缘栅场效应管的内部结构

现以 N 沟道增强型绝缘栅场效应管为例加以说明，其内部结构和等效电路如图 11-23 所示。

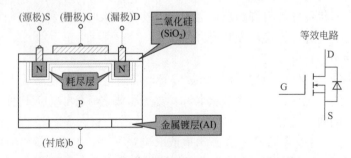

图11-23 N沟道增强型绝缘栅型场效应管内部结构和等效电路

如图 11-23 所示，在一块低浓度 P 型半导体衬底上分别扩散两个高杂质浓度 N 型区，并各引出一个电极，分别叫作源极（S）和漏极（D），在 S 极和 D 极之间的半导体晶片上覆盖一层二氧化硅（SiO$_2$）绝缘层，然后在 S 极与 D 极之外的氧化物表面覆盖一层金属铝（Al），并引出电极作为栅极 G。在各极不加电压情况下其内部 D 极与 S 极之间没有导电沟道，只有在 $U_{GS}>0$ 时，才会形成导电沟通并控制宽窄，因此被称为增强型。

3. 增强型绝缘栅场效应管的工作原理

现以 N 沟道增强型绝缘栅场效应管为例加以说明。N 沟道增强型场效应管的工作原理如图 11-24 所示。

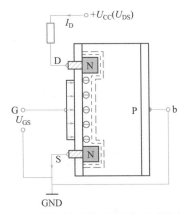
(a) U_{GS}大于开启电压U_T较少时，I_D也较小

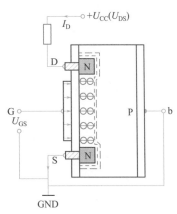
(b) U_{GS}大于开启电压U_T较多时，I_D也较大

图11-24 N沟道增强型场效应管的工作原理

当该类场效应管的栅极 G 与源极 S 之间不加电压时，在与 D 极相连的 N 型区周围产生的耗尽层极性与在 S 极相连的 N 型区周围产生的耗尽层极性相反，阻抗较大，漏源极之间电流 I_D 约为零。

当在栅极 G 与源极 S 之间加有少量正电压时，则会在栅极 G 与衬底 b 之间的绝缘层内形成一个指向衬底的电场，该电场将电源中的电子经衬底吸引过的而吸附在 D 极与 S 极之间，形成一个 N 型薄层。该 N 型薄层在 D 极与 S 极形成一个导电通道。由于与栅极相连的金属铝薄层有一定的面积，因此当栅极与源极之间所加的电压撤掉后，该电场依然存在，漏极与源极之间已形成的 N 型沟道不会消失。当漏极与源极之间有一定的正向电压时，漏极与源极之间就会有流通。

当加在栅极 G 与源极 S 之间的正向电压增大时，在 D 极与 S 极之间形成的沟道宽度也在增加，因此漏极电流 I_D 也较大。

专家提示

由于该种场效应管的导电沟道是因栅源电压 U_{GS} 增强后才形成的，因此称之为增强型场效应管。

二、增强型绝缘栅场效应管的特点

当栅极（G）与源极（S）之间的电压为 0 时，漏极（D）与源极（S）之间没有形成沟道；当栅极（G）与源极（S）之间加上一定电压后，栅极（G）与源极（S）之间已形成沟道；若漏极（D）与源极（S）之间的电压变化会引起其沟道的宽窄变化，此时漏极（D）电流也会因此而发生变化。

对 P 沟道增强型绝缘栅场效应管来讲，栅极（G）与源极（S）之间必须加负电压，漏极（D）与源极（S）之间才形成沟道；对 N 沟道增强型绝缘栅场效应管来讲，栅极（G）与源极（S）必须加正电压，漏极（D）与源极（S）之间才能形成沟道。

认识耗尽型绝缘
栅场效应管

三、耗尽型绝缘栅场效应管的结构原理

常见耗尽型绝缘栅场效应管的外形如图 11-25 所示。

图11-25 常见耗尽型绝缘栅场效应管的外形

1. 耗尽型绝缘栅场效应管的内部结构

现以 N 沟道耗尽型绝缘栅场效应管为例讲述其内部结构。

N 沟道耗尽型绝缘栅场效应管的内部结构和电路图形符号如图 11-26 所示。

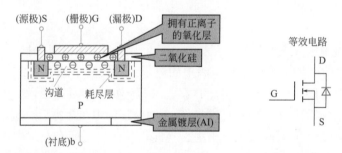

图11-26 N沟道耗尽型绝缘栅场效应管的内部结构和电路图形符号

耗尽型绝缘栅场效应管与增强型绝缘栅场效应管内部结构基本相同，只是在耗尽型场效应管绝缘层氧化物中掺有大量易电离的物质，大量的负离子（电子）扩散到 P 型衬底中与空穴中和，而仍有大量的电子滞留在漏极 D 与源极 S 之间形成 N 型反应层而构成导电沟道，在氧化物中掺杂的物质失去电子而带正电形成正离子。

在各极不加电压的情况下，其内部 D 极与 S 极之间就已形成了导电沟道，只有在栅极加有反向电压才能控制该沟道的减少，因此被称为耗尽型。

2. 耗尽型绝缘栅场效应管的工作原理

现以 N 沟道耗尽型绝缘栅场效应管为例讲述其工作原理。

当该类场效应管的栅极 G 不加电压时，其漏极 D 与源极 S 之间已经有沟道形成。若在

其漏极 D 与源极 S 之间加有正向电压 U_{DS}，则会形成漏极电流 I_D；若在栅极 G 与源极 S 之间加上正向电压 U_{GS}，则漏极电流 I_D 就会随着 U_{GS} 的增大而增大；若在栅极 G 与源极 S 之间加上反向电压 $-U_{GS}$，则漏极电流 I_D 就会随着 U_{GS} 的反向增大而减小，当加在栅极 G 与源极之间的反向电压增大到一定值时，所原有的沟道就会消失，所以该种场效应管被称为耗尽型，而且该类场效应管的栅极电压 U_{GS} 可以是正向电压，也可以是反向电压。

四、耗尽型绝缘栅场效应管的特点

当栅极（G）与源极（S）之间的电压为 0 时，栅极（G）与源极（S）之间就有沟道存在，此时漏极（D）电流不为 0；当栅极（G）与源极（S）之间加上负电压时，若漏极（D）与源极（S）之间的电压变化会引起其沟道的宽窄变化，此时漏极（D）电流也会因此而发生变化。

正常工作时，P 沟道耗尽型绝缘栅场效应管的栅极（G）与源极（S）之间应加正向电压［即栅极（G）电压大于源极（S）电压，栅极（G）与源极（S）之间的电压等于栅极（G）电压减去源极（S），应为正电压］；N 沟道耗尽型绝缘栅场效应管的栅极（G）与源极（S）之间应加负电压［即栅极（G）电压小于源极（S）电压，栅极（G）与源极（S）之间的电压等于栅极（G）电压减去源极（S）电压，为负电压］。

五、绝缘栅场效应管引脚极性的测量

被测绝缘栅场效应管的外形如图 11-27 所示。

（**检测依据**）正常情况下，绝缘栅场效应管的栅极（G）与源极（S）、漏极（D）之间的正、反向阻值均为

用指针万用表测量　用数字万用表测量
绝缘栅场效应管的　绝缘栅场效应管的
引脚极性　　　　引脚极性

无穷大，由于漏极（D）与源极（S）之间有一只反向二极管，其正向阻值较小，一般为几百欧到几千欧，故反向阻值接近无穷大。

步骤 1　选择指针万用表的"×1k"挡，并调零，如图 11-28 所示。

图11-27　被测绝缘栅场效应管的外形

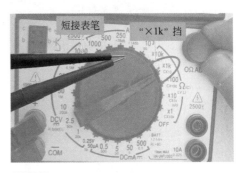

图11-28　选择指针万用表的"×1k"挡，并调零

步骤 2　将黑表笔搭在绝缘栅场效应管的右侧引脚上，红表笔搭在左侧引脚上，此时万用表显示无穷大，如图 11-29 所示。

步骤 3　保持黑表笔不动，让红表笔搭在中间引脚上，此时万用表显示为 6kΩ，如图 11-30 所示。

总结：以上述检测阻值较小的一次为标准，黑表笔所搭的引脚为源极（S），红表笔所搭的引脚为漏极（D），余下的为栅极（G）。

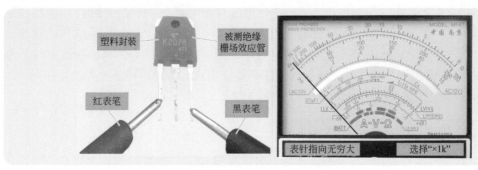

图11-29 绝缘栅场效应管的测量

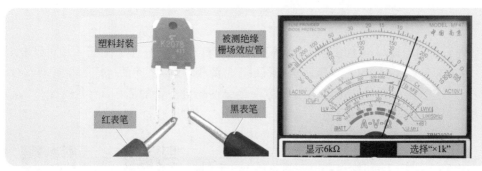

图11-30 绝缘栅场效应管的再次测量

专家提示

用万用表测量绝缘栅场效应管的引脚时，由于这种管子输入阻抗高，栅极（G）间的极间电容很小，测量时只要有较小的电压，就足以将管子击穿。

六、绝缘栅场效应管好坏的检测

被测绝缘栅场效应管的外形如图 11-31 所示。

用指针万用表测量绝缘栅场效应管的好坏

用数字万用表测量绝缘栅场效应管的好坏

检测依据 正常情况下，绝缘栅场效应管应满足以下条件：

① 栅极（G）与漏极（D）、源极（S）之间的正、反电压均为无穷大；

② 源极（S）与漏极（D）之间的反向阻值为几百欧到几千欧，正向阻值为无穷大。

步骤1 选择指针万用表的"×1k"挡，并调零，如图 11-32 所示。

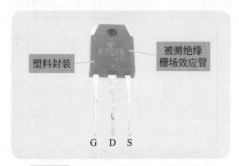

图11-31 被测绝缘栅场效应管的外形

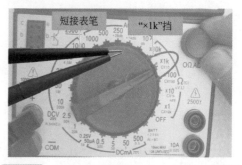

图11-32 选择指针万用表的"×1k"挡，并调零

专家指导：使用指针万用表的欧姆挡测量阻值时，表针应停在中间或附近（即欧姆挡刻度 5 ～ 40 附近），测量结果比较准确。

步骤 2　将黑表笔搭在绝缘栅场效应管的栅极（G）上，红表笔搭在漏极（D）上，此时万用表显示为无穷大，即正常，如图 11-33 所示。

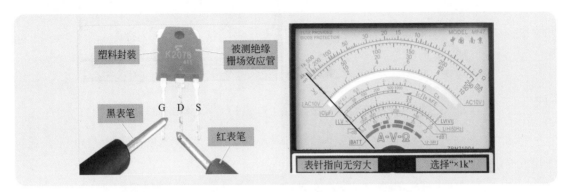

图11-33　绝缘栅场效应管的栅极（G）和漏极（D）之间阻值的测量

步骤 3　交换黑红表笔再次测量，此时万用表显示为无穷大，即正常，如图 11-34 所示。

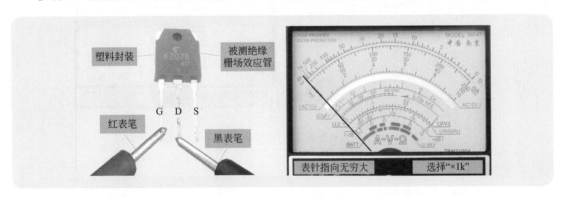

图11-34　绝缘栅场效应管的栅极（G）和漏极（D）之间阻值的再次测量

步骤 4　将黑表笔搭在绝缘栅场效应管的栅极（G）上，红表笔搭在源极（S）上，此时万用表显示为无穷大，即正常，如图 11-35 所示。

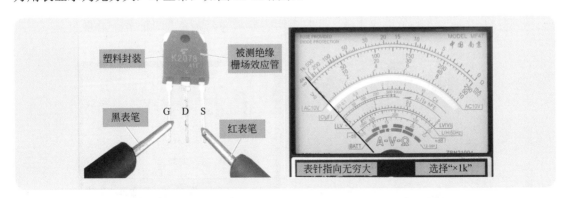

图11-35　绝缘栅场效应管的栅极（G）和源极（S）之间阻值的测量

步骤 5　交换黑红表笔再次测量，此时万用表显示为无穷大，即正常，如图 11-36 所示。

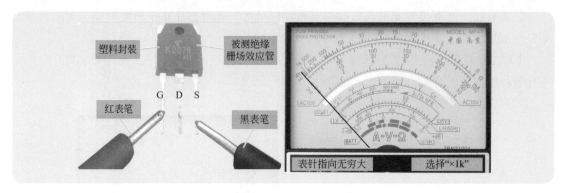

图11-36 绝缘栅场效应管的栅极（G）和源极（S）之间阻值的再次测量

步骤6 将黑表笔搭在绝缘栅场效应管的源极（S）上，红表笔搭在漏极（D）上，此时万用表显示为6kΩ，即正常，如图11-37所示。

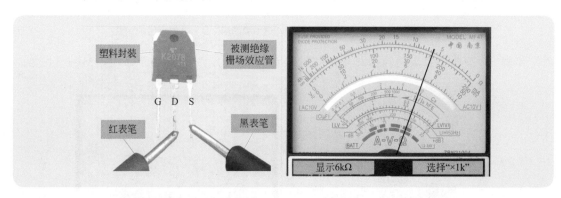

图11-37 绝缘栅场效应管的漏极（D）和源极（S）之间阻值的测量

专家提示

用指针万用表测得的阻值为表盘的指针指示数乘以电阻挡位，即被测电阻值＝刻度示值×挡位数。如选择的挡位是"×1k"挡，表针指示为20，则被测阻值为20×1kΩ=20kΩ。

步骤7 交换黑红表笔再次测量，此时万用表显示为无穷大，即正常，如图11-38所示。

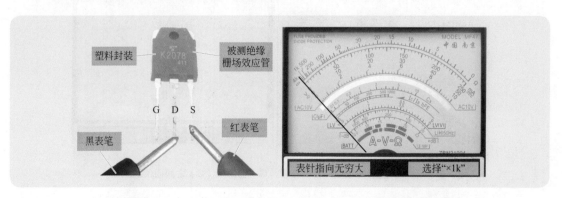

图11-38 绝缘栅场效应管的漏极（D）和源极（S）之间阻值的再次测量

总结：若上述所测出现 0 阻值，则表明被测绝缘栅场效应管被击穿短路；若所测漏极（D）与源极（S）之间的反向阻值无穷大，则表明被测绝缘栅场效应管开路。

七、大功率绝缘栅场效应管沟道的判断和触发导通的检测

被测大功率绝缘栅场效应管的外形如图 11-39 所示。

步骤 1　选择指针万用表的"×10k"挡，并调零，如图 11-40 所示。

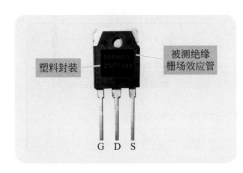

图11-39　被测大功率绝缘栅场效应管的外形

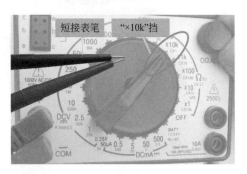

图11-40　选择指针万用表的"×10k"挡，并调零

步骤 2　用导线短接栅极（G）与源极（S），以释放栅极（G）上的电荷，如图 11-41 所示。

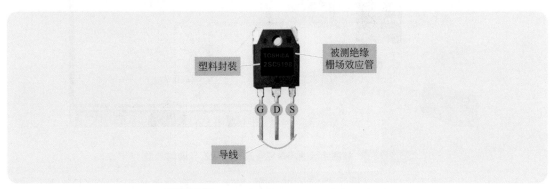

图11-41　用导线短接栅极（G）与源极（S）

步骤 3　将黑表笔搭在绝缘栅场效应管的漏极（D）上，红表笔搭在源极（S）上，此时万用表显示为无穷大，即高阻抗，如图 11-42 所示。

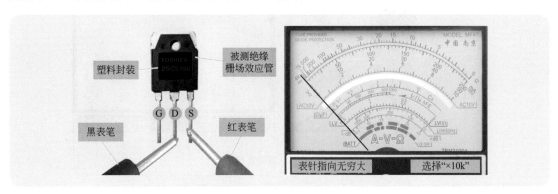

图11-42　万用表显示为无穷大，即高阻抗

步骤 4　保持红表笔不动，让黑表笔同时搭在漏极（D）与栅极（G）上（即短接漏极

D 与栅极 G），此时表针迅速从无穷大位置到达低阻抗位置，则表明被测绝缘栅场效应管处于触发导通状态，也表明被测绝缘栅场效应管为 N 沟道，如图 11-43 所示。

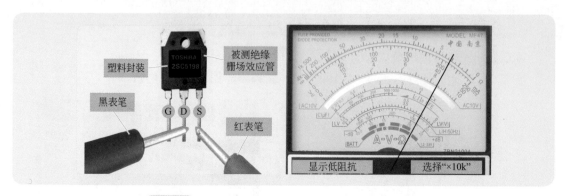

图11-43 被测绝缘栅场效应管处于触发导通状态的测量

步骤 5　在步骤 4 中，若所测阻值为无穷大，则表明被测绝缘栅场效应管没有被触发导通，应进行下项检测，如图 11-44 所示。

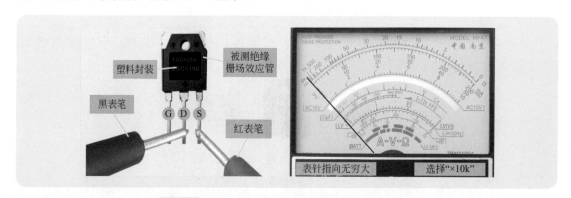

图11-44 被测绝缘栅场效应管没有被触发导通的测量

步骤 6　将黑表笔搭在绝缘栅场效应管的源极（S）上，红表笔搭在漏极（D）上，此时万用表显示为无穷大，即高阻抗，如图 11-45 所示。

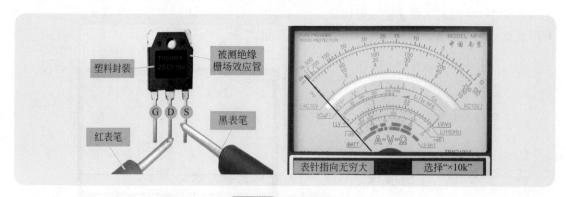

图11-45 测得高阻抗

步骤 7　保持黑表笔不动，让红表笔同时搭在漏极（D）与栅极（G）上（即短接漏极 D 与栅极 G），此时表针迅速从无穷大位置到达低阻抗位置，则表明被测绝缘栅场效应管处于触发导通状态，也表明被测绝缘栅场效应管为 P 沟道，如图 11-46 所示。

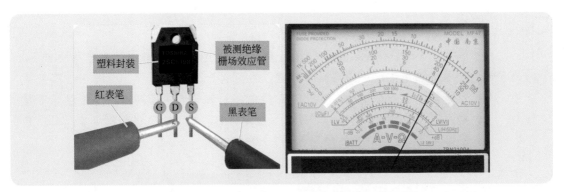

图11-46 被测绝缘栅场效应管处于触发导通状态的测量

总结：若上述检测过程中，经触发而绝缘栅场效应管没有导通，则表明被测绝缘栅场效应管已损坏。

专家提示

在检测时，一些绝缘栅场效应管被触发导通后，其漏极（D）与源极（S）之间的阻值会很小，甚至会接近0。

八、场效应管的代换

1. 场效应管代换的基本原则

场效应管代换的基本原则主要有：代换管与原管之间的类型、特性、参数和外形应相同或相近。

（1）类型要相同

场效应管的类型相同主要是结型管代换结型管，绝缘栅管代换绝缘栅管，N沟道代换N沟道管，P沟道管代换P沟道管。

（2）主要特性和参数要相同或相近

对于应用在低压小信号放大、阻抗变换等电路中的小功率场效应管，要注意代换管与原管之间的低频跨导 g_m、输入阻抗 R_i、夹断电压 $U_{GS(off)}$、开启电压 $U_{GS(th)}$ 及输出电阻 R_0 等参数要相同或相近；而对于应用在大功率放大电路中的功率型场效应管，要注意代换管与原管之间的漏源击穿电压 BU_{DS}、最大耗散功率 P_{DM}、漏源极最大电流 I_{DM} 等参数要相同或相近。可以使用性能更好的代换性能差的场效应管，而不能使用性能差的代换性能好的场效应管。

（3）外形相同或相近

由于场效应管形状各异，引脚距离远近不同，功率较大时，引脚距离相等，因此选择外形相同或相近的代换管进行更换，安装也方便。

2. 场效应管的更换操作技巧

① 对于经在路检测已经击穿损坏的场效应管，应清楚各极在电路板上的位置，在电路上有引脚名称标示的应记住场效应管各极名称；如无引脚名称标示时，应记住代表场效应管方向性的标示平面、朝向等信息。

② 应清楚场效应管的型号标示（如N沟道或P沟道）和电路原理图中场效应管的符号（如各极连接情况及符号中箭头朝里表示N型，箭头朝外表示P型）。

　　在更换场效应管时应注意，绝缘栅型场效应管的栅极易感染静电积累电荷而击穿，因此在场效应管的使用中，手不要触摸栅极，最好将三个电极短接，或用金属箔包装屏蔽。在使用电烙铁进行焊接时，要注意防静电，例如电烙铁应接地，焊接温度不要过高，先焊接源极 S，再焊接栅极 G，最后焊接漏极 D。对于功率型场效应管，应注意在管背与其散热片之间要涂抹散热硅脂等。

第四节　VMOS场效应管

一、VMOS 场效应管的特点

　　VMOS 场效应管全称为 V 型槽 MOSFET，它是在绝缘栅场效应管的基础上开发的一种功率型场效应管，不仅具有 MOSFET 场效应管输入阻抗高、驱动电流小（微安级）的特点，还具有耐压高（最高耐压可达 1.2kV）、工作电流大（1.5～100A）、输出功率大（1～250W）、跨导线性好、开关速度快等优点。固该管作为高频放大、节能型功率开关管，广泛应用于电动机驱动控制、逆变器、开关电源、电压放大器（可达数千倍）、功率放大器等电子设备和自动控制电路中。

二、VMOS 场效应管的内部结构

　　在绝缘栅场效应管结构中，其栅极、源极和漏极大致处于同一平面内，其工作电流也是沿着水平方向流动。而从 VMOS 场效应管内部结构示意图 11-47 中可以看到，金属栅极做成 V 型槽结构，并且漏极是从其背部引出，所以其漏极电流 I_D 是经重掺杂 N^+ 区（源极 S），P 型沟道流过轻掺杂 N^- 漂移区，垂直到达漏极 D，由于电流 I_D 通过的截面较大，因此能通过较大的电流。

　　由于栅极与源极之间的二氧化硅（SiO_2）绝缘层很薄，耐压较低为 30～50V，一旦过压击穿，则不能恢复而损坏。为避免此类现象的发生，有些生产厂家在其栅极与源极之间也反向安置了反向击穿电压为 10V 的 PN 结，承担稳压齐纳二极管的作用，来保护脆弱的栅极。VMOS 场效应管的内部结构和电路图形符号如图 11-47 所示。

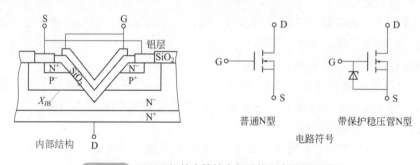

图11-47　VMOS场效应管的内部结构和电路图形符号

三、VMOS 功率场效应管的常见型号

国产 N 沟道结型 VMOS 功率场效应管的主要产品型号有 3DJ2、3DJ4、3DJ6、3DJ6G、3DJ7，P 沟道结型 VMOS 功率场效应管的型号有 CS1～CS4。日产 2S1 系列为 P 沟道管，2SK 系列为 N 沟道管。美制的 2N5460～2N5465 属于 P 沟道管，2N5432～2N5454、2N5457～2N5459、2N4220～2N4222 均为 N 沟道管。还有国产的 VN401、VN672、VMPT2 等型号，美国 IR 公司生产的 IRFPC50、IRFPG50 等型号。

四、VMOS 功率场效应管引脚极性的测量

现以内部未设置保护二极管的 VMOS 功率场效应管为例讲述其引脚极性的测量。

VMOS 功率场效应管的外形如图 11-48 所示。

检测依据 正常情况下，VMOS 功率场效应管的栅极（G）与漏极（D）或栅极（G）与源极（S）之间的正、反向阻值均为无穷大，根据这一特性以判断出栅极（G）。在漏极（D）和源极（S）之间有一个 PN 结，其正向导通，反向截止，根据这一特性以判断出漏极（D）和源极（S）。

1. 判断栅极（G）

步骤 1　选择指针万用表的"×1k"挡，并调零，如图 11-49 所示。

图11-48　被测VMOS功率场效应管的外形

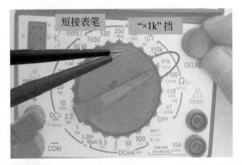
图11-49　选择指针万用表的"×1k"挡，并调零

步骤 2　将黑表笔搭在 VMOS 功率场效应管的左侧引脚上，红表笔搭在 VMOS 功率场效应管的中间引脚上，此时万用表显示为无穷大，即正常，如图 11-50 所示。

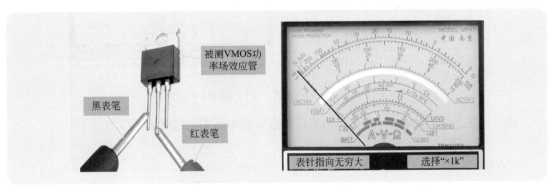
图11-50　判断栅极（G）的测量（1）

步骤 3　交换黑、红表笔再次测量，此时万用表显示也为无穷大，即正常，如图 11-51 所示。

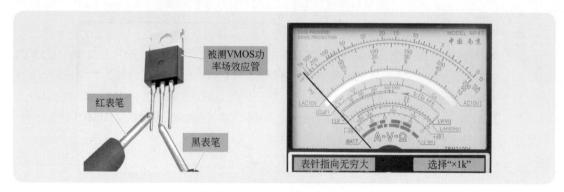

图11-51 判断栅极（G）的测量（2）

步骤4 将黑表笔搭在 VMOS 功率场效应管的右侧引脚上，红表笔搭在 VMOS 功率场效应管的中间引脚上，此时万用表显示为无穷大，即正常，如图 11-52 所示。

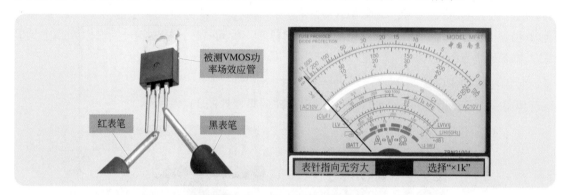

图11-52 判断栅极（G）的测量（3）

步骤5 交换黑、红表笔再次测量，此时万用表显示也为无穷大，即正常，如图11-53所示。

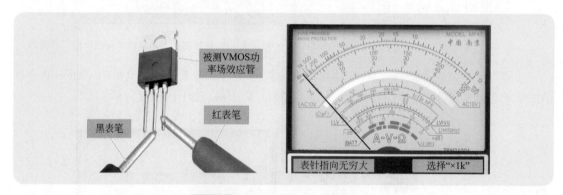

图11-53 判断栅极（G）的测量（4）

总结：在上述检测中，VMOS 功率场效应管的中间引脚是栅极（G）。

2.判断源极（S）和漏极（D）

VMOS 功率场效应管的栅极（G）已确定。

步骤1 将红表笔搭在 VMOS 功率场效应管的右侧引脚上，黑表笔搭在 VMOS 功率场效应管的左侧引脚上，此时万用表显示为无穷大，即正常，如图 11-54 所示。

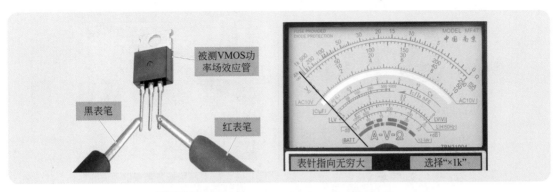

图11-54　判断源极（S）和漏极（D）的测量（1）

步骤 2　交换黑、红表笔再次测量，此时万用表显示为 9kΩ，即正常，如图 11-55 所示。

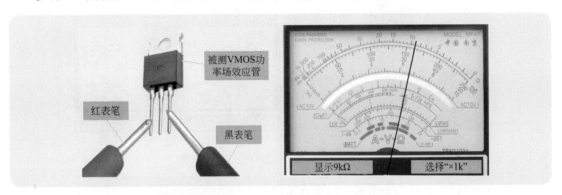

图11-55　判断源极（S）和漏极（D）的测量（2）

总结： 在上述检测中，以测量阻值小的一次为标准，黑表笔所搭的引脚为源极（S），红表笔所搭的引脚为漏极（D），也表明被测 VMOS 功率场效应管为 N 沟道。

要 诀

> VMOS 管判电极，测量极间电阻值，
> 两次极间无穷大，表明该极是栅极，
> 源极、漏极测两次，阻小黑笔搭源极。

五、N 沟道 VMOS 功率场效应管的检测

现以内部未设置保护二极管的 VMOS 功率场效应管为例讲述其检测方法。

VMOS 功率场效应管的外形如图 11-56 所示。

检测依据　正常情况下，用手接触被测 VMOS 功率场效应管的栅极（G），其源极（S）与漏极（D）之间的阻值由无穷大变为较小。

步骤 1　选择指针万用表的"×1k"挡，并调零，如图 11-57 所示。

步骤 2　将黑表笔搭在 VMOS 功率场效应管的漏极（D）上，红表笔搭在源极（S）上，此时万用表指针指向无穷大位置，即正常，如图 11-58 所示。

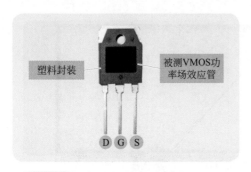

图11-56 被测VMOS功率场效应管的外形

图11-57 选择指针万用表的"×1k"挡,并调零

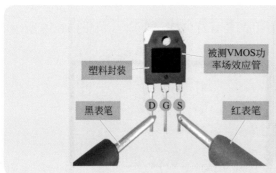

图11-58 被测VMOS功率场效应管的测量

步骤3 保持黑、红表笔不动,用手接触栅极(G),此时万用表指针有较大的摆动,实测6kΩ,即正常,如图11-59所示。

图11-59 被测VMOS功率场效应管的再次测量

专家提示

用指针万用表测得的阻值为表盘的指针指示数乘以电阻挡位,即被测电阻值＝刻度示值×挡位数。如选择的挡位是"×1k"挡,表针指示为20,则被测阻值为20×1kΩ=20kΩ。

总结: 在上述测量中,若表针摆动幅度越大,则表明被测VMOS功率场效应管的性能越好;若表针不动,则表明被测VMOS功率场效应管已损坏。

六、P 沟道 VMOS 功率场效应管的检测

VMOS 功率场效应管也分 P 沟道和 N 沟道，但大多数产品为 N 沟道。对于 P 沟道 VMOS 功率场效应管，测量时应交换表笔的位置即可。

七、场效应管的代换

1. 场效应管代换的基本原则

场效应管代换的基本原则主要有：代换管与原管之间的类型、特性、参数和外形应相同或相近。

（1）类型要相同

场效应管的类型相同主要是结型管代换结型管，绝缘栅管代换绝缘栅管，N 沟道代换 N 沟道管，P 沟道管代换 P 沟道管。

（2）主要特性和参数要相同或相近

对于应用在低压小信号放大、阻抗变换等电路中的小功率场效应管，要注意代换管与原管之间的低频跨导 g_{m}、输入阻抗 R_{i}、夹断电压 $U_{GS(off)}$、开启电压 $U_{GS(th)}$ 及输出电阻 R_{0} 等参数要相同或相近；而对于应用在大功率放大电路中的功率型场效应管，要注意代换管与原管之间的漏源击穿电压 BU_{DS}、最大耗散功率 P_{DM}、漏源极最大电流 I_{DM} 等参数要相同或相近。可以使用性能更好的代换性能差的场效应管，而不能使用性能差的代换性能好的场效应管。

（3）外形相同或相近

由于场效应管形状各异，引脚距离远近不同，功率较大时，引脚距离相等，因此选择外形相同或相近的代换管进行更换，安装也方便。

2. 场效应管的更换操作技巧

① 对于经在路检测已经击穿损坏的场效应管，应清楚各极在电路板上的位置，在电路上有引脚名称标示的应记住场效应管各极名称；如无引脚名称标示，应记住代表场效应管方向性的标示平面、朝向等信息。

② 应清楚场效应管的型号标示（如 N 沟道或 P 沟道）和电路原理图中场效应管的符号（如各极连接情况及符号中箭头朝里表示 N 型、箭头朝外表示 P 型）。

第十二章
绝缘栅双极型晶体管（IGBT）

第一节 IGBT 的基础知识

一、IGBT 的外形和结构特点

IGBT 的外形如图 12-1 所示。

图12-1 IGBT的外形

　　IGBT 的结构如图 12-2 所示，IGBT 结构和 MOSFET 较相似，不仅将沟道表面扩散的高掺杂 N 区用金属铝表面连接并引出电极，叫作发射极 E，还在金属衬底与 N^+ 型区之间增加一个高掺杂浓度的 P 区，并引出电极叫作集电极 C，则在发射极 E 与集电极 C 之间出现了三个 PN 结的四层结构，等效于一只 NPN 型三极管与 PNP 型三极管的复合，实际上类似于 NPN 结的三极管，其基区与发射区是通过金属铝表面连接，该 NPN 管基本不起作用，可以看作是一只 N 沟道 MOSFET 管与一只 PNP 型管三极管的复合。IGBT 电路图形符号的等效电路如图 12-3 所示。

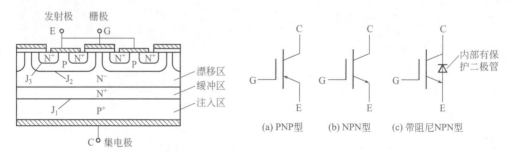

图12-2 IGBT内部结构和电路图形符号

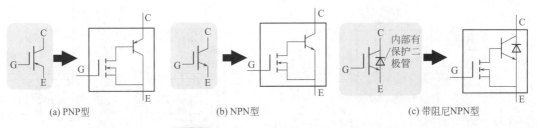

(a) PNP型　　　　　　　　(b) NPN型　　　　　　　(c) 带阻尼NPN型

图12-3　IGBT电路图形符号的等效电路

专家提示

　　IGBT 的电路图形符号也体现了 MOSFET 与三极管的复合。而不同国家、生产厂家及种类的 IGBT，电路图形符号也有所不同。符号中，G 极与另外两极之间不相通，表明 IGBT 的栅极 G 与集电极 C 和发射极 E 之间是绝缘的，而箭头不仅表示电流方向，也表示与该极相连的 PN 结结构。

二、IGBT 的工作原理

1. IGBT 的工作原理

　　IGBT 也是电压控制型器件，当在 IGBT 的集电极 C 与发射极 E 之间加有一定工作电压 U_{ce} 时，若加在 IGBT 的栅极 G 和发射极 E 之间的电压 U_{GE} 大于其开启电压 $U_{GE(th)}$，则其集电极对发射极导通；若在栅极和发射极之间施加反向电压或所加电压为零时，集电极对发射极开路。

　　通过设置合适的偏置和输入相应的信号可以使 IGBT 工作在线性放大区、饱和区和截止区。

　　由于 IGBT 栅极 G 具有较高的绝缘程度，对驱动电路的输出电流要求不高，而要求驱动电路要有一定的电压输出能力，IGBT 的栅极 G 对发射极 E 之间最大工作电压一般为 ±20V，因此要求驱动电路能够输出 +15V 的开启电压并且也在需要截止时为栅极储存的电荷提供泄放通道。

2. IGBT 的示意描述

　　IGBT 的工作原理也可以使用图 12-4 所示的示意图进行描述。

　　如图 12-4（a）所示，在栅极阀门没有开启时，栅极水管内没有水，左右两侧闸门在弹簧的推力作用下，移动到中间并合拢在一起阻止集电极水管内的水进入到发射极水管。

　　如图 12-4（b）所示，拧开栅极阀门，栅极水管内充满水，并到达左右两侧闸门，若此时栅极水管内的水压偏低对闸门活塞产生的压力小于弹簧对活塞的推力时，则活塞并不移动，两侧闸门依旧合拢，集电极水管与发射极水管之间不能导通；当栅极水管内的水压增大到一定程度，使得水对闸门活塞的压力大于弹簧对活塞的推力时，则两侧活塞带闸门压迫弹簧而朝两侧移动，集电极水管内的水则会通过裂开的闸门到达发射极水管形成集电极水流。

　　若此时，当栅极阀门关闭，栅极水管内的水无处泄放，仍旧对活塞产生压力，闸门依旧处于开启状态，集电极水流照旧通过闸门，而与栅极阀门左侧进水管内的水压高低没有关系。

　　若栅极阀门左侧进水管内水压消失，此时拧开栅极阀门，储存在栅极水管内的水则会经栅极阀门朝左对外泄放，当水对闸门活塞的压力小于弹簧对活塞的推力时，左右两侧活塞朝中间合拢直至关闭集电极水管与发射极水管之间的通道。

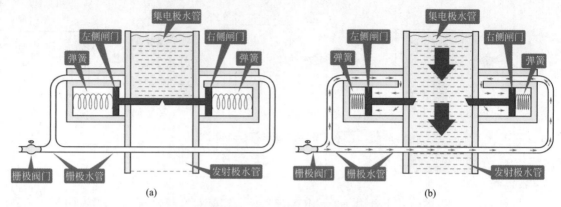

图12-4 IGBT工作原理描述示意图

从上述过程可以看出，栅极水管内储存一定压力的水时，集电极水管就对发射极水管导通，而储存在栅极水管内的水原路返回泄放后，集电极水管与发射极水管之间截止。

三、IGBT 的性能特点

IGBT 不仅是 MOSFET 管与双极型晶体管（即三极管）的复合，同时也继承了两管的优点：电流密度大，是 MOSFET 管的数十倍；输入阻抗高，可使驱动电路简单，只要有一定电压放大倍数即可；低导通电阻，在相近的芯片尺寸和耐压下，其导通电阻 $R_{ce(on)}$ 小于 MOSFET 管 $R_{ds(ON)}$ 的 10%；击穿电压高，安全工作区域大，即使输出功率瞬时较高，也不易损坏；开关速度快，关断时间短。例如耐压高达 1kV 以上的约为 1.2μs，而 600V 级别的 IGBT 仅为 0.2μs，开关频率可达 100kHz，且损坏率较低。

第二节 IGBT 的检测维修和代换

一、IGBT 的引脚极性的测量

被测 IGBT 的外形如图 12-5 所示。

【检测依据】正常情况下，内置阻尼二极管的 IGBT 应满足以下条件。

① 栅极（G）与发射极（E）之间的正、反向阻值均为无穷大。

② 栅极（G）与集电极（C）之间的正、反向阻值均为无穷大。

③ 集电极（C）与发射极（E）之间的反向阻值一般为几千欧到几百千欧，正向阻值为无穷大。

【专家提示】

对集电极（C）和发射极（E）之间未加阻尼二极管的 IGBT，应满足以下条件。

① 栅极（G）与发射极（E）之间的正、反向阻值均为无穷大。

② 栅极（G）与集电极（C）之间的正、反向阻值均为无穷大。

③ 集电极（C）与发射极（E）之间的正、反向阻值均为无穷大。

步骤 1　选择指针万用表的"×1k"挡，并调零，如图 12-6 所示。

图12-5　被测IGBT的外形

图12-6　选择指针万用表的"×1k"挡，并调零

步骤 2　将表笔的金属部分同时搭在三只引脚上，以放掉电荷来保持测量的准确性，如图 12-7 所示。

步骤 3　测左脚和右脚正、反向阻值，左脚和中间正、反向阻值，此时万用表指示均为无穷大，如图 12-8 所示。

步骤 4　将黑表笔搭在 IGBT 的右侧引脚上，红表笔搭在中间引脚上，此时万用表指示阻值为 6kΩ，即正常，如图 12-9 所示。

步骤 5　交换黑、红表笔再次测量，此时万用表指示阻值为无穷大，如图 12-10 所示。

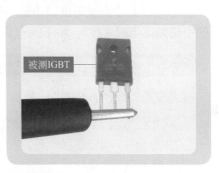

图12-7　将表笔的金属部分同时搭在三只引脚上

图12-8　测左脚和右脚正、反向阻值以及测左脚和中间正、反阻值

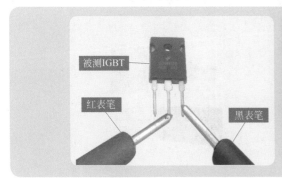

图12-9　将黑表笔搭在IGBT的右侧引脚上，红表笔搭在中间引脚上的测量

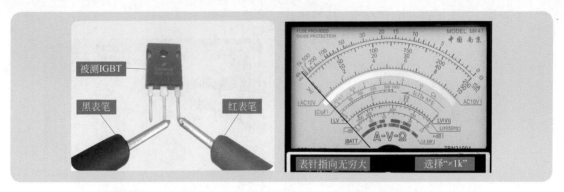

图12-10 将红表笔搭在IGBT的右侧引脚上，黑表笔搭在中间引脚上的测量

总结： 以上述测量阻值较小的一次为准，黑表笔所搭的引脚为发射极（E），红表笔所搭的引脚为集电极（C），余下的一只引脚为栅极（G）。

二、用指针万用表检测内置二极管的 IGBT 的好坏

被测内置二极管的 IGBT 的外形和电路图形符号如图 12-11 所示。

检测依据 正常情况下，内置二极管的 IGBT 应满足以下条件。

① 栅极（G）与发射极（E）之间的正、反向阻值均为无穷大。

② 栅极（G）与集电极（C）之间的正、反向阻值均为无穷大。

③ 集电极（C）与发射极（E）之间的反向阻值一般为几千欧，正向阻值为无穷大。

步骤1 选择指针万用表的"×1k"挡，并调零，如图 12-12 所示。

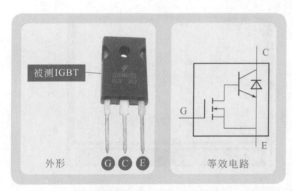

图12-11 被测IGBT的外形

图12-12 选择指针万用表的"×1k"挡，并调零

专家指导：使用指针万用表的欧姆挡测量阻值时，表针应停在中间或附近（即欧姆挡刻度 5～40 附近），测量结果比较准确。

步骤2 将表笔的金属部分同时搭在三只引脚上，以放掉电荷来保持测量的准确性，如图 12-13 所示。

步骤3 将红表笔搭在 IGBT 的栅极（G）上，黑表笔搭在发射极（E）上，此时万用表显示阻值为无穷大，即正常，如图 12-14 所示。

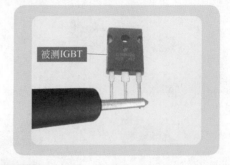

图12-13 将表笔的金属部分同时搭在三只引脚上

图12-14 IGBT栅极（G）与发射极（E）之间阻值的测量

步骤4　交换黑、红表笔两次测量，此时万用表显示阻值为无穷大，即正常，如图12-15所示。

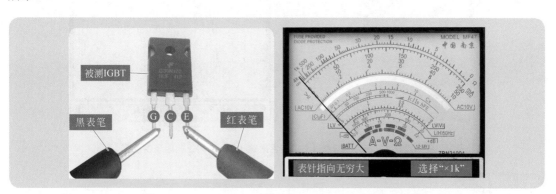

图12-15 IGBT栅极（G）与发射极（E）之间阻值的再次测量

步骤5　将红表笔搭在IGBT栅极（G）上，黑表笔搭在集电极（C）上，此时万用表显示阻值为无穷大，即正常，如图12-16所示。

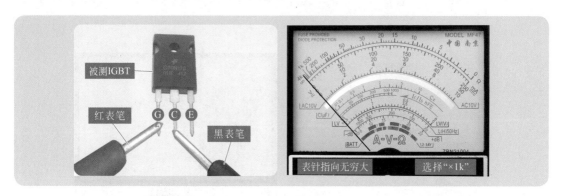

图12-16 IGBT栅极（G）与集电极（C）之间阻值的测量

步骤6　交换黑、红表笔再次测量，此时万用表显示阻值为无穷大，即正常，如图12-17所示。

步骤7　将红表笔搭在IGBT的集电极（C）上，黑表笔搭在发射极（E）上，此时万用表显示正向阻值为6kΩ，即正常，如图12-18所示。

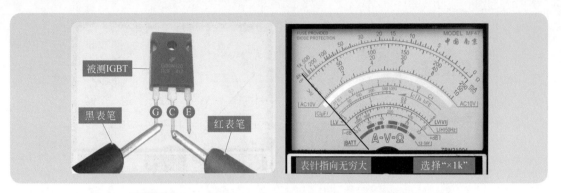

图12-17 IGBT栅极（G）与集电极（C）之间阻值的再次测量

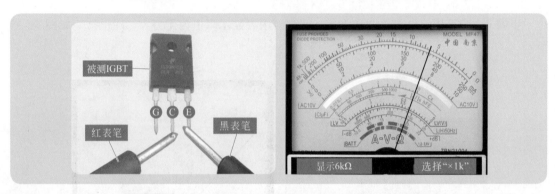

图12-18 IGBT集电极（C）与发射极（E）之间正向阻值的测量

专家提示

　　用指针万用表测得的阻值为表盘的指针指示数乘以电阻挡位，即被测电阻值＝刻度示值 × 挡位数。如选择的挡位是"×1k"挡，表针指示为 20，则被测阻值为 20×1kΩ=20kΩ。

　　步骤 8　交换黑、红表笔再次测量，此时万用表显示压降为无穷大，即正常，如图 12-19 所示。

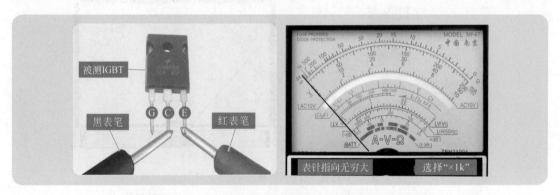

图12-19 IGBT集电极（C）与发射极（E）之间反向阻值的测量

　　总结：若所测 IGBT 的三只引脚的阻值均较小，则表明被测 IGBT 已被击穿；若所测 IGBT 的三只引脚的阻值均为无穷大，则表明被测 IGBT 已开路损坏。在实际维修中，IGBT 多为击穿损坏。

三、用数字万用表检测内置二极管的 IGBT 的好坏

被测内置二极管的 IGBT 的外形和电路图形符号如图 12-20 所示。

检测依据 正常情况下，内置二极管的 IGBT 应满足以下条件。

① 栅极（G）与发射极（E）之间的正、反向压降均为无穷大。

② 栅极（G）与集电极（C）之间的正、反向压降均为无穷大。

③ 集电极（C）与发射极（E）之间的反向压降硅管一般为 0.6 ～ 0.8V（锗管为 0.2 ～ 0.3V），正向压降为无穷大。

步骤 1 选择数字万用表的"二极管"挡，如图 12-21 所示。

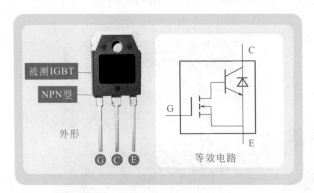

图12-20 被测IGBT的外形和电路图形符号

图12-21 选择数字万用表的"二极管"挡

专家提示

用数字万用表的"二极管"挡检测压降值为无穷大时，大部分数字万用表显示"1."，还有部分数字万用表显示"OL"。

步骤 2 将表笔的金属部分同时搭在三只引脚上，以放掉电荷来保持测量的准确性，如图 12-22 所示。

图12-22 将表笔的金属部分同时搭在三只引脚上

步骤 3 将红表笔搭在 IGBT 的栅极（G）上，黑表笔搭在发射极（E）上，此时万用表显示为无穷大，即正常，如图 12-23 所示。

步骤 4 交换黑、红表笔再次测量，此时万用表也显示为无穷大，即正常，如图 12-24 所示。

图12-23 IGBT栅极（G）与发射极（E）之间压降的测量

图12-24 IGBT栅极（G）与发射极（E）之间压降的再次测量

步骤5 将黑表笔搭在 IGBT 栅极（G）上，红表笔搭在集电极（C）上，此时万用表显示压降为无穷大，即正常，如图 12-25 所示。

图12-25 IGBT栅极（G）与集电极（C）之间压降的测量

步骤6 交换黑、红表笔再次测量，此时万用表显示压降为无穷大，即正常，如图 12-26 所示。

步骤7 将红表笔搭在 IGBT 的集电极（C）上，黑表笔搭在发射极（E）上，此时万用表显示反向压降为 0.64V，即正常，如图 12-27 所示。

步骤8 交换黑、红表笔再次测量，此时万用表显示正向压降为无穷大，即正常，如图 12-28 所示。

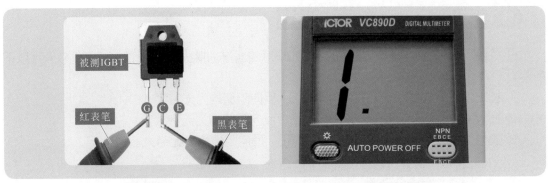

图12-26 IGBT栅极（G）与集电极（C）之间压降的再次测量

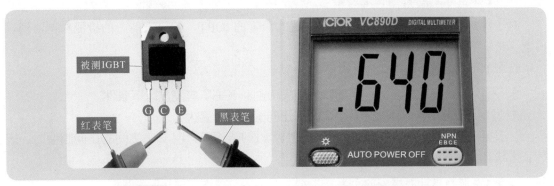

图12-27 IGBT集电极（C）与发射极（E）之间反向压降的测量

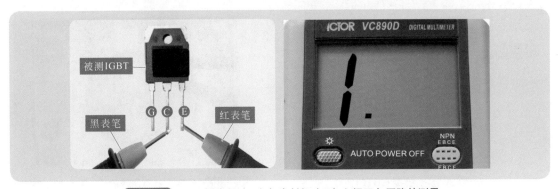

图12-28 IGBT集电极（C）与发射极（E）之间正向压降的测量

　　总结：若所测 IGBT 的三只引脚的压降均较小，则表明被测 IGBT 已被击穿；若所测 IGBT 的三只引脚的压降均为无穷大，则表明被测 IGBT 已开路损坏。在实际维修中，IGBT 多为击穿损坏。

要诀

用表测量 IGBT 管，检测技巧记心间，
表笔把三只脚短，测量有效才保全，
红 C 黑 E 反向压降检，0.64V 在表盘显，
其他脚正反压降检，阻值无穷大是我盼，
如果满足上述特点，IGBT 管正常没危险。

四、没有内置二极管的 IGBT 的检测

检测依据 对集电极（C）和发射极（E）之间未加阻尼二极管的 IGBT，应满足以下条件。

① 栅极（G）与发射极（E）之间的正、反向阻值均为无穷大。

② 栅极（G）与集电极（C）之间的正、反向阻值均为无穷大。

③ 集电极（C）与发射极（E）之间的正、反向阻值均为无穷大。

检测步骤可参考内置二极管的 IGBT 的检测。

五、IGBT 放大能力的检测

对于没有内置二极管的 IGBT 和有内置二极管的 IGBT，其放大能力的检测相同，现以内置二极管的 IGBT 为例加以说明。

被测 IGBT 的外形如图 12-29 所示。

检测依据 正常情况下，用指针万用表检测时 IGBT 应满足以下条件。

① 发射极（E）与集电极（C）之间的正向阻值为无穷大。

② 用手指接触栅极（G）时，测量发射极（E）与集电极（C）之间的正向阻值时，表针应摆动。

步骤 1 选择指针万用表的"×1k"挡，并调零，如图 12-30 所示。

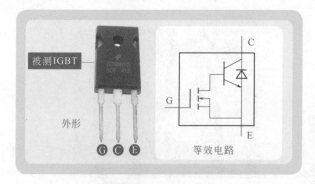

图12-29 被测IGBT的外形

图12-30 选择指针万用表的"×1k"挡，并调零

步骤 2 将表笔的金属部分同时搭在三只引脚上，以放掉电荷来保持测量的准确性，如图 12-31 所示。

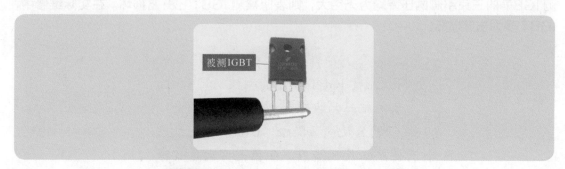

图12-31 将表笔的金属部分同时搭在三只引脚上

步骤3　将黑表笔搭在 IGBT 的集电极（C）上，红表笔搭在发射极（E）上，此时万用表指针指向无穷大位置，即正常，如图 12-32 所示。

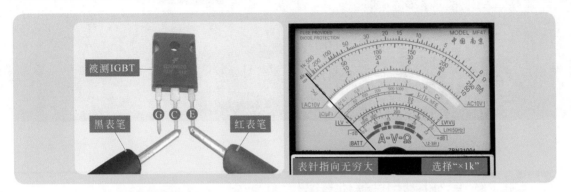

图12-32　IGBT集电极（C）与发射极（E）正向阻值的测量

步骤4　保持黑、红表笔不动，用手指接触 IGBT 的栅极（G），此时万用表指针向右侧偏转，即正常，如图 12-33 所示。

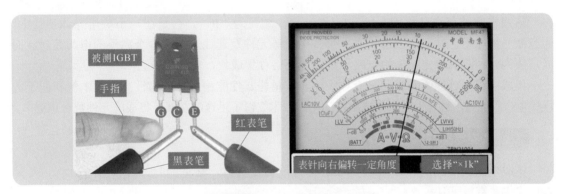

图12-33　IGBT触发导通的测量

总结：用手指接触栅极（G）相当于将人体的感应电压加到栅极（G），若 IGBT 具有放大作用，表针应向右摆动。表针的摆动幅度越大，表明 IGBT 的放大能力就越强；反之，放大能力越弱。若表针根本不动，则表明被测 IGBT 有可能损坏。

◣ 六、IGBT 的代换

IGBT 代换的基本原则如下：

① IGBT 管代换的基本原则为代换管与原管之间的类型、特性、参数、外形应相同或相近。

② 在保证其他参数相同的前提下，也可以使用工作电流大或耐压高的管子代换工作电流小或耐压低的管子。

③ 内部有阻尼二极管的 IGBT 可以代换内部没有阻尼二极管的 IGBT，反之，内部没有阻尼二极管的 IGBT 在代换内部有阻尼二极管的 IGBT 时需外加一只快恢复二极管。

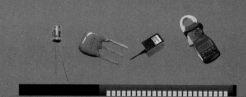

第十三章
集成电路

第一节　集成电路的基础知识

一、集成电路的特点

集成电路的英文名称为 Integrated Circuit，缩写为"IC"。它是在一小块半导体基片上，通过激光刻蚀工艺制造出大量的晶体管、电阻等元件及连线，形成一个完整的电路并封装而成，成为一种具有特定功能的电路。集成电路俗称集成块，也称芯片。

集成电路与分立电路相比具有体积小、重量轻、性能稳定、可靠性高、成本低和便于大规模生产等优点，近几十年来集成电路的生产技术取得了迅速的发展，集成的元件数量也更多。

二、集成电路的封装材料

集成电路封装的材料多采用绝缘的塑料或陶瓷材料，常见的封装形式主要有以下几种：

认识集成电路的
封装材料

1. 金属封装集成电路

采用金属封装的集成电路，其特点是引脚数较少、功能单一、散热性能好、电磁屏蔽好、可靠性高、成本较高等。该种封装形式多见于高精度集成电路或大功率器件。如图 13-1 所示。

> 专家提示
>
> 国标金属封装集成电路有 T 型和 K 型。

2. 塑料封装集成电路

塑料封装的集成电路是最常见的封装形式，如图 13-2 所示。它具有制造成本低、工艺

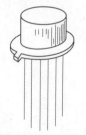

图13-1　金属封装集成电路

扁平型(B型)　　直插型(D型)

图13-2　塑料封装集成电路

简单等优点。国标规定的塑料封装集成电路主要有扁平型（B型）和直插型（D型）两种。

3. 陶瓷封装集成电路

陶瓷封装的集成电路具有导热性能好、耐高温等特点，但制造成本比塑料封装的高，主要在高档芯片中采用。国标规定的陶瓷封装集成电路有扁平型（W型）和双列直插型（D型）两种。陶瓷封装的集成电路的封装形式如图13-3所示。

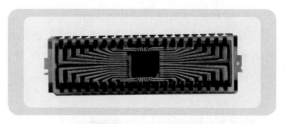

图13-3 陶瓷封装集成电路

专家提示

由于W型陶瓷集成电路的引脚较长，现已被引脚较短的SMT封装陶瓷集成电路所取代，而D型陶瓷集成电路也随着引脚数的增多发展成为CPGA形式。

三、集成电路的封装形式

认识集成电路
的封装形式

由于集成电路芯片内集成的元件数目不断增多，其功能也越来越强大，引脚也越来越多，因此，封装形式也不断改变。集成电路常见的封装形式主要有：

1. 单列直插封装（SIP）集成电路

单列直插封装的集成电路只有一列引脚，且采用穿孔安装，它具有节省电路板面积、内部结构简单、外围引脚数目少、造价低、安装方便等特点。单列直插封装集成电路的外形如图13-4所示。

2. 双列直插封装（DIP）集成电路

双列直插封装的集成电路有两列引脚，分别位于两侧。双列直插封装集成电路的外形如图13-5所示。

图13-4 单列直插封装集成电路的外形

图13-5 双列直插封装集成电路的外形

专家提示

绝大多数中小型集成电路采用这种形式，也可以安插在专用的IC插座上。引脚距离也有宽窄之分，占用电路板面积大，安装方便。

3. 双列扁平封装（SOP）集成电路

双列扁平封装（SOP）集成电路的引脚应于两侧，其外形多为长方形，采用表面安装，引脚数目多在28只以下。根据SOP技术派生的封装形式有SOJ（J型引脚小外形封装）、SOIC（小外形集成电路）、TSOP（薄小外形封装）、VSOP（甚小外形封装）等。双列扁平封装（SOP）集成电路的外形如图13-6所示。

4. 四列扁平塑料封装集成电路

四列扁平塑料封装集成电路的四个侧面均有引脚，数量较多，且引脚之间的距离较小，采用表面安装。根据引脚形状的不同可分为 PLCC 型封装和 QFP 型封装集成电路。四列扁平塑料封装集成电路的外形如图 13-7 所示。

图13-6 双列扁平封装集成电路的外形

图13-7 四列扁平塑料封装集成电路的外形

（1）PLCC 型封装集成电路

PLCC 封装集成电路的外形呈正方形，引脚从其四个侧面引出，引脚呈"J"字形，朝内侧弯曲，采用塑料封装，具有节约电路板面积、可靠性高的特点。

（2）QFP 型封装集成电路

QFP 封装集成电路的引脚距离较窄，引脚较细，数目较多，且引脚朝外侧伸出，采用表面贴装在电路板上，占用电路板面积较大。

5. 插针网格阵列（PGA）封装集成电路

PGA 封装集成电路在封装的下表面有多只方阵形排列插针，沿封装四周间隔一定距离有规律地排列，为了区分引脚的方位，通常在封装的一角，缺少一只引脚以示区别，采用纵列与横列相结合对引脚名进行定位。它具有安装方便、代换容易等特点。插针网格阵列封装集成电路的外形如图 13-8 所示。

图13-8 插针网格阵列封装集成电路的外形

6. 球栅阵列（BGA）封装集成电路

球栅阵列封装集成电路在封装的下表面，引脚都呈球状并按方阵排列，采用表面贴片焊接技术焊接在电路板上，其封装材料多为陶瓷。球栅阵列封装集成电路的外形如图 13-9 所示。

7. LGA 封装集成电路

在 LGA 封装的集成电路下表面，只有金属圆点与外电路连接。采用专用带锁扣的插座安装在电路板上，使集成电路下面的圆点与插座的弹性针脚相接触，以与电路连接。LGA 封装集成电路的外形如图 13-10 所示。

图13-9 球栅阵列封装集成电路的外形

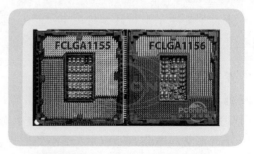

图13-10 LGA封装集成电路的外形

> **要　诀**
>
> 集成电路很重要，别名集成块被人叫，
> 封装形式罗列好，易读易记不差毫，
> 单列直插封装，造价低、好安装，
> 双列直插封装，引脚分别处于两旁，
> 双列扁平封装，多方形采用表面安装，
> 四列扁平塑料封装，四侧脚采用表面安装，
> 插针网格阵列封装，下表面有阵形插针帮忙，
> 球栅阵列封装，引脚呈球状并按方阵上场，
> LGA 封装，带锁扣插座安装在电路板上。

四、集成电路的引脚分布规律

认识集成电路的
引脚分布规律

由于集成电路的引脚较多，功能各异，在检修中需要对其引脚进行测量，或者更换，因此对于集成电路引脚进行识别尤为重要。而每种封装形式的集成电路引脚分布均有一定规律，分别如下：

1. 单列直插封装集成电路的引脚分布规律

通常情况下，将单列直插封装集成电路有型号标示的一面朝向自己，引脚朝下放置，则在该集成电路封装的左侧有相应的标示来指示第一引脚的位置，如图 13-11 所示，其余引脚向右依次排列。

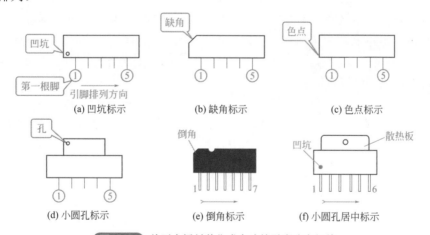

图13-11 单列直插封装集成电路的引脚分布规律

2. 双列引脚集成电路的引脚分布规律

从有型号标示的上平面看，双列引脚集成电路的引脚按从第一引脚到最后引脚沿集成电路边缘呈逆时针方向排列。而在集成电路的第一引脚位置附近有相应标示，引脚识别方法是：将长方形集成电路横向放置，型号标示字体不能颠倒，如图 13-12 所示，会看到在集成电路的左侧有相应的第一引脚标示，左下角的引脚为第一引脚，其余引脚从下边向右依次排列，然后从上侧从右向左依次排列，到左上角为最后一只引脚。

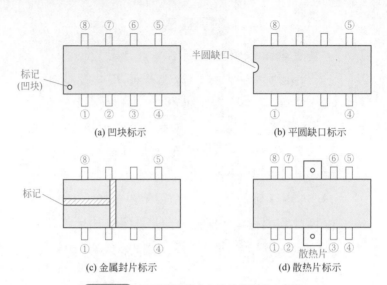

(a) 凹块标示   (b) 平圆缺口标示

(c) 金属封片标示   (d) 散热片标示

图13-12 双列引脚集成电路的引脚分布规律

3. 四列扁平封装集成电路的引脚分布规律

该类集成电路的引脚均匀分布在四个侧面边缘，识别方法是：将集成电路印有型号标示的一面朝上，水平放置，能够正确读取型号，字体不能颠倒，如图 13-13 所示，在集成电路的左下角附近有第一引脚相应标示，一般为小圆坑或缺角，则该集成电路的下面一列引脚中最左端的为第一引脚，其余引脚沿集成电路边缘呈逆时针方向排列。

4. 阵列引脚封装集成电路的引脚分布规律

阵列引脚封装集成电路采用对引脚进行坐标定位的方式来区别每个引脚的位置，其中横坐标常采用英文字母"A、B……"，纵坐标采用数字"1、2……"。识别方法是：将集成电路水平放置，字体正向放置，不能颠倒，则在集成电路的左下角有相应的标示（可能有金色印记、三角形或电路板有三角形标记，以防止接反），其背面引脚最下面一排从左至右依次为 A1、B1、C1……；往上第二排为 A2、B2、C2……，依次类推，则每个引脚由"字母 + 数字"来定位，以示区别。

5. 圆形集成电路的引脚分布规律

圆形结构的集成电路的外形与三极管相似，体积较大，为金属封装，引脚有 3、5、8、10 等。识别时，将引脚面向自己，从管键开始按逆时针方向依次为 1、2、3……脚。圆形集成电路引脚分布规律如图 13-14 所示。

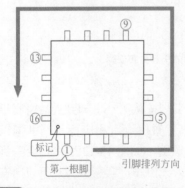

图13-13 四列扁平封装集成电路的引脚分布规律

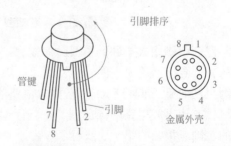

图13-14 圆形集成电路的引脚分布规律

第二节 集成电路的检测和代换

一、集成电路的故障类型

由于集成电路工作方式不同，其故障类型也有所不同。

1. 工作在高反压状态下的集成电路

当过压或过流时，会造成击穿，有时外表没有任何表现，当严重损坏时，有些集成电路出现炸裂，引脚烧断，表面烧出小洞，同时还会引起周边元件因过流而损坏。

2. 工作在放大状态的集成电路

当集成电路丧失放大能力或增益严重不足时，则需更换。而对于增益略有下降的集成电路，也可通过减小其负反馈的方法来提高其增益，以应急修理。

当集成电路出现噪声大的故障时，虽然具备放大能力，但信噪比严重下降，影响电路的放大效果。

3. 功能不正常

① 有些大规模集成电路是由多个功能模块组成的，若某个功能不正常，往往需要整体更换。

② 当集成电路不能驱动负载工作时，而集成电路的控制信号正常，则表明该集成电路的功能丧失。

4. 引脚与电路板接触不良

① 当集成电路工作时产生的热量较大时，因具有引脚热胀冷缩特性，会导致焊点开裂。

② 因集成电路安装时操作不当，会造成引脚虚焊。

③ 人为原因造成集成电路引脚折断。

④ 集成电路的引脚粘有腐蚀性物质（如电解液、鼠尿等），会造成锈蚀、漏电、短路。

二、集成电路的检测方法

1. 集成电路检测的基本原则

由于集成电路不同于其他电子元件，其引脚较多，拆卸不易，尤其是大规模集成电路，其引脚可达几百只。因此，要正确在路判断集成电路是否存在故障尤为重要。

集成电路正常工作离不开稳定的电源供电以及周边元件的合理配置，故对集成电路的检测原则如下：

① 根据故障现象压缩故障范围，以确定集成电路工作是否正常。

② 参考被测集成电路的相关资料或电路图，了解其工作原理及各引脚功能和工作电压值。

③ 观察被测集成电路的引脚及焊点是否正常。

④ 了解被测集成电路所在的电路是热底板（底板与电网相连，接触有危险）或是冷底板（底板与电网隔离），并做好相应措施。

⑤ 使用高内阻万用表在路测量被测集成电路的各引脚电压是否正常（按先电源脚后信号脚的原则进行）。

　　当检测某引脚电压不正常时，首先检查外围元件，在确认外围电路元件正常时，才能怀疑集成电路有问题，即排除法。

　　2. 集成电路的检测方法

　　集成电路的检测方法主要有在路检查法、开路检查法和代换法等。

　　（1）在路检查法

　　集成电路的在路检查法主要有观察法、电阻法、电压法、波形法等。

　　① 观察法。

　　a. 观察法主要是指在路观察集成电路表面的灰尘是否过多，引脚是否有潮湿痕迹，以及引脚是否锈蚀发绿或发黑等。

　　b. 观察集成电路表面是否开开裂，引脚是否断裂，焊点是否开裂或虚焊，以及是否被更换过。

　　c. 对于表面安装的集成电路，使用绝缘工具按压引脚，观察故障现象是否有变化。

　　d. 用手摸集成电路的上表面，感知集成电路是否过热，对过热的集成电路，其引脚焊点是重点检查范围。

　　e. 对于过热的集成电路应采用纯酒精降温的方法，观察故障现象能否改善。

　　f. 对于工作一段时间才出现故障的电路，可加热集成电路观察故障能否提前出现。

　　g. 对于经别人没有修好的机器，观察集成电路引脚焊接是否有问题。

　　② 电阻法。电阻法是指使用万用表在路测量集成电路各引脚对地之间的正反向阻值。使用指针万用表欧姆挡测量时，红表笔接地，黑表笔依次测量被测集成电路的各个引脚。使用数字万用表欧姆挡测量时，则应使黑表笔接地，红表笔依次测量集成电路的各个引脚，并记录各阻值。

　　如果集成电路的某一只引脚对地之间阻值为 0Ω，则表明该脚内部损坏，而对于阻抗极高的引脚无法判断是否开路时，有些资料给出了集成电路在路阻值数值可供参考。

　　③ 电压法。电压法是指利用万用表在路测量集成电路各脚电压是否正常来划分故障范围的一种检查方法。选择合适的万用表对检测判断至关重要。因为在使用万用表在路测量电压的同时，也将万用表的内阻也并接在被测点与地之间，若万用表的内阻过小，则会严重影响被测电路原有的工作状态。因此，要选用内阻大于 $20k\Omega/V$ 的指针万用表，建议使用内阻更大的数字万用表。

　　a. 根据被测集成电路引脚的电压范围，正确选择万用表合适的量程。

　　b. 若被测集成电路引脚过密过细，则需对万用表的红表笔做一些处理：例如，绑上或焊上一只缝衣针，使探针与被测点接触面积更小，避免碰到相邻的引脚，造成引脚之间短路，而引起新的故障。

　　c. 若集成电路的引脚较多需要多次测量时，可使黑表笔经鳄鱼夹与被测电路的接地线可靠连接，以便使右手专心对集成电路的引脚电压进行测量。

d. 若被测集成电路所在电路与电网之间设有隔离，在没有隔离变压器的情况下要做好人身安全措施。

e. 集成电路引脚测量顺序为：首先测量供电脚（大规模集成电路有多组供电脚）电压正常的情况下，才能对其他引脚进行测量。在集成电路不输入信号的情况下对各引脚电压进行测量（先输入后输出的原则），若此时某只引脚电压出入较大，应先排查该脚外围电路正常时，才能怀疑集成电路；在集成电路静态电压正常时，输入信号后，再测量输入输出端电压变化是否正常（对于处理数据的集成电路电压变化不明显），根据检测结果压缩故障范围，若信号传输电路中的耦合电容、滤波器等元件异常，也会造成集成电路不能工作或输出的信号不能向后级电路传送。

f. 若测得集成电路的某引脚电压与正常电压相差较大时，应根据电路原理推断造成该异常情况的原因。

集成电路工作状态调整引脚电压变化范围过小时，应检查外围调节元件或单片机输出的调整电压是否正常来划分故障范围。

④ 波形法。通过观察和电压检查无法确定故障范围时，可采用示波器对集成电路的信号处理引脚的信号波形进行测量。该方法对检修处理数字信号的集成电路非常方便快捷，较直观地判断故障范围。例如，通过测量单片机的时钟产生电路没有波形时，则可判断单片机不工作是因为没有时钟信号引起的。对于通过 I^2C 总线控制的集成电路，通过测量时钟和数据信号波形是否正常，可直观区分是控制电路故障或是受控电路故障。

（2）代换法

对于引脚个数较少或安插在专用插座上的集成电路，怀疑其异常时，代换法是比较快捷的判断方法，因为有些故障在采用测量法时较难准确地判断是否有故障。但必须知道代换用的集成电路是完好的。这对于工作原理不甚了解时，抛开复杂的原理分析和精确测量对故障性质做出定性判断，还没有直接代换来判断节省时间。当代换后故障依旧，则可对外围隐性故障元件进行测量。

👆 专家提示

　　隐性故障元件是指在路不易判断是否正常的元件，例如漏电、失效或功放下降等。

（3）开路检查法

在集成电路未接入电路之前或在路无法判断是否损坏而手中又没有代换元件时，则需对其开路进行测量。

具体方法如下：

① 根据集成电路引脚阻值调整万用表合适的量程（指针万用表使用"$R×1k\Omega$"挡，数字万用表使用 $2k\Omega$ 挡）。

② 将黑表笔与被测集成电路的接地脚相接触，红表笔依次与其他引脚相接触，并记录每个引脚与接地脚之间阻值。

③ 交叉调换表笔，将红表笔与被测集成电路的接地脚相接触，黑表依次与其他引脚相接触，并记录测得的结果。

④ 通过对测量的阻值与资料相对比，也可与正常集成电路对比测量来判断被测集成电路是否正常。

三、集成电路的代换

1. 集成电路的代换原则

① 集成电路损坏后，一般不能修复，只能进行更换。应使用型号相同的集成电路进行更换，而对于单片机损坏后，即使型号相同，内部软件也不一定相同，一般也不能直接更换。

② 对于不需软件支持的大多数集成电路来说，只要型号相同就能直接更换。

③ 进口集成电路损坏后也可以使用国产仿制集成电路进行更换，例如可以使用 D7611 直接代换 TA7611，其后面数字应相同。

④ 可参考有关集成电路代换手册，选择可代换集成电路直接代换，而对于某些集成电路代换时，仍需对电路做少许改动。

⑤ 对于某些内部元器件较少的集成电路，在无法找到相同型号的配件进行代换时，也可以用分立元件进行代换。例如可以用分立电子稳压器来代换三端稳压器等。

> **专家提示**
>
> 当集成电路只有一小部分功能失效而其他大部分功能均正常时，在确切了解内部原理的情况下，也可以采用应急修理的方法来排除故障。例如音频处理集成电路中的电子音量开关短路而造成音量不受控时，也可以外加音量电位器来应急使用，待找到可代换集成电路后再彻底排除故障。

2. 集成电路的更换方法

① 在集成电路拆卸之前应记清各引脚在电路板上的位置，即表示引脚顺序的标示在电路板上的方向，以及电路板上有相应的方向标示等。

② 根据集成电路引脚的焊接方式采用最合适的拆卸方法，具体如下：

a. 单列或双列直插穿孔安装的集成电路的拆卸方法有空芯针拆卸法、吸锡器拆卸法、热风枪或热风台拆卸法。

b. 双列表面焊接集成电路可采用的拆卸方法有吸锡绳法、堆锡法、拉线法、勾针法、热风枪或热风台拆卸法。

c. 阵列封装集成电路应使用热风台进行拆卸。

> **专家提示**
>
> 无论采用何种拆卸方法，原则上不能损坏集成电路引脚焊盘及周边元件，例如使用热风枪对集成电路进行加热时，若风力过大，则会造成周边元件烧坏或贴片元件被吹走，以及电路极烧焦起泡，引发新的故障。

③ 将集成电路拆下后，应对其焊盘及焊孔进行清理。

④ 将完好的集成电路安装在电路板上相应位置，注意不能安反。

a. 穿孔安装的集成电路在安插好后，可将引脚朝两侧折弯，以防止该集成电路在焊接时从电路板上脱落，然后对其引脚依次焊接。

b. 对于表面安装的集成电路，要将其引脚与各自焊盘严格对齐，先焊接各角的一个引脚，待固定好后再焊接其余引脚。

第三节　三端固定集成稳压器

认识三端固定集成稳压器
的封装和的引脚功能

一、三端固定集成稳压器的封装和引脚功能

三端固定集成稳压器的"三端"是指电压输入端、公共接地端和电压输出端，可分为固定式输出、可调式输出和跟踪式输出三种类型。其中，以三端固定输出应用较多。可调输出稳压器根据外围电路对取样脚建立参考电压的不同可输出不同稳定电压，以适应不同的电路需要。跟踪式稳压器能够根据负载变化而始终使输出的正负电源电压保持平衡。

三端固定集成稳压器的封装和引脚功能如图 13-15 所示。

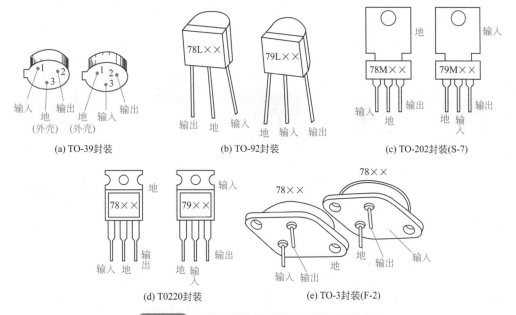

图13-15　三端固定集成稳压器的封装和引脚功能

二、三端固定集成稳压器的类型

三端固定集成稳压器的典型产品有 78×× 系列和 79×× 系列：78×× 系列为电压输出形式；79×× 系列为负电压输出形式。输出电压分别有 ±5V、±6V、±9V、±12V、±15V、±18V 和 ±24V 等多种级别。

☞ **专家提示**

例如型号为 7805 的稳压器输出电压为 ±5V，而型号为 7912 的输出电压为 −12V，输出电流可达 1.5A。而 78M00 系列和 79M00 系列稳压器最大输出电流为 0.5A；78L00 系列最大输出电流为 0.1A。

其中，在 78 系列稳压器中，散热片与中间引脚地相连接，而 79 系列稳压器的散热片与中间输入端相连接。

三、78×× 系列三端固定集成稳压器的特点、结构和原理

1. 78×× 系列三端固定集成稳压器的特点

78×× 系列三端固定集成稳压器的外形如图 13-16 所示。78×× 系列后面的数字即为该稳压管的正向电压值，单位为 V。例如，7505、7810 表示输出电压分别为 +5V、+10V 的稳压器。有的 78×× 的前面还有 CW 等字母，这表示某生产厂家的产品代号，厂家不同字母也不相同，这与输出电压的大小和极性没关系。

78×× 系列稳压器按输出电压可分为 7805、7806、7809、7810、7812、7815、7818、7820、7824。按其最大输出电压可分为 78L××、78M×× 和 78×× 三个系列，其中 78L×× 系列最大输出电流 100mA；78M×× 系列最大输出电流为 50mA；78×× 系列最大输出电流为 1.5A。

78L×× 系列有金属封装（TO-39）和塑料封装（TO-92），但塑料封装较多。78M×× 大多是塑料封装（TO-202、TO-220）。78×× 系列有金属封装（TO-3）和塑料封装（TO-220）。

图13-16 78××系列三端固定集成稳压器的外形

2. 78×× 系列三端固定集成稳压器的内部结构

78×× 系列三端固定集成稳压器的内部结构如图 13-17 所示，主要由启动电路、基准电路、误差放大器和保护电路等组成。

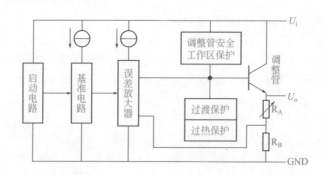

图13-17 78××系列三端固定稳压器的内部结构

3. 78×× 系列三端固定集成稳压器的工作原理

当在稳压器的 1 脚与 3 脚之间加上适当的正电压时，启动电路动作，协助恒流源建立合适的工作点，当稳压器工作正常后，启动电路的工作便结束，取样电路对输出的电压进行取

样，经误差放大器与基准电压源进行比较，产生误差电压去控制调整管的压降，最终达到稳压的目的。当稳压器输出过流、短路过热时保护电路动作，关闭调整管，及时实行保护。

四、79×× 系列三端固定集成稳压器的特点、结构和原理

79×× 系列的构成原理结构基本相同，不同的是 79×× 采用负压供电和负压输出方式。

五、三端固定集成稳压器的检测

三端固定集成稳压器常用指针万用表检测，选择指针万用表的"1k"挡，分别测量被测三端固定集成稳压器的任意两脚之间的正反电阻值，就可以判断其是否正常。

表 13-1 列出来常用三端固定集成稳压器（7805、7806、7812、7815、7824、7905）的相关数据供检测时参考。

表 13-1　常用三端固定集成稳压器的相关数据

三端稳压器	黑表笔位置	红表笔位置	正常电阻值 /kΩ	不正常电阻值
7800 系列（7805、7806、7812、7815、7824）	U_i	GND	16 ~ 46	0 或 ∞
	U_o	GND	4 ~ 12	
	GND	U_i	4 ~ 6	
	GND	U_o	4 ~ 7	
	U_i	U_o	30 ~ 50	
	U_o	U_i	4.5 ~ 5.0	
7905	$-U_i$	GND	4.6	0 或 ∞
	$-U_o$	GND	3	
	GND	$-U_i$	15.5	
	GND	$-U_o$	3	
	$-U_i$	$-U_o$	4.6	
	$-U_o$	$-U_i$	21	

78×× 系列集成稳压器各引脚间的电阻值如表 13-2 所示。

79×× 系列集成稳压器各引脚间的电阻值如表 13-3 所示。

表 13-2　78×× 系列集成稳压器各引脚间的电阻值

黑表笔所接引脚	红表笔所接引脚	正常电阻值 /kΩ
电压输入端（U_i）	电压输出端（U_o）	28 ~ 50
电压输出端（U_o）	电压输入端（U_i）	4.5 ~ 5.5
接地端（GND）	电压输出端（U_o）	2.3 ~ 6.9
接地端（GND）	电压输入端（U_i）	4 ~ 6.2
电压输出端（U_o）	接地端（GND）	2.5 ~ 15
电压输入端（U_i）	接地端（GND）	16 ~ 23

表 13-3　79×× 系列集成稳压器各引脚间的电阻值

黑表笔所接引脚	红表笔所接引脚	正常电阻值 /kΩ
电压输入端（U_i）	电压输出端（U_o）	4.5 ~ 5.5
电压输出端（U_o）	电压输入端（U_i）	17 ~ 23
接地端（GND）	电压输出端（U_o）	2.5 ~ 4
接地端（GND）	电压输入端（U_i）	14 ~ 16.5
电压输出端（U_o）	接地端（GND）	2.5 ~ 4
电压输入端（U_i）	接地端（GND）	4 ~ 5.5

六、三端可调稳压管的特点、结构和原理

三端可调稳压管是在三端固定集成稳压器的基础上研发的，其特点是输出的电压在一

认识三端可调稳压管
的封装和的引脚功能

定范围内可以调整。它输出有正电压和负电压，与三端固定集成稳压器的相同。三端可调稳压管的常见型号有 CW117、CW117L、CW117M、CW117HV、CW217、CW217L、CW217M、CW217HV、CW317、CW317L、CW317M、CW317HV 等。

常见的三端可调稳压管的外形如图 13-18 所示。

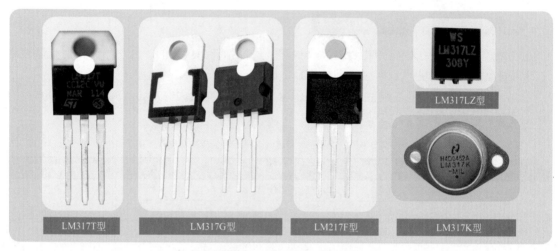

LM317T型　　　　LM317G型　　　　LM217F型　　　　LM317K型
LM317LZ型

图13-18　三端可调稳压管的外形

其封装形式有塑料封装（TO-220）和金属封装（TO-3），如图 13-19 所示。

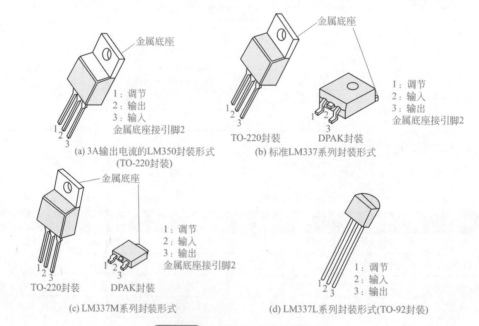

(a) 3A输出电流的LM350封装形式
(TO-220封装)

(b) 标准LM337系列封装形式

(c) LM337M系列封装形式

(d) LM337L系列封装形式(TO-92封装)

图13-19　三端可调稳压管的封装形式

七、三端可调集成稳压器的检测

三端可调集成稳压器常用指针万用表检测，选择指针万用表的"1k"挡，分别测量被测三端固定集成稳压器的任意两脚之间的正反电阻值，就可以判断其是否正常。

表 13-4 列出来常用三端可调集成稳压器（LM317、LM350、LM338）的相关数据供检测时参考。

表 13-4　常用三端可调集成稳压器的相关数据

表笔位置		正常电阻值 /kΩ			不正常电阻值
黑表笔	红表笔	LM317	LM350	LM338	
U$_i$	ADJ	150	75 ~ 100	140	
U$_o$	ADJ	28	26 ~ 38	29 ~ 30	
ADJ	U$_i$	24	7 ~ 30	28	0 或 ∞
ADJ	U$_o$	500	几十到几百千欧	约 1MΩ	
U$_i$	U$_o$	7	7.5	7.2	
U$_o$	U$_i$	4	3.5 ~ 4.5	4	

三端可调稳压管的基本参数如表 13-5 所示。

表 13-5　三端可调稳压管的基本参数

特点	型号	最大输出电流 /A	输出电压 /V
正压输出	CW117L/CW217LCW/CW317L	0.1	1.2 ~ 37
	CW117M/CW217M/CW317M	0.5	1.2 ~ 37
	CW117/CW217/CW317	1.5	1.2 ~ 37
	CW117HV/CW217HV/CW317HV	1.5	1.2 ~ 37
	W150/W250/W350	3	1.2 ~ 33
	W138/W238/W338	5	1.2 ~ 32
	W196/W296/W396	10	1.25 ~ 15
负压输出	CW137L/CW237L/CW337L	0.1	− 1.2 ~ − 37
	CW137M/CW237M/CW337M	0.5	− 1.2 ~ − 37
	CW137/CW237/CW337	1.5	− 1.2 ~ − 37

八、三端集成稳压器的代换

① 三端稳压器损坏后，应使用类型相同的稳压器进行更换为原则，即电压级数，电压类型（正电压或负电压），最大允许功耗，封装形式相同。

② 若找不到参数相同的稳压器进行代换也可以使用最大允许功耗大的稳压器来代换功耗小的稳压器，但必须保证输出电压值应相同。

③ 三端固定输出型稳压器损坏后可以使用三端可调稳压器 LM317 进行代换，但需附加一些取样电阻和滤波电容即可。

④ 对于 79 系列稳压器，注意其散热片不能和接地线相连接，有一定输出功率的稳压器应注意散热问题。

第四节 集成运算放大集成电路（LM358）

一、LM358 的结构原理

集成运算放大器是一种采用差分输入方式放大器，内部结构如图 13-20 所示。由三极管 $Q_1 \sim Q_6$ 组成差分输入级，对同相输入端（+）和反相输入端（-）进行运算，取出差分电压经放大电路放大后从输出端输出。

当运算放大器满足供电电压，内部恒流源为各级建立合适的工作点后，若加在同相输入端的电压大于反相输入端电压，经过三极管 Q_4、Q_3 的电流减小，加到由 Q_6 集电压的电压降低；而经过 Q_1、Q_2 的电流增大，加到 Q_6 的基极电压升高，使 Q_6 的集电极电压进一步降低，经后级放大电路使输出端的电压 U_{out} 上升，且随输入端电压差别增大而增大；反之若加到同相输入端（+）的电压低于某反相输入端（-）电压，输出端输出的电压 U_{out} 下降。

1. LM358 的内部结构

双运算放大器 LM358 的内部由两个完全相同的运算放大器和补偿电路组成，它采用差分输入方式，每个运算放大器有同相和反相两个输入端，一个输出端口，具体如图 13-21 所示。它有双列直插扁平封装和表面贴装。

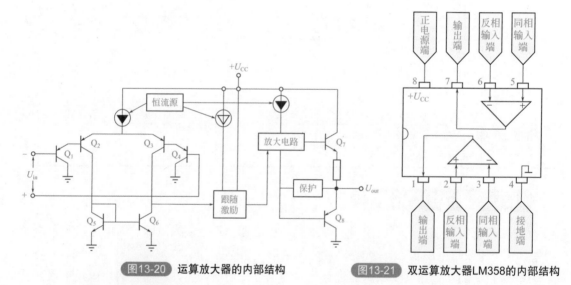

图13-20 运算放大器的内部结构   图13-21 双运算放大器LM358的内部结构

2. LM358 的工作原理

在双运算放大器 LM358 的 8 脚接正电源、4 脚接地后，若同相输入端 3 脚电压高于其反相输入端 2 脚，其输出端 1 脚输出高电平；若同相输入端 3 脚电压低于其反相输入端 2 脚电压，输出端 1 脚输出低电平。

二、LM358 的引脚分布规律

LM358 的引脚排列顺序和标示与普通集成电路相同，即在位于 1 脚附近有圆坑标志或在 1 脚与 8 脚之间的横切面处有半圆形缺口标志，如图 13-22 所示。当 1 脚确定后，将

LM358 引脚朝下，按逆时针方向分别为 2、3、4、5、6、7、8 脚，其中运算放大器的输出端引脚和反相输入端引脚相邻。

三、LM358 的在路电压检测

电压法检查 LM358 是在路测量 8 脚与 4 脚之间的 12V 供电电压是否正常，输入端电压高低与输出端电压的逻辑关系是否正常。如果输入端与输出端电压关系正常，表明该运放正常；如果输入端与输出端电压关系不正常，表明该运放损坏。以电动自行车充电器电路为例加以说明，具体检查步骤如下。

步骤 1　将数字万用表的量程开关指向直流 20V 电压挡，如图 13-23 所示。

图13-22　LM358的引脚识别

图13-23　量程开关的选择

步骤 2　将充电器拆开后，与蓄电池连接好，接通市电，将黑表笔与充电器电路板上的冷地相接触，红表笔搭在运算放大器 LM358 的 8 脚，此时万用表显示为"12.55"，该数值表明运算放大器 LM358 供电电压 12V 正常，如图 13-24 所示。

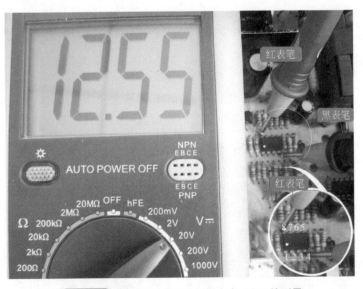

图13-24　运算放大器LM358供电电压12V的测量

步骤 3　保持黑表笔不动，将红表笔依次搭在运算放大器 LM358 的 1 脚、2 脚和 3 脚上，观察万用表显示屏显示的电压值应符合逻辑关系，如图13-25所示，否则该运算放大器损坏。

(a) LM358的1脚电压

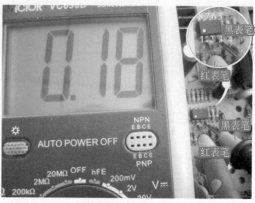

(b) LM358的2脚电压

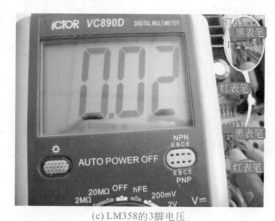

(c) LM358的3脚电压

图13-25 LM358的1脚、2脚和3脚电压的测量

　　步骤4　保持黑表笔不动，将红表笔依次搭在运算放大器LM358的5脚、6脚和7脚上，观察万用表显示的电压值应符合逻辑关系，如图13-26所示，否则该运算放大器损坏。

四、LM358 的代换

　　若充电器充电模式指示异常，当怀疑LM358异常而不方便测量时可直接代换。注意，拆装不要损坏集成电路引脚焊盘，引脚顺序不要装反。如果代换后充电器工作正常，表明原

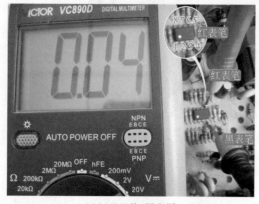

(a) LM358的5脚电压

(b) LM358的6脚电压

(c) LM358的7脚电压

图13-26　LM358的5脚、6脚和7脚电压的测量

来的 LM358 损坏，如果代换后，故障现象依旧，应对周边电路元件进行检查。

　　由于该运算放大器 LM358 主要有两种规格，应以规格相同为更换原则。安装 LM358 之前有必要对其引脚阻值进行测量，以免装上故障 LM358 时造成误判，使检修多走弯路。

第五节　四运算放大器集成电路（LM324）

一、LM324 的外形和结构原理

　　四运算放大器 LM324 由四只完全相同的运算放大器和补偿电路组成，并采用差分输入方式。每个运算放大器由一个同相输入端、一个反相输入端和一个输出端组成，基本工作电压范围为 3 ～ 32V。有双列直插 14 引脚封装和双列 14 引脚贴片封装两种规格，其实物外形和内部结构如图 13-27 所示。

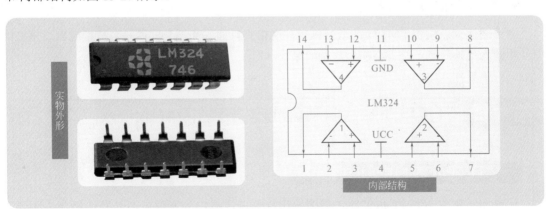

图13-27　四运算放大器LM324的实物外形和内部结构

　　由于运算放大器 LM324 内部的四个放大管完全相同，均能独立完成运算放大功能，具体工作原理可参考双运算放大器 LM358。其引脚功能如表 13-6 所示。

表 13-6　运算放大器 LM324 的引脚功能

引脚位	引脚名	功能	引脚位	引脚名	功能
1	OUT1	运算放大器 1 输出	8	OUT3	运算放大器 3 输出
2	Inputs1（－）	运算放大器 1 反相输入端	9	Inputs3（－）	运算放大器 3 反相输入端
3	Inputs1（＋）	运算放大器 1 同相输入端	10	Inputs3（＋）	运算放大器 3 同相输入端
4	U_{CC}	供电	11	GND	接地或负电源供电
5	Inputs2（＋）	运算放大器 2 同相输入端	12	Inputs4（＋）	运算放大器 4 同相输入端
6	Inputs2（－）	运算放大器 2 反相输入端	13	Inputs4（－）	运算放大器 4 反相输入端
7	OUT2	运算放大器 2 输出	14	OUT4	运算放大器 4 输出

二、LM324 的引脚分布规律

认识 LM324 的
引脚分布规律

　　四运算放大器 LM324 的引脚排列顺序具备普通双列直插集成电路引脚顺序排列特征，即将引脚朝下放置，型号标示朝向，向下观察（型号标示不能颠倒），如图 13-28 所示。在集成电路的左边横截面中间有半圆形缺口标示，该标示表示左下角的引脚为 1 引脚，则下边从左向右依次为 1 ～ 7 引脚，上边从右向左依次 8 ～ 14 引脚（引脚号呈逆时针循环排列）。

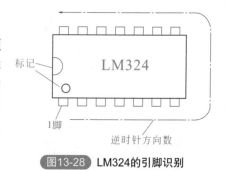

图13-28　LM324的引脚识别

三、LM324 的检测

　　由于放大器 LM324 内部四只运算放大器特性相同，可通过开路测量四只放大器的相同功能引脚与供电引脚或接地引脚之间的正反向阻值是否一致，来大致判断该放大器是否出现故障。具体测量步骤可参考双运算放大器 LM358。

四、LM324 的代换

　　由于四运算放大器 LM324 的型号单一，规格有直插式和贴装式两种，代换时应以规格、型号相同为更换原则，注意引脚顺序不要装反。

第六节　开关电源脉宽调制集成电路TL494CN

一、TL494CN 的外形和内部结构

　　脉宽调制集成电路 TL494CN 是美国德州仪器公司专门为开关电源开发的振荡控制器。其内部有双稳态触发器、脉宽调制 PWM 比较器、RC 振荡器、5V 稳压器、电流取样误差放大比较器、电压取样误差放大比较器及驱动电路等，根据输入的电压、电流取样参数，输出频率固定、占空比可调的方波脉冲，控制开关管的导通与截止时间，广泛应用于低压开关电源电路，TL494CN 的外形和内部结构如图 13-29 所示。

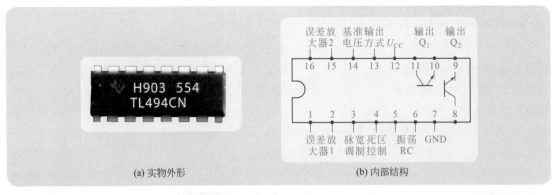

图13-29 TL494CN的外形和内部结构

(a) 实物外形   (b) 内部结构

二、TL494CN 的引脚分布规律

脉宽调制集成电路 TL494CN 的引脚排列顺序具备普通双列直插集成电路引脚顺序排列特征，即将引脚朝下放置，型号标示朝向，向下观察（型号标示不能颠倒），如图 13-30 所示。在集成电路的左边横截面中间有半圆形缺口标示，该标示表示左下角的引脚为 1 引脚，则下边从左向右依次为 1～8 引脚，上边从右向左依次 9～16 引脚（引脚号呈逆时针循环排列）。

认识 TL494CN 的引脚分布规律

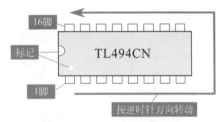

三、TL494CN 的引脚功能和工作电压

图13-30 TL494CN的引脚识别

脉宽调制集成电路 TL494CN 的引脚功能和工作电压如表 13-7 所示。

表 13-7　脉宽调制集成电路 TL494CN 的引脚功能和工作电压

引脚号	引脚名	引脚功能	电压 /V
1	IN$^+$	运算放大器同相输入端	4.96
2	NI$^-$	运算放大器反相输入端	4.96
3	OUTPUT/IN$^+$	运算放大器输出和 PWM 比较器同相输入端	2.38
4	Dead-time Control	死区电压控制	0.38（有的机型接地）
5	CT	振荡器外接定时电容	1.18
6	RT	振荡器外接定时电阻	3.52
7	GND	接地端	0
8	C1	内部驱动管 Q$_1$ 的集电极	2.38
9	E1	内部驱动管 Q$_1$ 的发射极	0
10	E2	内部驱动管 Q$_2$ 的发射极	0
11	C2	内部驱动管 Q$_2$ 的集电极	2.38
12	U$_{CC}$	供电端	11.8
13	OUTPUT Control	单端输出或双端输出方式控制	4.98（双端输出）
14	U$_{OUT}$	+5V 基准电压输出	4.98
15	IN$^+$	运算放大器同相输入端	0（充电电流大时为负值）
16	IN$^-$	运算放大器反相输入端	0

注：该表所列电压值为待机状态所测，随充电电压和充电电流的不同而有所差异，采用数字万用表直流 20V 挡。

四、TL494CN 的基本工作条件

当控制器接通市电时，自励启动、输出变压器输出的直流 12V 电压加到脉宽调制集成电路 TL494CN 的 12 引脚。TL494CN 内部基准稳压器输出 +5V 电压供内部电路使用，从 14 引脚输出，同时内部振荡器工作，在 5 引脚产生锯齿波电压（振荡频率由 5 引脚和 6 引脚外接的电阻和电容所决定），经内部脉宽调整电路控制触发双稳态触发器，输出占空比可调的激励脉冲，经驱动电路 Q_1 和 Q_2 放大，从 8 ～ 11 引脚输出。单管输出或双管输出受 13 引脚电平控制，当 13 引脚接 +5V 电压时，为双管输出；当 13 引脚接地时，为单管输出。当 12 引脚供电电压低于 5V 电压时，欠电压保护动作，关闭 8 ～ 11 引脚的脉冲输出；当 12 引脚电压高于 6.43V 时，才开始从 8 ～ 11 引脚输出脉冲。当 8 引脚和 11 引脚接 12V 电源时，从 9 引脚和 10 引脚交替输出同相脉宽脉冲；当 9 引脚和 10 引脚接地时，从 8 引脚和 11 引脚交替输出反相脉宽脉冲。

专家提示

4 引脚为过电压保护控制端，当 4 引脚电压在 0.4V 以下时，保护电路不动作，当该引脚电压超过 4V 时，关闭调宽脉冲输出，1 引脚为稳压控制电路电压检测输入端；15 引脚为充电方式控制电流检测信号输入端。

五、TL494CN 代换检测

如果检测脉宽调制集成电路 TL494CN 各引脚均无异常，可对其进行代换。如果代换后故障排除，表明原来的 TL494CN 损坏；如果代换后故障现象依旧，表明原来的 TL494CN 并未损坏，应对周边可疑元器件继续检查。

六、TL494CN 的代换

由于脉宽调制 TL494CN 可直接代换型号较少，可使用改进型 KA7500B 直接代换。

第七节 开关电源脉宽调制器（KA/UC3842、KA/UC3843）

一、KA/UC3842、KA/UC3843 的外形和内部结构

开关电源脉宽调制集成电路广泛用于彩电、空调以及其他各种电气开关电源电路。内部主要由振荡器、脉宽调制控制器、基准电压电路、误差放大电路、电流取样保护电路、过压欠压保护电路和其他辅助功能电路等组成。KA/UC3842、KA/UC3843 的外形和内部结构如图 13-31 所示。

二、KA/UC3842、KA/UC3843 的引脚规律

集成电路 KA/UC3842 和 KA/UC3843 的引脚顺序如图 13-32 所示。

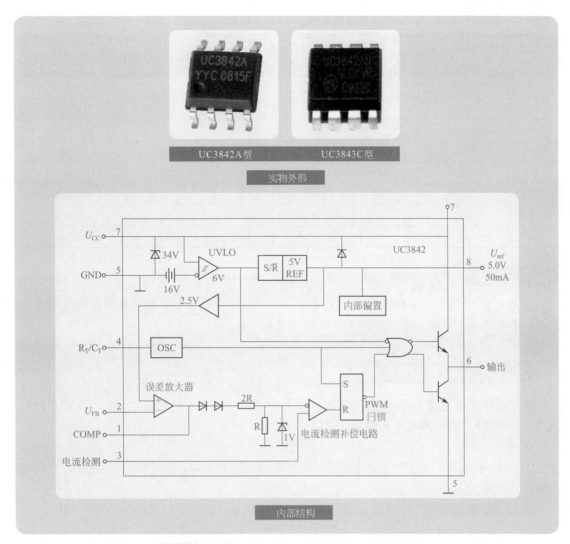

图13-31　KA/UC3842、KA/UC3843的外形和内部结构

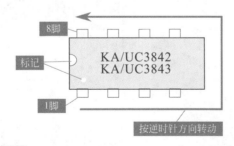

图13-32　集成电路KA/UC3842、KA/UC3843的引脚顺序

三、KA/UC3842、KA/UC3843 的引脚功能

开关电源脉宽调制集成电路 KA/UC3842、KA/UC3843 的引脚功能与检测数据如表 13-8 所示（其检测数据在不同电路或型号不同，有所区别）。

表 13-8　开关电源脉宽调制集成电路 KA/UC3842、KA/UC3843 的引脚功能与检测数据

引脚号	引脚名	引脚功能	电压 /V	对地电阻	
				黑表笔接 5 脚	红表笔接 5 脚
1	COMP	误差放大器输出端	3.65	∞	10.66MΩ
2	U_{FB}	输出电压取样输入	5	∞	17.07MΩ
3	Current Sense	开关管电流检测	0.01	∞	17.80MΩ
4	RT/CT	振荡器外接 RC 定时元件	1.2	∞	12.40MΩ
5	GND	热地端	0	0Ω	0Ω
6	OUTPUT	开关管驱动脉冲输出	0.2	∞	10.88MΩ
7	U_{CC}	电源端	17 ~ 18	∞	8.54MΩ
8	U_{REF}	+5V 电压输出	5.0	3.6kΩ	3.62kΩ

专家提示

　　采用数字万用表在 48V 电动车充电器待机状态测得电压值，机型不同所测得的电压会有所不同，电阻是采用数字万用表在裸块上测量。

四、UC3842A 的电压检测

　　脉宽调制集成电路 UC3842A 的故障主要有击穿、炸裂以及功能失效。现以电动自行车充电器中所使用的 UC3842A 为例加以说明。

　　1. 观察法

　　① 拆开充电器，观察开关电源脉宽调制器集成电路 UC3842A 的表面是否开裂，引脚是否断开，如图 13-33 所示。

　　② 将电路板背面朝上，观察 UC3842A 的引脚焊点是否有开裂、虚焊等现象，如图 13-34 所示。

图13-33　UC3842A的表面观察

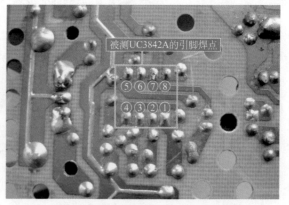

图13-34　UC3842A的引脚焊点观察

　　2. 电压法

　　脉宽调制集成电路 UC3842A 的电压检测步骤如下：

　　步骤 1　当观察到充电器指示灯不亮，而电路板元件外观无异常时，可将数字万用表的

量程开关调整至直流 1000V 挡，如图 13-35 所示。

步骤 2　将被测充电器电路板背面朝上放置，并认清高压 300V 滤波电容正负引脚焊点，开关电源脉宽调制集成电路 UC3842A 的引脚焊点名称，如图 13-36 所示。

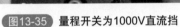
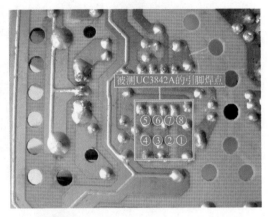

图13-35　量程开关为1000V直流挡　　　　图13-36　集成电路UC3842A的引脚焊点名称

步骤 3　将充电器接通市电，把万用表黑表笔搭在 300V 滤波电容负极引脚焊点的热接地线不动，红表笔搭在该电容的正极引脚焊点处，观察万用表显示屏的数值为 "297"，如图 13-37 所示。该数值表示高压电源输出电压为 297V，表明高压电源输出电压正常（注意该部分电路与电网相连，应做好人身防护措施）。

步骤 4　调整万用表量程开关至直流 200V 挡，如图 13-38 所示。

图13-37　高压电源输出电压的测量　　　　图13-38　调整万用表量程开关

步骤 5　仍将黑表笔搭在热接地线不动，红表笔与集成电路 UC3842A 的 7 脚焊点接触，观察万用表的数值在 23.4V，表明集成电路启动电压正常，如图 13-39 所示。如果该点无电压，表明启动电阻 R_2 开路或集成电路 UC3842A 的 7 脚对地短路或 7 脚外接滤波电容 C_{12} 击穿，应断电在路检查是哪个元器件损坏。

步骤 6　保持黑表笔不动，将红表笔搭在集成电路 UC3842A 的 8 脚，观察数字万用表显示屏的数值为 "05.0"，该数值表示集成电路 8 脚输出的 5V 电压正常，如图 13-40 所示。如果该电压偏高，表明 UC3842A 损坏；如果该电压偏低或为零，应检查 8 脚外接的电容是否击穿、失容、漏电故障，如果 8 脚外围元件正常，表明 UC3842A 损坏。

图13-39 集成电路的7脚电压的测量

图13-40 集成电路8脚电压的测量

步骤7 调整数字万用表量程开关指向 DC 20V 挡，保持黑表笔接地不动，将红表笔搭在集成电路 UC3842A 的 4 脚，观察数字万用表显示屏的数值为"1.91"，该数值表示 4 脚锯齿波电压有效值为 1.91V，如图 13-41 所示，该数值会随充电器输出电压不同而有所差异。

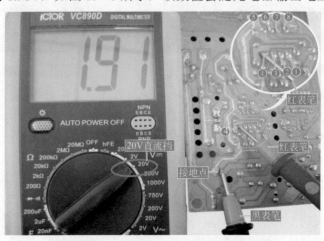

图13-41 集成电路UC3842A的4脚电压测量

如果该脚电压异常，可检查外围定时元件电阻 R_3 和电容 C_9 是否损坏；如果外围元件正常，表明该集成电路损坏。

步骤8 将红表笔搭在集成电路 UC3842A 的 2 脚，观察万用表显示屏的数值为"2.49"，该数值表示输出电压取样值正常为 2.49V，如图 13-42 所示。如果该脚电压过高或过低，均会造成脉宽调制集成电路 UC3842A 不能正常。

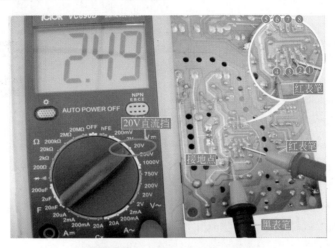

图13-42 集成电路的2脚电压测量

步骤9 将红表笔搭在集成电路 UC3842A 的 3 脚，观察万用表显示屏的数值为"0.02"，该数值表示电流取样电压并不过高，当充电器对蓄电池进行充电时，该脚电压会随着充电电流的增大而升高；如果该脚过高会造成脉宽调制集成电路 UC3842A 不能工作。

步骤10 经测量脉宽调制集成电路 UC3842A 的各引脚正常而仍不能输出开关管驱动脉冲，表明该块损坏，如果测量某引脚电压明显过低或过高，则可在路测量其各引脚对地电阻值是否明显异常。

五、UC3842A 的代换检测

如果充电器没有输出电压或输出电压异常，检查其外围电阻、二极管、场效应管、光电耦合器无异常时，且在采用电压法和在路电阻法进行检查后，怀疑开关电源脉宽调制集成电路 UC3842A 异常，可直接代换试机。如果代换后试机故障排除，表明原 UC3842A 损坏；如果代换试机故障现象依旧，表明原机中的 UC3842A 并未损坏。

专家提示

对充电器没有输出电压故障进行检修时，上电进行电压检测结束断电后，一定要测量 300V 滤波电容是否还储存在高压；若有高压，可使用大阻值大功率电阻的两引脚搭在高压滤波电容的引脚处，将储存的电荷泄放掉，避免人身触电事故的发生，具体方法如图 13-43 所示。

图13-43 充电器内高压滤波电容的放电

六、UC3842A 的代换

开关电源脉宽调制集成电路 UC3842A 可使用功能、性能相同的 UC3842A、KA3842、TL3842 直接代换，与 UC3842A 功能相同、参数相似的有 UC3843、UC3845，只是 7 脚启动电压、欠压保护电压有所不同。代换引脚顺序不要装反，最好在拆卸之前在电路板上做个标记。

第八节 三端误差放大器（TL431）

认识 TL431 型三端误差放
大器及其引脚分布规律

一、三端误差放大器的外形和结构

三端误差放大器的外形和结构如图 13-44 所示，它是可调分流器件，具有 8 引脚扁平封装和 3 引脚直插封装两种封装形式。在电动自行车中常用的是 3 引脚直插式。误差放大器 TL431 的 3 个引脚分别是阳极 A、阴极 K、控制极 R。从内部结构可以看出 K 极接正电压、A 极接负电压时，R 极输入的取样电压高于 2.5V 时，经内部反相放大器输出，使 K 极电压下降；当 R 极输入的取样电压低于 2.5V 时，K 极电压上升。所以误差放大器 TL431 将 R 极输入取样信号与 2.5V 基准电压比较后，产生的误差信号经反相放大来控制 K 极的电位。

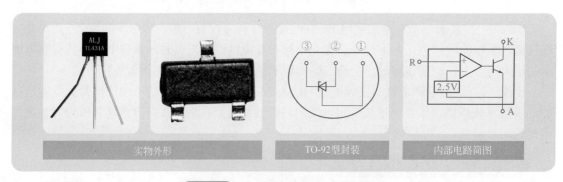

实物外形　　　　　　　　TO-92型封装　　　　　　　　内部电路简图

图13-44　三端误差放大器的外形和结构

二、三端误差放大器 TL431 的引脚规律

1. 引脚识别

三端误差放大器的主要型号为 TL431，但还有 TL431、LM431、KA431、KIA431、HA17431 等，从型号可以看出均有 431 标示。三端误差放大器 TL431 的引脚识别如图 13-45 所示。

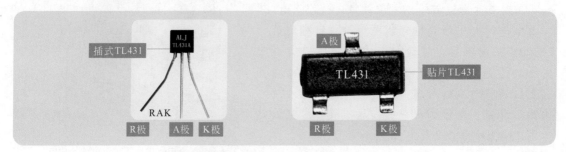

图13-45　三端误差放大器TL431的引脚识别

2. 电路识别

在电动自行车电路中，三端误差放大器常与光耦合器配合来完成输出电压取样放大的稳压信号的传输，其通常采用的电路形式如图 13-46 所示。

从图中可以看出，误差放大器 TL431 的 K 极连接光耦合器的 2 引脚，A 极接地，而 R 极通常连接取样电路。

三、三端误差放大器 TL431 的外观检查

① 观察充电器电路板上的三端误差放大器 TL431 塑料壳是否有开裂现象。若外壳有开裂现象，表明内部过流，同时也应检查光电耦合器是否异常，如图 13-47 所示。

② 观察放大器 TL431 的引脚焊点是否存在虚焊或开裂现象，如图 13-48 所示。

图13-46 三端误差放大器TL431常用电路连接形式

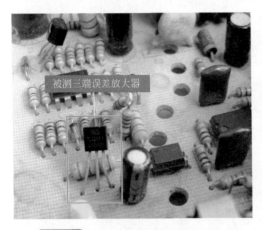

图13-47 三端误差放大器的外观检查

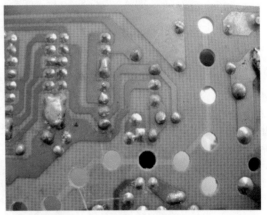

图13-48 三端误差放大器引脚焊点的检查

四、三端误差放大器 TL431 的在路电压检测

步骤 1 选择数字万用表的二极管挡，如图 13-49 所示。

步骤 2 把充电器电路板背面朝上放置，并找到三端误差放大器 TL431 三个引脚，分清各脚名称，如图 13-50 所示。

图13-49 选择数字万用表的二极管挡

图13-50 TL431引脚在电路板上的位置

步骤 3　将万用表的红表笔搭在 TL431 的 R 极引脚焊点处,黑表笔搭在 K 极引脚焊点处,观察显示屏的数值为".769",如图 13-51 所示,该数值表示 TL431 的 R 极与 K 极之间的正向压降为 0.769V。

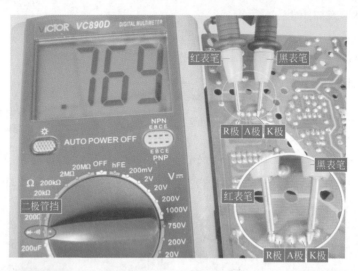

图13-51　误差放大器TL431的R极与K极之间正向压降的在路测量

步骤 4　保持黑表笔搭在 K 极引脚焊点处不动,将红表笔搭在 TL431 的 A 极,观察万用表显示屏的数值为".633",如图 13-52 所示,该数值表示 TL431 的 A 极与 K 极之间正向压降为 0.633V。

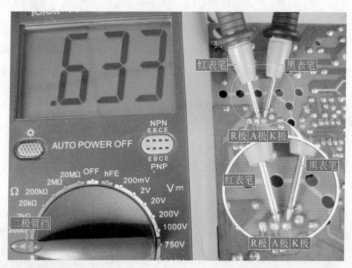

图13-52　误差放大器TL431的A极与K极之间正向压降的在路测量

步骤 5　将红表笔搭在 TL431 的 K 极不动,黑表笔分别依次与 R 极和 A 极的引脚焊点相接触,观察万用表显示屏的数值均为"1.",如图 13-53 所示,该数值表示 TL431 的 K 极与 A 极和 R 极之间的正向压降均在 2V 以上。

步骤 6　将红表笔搭在 TL431 的 R 极引脚焊点处,黑表笔搭在 A 极引脚焊点处,观察万用表显示屏数值为"1.278",如图 13-54 所示。该数值表示 TL431 的 R 极与 A 极之间的正向压降为 1.278V。

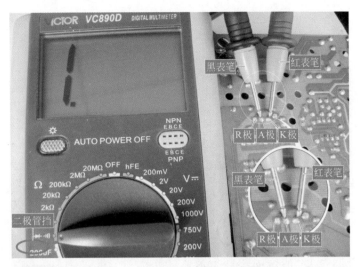

图13-53 误差放大器TL431的K极与R极和A极之间正向压降的在路测量

图13-54 误差放大器TL431的R极与A极之间正向压降的在路测量

步骤7 将两表笔互换位置，把红表笔搭在 TL431 的 A 极引脚焊点处，黑表笔搭在 R 极引脚焊点处，观察万用表显示屏的数值为 ".718"，如图 13-55 所示，该数值表示 TL431 的 A 极与 R 极之间的正向压降为 0.718V。

总结：上述数据是三端误差放大器 TL431 在正常状态下的在路检测结果，如果在测量某两引脚之间数据大于正常值较多，表明该放大器异常需更换；如果实测数据小于正常值较多，可对其进行开路检测。

五、三端误差放大器 TL431 的开路检测

如果对三端误差放大器 TL431 进行在路检查时，实测值比正常值小较多，可将其拆下，重新对其开路检测，如果此时实际值恢复到正常值，表明该放大器正常。如果实测值仍然与正常值相差较大，表明该放大器损坏。不同型号的三端误差放大器 431 引脚之间实测值会存在一定的差异，但相差不多。

图13-55 误差放大器TL431的A极与R极之间正向压降的在路测量

由于三端误差放大器 TL431 的开路实测值和上述在路实测值相差不大，在此不再复述。

六、三端误差放大器 TL431 的代换

由于三端误差放大器 TL431 的型号较多而基本取样参数、放大倍数较相近，故相互之间可以代换。常用型号主要有 TL431、LM431、KA431、KIA431、HA17431 等几种，其外形相同，型号中均含有 431。

第九节 微处理器

微处理器是一种能够执行软件所赋予的操作程序的集成电路。它由内部 CPU 统一调度，根据内部只读存储器（ROM）预先编制的程序，按部就班地控制相应电路执行设定的动作，主要有已拷入程序专用微处理器和未拷入程序有待开发的空的单片微处理器（也叫单片机）。

一、微处理器的基本结构

微处理器内部主要有 CPU、只读存储器 ROM（程序存储器）、随机存取存储器 RAM（随机存储器）、主振荡器（OSC）外接时钟晶振、可编程定时 / 计数器、输入 / 输出端口及中断控制器、通用 8-bit、多组输入 / 输出端口、数模转换器、脉宽调制器 PWM。其他也有厂家专为某种电气产品开发的同步处理器、多通道脉宽调制器、I²C 总线控制器等。如图 13-56 所示。

二、微处理器的基本工作条件

微处理器正常工作的最基本的工作条件，就是任何电路只有供电电压正常的情况下才能进入工作状态。

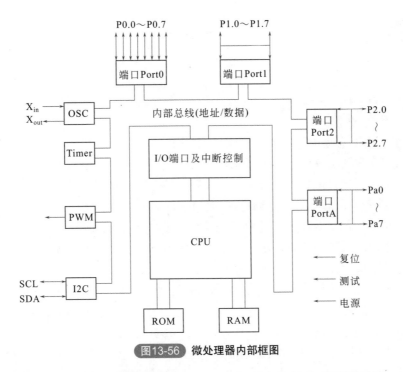

图13-56　微处理器内部框图

大部分微处理器的供电电压范围为 4.5 ～ 5.3V，而有些微处理器则采用 3.3V 供电方案，且有多只供电脚。

1. 复位信号

复位信号的作用是在微处理器接通电源后对内存储器、寄存器的零复位。复位方式有低电平复位和高电平复位两种。而低电平复位是通过外接复位电路的延迟作用在参数处理器加电时使加到复位端（RESET）的电压落后于供电端一个时间常数到达微处理器。复位电路的形式主要有三极管复位电路、阻容积分电路、专用复位总片电路，而有些微处理器则采用内置复位电路的形式。

2. 时钟信号

微处理器的时钟信号通常是由内置振荡器（OSC）和外接晶振组成的时钟振荡电路产生的。微处理器内部各电路只有在时钟信号的同步下才能协调一致工作。

当微处理器满足基本供电后，时钟振荡电路便开始工作产生系统时钟为内外各电路使用。

三、微处理器的自检功能

当微处理器满足基本工作条件后，便执行自检程序，向各内外相关联电路输出自检脉冲。

微处理器的自检内容及工作方式受内部软件控制，具体电路有不同的形式：

① 例如有些彩电中的微处理器自检发现矩阵按键短路时，便会执行保护动作造成开机无反应故障。

② 电磁炉中的微处理器在执行自检程序若发现某个外接电路不能工作时则会以蜂鸣、指示灯或显示屏的方式，告知周边电磁炉中哪个电路出现故障。

③ 电动车智能控制器中的微处理器自检时若发现外接的控制检测放大电路异常时会驱动指示灯以闪烁的方式告知检修人员是何种电路出现故障。

当观察到微处理器已执行了自检功能时，则表明该微处理器已满足了基本工作条件。

四、微处理器的可编程性

微处理器是 CPU 依靠内部已编程的软件安排好的工作步骤有条不紊地工作，因此软件是微处理器赖以工作的灵魂，是看不到和摸不着的东西，而它的确是实实在在存在的，是具有某种功能的一系列二进制指令集合，是生产厂家精心设计拷贝进微处理器的只读存储器中供 CPU 使用，而我们所看到的只是微处理器的执行部分——硬件。

各种专用电器中的微处理器是生产厂家专为某种电器中的某种型号进行一次性编程的，不同型号电器之间的微处理器具有不可互换性。例如彩电中的微处理器与电磁炉中的微处理器在内部软件和引脚功能上存在较大的差异。

有些微处理器生产厂家生产没有经过编程的微处理器（俗称空白块），不能执行任何功能。这需要各自控制电器领域的开发人员针对不同的用途进行相应功能的编程，赋予微处理器不同的功能，而市场也可见到各种不同的编程器，例如电动车控制器生产厂家专门为智能控制器能适应不同型号电动车而开发的控制器编程器。通过对微处理器进行编程，使微处理器的输入/输出端端口具有不同的功能和参数，既便于控制器大规模生产，也给控制器的使用提供方便。

五、微处理器的检测和代换

1. 微处理器的故障类型

因微处理器是由软件和硬件两部分组成的，所以微处理器也就会存在软件和硬件两方面的故障。

软件损坏则会造成微处理器工作不正常，甚至不能工作，而硬件存在的故障主要有端口开路、对地漏电、短路、基本工作端口损坏、部分功能不正常或死机。

2. 微处理器的检测方法

微处理器的检测方法主要有观察法、电压法、电阻法、模拟法、代换法。

（1）观察法

当由微处理器控制的电气设备不能正常工作时，可通过观察电器的故障现象来大致判断故障范围。

当电气设备不能工作而有自检信息时，则表明微处理器基本正常，只是已检测某个电路存在故障而执行的保护措施，而当电气设备没有任何反应而没有发现有其他异常现象时，则基本表明微处理器没有满足基本工作条件或自身损坏，例如，电磁炉不能工作而有自检信息时，可根据自检代码检修相应的电路，智能无刷电动车控制器中的自检指示灯可指示自检信息，根据闪烁的次数来检修相应的电路。

（2）电压法

当微处理器控制的电气设备不能工作时，可通过在路测量微处理器的各引脚电压来判断它是否有明显故障，通过测量微处理器的各自的电压与参数表中的电压值进行对比来划分故障范围。以测量美的 MC-PF18B 电磁炉中的微处理器各脚电压为例加以说明，如图 13-57 所示。其各脚对地电压在路电阻如表 13-9 所示。

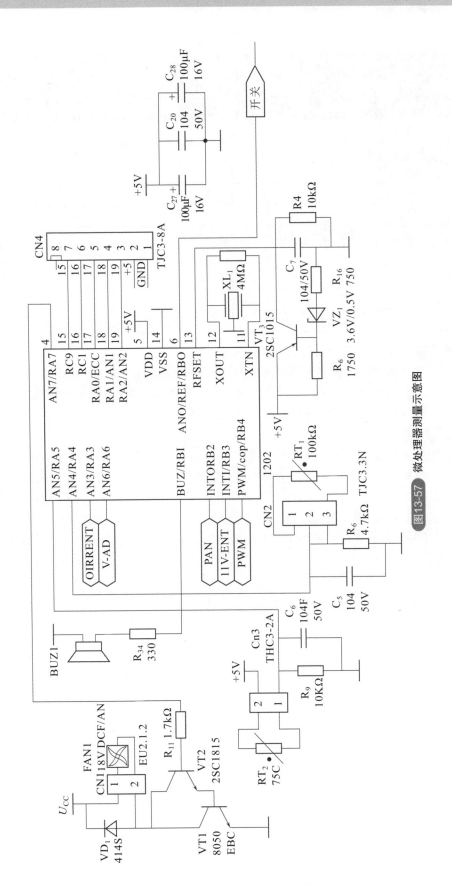

图13-57 微处理器测量示意图

表 13-9 美的 MC-PF18BHMS87C1202A 对地电压、在路电阻

引脚	在路电阻 /kΩ		工作电压 /V	引脚	在路电阻 /kΩ		工作电压 /V
	红表接地	黑表接地	工作状态		红表接地	黑表接地	工作状态
1	4.52	4.52	0.22	11	155	∞	2.23
2	9.20	9.23	0.42	12	154	∞	2.25
3	946	990	3.31	13	9.98	9.98	4.95
4	159	∞	1.41	14	0	0	0
5	3.03	3.03	4.97	15	162	∞	0.23
6	5.02	5.02	0.09 ~ 4.8	16	162	∞	0.06
7	160	∞	4.90	17	161	∞	1.40
8	7.73	7.73	0.05	18	110	∞	1.40
9	7.68	7.71	4.96	19	12.98	13	4.96
10	59.3	59.3	1.56 ~ 4.3	20	50.6	51.2	0.41

被测芯片（IC）：ICI（HMS87C1202A）（不带线盘的参考数据）

① 调整数字万用表的量程开关指向 DC 20V 挡。

② 拆下加热线盘，将被测电路接通电源，做好人身防触电措施，把黑表笔搭在被测电路的接地端，红表笔与被测微处理器的供电端 5 脚相接触，观察测量的电压值为 4.9V，若该点没有电压，应检查低压供电电路，而某些微处理采用多组供电时也应同时检查其他供电脚电压是否正常。

③ 保持黑表笔不动，将红表笔搭在该微处理器的复位端 13 脚，观察测得的电压值为 4.95V，表明该脚电压基本正常。若该脚电压过低或为 0V，表明外接的复位电路损坏。

④ 将红表笔依次与该微处理器的其他引脚相接触，并将测得的电压值与表 13-9 中的数据进行比较。若测得的电压值与参数表中的数值相同或接近，则表明微处理器基本正常；若测得的电压值与表中的数值相差过大，在使用在路电阻法检测外围电路正常的情况下，在判断为微处理器基本损坏。

（3）模拟法

若微处理器引脚电压基本正常，可手动模拟复位信号，即在通过状态下，将微处理器的复位端与其供电电源瞬时短路一下，看微处理器能否恢复工作，若微处理器能正常工作，则表明外接复位电路失效。

（4）代换法

若经手动模拟复位信号后，微处理器仍不能工作，可代换晶振，若它不能工作，则可采用型号和内部软件均相同的微处理器进行代换。若代换后故障排除，则表明原机中的微处理器损坏。而由于不同型号的电气设备，其微处理器内部的软件均不相同，即使型号相同，而生产批项不同，内部软件可能不相同，因此，对于大多数用电器来说，若微处理器损坏较难更换。

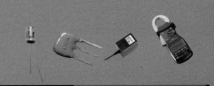

第十四章
LED数码管

LED 数码显示器件的种类较多，按显示位数多少不同可分为一位数码管、两位数码屏和多位数码屏；按显示形状不同可分为数字管和符号管；按显示颜色不同可分为红色、绿色、和橙色数码管等几种；按内部发光二极管连接方式不同可分为共阴极和共阳极两种数码管，其中红色七段数码管应用较多，既可以显示数字又可以显示字母。

第一节 一位LED数码管

一、一位 LED 数码管结构

一位 LED 数码管由 7 只发光二极管按照一定方式而组成数字"**8**"形。另外，在右下角也放置了小圆形发光二极管用来显示小数点，就构成了由 8 只发光二极管组成的一位 LED 数码管，如图 14-1 所示。通过发光二极管将电信号转换为光信号的特性，以显示从 0 ～ 9 的数字。用字母 a ～ g 表示数码管的笔段引脚，用 DP 表示小数字引脚。第 3 脚和第 8 脚在内部连通，"−"代表公共阴极，"+"代表公共阳极。

一位 LED 数码管常按照共阴极（负极）和共阳极（正极）连接，其等效图电路如图 14-2 所示。

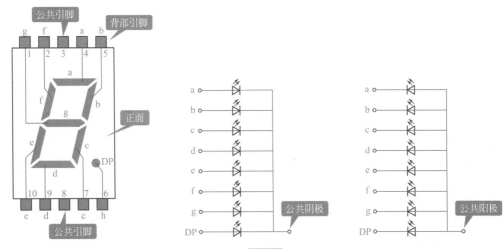

图14-1 一位七段数码管的结构   图14-2 一位七段数码管的等效图电路

二、一位 LED 数码管的工作原理

由图 14-1 和图 14-2 看出：当位于数码管的 a 极与公共阴极之间加有合适的正向偏压时，则数码管的上端水平 a 段发光，若引脚 a ～ g 与公共阴极之间均有合适的正向电压时，则该数码管显示数字"8"；若要该数码管显示数字"1"，则只需在引脚 b 和 c 加正电压，公共脚接地，即可使笔画 b 和 c 发光指示数字"1"，若要指示字母"E"则需在笔画 a、f、g、e 和 d 的引脚加上正电压公共引脚接地即可，具体要求显示何种数字或字母为哪几个引脚，加上正电压则由驱动电路来决定。

专家提示

通过驱动电路控制码数管可以显示二进制、十进制和十六进制数以及英语字母。

三、一位 LED 数码管的应用

1. 应用方式

数码管在实际应用中主要是显示数字或字母以及符号，不仅可以在时钟，还可以在计数器中显示数字，以及可以在测量工具中显示结果。通常采用译码器进行驱动，以电磁炉中所用的数码管驱动电路为例加以说明。电路原理如图 14-3 所示。其中为 U_1 为移位寄存器 T4LS164，LED 为一位七段共阴极数码管。

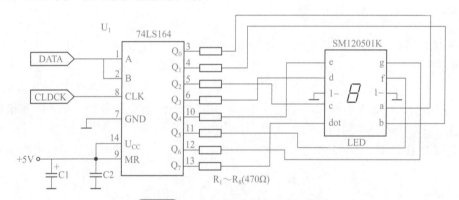

图14-3 一位LED数码管典型应用电路

一位 LED 数码管的公共引脚接地，各笔画引脚 a ～ h 分别与移位寄存器的 3 ～ 6、10 ～ 13 脚相连接，寄存器 U_1 的 7 脚接地，9 脚和 14 脚接 +5V 电源，1 和 2 脚接收单片机送来的数据信号（DATA），8 脚输入单片机送来的同步时钟。

移位寄存器 U_1 在单片机送来的时钟信号的同步控制下，将单片机送来的 8 位串行数据信号译码并行从 3 ～ 6、10 ～ 13 脚输出加到数码管 LED 的笔画引脚。当寄存器 U_1 接收到单片机需要指示数字"2"的串行数据时，解码输出，从 3、4、6、10、12 脚输出高电平，而 5、7、9、11、13 保持低电平，输出的高电平经电阻隔离限流加到数码管 LED 的 a、b、g、e、d 笔画引脚，则这几段发光，组合成数字"2"。若要显示其他数字或字母，则寄存器会有相应引脚输出高电平。

2. 应用方法

在数码管的实际应用中，由于数码管内的发光二极管也属于半导体器件，也会因过流过

压损坏，而其他的耐压较低，而加在发光二极管两端正向电压只有达到其导通电压，使其通过一定电流时才能发光。

👆 **专家提示**

使用数码管的基本原则是在发光二极管的两端加上合适的正向电压（通常为 1.5～2V）并采取限流措施（串联限流电阻）。

四、一位 LED 数码管公共端和类型的测量

1. 公共端明确的一位数码管

被测一位数码管的外形、引脚分布及公共端的位置如图 14-4 所示。

公共端明确的一位数码管检测时，可直接将黑表笔或黑表笔搭在公共端进行测量，很快就测量出数码管的类型了。

检测依据 对共阴极数码管，将黑表笔搭在公共极引脚上，红表笔搭在其他任一引脚上，若出现阻值较小的情况，则表明被测一位数码管为共阳极型；若出现阻值为无穷大的情况，则表明被测一位数码管为共阴极型。

步骤 1　选择指针万用表的"×10k"挡，并调零，如图 14-5 所示。

图14-4 被测一位数码管的外形、引脚分布及公共端的位置　　图14-5 选择指针万用表的"×10k"挡，并调零

👆 **专家提示**

使用指针万用表的欧姆挡测量阻值时，表针应停在中间或附近（即欧姆挡刻度 5～40 附近），测量结果比较准确。

步骤 2　将黑表笔搭在数码管的公共端上，红表笔搭在其他任意引脚上，此时万用表显示为 20kΩ，则表明被测数码管为共阳极型，如图 14-6 所示。

步骤 3　将黑表笔搭在数码管的公共端上，红表笔搭在其他任意引脚上，若此时万用表显示为无穷大，则表明被测数码管为共阴极型，如图 14-7 所示。

👆 **专家提示**

由一位 LED 数码管的结构看出：3 脚和 8 脚是公共端且相通。由一位 LED 数码管的引脚看：将两列引脚按上列和下列放置，上列的 5 只脚，中间的引脚就是公共端；下列的 5 只脚，中间的引脚也是公共端。

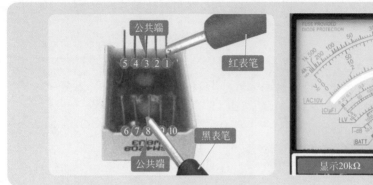

图14-6 被测一位数码管的测量（1）

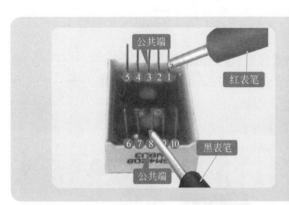

图14-7 被测一位数码管的测量（2）

2. 公共端不明确的一位数码管

被测一位数码管的外形和引脚分布如图 14-8 所示。

检测依据 将黑红表笔分别搭在数码管的任意两只引脚，当测得阻值较小时，保持黑表笔不动，将红表笔搭在其他引脚上，若测得阻值也较小，则表明黑表笔所搭的引脚是公共端，且被测数码管为共阴极型。

步骤1 选择指针万用表的"×10k"挡，并调零，如图 14-9 所示。

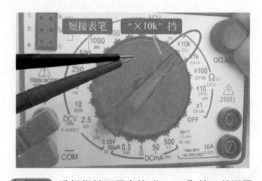

图14-8 被测一位数码管的外形和引脚分布 　图14-9 选择指针万用表的"×10k"挡，并调零

步骤2 将黑、红表笔分别搭在数码管的任意引脚上，此时万用表显示为30kΩ。此时黑表笔所搭发光二极管的引脚为正极，红表笔所搭的引脚为负极，如图 14-10 所示。

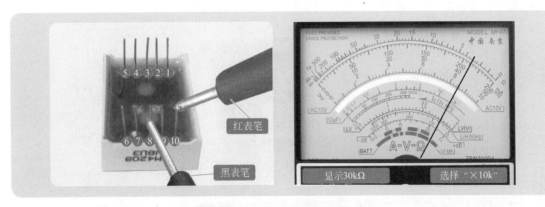

图14-10　被测一位数码管的测量（1）

步骤3　保持黑表笔不动，让红表笔分别搭在其他引脚上，此时万用表也显示为30kΩ，则表明被测数码管为共阳极型，如图14-11所示。

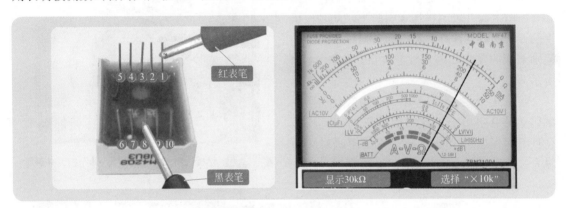

图14-11　被测一位数码管的测量（2）

总结：如果上述测量时万用表都显示无穷大，则表明被测数码管为共阴极型。

专家提示

对共阴极数码管，将红表笔搭在公共极引脚上，黑表笔分别搭在其他各极引脚上，会出现8次阻值小的情况。对于共阳极数码管，将黑表笔搭在公共极引脚上，红表笔分别搭在其他各极引脚上，也会出现8次阻值小的情况。

五、一位LED数码管各笔画对应发光二极管性能的检测

1. 发光二极管正向阻抗较小时的检测

现以共阳极数码管为例加以说明，其外形和笔画分布如图14-12所示。

检测依据　万用表"×10k"挡的内电池电压在9V以上，测量时有时使发光二极管发出微弱的亮光。若是共阳极数码管，将黑表笔搭在数码管公共引脚上，红表笔搭在其他引脚上，通过数码管中的笔画的亮光即可判定对应的笔画所接的发光二极管的性能。

步骤1　选择指针万用表的"×10k"挡，并调零，如图14-13所示。

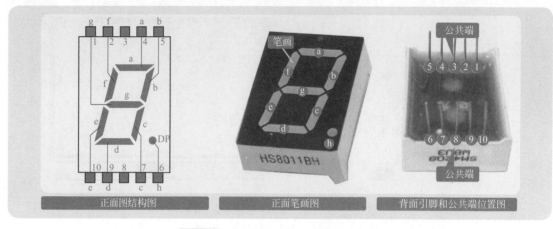

图14-12 共阳极数码管的外形和笔画分布

步骤2 将黑表笔搭在共阴极数码管的公共8引脚上，红表笔搭在4引脚上，此时数码管的a笔画微亮且万用表显示30kΩ，则表明a笔画对应的发光二极管性能良好，如图14-14所示。

步骤3 保持黑表笔不动，将红表笔搭在数码管的9引脚上，此时数码管的d笔画微亮且万用表显示30kΩ，则表明d笔画对应的发光二极管性能良好，如图14-15所示。

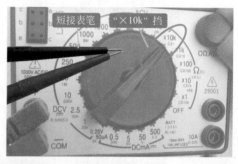

图14-13 选择指针万用表的"×10k"挡，并调零

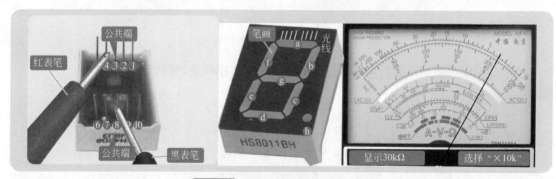

图14-14 共阳极数码管的测量（1）

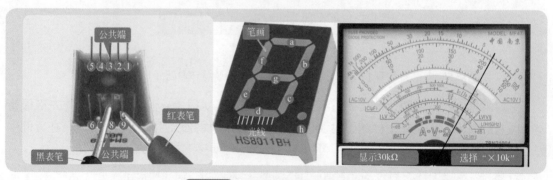

图14-15 共阳极数码管的测量（2）

总结： 按照上述方法就可以检测到其他笔画对应的发光二极管的性能。若检测某个笔画不发光且万用表指示值较小或为零，则表明该笔画对应的发光二极管漏电或已被击穿；若检测某个笔画不发光且万用表显示值为无穷大，则表明该笔画对应的发光二极管断路。

专家提示

由于万用表"×10k"使用的电池为 9V 以上，但输出的电流较小，无法使数码管内的全部发光二极管都发光。万用表"×1"到"×1k"挡虽然输出的电流大，但内部使用的是 1.5V 电池，更不能使数码馆内的发光二极管发亮。

2. 发光二极管正向阻抗较大时的检测

检测依据 由于发光二极管的正向阻抗较大，用万用表的"×10k"挡也无法使数码管内的发光二极管点亮，这时应在表笔上串联一节 1.5V 的干电池，并用万用表"×10k"挡以增大测量时的电流而使被测数码管内的发光二极管点亮。

发光二极管正向阻抗较大时的检测要点：

① 将 1.5V 干电池接入红表笔或黑表笔，其接法如图 14-16 所示。

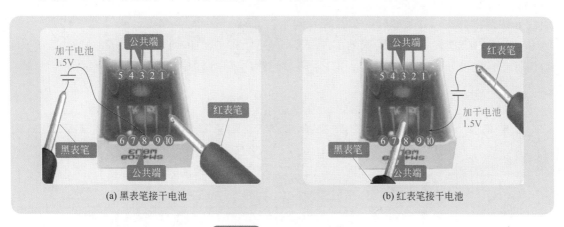

(a) 黑表笔接干电池　　(b) 红表笔接干电池

图14-16 1.5V干电池的接法

② 检测步骤和现象与发光二极管正向阻抗较小时的检测相同。

第二节　多位LED数码管

一、双位 LED 数码管的外形和结构

双位 LED 数码管的外形和结构如图 14-17 所示。

二、四位 LED 数码管的外形

四位 LED 数码管的外形如图 14-18 所示。

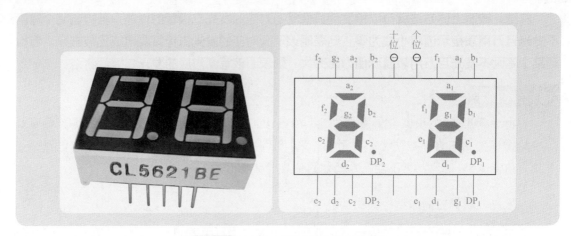

图14-17 双位LED数码管的外形和结构

三、四位 LED 数码管的工作原理

现以四位 LED 数码管为例加以说明。四位 LED 数码管有 12 个引脚（有的四位 LED 数码管有 16 个引脚）按两排分布。该数码管的公共极有四个，分别

图14-18 四位LED数码管的外形

为 6、8、9、12 脚，各位数码管的笔画引脚分别为 3、5、10、1、2、4、7、11。它与一位数码管一样也可分为共阳极数码管和共阴极数码管，其电路原理如图 14-19 所示。

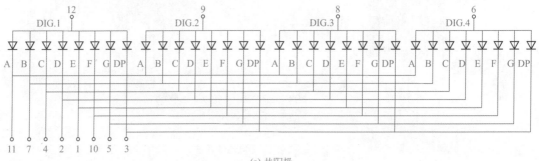

(a) 共阳极

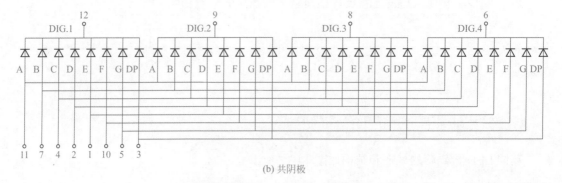

(b) 共阴极

图14-19 四位LED数码管的原理电路

现以共阳极四位数码管为例加以说明。如果需要四位数码管显示"1964"，其工作原理如下：

1. 第一位数 "1" 的显示

先向 LED 数码管的 12 脚输入高电平，再向 7、4 脚输入低电平，此时第一位上的 b、c 笔画发光而显示 "1"，此时 6、8、9 脚为低电平，5、10、12、11 脚为高电平，所以第二、三、四位中所有的发光二极管因反向电压截止而不点亮。

2. 第二位数 "9" 的显示

向 LED 数码管的 9 脚输入高电平，再向 1、2、4、5 脚输入低电平，此时第二位上的 a、b、f、g、c 笔画发光而显示 "9"，第一、三、四位中的所有的发光二极管因反向电压截止而不点亮。

3. 第三、四位数 "6、4" 的显示

同理，在第三位和第四位分别显示 "6" 和 "4"。

多位数码管上的数字是按照顺序一位一位地显示，由于人的眼睛的惰性存在且逐位显示速度较快，故人们看到的 "1964" 四位数字是一起显示出来的。

四、四位 LED 数码管的应用电路

四位 LED 数码管的应用电路如图 14-20 所示。

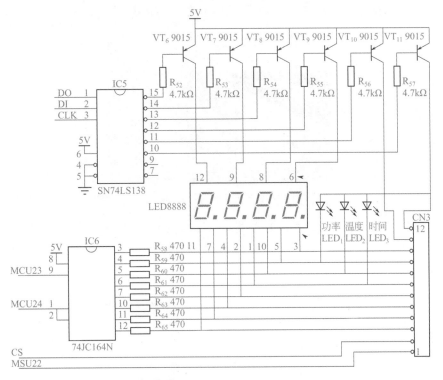

图14-20　四位LED数码管的应用电路

五、四位数码管类型和性能的检测

现以四位 16 脚数码管为例加以说明，其引脚分布如图 14-21 所示。

上边的引脚分别为四位脚数码管的公共端，下边的引脚分别为笔画和小数点引脚。

453

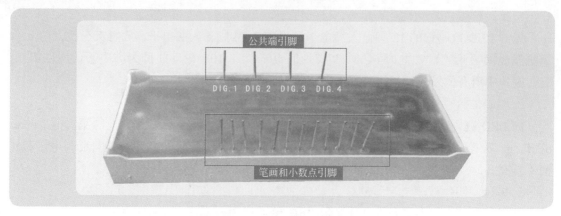

图14-21 四位16脚数码管的引脚分布

检测依据 将黑表笔搭在四位 16 脚数码管公共端引脚，红表笔依次搭在笔画和小数点引脚，若所测阻值均较小且笔画和小数点对应的发光二极管点亮（有些型号无法点亮），则表明被测数码管为共阳极型；若所测阻值均为无穷大且笔画和小数点对应的发光二极管不点亮，则表明被测数码管为共阳极型。

步骤 1 选择指针万用表的 "×10k" 挡，并调零，如图 14-22 所示。

图14-22 选择指针万用表的 "×10k" 挡，并调零

步骤 2 将黑表笔搭在四位数码管公共端引脚 DIG.1 上，红表笔依次搭在笔画和小数点引脚上，此时万用表均显示 90kΩ 且笔画和小数点对应的发光二极管也均点亮，即正常，则表明被测数码管为共阳极型，如图 14-23 所示。

图14-23 四位16脚数码管的测量

步骤 3　将黑表笔依次搭在四位数码管公共端引脚 DIG.2（DIG.3、DIG.4）上，红表笔依次搭在笔画和小数点引脚上，此时万用表也显示 90kΩ 且笔画和小数点对应的发光二极管也均点亮，即正常，则表明被测数码管的笔画和小数点对应的发光二极管性能良好。

总结：若所测阻值较小或为零，则表明被测数码管内的发光二极管漏电或被击穿短路；若所测阻值为无穷大，则表明被测数码管内的发光二极管断路。

专家提示

　　由于发光二极管的正向阻抗较大，用万用表的"×10k"挡也无法使数码管内的发光二极管点亮，这时应在表笔上串联一节 1.5V 的干电池，并用万用表"×10k"挡以增大测量时的电流而使被测数码管内的发光二极管点亮，如图 14-24 所示。

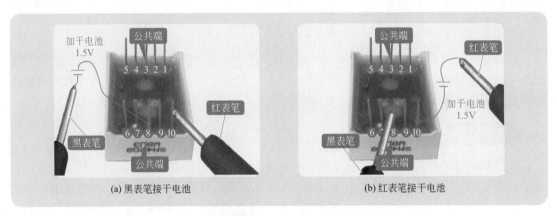

(a) 黑表笔接干电池　　　　　　　　(b) 红表笔接干电池

图14-24　1.5V干电池的接法

六、LED 数码管的代换

　　数码管的代换主要注意发光颜色（颜色不同所需要的偏置电压可能不相同）要相同，位数、引脚功能排列顺序要一致，即公共脚所在位置应相同，公共脚的极性要相同。

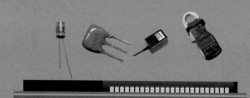

第十五章
液晶显示器和真空荧光显示器

第一节 液晶显示器

液晶显示器又称为液晶显示屏，简称LCD，是一种利用液晶能随外加电压改变的特性制成的电控显示器件，具有体积小、厚度薄、寿命长、驱动电压低、功耗极小、在强光背部照射下显示效果好等优点，广泛应用于数字仪表、电子表、计算器、电话机以及数码产品中。

一、液晶显示器的种类

液晶显示器的种类也较多，按结构不同可分为反射型、透射型和投影型，按显示器在设备的功能不同，可分为计算器显示器、电子钟表显示器、仪器仪表显示器、彩色显示器等类型；按显示机理不同可分为扭曲向列（TN）型（主要用于64行以下字符图形的黑白显示）、超扭曲（STN）型（主要用于64行以上大型点阵式黑白或彩色显示）、宾主（GH）型（主要由背光照明，通过不同颜色的滤光片可显示不同的颜色），其他还有动态散射（DS）型、电控双折射（ECB）型、相变（PC）型等；按驱动方式不同可分为静态驱动显示型（分别驱动字母符的各个笔画）和多路寻址动态驱动显示型（其字符的每个笔画轮流驱动，利用人眼的视觉暂留特性来形成字符）。

二、液晶显示器的结构组成

液晶显示器主要由液晶材料电极和一些辅助材料构成，如图15-1所示，在印刷有透明导电电极的两层玻璃基极之间有胶封制成一个空间，中间灌充液晶材料，在两层基极的外侧各有一层偏薄片，并在下偏振片的背面还有一层反射极。其中液晶上面的电极为透明笔画电极，下面的叫公共电极，用"COM"表示，大屏幕LCD通常有多只COM引脚。

三、液晶显示器的工作原理

液晶既属于晶体，也具有液体的流动性，在平常状态，液晶有规则排列，使入射光沿直线传播，呈透明状态；当在液晶的两端加有电压时，则液晶产生振动，表现为内部结构杂乱无章，使入射光被折射向不同方向，不能按直线传播，呈现不透明状态。将位于液晶一端的电极制成透明符号笔画形状。在不加电压时，表现为透明；而在笔画上加上电压时，就可以显示各种黑色符号。

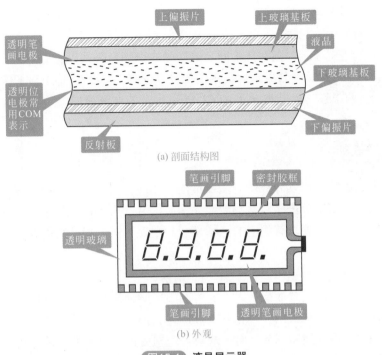

(a) 剖面结构图

(b) 外观

图15-1　液晶显示器

☞ 专家提示

　　液晶材料若长期处于直流电压环境中，则会发生电解和电极失效，造成性能下降，因此采用 30 ～ 100Hz 的脉冲方波驱动方式，利用人眼的迟钝现象看不到字符闪烁。

四、液晶显示器的应用

　　由于液晶器需要采用脉冲方波驱动方式且驱动电压低，因此需要将各种模拟信号通过模数转换（A/D）电路转换数字信号，然后进行编码形成并行的数字信号，直接驱动液晶器。图 15-2 为数字万用表显示电路原理框图。

图15-2　数字万用表显示电路原理框图

☞ 专家提示

　　在液晶屏的实际应用中，由于液晶屏采用玻璃材料制成，属于易碎材料，耐冲击性能差，通常加贴一层有机保护膜。其引脚电极与驱动电路之间的连接方式有叠层导电橡胶和排线压接方式。当导电橡胶或排线与液晶屏引脚之间压接不良时，则会出现缺笔少画故障。

五、用数字万用表模拟检测液晶屏

　　① 调整数字万用表的量程开关指向二极管挡，当两表笔分别搭在被测液晶显示屏的任

意两只引脚处，若没有笔画显示，则重新调换表笔与引脚的接触位置，直到出现有笔画显示为止，此时可保持其中一只表笔不动，另一表笔分别依次与其他引脚相接触，若在同一字符中均有不同位置的笔画显示，则保持不同表笔接触的引脚为公共引脚 COM。

② 通常情况下，大屏液晶显示屏显示的数字、字母较多时，每个显示区域各有一个公共引脚 COM。依照上述方法找到另外的 COM 引脚。若在测量时某笔画始终不亮，则表明液晶显示屏已经损坏。

六、用感应脉冲模拟检测液晶屏

将一根适当长度的绝缘软导线的一端在市电电源线中的相线上缠绕几圈，手拿该导线的另一端，使该端的金属部分去碰触被测液晶显示屏的某一引脚，在显示屏完好的情况下，此时应有相应的笔画显示。若没有相应的笔画显示，则表明该笔画已经失效。

七、液晶屏的代换

当液晶屏因某一笔画失效而损坏时，若笔画不影响使用，可应急继续使用；若严重影响使用而必须更换时，应严格采用完全相同的屏进行更换。更换时要轻拿轻放，若显示屏与导电橡胶之间接触不良造成缺笔画故障时，应对导电橡胶或电路上的铜箔进行修整或清洁，并调整增大液晶屏与导电橡胶的压力，使之接触良好。

第二节 真空荧光显示器

真空荧光显示器（屏）简称 VFD，是一种利用真空电子管发展束，采用荧光显示技术来显示符号的显示器，具有显示精度高、视角宽、动态显示图案清晰、直观的优点，再加上该类屏外观豪华，图案绚丽多彩，因而倍受消费者青睐，主要应用高档电子设备中。

一、真空荧光显示器的结构

真空荧光显示器主要由玻璃外壳、灯丝（兼阴极）、网栅栅极、玻璃基板上、笔画阳极和消气剂等几部分构成，如图 15-3 所示。在屏内的上部是腾空架设的灯丝阴极，两端支架均有引脚用 F1 和 F2 表示。采用交流供电方式并驱动电路的接地线有一条电流通路而

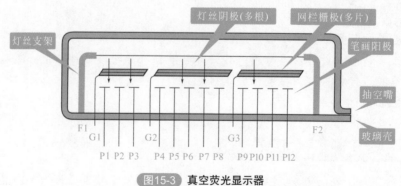

图15-3 真空荧光显示器

保持灯丝为地电位。网栅栅极位于笔画阳极之上且分区设置，各自引脚用字母"G"表示。同一区域内相同字符的相同部位则合并成一只引脚引出用字母"P"表示。并将屏内抽成空气。

二、真空荧光显示器的工作原理

在极细的钨丝芯上，涂覆上钡（Ba）、锶（Sr）和钙（Ca）的氧化物（三元碳酸盐），并加上规定的交流灯丝电压时，灯丝温度达到几千摄氏度而释放电子，因灯丝与地之间有通路并保持为地电位。在栅网上加有正电压，可吸引灯丝阴极发射的电子，则笔画的极 P 加有的正电压更高，使得阴极释放的电子经栅极 G 加速后去轰击位于笔画阳极上的荧光粉带发光；反之若在栅极 G 加上负压，则会拦截掉至阴极发射向笔画阳极 P 的电子而不发光。将阴极制成各种符号或图形并涂上能发不同颜色的荧光粉，即可显示绚丽多彩的符号和图案。其中用来制作荧光粉的氧化锌是使用最为广泛的荧光粉。

三、真空荧光显示器的分类

荧光显示屏的种类较多，根据结构不同可分为二极管和三极管；根据显示内部不同可分为数字荧光屏、字符荧光屏、图案显示荧光屏和点阵显示荧光屏；根据驱动方式不同可分为静态驱动（直流）型和动态驱动（脉冲）型荧光显示屏。

四、真空荧光显示器的应用

由于荧光屏的引脚众多，控制方式复杂，均采用专用集成电路驱动方式。其栅极 G 和笔画阴极由驱动芯片直接驱动。

（1）荧光屏发光的基本条件

① 灯丝电压。荧光屏的灯丝电压常采用交流供电方式，并与驱动电路的接地之间留有电流通路来保证灯丝阴极发射的电子提供一个回收通道。

② 阳极正压。需要荧光屏内的哪个笔画发光时，则需由驱动电路为该笔画引脚加上正极电压，通常为 +5V 或 +25V。

③ 当荧光屏满足上述条件后，若驱动电路为该笔画上面的栅网加上正电压（以阴极为 +5V 电压为例），则从灯丝阴极穿透栅网去轰击位于笔画阳极上的荧光粉而发光；当加在栅网的电压为负值时，则该笔画不能发光。

④ 荧光屏保持真空。

（2）应用方式

真空荧光屏的典型应用方式如图 15-4 所示。驱动电路芯片通常有两组电源 +25V 和 +5V 或 +5V 和 −28V。与单片机之间保持时钟（CLK）、数据（DATA）的通信，在控制信号的作用下，接收键盘指令，输出多个栅网电压和阳极脉冲加到荧光显示器，使其显示。灯丝两端由电源变压器专用绕组输出交流电压，并与地之间保持平衡联系。

（3）应用方法

由于荧光屏为高真空显示器件，且为透明的玻璃材质，因此在实际操作中，应注意价格昂贵荧光屏抽空嘴的防护，一定要轻拿轻放，避免荧光屏受碰撞和冲击。在其引脚进行焊接时，应使用低熔点焊锡，加热时间不宜过长。

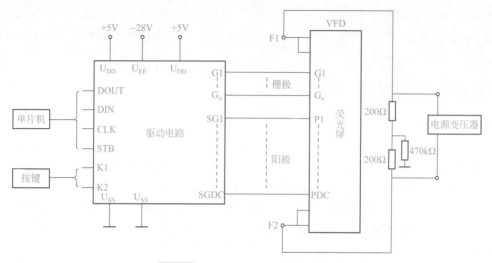

图15-4 真空荧光屏的典型应用方式

五、荧光屏只有某一个笔画或图形符号不能发光的检修

1. 故障原因分析

荧光屏出现上述故障现象表明只是与该笔画相连的驱动电路异常导致阳极电压丧失，而其灯丝和栅网工作电压正常。因此只需检修与该脚相关的电压即可找到原因。

2. 检修方法

由于在荧光屏未加工作电压时，灯丝、栅网和阳极之间表现为绝缘状态，测量荧光屏各引脚之间电阻已没有意义。只有采取电压法或模拟法进行故障范围的划分及部位的定性。

① 首先分清被测荧光屏各引脚功能。通常情况下，位于两端的引脚为灯丝两端引脚，从电路上可以看出，灯丝引脚可能为多只引脚并接在一起。灯丝引脚中间的引脚为栅网和阳极引脚。

② 选择万用表的电压挡，对荧光屏的栅网和阳极电压进行测量来区别引脚类型及故障范围，若测量荧光屏的阳极电压均正常，则表明荧光屏损坏；若测量某一阳极始终没有电压，则为驱动电路故障，而采用脉冲驱动的引脚电压可能无法测量。

③ 对于采用电压法无法测量时，可采用模拟法进行，即测量驱动芯片的阳极驱动供电电压是 +5V 或是 +25V。以阳极驱动电压为 25V 为例，则其栅网驱动电压为几伏。可在 +25V 电源接一软绝缘导线，使其另一端逐个与被测荧光屏的阳极引脚相接触。若接触所有阳极引脚均有相对应的笔画指示，则表明为驱动芯片故障；若逐个接触时，故障笔画始终不能发光，则表明荧光损坏。若不影响使用，可继续使用。

六、荧光屏某一区域内的所有笔画均不能发光的检修

1. 故障原因分析

出现上述故障表明该区域的栅网没有起到加速电子通过的作用，应对相对应的栅极引脚电压进行测量。

2. 检修方法

使用万用表的电压挡对被测荧光屏的栅极电压进行测量。若荧光屏的所有栅极电压均正

常，则表明与荧光屏故障区域栅网相连的引脚之间出现断路，若与该栅网相连的引脚上没有电压，则表明驱动芯片损坏。

七、荧光屏全不亮而功能基本正常

1. 故障原因分析

荧光屏出现全不亮的故障主要因灯丝供电，灯丝与地之间的电流通路隔离电阻，驱动芯片的供电电压及驱动芯片异常所致。

2. 检修方法

① 首先仔细观察屏内架设的灯丝是否发光，若灯丝不亮应检查灯丝供电电路，若灯丝发光正常，则应检查灯丝供电电路中的与地保持隔离电阻，若均正常，则应继续下一步检查。

② 测量驱动电路的两组供电电压是否正常。若供电电压均正常，则表明驱动芯片损坏或没有接收到单片送来的控制信号。

③ 若驱动脉冲芯片的某一组供电不正常，可采用电压法划分故障范围，电阻法查找故障元件。

八、荧光屏的代换

由于应用不同电气设备的荧光屏所要显示的内容各异，引脚排列各不相同，相互之间代换的可能性较小，故只有采用原型号的荧光屏进行代换。

第十六章
继电器

第一节　电磁继电器

一、电磁继电器的外形和电路图形符号

电磁继电器是最常用的继电器，它是依靠电磁线圈在通过直流或交流电流产生磁场吸引衔铁或动铁芯带动接点动作，实现电路的接通或断开，在电力拖动控制、保护及各类电器的遥控和通信中用途广泛。电磁继电器简称 MER，在电路中用字母 K 表示。电磁继电器的外形如图 16-1 所示。

图16-1　电磁继电器的外形

电磁继电器可分为常闭型、常开型和转换型，其电路图形符号如表 16-1 所示。

二、电磁继电器的结构原理

电磁继电器的工作原理如图 16-2 所示。

开关没有接通时，励磁线圈因没有电流通过而没有产生磁场，衔铁靠复位弹簧的拉动作用向上翘起，动触点与静触点 1 处于接通状态，动触点与静触点 2 处于断开状态，此时照明灯 1 亮而照明灯 2 不亮。

表 16-1　电磁继电器的电路图形符号

线圈符号	触点符号	
KR	KR-1	常开触点（动合），称 H 型
	KR-2	常闭触点（动断），称 D 型
	KR-3	转换触点（切换），称 Z 型
KR1	KR1-1　　KR1-2　　KR1-3	
KR2	KR2-1　　KR2-2	

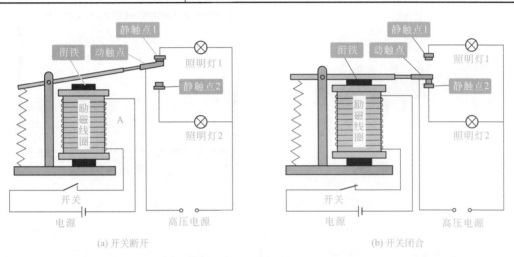

(a) 开关断开　　　　　　　　　　　　　　(b) 开关闭合

图16-2　电磁继电器的工作原理

　　开关接通后，励磁线圈有电流通过而产生磁场，衔铁的磁力吸引动触点而向下移动，此时动触点与静触点 2 处于接通状态，动触点与静触点 1 处于断开状态，此时照明灯 2 亮而照明灯 1 不亮。

　　从而实现了低电压小电流控制高电压大电流电路的作用。

三、四脚电磁继电器的检测

　　被测四脚电磁继电器的外形如图 16-3 所示。

四脚电磁继电器
的测量

1. 线圈直流阻值的检测

（检测依据）继电器的型号不同，其线圈直流阻值也不相同。在不知道标称阻值的情况下，只能判断线圈是否断路，是否短路则无法判断，所以只能初步判断线圈直流阻值是否正常。

　　步骤 1　选择指针万用表的"×10"挡，并调零，如图 16-4 所示。

　　专家指导：使用指针万用表的欧姆挡测量阻值时，表针应停在中间或附近（即欧姆挡刻度 5 ～ 40 附近），测量结果比较准确。

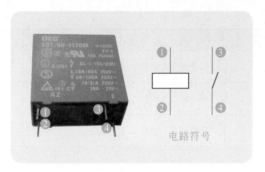

图16-3 被测四脚电磁继电器的外形

电路符号

图16-4 选择指针万用表的"×10"挡，并调零

步骤2 将红、黑表笔（不分反正）分别搭在电磁继电器的线圈引脚上（即1脚和2脚），此时万用表显示为260Ω，即正常，如图16-5所示。

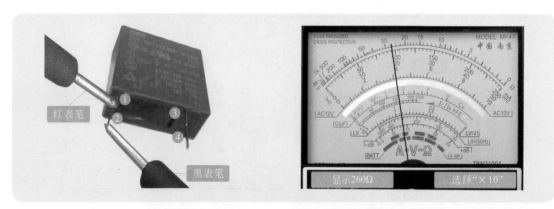

图16-5 被测四脚电磁继电器的线圈直流阻值的检测

总结： 若所测阻值与标称阻值基本一致，则表明被测线圈良好；若所测阻值为无穷大，则表明被测线圈断路；若所测阻值较小，则表明被测线圈内部短路。在很多情况下，无法知道被测线圈的标称阻值，因此，无法判断其是否存在局部短路现象。

2.常开触点的检测

检测依据 正常情况下，电磁继电器常开触点的两只引脚之间的阻值应为无穷大。

步骤1 选用指针万用表的"×10k"挡，并调零，如图16-6所示。

步骤2 将红、黑表笔分别搭在继电器的一对常开触点引脚上（即3脚和4脚），此时万用表显示为无穷大，即正常，如图16-7所示。

总结： 若所测常开触点之间的阻值为0，则表明常开触点粘连；若所测阻值有一定显示，则继电器内部漏电。

3.触点闭合/释放转换的检测

检测依据 给线圈两端加适当电压时，继电器触点吸合，此时常开触点处于闭合状态，常开触点之间的阻值应为0.1～0.5Ω。

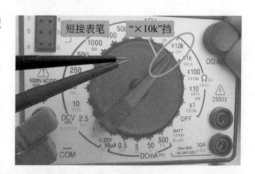

图16-6 选用指针万用表的"×10k"挡，并调零

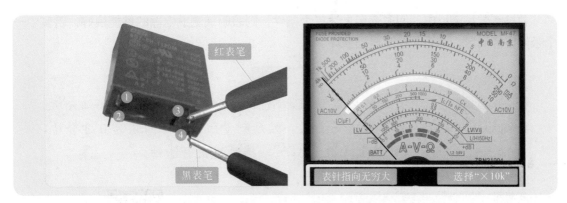

图16-7　被测四脚电磁继电器常开触点的检测

步骤1　搭建检测电路，如图16-8所示。将继电器的线圈接入直流电路，以使衔铁动作，使常开触点处于闭合状态，常闭触点处于断开状态。接通继电器时，可听到触点"咔"的吸合声。

步骤2　选择指针万用表的"×1"挡，并调零，如图16-9所示。

图16-8　搭建检测电路

图16-9　选择指针万用表的"×1"挡，并调零

步骤3　将红、黑表笔分别搭在继电器常开触点的两只引脚（即3脚和4脚）上，此时万用表显示为0.5Ω，即正常，如图16-10所示。

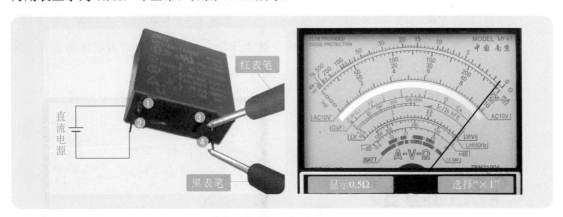

图16-10　触点闭合的阻值测量

总结：若所测常开触点（已闭合）之间的阻值较大，则表明触点接触不良或碳化；若所测阻值为无穷大，则表明触点之间开路。若所测常开触点（已断开）之间的阻值为0，则表明触点粘接；若所测阻值有一定显示，则表明继电器内部漏电。

总结： 若被测继电器同时满足上述三个条件，则表明被测继电器的性能良好。若其中一个条件没能满足，则表明继电器已损坏。

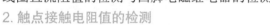

要诀

检测电磁继电器，先测线圈电阻值，阻值大小要合适，偏大偏小细分析。线圈加压不要低，动合触点马上吸。吸后测量阻值低，阻值为0才合适，如果阻值大于0.5（Ω），接触不良有锈蚀。

四、五脚电磁继电器的检测

五脚电磁继电器
的测量

1. 线圈直流阻值的检测

线圈直流阻值的检测与四脚电磁继电器的检测完全相同。

2. 触点接触电阻值的检测

被测五脚电磁继电器的外形如图 16-11 所示。

检测依据 正常情况下，常开触点的两只引脚之间的阻值应为无穷大，常闭触点之间的阻值应为 0.1～0.5Ω。将检测结果与此对照，就可以判断被测触点是否正常。

步骤1 选用指针万用表的"×10k"挡，并调零，如图 16-12 所示。

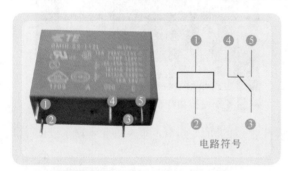

图16-11 被测五脚电磁继电器的外形

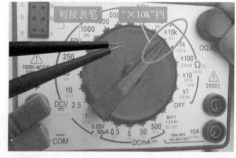

图16-12 选用指针万用表的"×10k"挡，并调零

步骤2 将黑、红表笔分别搭在继电器的一对常开触点引脚上，此时万用表显示为无穷大，即正常，如图 16-13 所示。

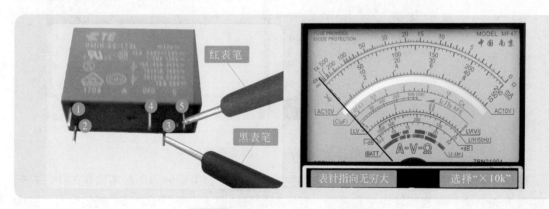

图16-13 常开触点引脚之间阻值的测量

步骤3　将黑、红表笔分别搭在继电器的常闭触点的两只引脚上，此时万用表显示为 0.25Ω，即正常，如图16-14所示。

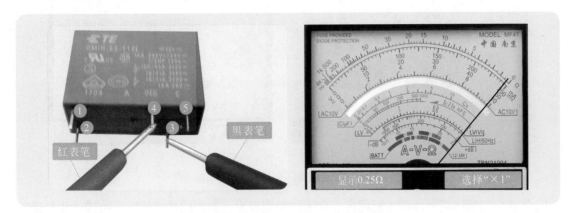

图16-14　常闭触点引脚之间阻值的测量

总结：若所测常开触点之间的阻值为 0，则表明常开触点粘连；若所测阻值有一定显示，则继电器内部漏电。若所测常闭触点之间的阻值较大，则表明触点接触不良或碳化。

3. 触点闭合 / 释放转换的检测

检测依据　给线圈两端加适当电压时，继电器触点吸合，此时常开触点处于闭合状态，常闭触点处于断开状态。通过对常开、常闭触点的测量就可以判断继电器是否正常。

步骤1　搭建检测电路，如图16-15所示。将继电器的线圈接入直流电路，以使衔铁动作，使常开触点处于闭合状态，常闭触点处于断开状态。接通继电器时，可听到触点"咔"的吸合声。

步骤2　将黑、红表笔分别搭在继电器常开触点的两只引脚上，此时万用表显示为 0.25Ω，即正常，如图16-16所示。

步骤3　将黑、红表笔分别搭在继电器常闭触点的两只引脚上，此时万用表显示为无穷大，即正常，如图16-17所示。

图16-15　搭建检测电路

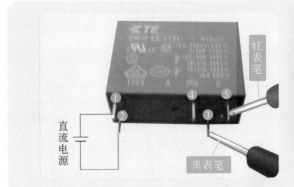

图16-16　常开触点闭合时引脚之间阻值的测量

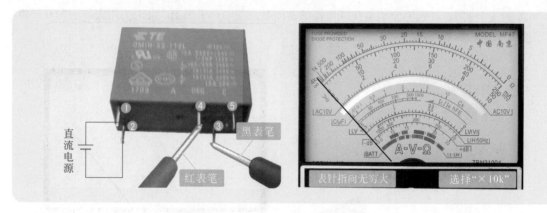

直流电源

红表笔

黑表笔

表针指向无穷大

选择"×10k"

图16-17 常闭触点断开时引脚之间阻值的测量

总结：若所测常开触点（已闭合）之间的阻值较大，则表明触点接触不良或碳化；若所测阻值为无穷大，则表明触点之间开路。若所测常开触点（已断开）之间的阻值为 0，则表明触点粘接；若所测阻值有一定显示，则表明继电器内部漏电。

大总结：若被测继电器同时满足上述三个条件，则表明被测继电器的性能良好。若其中一个条件没能满足，则表明继电器已损坏。

五、电磁继电器的选用

选择电磁继电器时，应根据电路要求从以下几个方面考虑：

1. 选择额定工作电压和额定工作电流

首先应选择电磁继电器线圈额定电压是直流还是交流。对于电磁继电器的额定电压值、额定电流值在使用时予以满足，也就是说根据驱动电压和电流的大小来选择继电器线圈的额定值。

2. 选择触点类型和触点负荷

可根据继电器所控制的电路数目来决定继电器触点组的数目。因为同型号继电器一般有多种触点的形式，通常有常开式或常闭式触点、单组触点、双组触点、多组触点等，选用时应根据应用电路的特点选择合适的触点类型。

触点负荷主要指所能承受的电压、电流的数值。如果电路中的电压、电流超过触点所能承受的电压、电流，在触点断开时会产生火花，甚至烧毁触点。所选继电器的触点负荷应高于其触点所控制电路的最高电压和最大电流，反之，会烧毁继电器触点。

3. 选择合适的型号

选用何种型号继电器，应根据实际电路的要求而定。

第二节 固态继电器

固态继电器是利用半导体器件来代替传统机械运动部件作为接点的切换装置，是一种无触点开关器件，又称为固体继电器，其英文名称为 Solid State Relay，简称 SSR，是一种新型电子继电器。

一、固态继电器的内部结构

固态继电器主要由输入电路、光电耦合器、驱动放大电路、输出电路等组成，其内部结构和电路图形符号如图 16-18 所示。

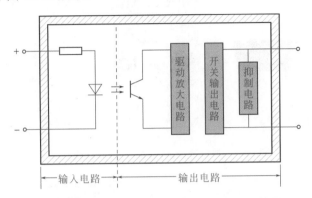

├─ 输入电路 ─┤├─────── 输出电路 ───────┤

图16-18　固态继电器的内部结构和电路图形符号

1. 输入电路
输入电路是为固态继电器的触发信号提供回路，可分为交流输入和直流输入。

2. 光电耦合器
光电耦合器由发光二极管、光敏三极管等组成，其作用是实现光—电转换。

3. 驱动放大电路
驱动放大电路的功能电路包括检波整流、过零点检测、放大、加速、保护等，触发电路的作用是向输出器件提供触发信号。

4. 开关输出电路和抑制电路
输出电路是在触发信号的驱动下，实现对负载供电的通断控制。输出电路主要由输出器件和起瞬间抑制作用的吸收回路组成，有的还包括反馈电路。固态继电器的输出器件主要采用光敏二极管、晶闸管、MOS 场效应管等。

当在输入端加上合适的直流电压或脉动电压时，输出端连接的电路之间就会呈现导通状态；当输入端直流电压或脉冲消失后，输出端就会呈开路状态。

固态继电器具有工作可靠、寿命长、无噪声、无火花、无电磁干扰、开关速度快、抗干扰能力强、体积小、耐冲击、防爆、防腐蚀等优点，并且还可与 DTL、HTL 和 TTL 等逻辑电路兼容，实现以微弱小信号来控制高电压、大电流负载的作用。但是它也存在一些有一定通态压降、断态漏电流、交直流不通用、触点组数少、散热差等问题，同时其过电流过电压和电压上升率、电流上升率等性能较差。

二、直流固态继电器的结构和电路图形符号

认识直流固态继电器及其电路符号

1. 外形和电路图形符号
直流固态继电器的输入端接直流控制电路，输出端接直流负载，直流固态继电器的外形、电路图形符号如图 16-19 所示。直流固态继电器引脚有四脚和五脚之分。

2. 结构和电路图形符号
直流固态继电器的电路结构如图 16-20 所示。

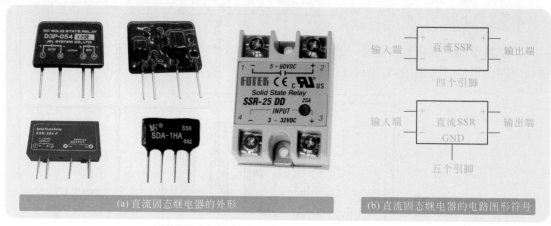

(a) 直流固态继电器的外形　　(b) 直流固态继电器的电路图形符号

图16-19　直流固态继电器的外形和电路图形符号

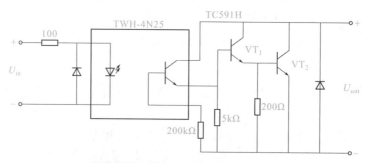

图16-20　直流固态继电器的电路结构

3. 等效电路

直流固态继电器的等效电路如图 16-21 所示。

三、直流固态继电器引脚极性的识别

固态继电器的类型和引脚极性可通过外表标注的字符来识别。直流固态继电器的输入端标注内容一般含有"+、−、DC、INPUT（或 IN）"等字样。直流固态继电器的输出端一般标有"+、−、DC"等字样，其中，DC 表示直流。

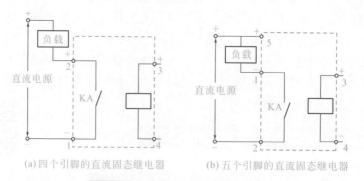

(a) 四个引脚的直流固态继电器　　(b) 五个引脚的直流固态继电器

图16-21　直流固态继电器的等效电路

四、直流固态继电器好坏的检测

被测直流固态继电器的外形如图 16-22 所示。

直流固态继电器的检测可分为输入端检测和输出端检测。

1. 输入端的检测

检测依据 正常情况下，由于直流固态继电器的输入端通常为发光二极管与电阻器串联，故其两只引脚之间的正向阻值较小，反向阻值为无穷大或接近无穷大。

步骤 1 选择指针万用表的"×10k"挡，并调零，如图 16-23 所示。

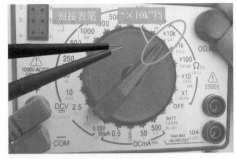

图16-22 被测直流固态继电器的外形　　　图16-23 选择指针万用表的"×10k"挡，并调零

步骤 2 将黑表笔搭在直流固态继电器的 1 脚（"+"极端），红表笔搭在 2 脚（"−"极端），此时万用表显示为 30kΩ，即正常，如图 16-24 所示。

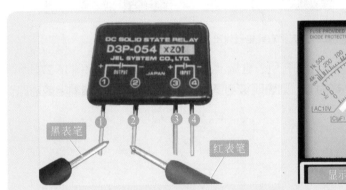

图16-24 被测直流固态继电器输入端的正向阻值的测量

步骤 3 交换黑、红表笔再次测量，此时万用表显示接近无穷大，即正常，如图 16-25 所示。

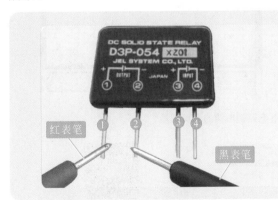

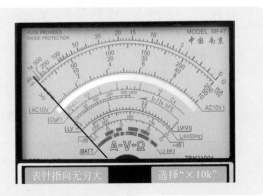

图16-25 被测直流固态继电器输入端的反向阻值的测量

总结：若所测结果与上述一致，则表明所测输入端是好的。若所测正向阻值为无穷大，则表明其输入端断路；若所测反向阻值为 0 或较小，则表明输入端短路或严重漏电。

2. 输出端的检测

检测依据 正常情况下，直流固态继电器的输出端两只引脚之间的正、反向阻值均为无穷大。将检测结果与此对照即可判断被测直流固态继电器接出端的好坏。

步骤 1 选择指针万用表的"×10k"挡，并调零。

步骤 2 将红表笔搭在输出端的 3 脚（"+"极端），黑表笔搭在 4 脚（"−"极端），此时万用表显示为无穷大，即正常，如图 16-26 所示。

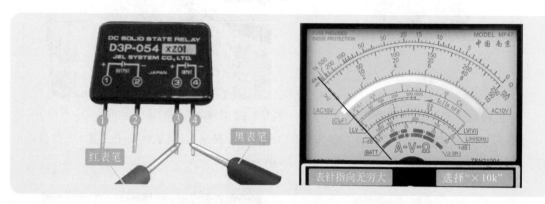

图16-26 被测直流固态继电器输出端的测量

步骤3 交换黑、红表笔再次测量，此时万用表也显示为无穷大，即正常，如图16-27所示。

总结：若所测正、反向阻值较小或为 0，则表明被测直流固态继电器的输出端漏电或短路。

专家提示

有些直流固态继电器的输出端反接一只二极管，反向测量时其阻值一般较小。

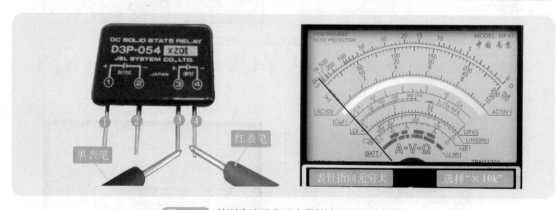

图16-27 被测直流固态继电器输出端的再次测量

五、交流固态继电器的外形、结构和等效电路

1. 外形和电路图形符号

交流固态继电器的输入端接直流控制电路，输出端接交 　认识交流固态继电器及其电路符号流负载，其外形和电路图形符号如图 16-28 所示。

(a) 交流固态继电器的外形　　(b) 交流固态继电器的电路图形符号

图16-28 交流固态继电器的外形和电路图形符号

2. 内部电路结构和等效电路

交流固态继电器的内部电路结构和等效电路如图 16-29 所示。

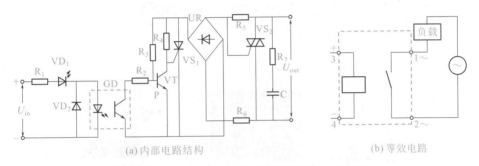

(a) 内部电路结构　　(b) 等效电路

图16-29 交流固态继电器的内部电路结构和等效电路

六、交流固态继电器的引脚极性识别

交流固态继电器的类型和引脚极性可通过外表标注的字符来识别。交流固态继电器的输入端标注内容一般含有"+、−、DC、INPUT（或 IN）"等字样。交流固态继电器的输出端一般标有"〜、AC"等字样，其中，AC 表示交流。

七、交流固态继电器通电检测

步骤 1 搭建检测电路。将交流固态继电器、5V 直流电源、220V 交流电源、50W 灯泡、闸刀开关接入如图 16-30 的电路中。

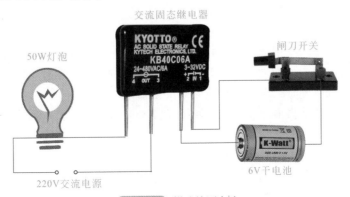

图16-30 搭建检测电路

步骤 2　接通闸刀开关，此时灯泡点亮，则表明输出端的两只引脚相通，即正常，如图 16-31 所示。

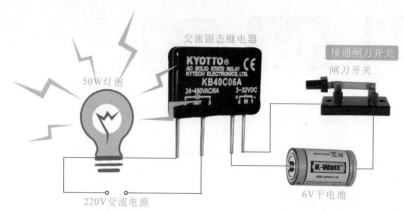

图16-31　接通闸刀开关，此时灯泡点亮

步骤 3　断开闸刀开关，此时灯泡熄灭，则表明输出端的两只引脚断开，即正常，如图 16-32 所示。

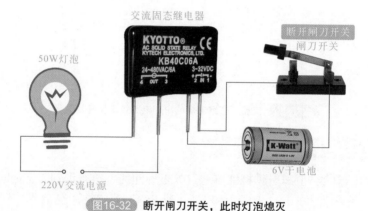

图16-32　断开闸刀开关，此时灯泡熄灭

专家提示

接入交流固态继电器的输入电源电压应该在规定范围内，否则将损坏交流固态继电器。

八、固态继电器的选用

1. 选用固态继电器的类型

选用固态继电器时，应根据受控电路的电源类型、电源电压和电源电流来确定固态继电器的电源类型和负载能力。当受控电路的电源为交流电源时，应选择交流固态继电器；当受控电路的电源为直流电源时，应选择直流固态继电器。

固态继电器的负载能力应根据受控电路的电压和电流来决定，一般情况下，继电器的输出功率应是受控电路功率的 2 倍以上。

2. 选择固态继电器的带负荷能力

由于继电器的额定负载是指纯阻性负载，故选用时应根据受控电路的电源电压和电流来选择固态继电器的输出电压和电流，予以不同处理。

第十七章
压电器件

第一节　石英晶振

一、石英晶振的外形和电路图形符号

石英晶振是石英振荡器的简称，又称晶振。它是用石英晶体的压电特性制作而成的，广泛应用于电谐振电路中。石英晶振的外形、结构和电路图形符号如图 17-1 所示。

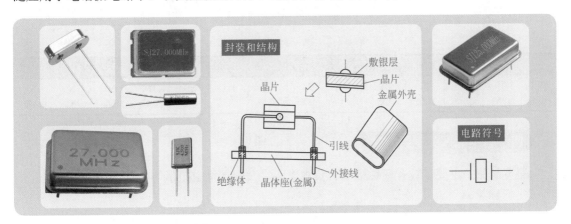

图17-1　石英晶振的外形、结构和电路图形符号

二、石英晶振的结构组成

石英晶振是将石英晶体按一种工艺切成薄晶片，然后在晶片的两面上涂上银层并加在（或焊在）两个金属引脚之间，再用陶瓷或金属等材料封装起来。

常见的石英晶体有两端型（双电极）、三端型（三电极）和四端型（两对电极）。常见多端石英晶体的外形如图 17-2 所示。

三、石英晶振的型号

石英晶振的型号命名由 3 部分组成，如图 17-3 所示。

其中，第二部分中的字母含义如表 17-1 所示。

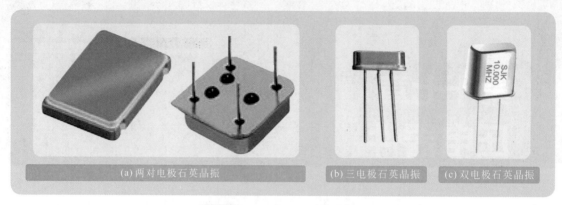

(a) 两对电极石英晶振　　(b) 三电极石英晶振　(c) 双电极石英晶振

图17-2　常见多端石英晶体的外形

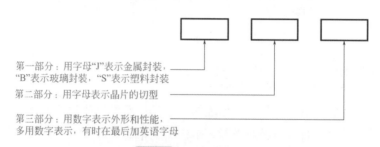

第一部分：用字母"J"表示金属封装，
"B"表示玻璃封装，"S"表示塑料封装
第二部分：用字母表示晶片的切型
第三部分：用数字表示外形和性能，
多用数字表示，有时在最后加英语字母

图17-3　晶振型号命名

表 17-1　第二部分中的字母含义

字母	A	B	C	D	E	F	G	H	M	N	U	X	Y
晶片切型	AT切型	BT切型	CT切型	DT切型	ET切型	FT切型	GT切型	HT切型	MT切型	NT切型	WX切型	X切型	Y切型

四、石英晶振的主要参数

石英晶振的主要参数有标称频率、负载电容、负载谐振电阻值等。

1. 标称频率

标称频率是指在一定的技术条件下指定的谐振频率。不同石英晶振的标称频率有所不同，通常把标称频率标在石英晶振的外壳上，如图 17-4 所示。但 ZTB、CRB 等系列石英晶振的外壳上不标注标称频率。

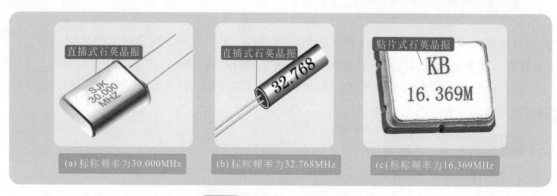

(a) 标称频率为30.000MHz　　(b) 标称频率为32.768MHz　　(c) 标称频率为16.369MHz

图17-4　石英晶振上的标称频率

2. 负载电容

负载电容是指石英晶体谐振器一起决定负载谐振频率的有效外接电容。可把石英晶振看作在电路中串接的电容。负载电容的不同决定振荡器的振荡频率也不同，但标称频率相同的石英晶振，其负载电容也不同。

3. 负载谐振电阻值

负载谐振电阻值是指石英晶振与指定的外部电容相连接，在谐振频率时的电阻值。

常见的负载电容为 8pF、12pF、15pF、20pF、30pF、50pF、100pF 等。

五、石英晶振的分类

石英晶振按工作频率的不同可分为 455kHz、480kHz、3.58kHz、4kHz、8kHz、10kHz 等。按封装形式的不同可分为金属封装、陶瓷封装等。常见石英晶振的封装形式如图 17-5 所示。

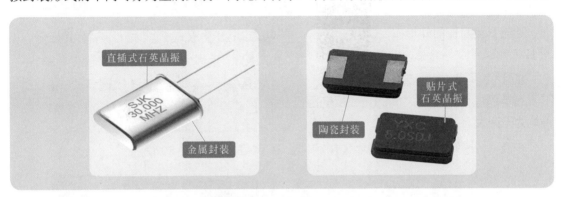

图17-5　常见石英晶振的封装形式

> **要诀**
>
> 石英晶振很重要，应用广泛受人瞧，压电效应比较好，谐振电路常用到，型号识别要知道，三部分组成要记牢，主要参数有三道，实用之时见分晓，分类识别要明了，封装形式金属、陶（瓷）。

六、石英晶振的故障类型

根据晶振的结构可知：晶振是在切成特定形状晶片两面覆有金属镀层外加引线并封装而成，是靠晶片产生机械振动而工作。因此晶振的故障主要有晶片破碎，引线开裂，金属封装的晶振内部泄漏造成镀层氧化、频率漂移或失效，镀层之间漏电等类型。

七、石英晶振引脚极性的判断

无源石英晶振只有两只引脚，没有极性。有源石英晶振有四只引脚，有极性，一般情况下，在 1 脚附近有一个点标记。让四只引脚朝下，按逆时针方向依次为 2 脚、3 脚和 4 脚。在电路中，有源石英晶振的接法是：1 脚悬空不用，2 脚接地，3 脚接输出信号，4 脚接直流工作电压。石英晶振的引脚极性识别如图 17-6 所示。

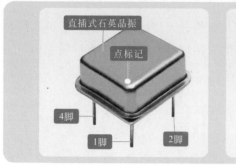

图17-6 石英晶振的引脚极性识别

▶ 八、两只引脚石英晶振的检测

1. 电阻测量法

被测石英晶振的外形如图17-7所示。

两只引脚石英晶振的测量

检测依据 正常情况下，石英晶振两只引脚之间的正、反向阻值均为无穷大。

步骤1 选择指针万用表的"×10k"挡，并调零，如图17-8所示。

图17-7 被测石英晶振的外形

图17-8 选择指针万用表的"×10k"挡，并调零

步骤2 将黑、红表笔（不分正负）分别搭在石英晶振的两只引脚上，此时万用表显示为无穷大，即正常，如图17-9所示。

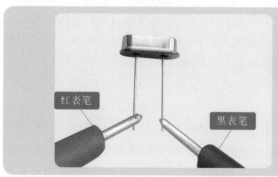

图17-9 被测石英晶振的测量

步骤3　交换黑、红表笔再次测量，此时万用表也显示为无穷大，即正常，如图17-10所示。

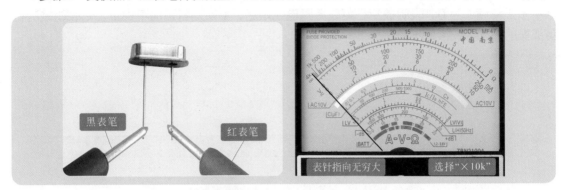

图17-10　被测石英晶振的再次测量

总结：若表针有一定的摆动或有阻值显示，则表明被测石英晶振的内部漏电；若所测阻值为0，则表明被测石英晶振的内部短路。

2.电容测量法

被测石英晶振的外形如图17-11所示。

检测依据　石英晶振在结构上类似一只电容器，故通过检测其电容量的大小，以判断被测石英晶振是否正常。

步骤1　选择数字万用表的"20nF"挡，如图17-12所示。

图17-11　被测石英晶振的外形

图17-12　选择数字万用表的"20nF"挡

步骤2　将黑、红表笔分别搭在石英晶振的两只引脚上，此时万用表显示为0.68nF，即正常，如图17-13所示。

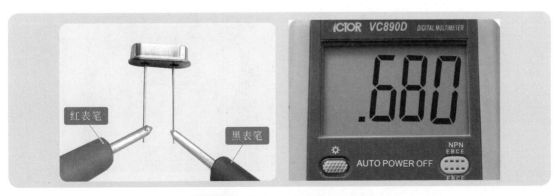

图17-13　被测石英晶振电容量的测量

总结：若万用表显示"**1**"（表示溢出状态），则表明被测石英晶振开路；若所测容量值远小于正常值或为 0，表明被测石英晶振漏电或短路；若所测容量值不稳定，则表明被测石英晶振的内部存在接触不良。

👆 **专家提示**

常见石英晶振的电容量值如表 17-2 所示。

表 17-2　常见石英晶振的电容量值

石英晶振的频率	容量（金属封装）	容量（陶瓷或塑料封装）
400 ~ 503kHz	300 ~ 850pF	—
3.58MHz	55pF	3.7pF
4.4MHz	41pF	3.4pF
4.43MHz	40pF	3.1pF

◤ 九、三只引脚石英晶振的检测

被测石英晶振的外形如图 17-14 所示。

步骤 1　选择数字万用表的"20nF"挡，如图 17-15 所示。

图17-14　被测石英晶振的外形

图17-15　选择数字万用表的"20nF"挡

步骤 2　将黑、红表笔（不分正负）分别搭在石英晶振外侧的两只引脚上，此时万用表显示为 0.48nF，即正常，如图 17-16 所示。

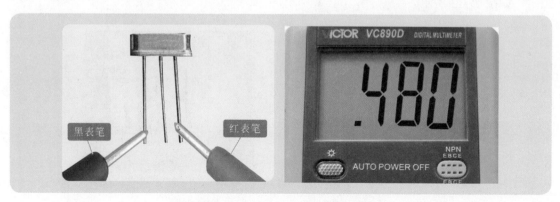

图17-16　被测石英晶振电容量的测量（1）

步骤 3 将一只表笔搭在石英晶振的中间引脚上，另一表笔搭在外侧的任一只引脚上，此时万用表显示为 0.38nF，即正常，如图 17-17 所示。

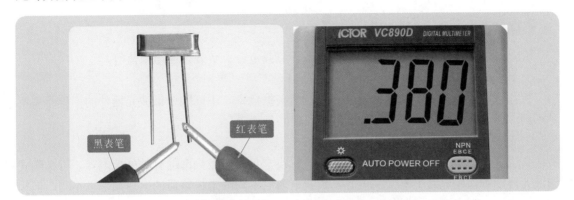

图17-17 被测石英晶振电容量的测量（2）

总结：若万用表显示"1"（表示溢出状态），表明被测石英晶振漏电或短路；若所测容量值远小于正常值或为 0，则表明被测石英晶振开路；若所测容量值不稳定，则表明被测石英晶振的内部存在接触不良。

十、石英晶振的代换

1. 晶振代换的基本原则

晶振代换的基本原则是标称一定要相同，稳频电容要一同代换，类型、外形应相同。

① 标称频率要相同。晶振的标称频率要相同，否则会影响电路的性能。若使用高频率的晶振代换低频率的晶振，则可会造成电路过激损坏电路元件；若使用低频率的晶振代换高频率的晶振，则会造成电路动作放慢，性能下降，功率下降。

② 当晶振损坏后，周边所接的稳频电容、负载电容也要更换，避免因周边元件性能不良影响晶振输出信号波形。

③ 类型要相同。晶振的类型相同，即代换晶振的封装、引脚数要相同。金属封装晶振代换金属封装晶振，陶瓷封装晶振代换陶瓷封装晶振，两引脚晶振代换两引脚晶振，而三引脚晶振则应代换三引脚晶振，但也可以使用性能较好的温补型晶振代换普通晶振。

④ 当遇到屡损晶振时，也可在晶振串联一只大容量的电容进行隔离直流电压。

2. 晶振的代换方法

当更换体积较大的金属封装晶振后，可在晶体与电路板之间涂抹硅胶或塑料胶。对于标称频率较高的晶振，为防止辐射，也可将外壳通过导线接地，对于使用于遥控器中的晶振则应将晶振用硅胶固定减少振动的负面影响以至于晶体破裂。

第二节 陶瓷谐振元器件

一、陶瓷谐振元器件的分类

陶瓷谐振元器件按功能和用途可分为陶瓷滤波器、陶瓷谐振器、陶瓷陷波器和陶瓷鉴频器等，按引出端子数可分为两端组件（两只引脚）、三端组件（三只引脚）、四端组件（四只引脚）和多端组件（多端引脚）。按照封装形式可分为金属封装、塑料封装等。

二、陶瓷谐波元器件的主要参数

陶瓷谐波元器件的主要参数有标称频率、负载电容、负载谐振电阻值等。

1. 标称频率

标称频率是指在一定的技术条件下指定的谐振频率。不同陶瓷谐波元器件的标称频率有所不同，通常把标称频率标在陶瓷谐波元器件的外壳上。

2. 负载电容

负载电容是指陶瓷谐波元器件谐振器一起决定负载谐振频率的有效外接电容。可把陶瓷谐波元器件看作在电路中串接的电容。负载电容的不同决定振荡器的振荡频率也不同，但标称频率相同的陶瓷谐波元器件，其负载电容也不同。

3. 负载谐振电阻值

负载谐振电阻值是指陶瓷谐波元器件振荡器与指定的外部电容相连接，在谐振频率时的电阻值。

认识陶瓷滤波器
及其引脚极性

三、陶瓷滤波器的识别

陶瓷滤波器是所有陶瓷振子组成的选频网络的总称。陶瓷滤波器主要利用陶瓷材料的压电效应来实现电信号→机械振动→电信号的转化，从而取代了部分电子电路中的 LC 滤波电路，使电路工作更加稳定。其优点是体积小、信噪比高、噪声电平低、工作稳定、无需调整、价格便宜等。其外形和电路图形符号如图 17-18 所示。

图17-18 陶瓷滤波器的外形和电路图形符号

目前市场上常见的陶瓷滤波器的型号有 XT4.43M、XT6.0MA、XT5.5MA、XT4.5MB、XT6.5MA、XT6.5MB、TPS6.5MB、ZTP4.5、ZTP6.5 等。

陶瓷滤波器的电路图形符号是"DL"。一般情况下，陶瓷滤波器可分为双端式和三端式：双端式陶瓷滤波器有两只引脚且无极性之分；三端式陶瓷滤波器有三只引脚，将其字面面向读者，引脚朝下，按从左至右依次为输入端、接地端、输出端。其引脚极性如图 17-19 所示。

> **要诀**
>
> 陶瓷滤波器分两类，
> 双端、三端常见，
> 引脚极性区别会，
> 实际应用有作为。

四、声表面滤波器的识别

声表面滤波器的作用是利用压电材料的压电特性，利用输入与输出换能器将电波的输入

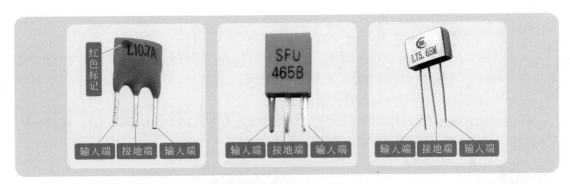

图17-19　陶瓷滤波器的引脚极性

信号转换成机械能，经过处理后再把机械能变为电信号，以达到滤掉不必要的信号和杂波信号，提高接收信号品质的目标，多用于通信、视听设备的射频和中频滤波电路中。其优点是重量轻、体积小、制造工艺简单且中心频率高、相对带宽较宽等。声表面滤波器的外形如图 17-20 所示。

认识声表面滤波器及其引脚极性

图17-20　声表面滤波器的外形

声表面滤波器的引脚分布和电路图形符号如图 17-21 所示。

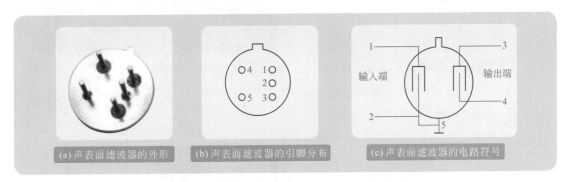

(a) 声表面滤波器的外形　(b) 声表面滤波器的引脚分布　(c) 声表面滤波器的电路符号

图17-21　声表面滤波器的引脚分布和电路图形符号

五、陶瓷陷波器的识别

陶瓷陷波器的作用是阻止或滤掉有害分量对电路的影响。彩色电视机常用 6.5MHz 和 4.5MHz 陶瓷陷波器来消除伴音、副载波对图像的干扰。常用的型号有 XT6.5MA、XT5.5MB、XT6.0MB、XT4.43MA 等。

陶瓷陷波器有两端式和三端式，其外形和电路图形符号与陶瓷滤波器一样。

六、陶瓷鉴频器的识别

陶瓷鉴频器是一种具有移相鉴频特性的陶瓷滤波元件，可分为微分式和平衡式。微分式多用于差分峰值鉴频器作差动微分式鉴频解调，平衡式多用于同步鉴相器作平衡式鉴频解调。其外形和电路图形符号与陶瓷滤波器一样。

目前市场上常见的陶瓷鉴频器型号有 CDA6.5MC、CDA6.5MD、JT10.7MG3、JT4.5MD、JT5.5MB、JT6.0MB、JT6.5MD、JT6.5MB2 等。

七、陶瓷滤波器的检测

陶瓷滤波器采用万用表直接测量也能检测出一些不正常的情况，但搭建检测电路测量才能真正检测陶瓷滤波器的性能。

被测陶瓷滤波器的外形如图 17-22 所示。

> **要 诀**
>
> 陶瓷滤波应用广，检测常用欧姆挡，
> 两脚阻无穷为正常，若有阻值是故障。
> 若需项目检测详，辅助电路来帮忙，
> 表笔正、反来测量，表针摆动又回是正常，
> 表针不动故障样，阻值较小是异常。

1. 一般检测

检测依据 正常情况下，用万用表直接对陶瓷滤波器测量时，其正、反阻值均为无穷大。

步骤 1 选择指针万用表的"×10k"挡，并调零，如图 17-23 所示。

图17-22 被测陶瓷滤波器的外形

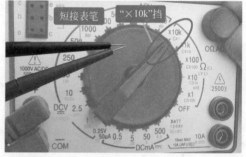

图17-23 选择指针万用表的"×10k"挡，并调零

步骤 2 将黑、红表笔分别搭在陶瓷滤波器的两只引脚上，此时万用表表针不动，即无穷大，即正常，如图 17-24 所示。

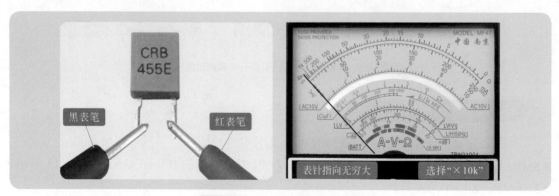

图17-24 被测陶瓷滤波器的测量

步骤3　交换黑、红表笔再次测量，此时万用表表针也不动，即无穷大，即正常，如图17-25 所示。

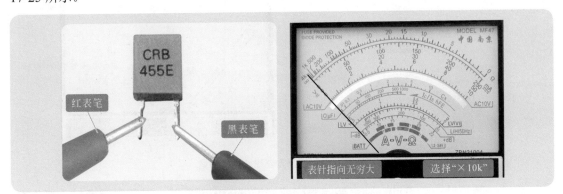

图17-25　被测陶瓷滤波器的再次测量

总结：若正、反测量时表针有微小摆动，则表明被测陶瓷滤波器漏电；若正、反测量时阻值均为0，则表明被测陶瓷滤波器短路。

专家提示

　　若测量正、反阻值均为无穷大，也不能完全确定被测陶瓷滤波器完好，若要准确判断被测的陶瓷滤波器的性能如何，还需要进一步检测。

2. 三极管辅助检测

检测依据　搭建陶瓷滤波器的检测电路，正常情况下，万用表表针应向右微微摆动一下并返回到无穷大位置。

步骤1　搭建检测电路。将两只三极管接成共集电极检测电路，如图17-26 所示。

步骤2　选择指针万用表的"×1k"挡，并调零，如图17-27 所示。

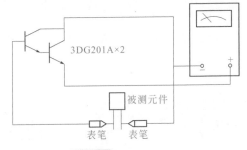

图17-26　搭建检测电路

步骤3　用螺丝刀放在陶瓷滤波器的两只引脚上，以放掉其内部的电荷，如图17-28 所示。

图17-27　搭建检测电路

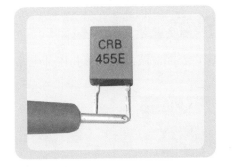

图17-28　用螺丝刀放在陶瓷滤波器的两只引脚上

步骤4 将黑、红表笔接入电路，此时表针向右微微摆动一下，又返回到无穷大位置，即正常，如图17-29 所示。

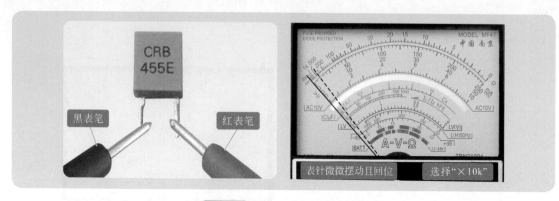

图17-29 被测陶瓷滤波器的测量

总结：若表针一动不动，则表明被测陶瓷滤波器的内部断路；若所测阻值较小或为 0，则表明陶瓷滤波器严重漏电或短路。

👆 **专家提示**

陶瓷滤波器相当于一只电容器，每次测量前都应将其两只引脚短路，以将其内部的电荷放掉。为使两只三极管共集电极电路的放大倍数高，测量时手不要碰到被测陶瓷滤波器的两只引脚，以免影响测量结果。

八、三端陶瓷滤波器的检测

表 17-3 是常用三端陶瓷滤波器的电容量值。若测量三端陶瓷滤波器各引脚之间的电容量值与表中的不符，则表明被测三端陶瓷滤波器的性能不良或损坏。

表 17-3 常用三端陶瓷滤波器的电容量值

标称频率 引脚号	465kHz	5.5MHz	6.0MHz	6.5MHz
1 脚与 2 脚	2010pF	53pF	48pF	45pF
2 脚与 3 脚	210pF	53pF	48pF	45pF
3 脚与 1 脚	110pF	28pF	26pF	25pF

九、声表面滤波器的检测

被测声表面滤波器的外形和内部电路如图 17-30 所示。

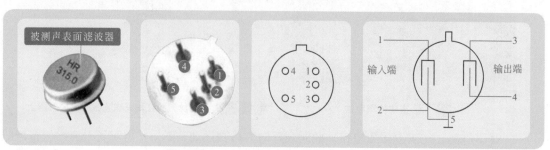

图17-30 被测声表面滤波器的外形和内部电路

1. 电阻测量法

检测依据 由于声表面滤波器的 2 脚与 5 脚相连，故 2 脚与 5 脚之间的阻值为 0Ω，其余各脚之间的阻值均为无穷大。

步骤 1 将黑、红表笔分别搭在声表面滤波器的 5 脚和 2 脚上，此时万用表显示为 2Ω，即正常，如图 17-31 所示。

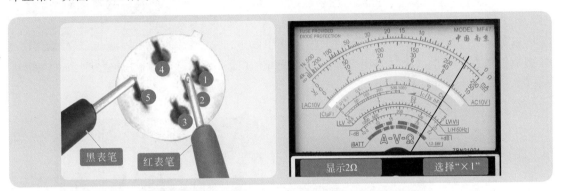

图17-31 声表面滤波器的2脚和5引脚之间阻值的测量

专家提示

用指针万用表测得的阻值为表盘的指针指示数乘以电阻挡位，即被测电阻值 = 刻度示值 × 挡位数。如选择的挡位是 "×1" 挡，表针指示为 2，则被测阻值为 2×1Ω=2Ω。

步骤 2 黑、红表笔分别搭在声表面滤波器的其他任意两只引脚上，正反测量时，万用表均显示为无穷大，即正常，如图 17-32 所示。

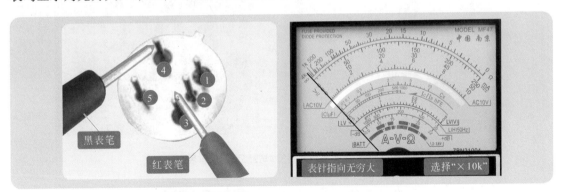

图17-32 声表面滤波器其他引脚之间阻值的测量

总结：若所测阻值为 0，则表明被测声表面滤波器短路；若所测阻值为几千欧或几百千欧，则表明被测声表面滤波器漏电。

2. 电容测量法

检测依据 由于声表面滤波器相当于一只电容器，故各引脚之间呈容性，故通过测量声表面滤波器的信号输出端、信号输入端对地的容量值即可判断被测声表面滤波器的性能是否良好。

步骤 1 选取万用表的 "20nF" 电容挡，如图 17-33 所示。

步骤2 将黑表笔搭在声表面滤波器的信号输入端 1 脚上,红表笔搭在 2 脚上(2 脚与 5 脚相连,为接地脚),此时万用表显示为 0.074nF(即 74pF),即正常,如图 17-34 所示。

步骤3 将黑表笔搭在声表面滤波器的输出端 3 引脚上,红表笔仍搭在 2 脚上,此时万用表显示为 0.064nF(即 64pF),即正常,如图 17-35 所示。

步骤4 将黑表笔搭在声表面滤波器的 4 引脚上,红表笔仍搭在 2 脚上,此时万用表显示为 0.063nF(即 63pF),即正常,如图 17-36 所示。

图17-33 选取万用表的"20nF"电容挡

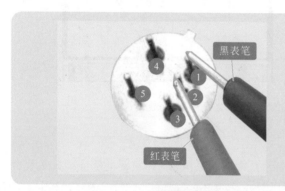 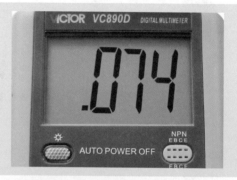

图17-34 声表面滤波器1脚与2脚之间电容量的测量

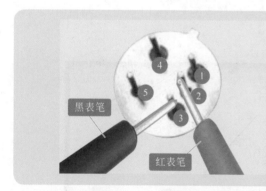 

图17-35 声表面滤波器3脚与2脚之间电容量的测量

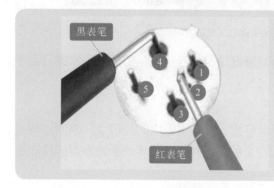 

图17-36 声表面滤波器4脚与2脚之间电容量的测量

总结：声表面滤波器的各引脚对地（即 5 脚或 2 脚）都有较小的电容量。若所测容量值为 0，则表明被测声表面滤波器损坏。

第三节 光电耦合器

认识光电耦合器

一、光电耦合器的结构原理

光电耦合器是由发光元件（如发光二极管）和接收元件组合而成，以光作为媒介的电—光—电转换器件。光电耦合器中的发光元件通常是晶体发光二极管，接收元件有光敏电阻、光敏二极管、光敏三极管或晶闸管等。光电耦合器的外形如图 17-37 所示。

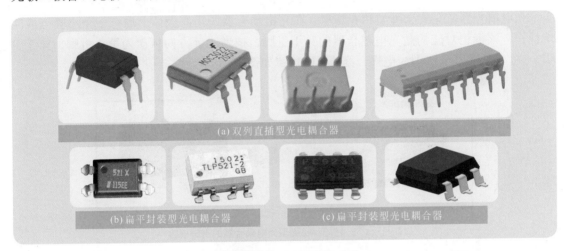

(a) 双列直插型光电耦合器

(b) 扁平封装型光电耦合器　　　(c) 扁平封装型光电耦合器

图17-37　光电耦合器的外形

光电耦合器的发光元件和接收元件装在一个外壳内，彼此间用透明的绝缘体隔离。当输入端加入电信号时，发光元件发出光线，接收元件接到光照后就产生光电流，由输出端输出，从而实现了"电—光—电"的转换。

由于光电耦合器的输入和输出端之间没有电的耦合，光线的耦合又是在封闭在管壳之内，故具有抗干扰能力强、传输效率高、寿命长等优点，因此广泛应用在电气隔离、电平转换、级间非电耦合、开关电路及仪表、计算机的电路中。

> **要诀**
>
> 光电耦合很重要，
> 发光和受光不可少，
> 输入、输出传信号，
> 中间可将电信隔，
> 光耦类型有多种，
> 常见四脚和六脚。

二、光电耦合器的分类

光电耦合器的种类繁多，按结构可分为传感型、光隔离型，按其内部输出端的结构不同可分为光电二极管型、光电三极管型、光敏电阻型、光控晶闸管型、光敏达林顿管型、光电集成电路型、光敏场效应管型等，按其输出形式的不同可分为普通型、线性输出型、高传输比型、双路输出型和组合封装型。

常见光电耦合器的型号有 4N25、4N28、4N35N、4N37、PC613、PC817、CD-S611、GD111 等。

三、光电耦合器的特点

① 光电耦合器的输入和输出端之间是相互绝缘的，其耐压一般超过 1kV，有的型号超过 10kV。

② 光信号是单向传输，输出信号对输入端无反馈作用，可有效地阻断电路或系统之间的电联系，但并不切断它们之间的信号传递。

③ 光信号不受电磁波的干扰，工作稳定可靠。

④ 响应速度快，时间常数约几微秒，甚至可达几纳秒。

⑤ 无触点、寿命长、体积小、耐冲击。

⑥ 工作温度范围宽，符合军用的工作温度标准。

认识光电耦合器
的引脚极性

四、光电耦合器引脚极性的识别

光电耦合器常见有 4 脚型和 6 脚型。在光电耦合器的正面壳体上均有一个小圆点或凹坑标记，该标记对应的是光电耦合器的第 1 引脚，按逆时针方向依次为第 2 引脚、第 3 引脚……。4 脚型和 6 脚型光电耦合器的引脚规律如图 17-38 所示。

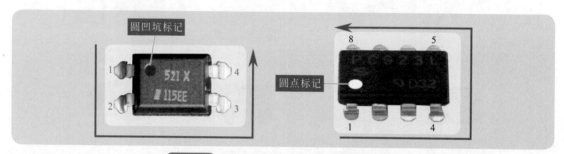

图17-38 4脚型和6脚型光电耦合器的引脚规律

对于 4 引脚型光电耦合器来讲，一般情况下，1 脚和 2 脚内接发光二极管且 1 脚为正，2 脚为负，其 3 脚和 4 脚内接光敏管。

对于 6 引脚型光电耦合器来讲，一般情况下，1 脚和 2 脚内接发光二极管，3 脚是空脚，6 脚内接光敏二极管或光敏晶闸管等。

常见光电耦合器的型号和内部结构如图 17-39 所示。

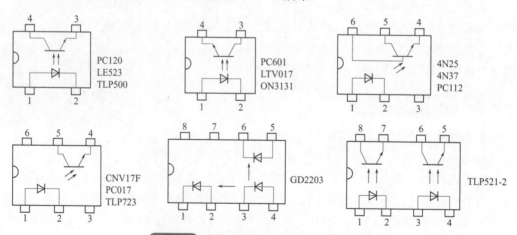

图17-39 常见光电耦合器的型号和内部结构

五、光电耦合器引脚极性的测量

被测 4 引脚光电耦合器的外形如图 17-40 所示。

用指针万用表测量光电耦合器的引脚极性　　用数字万用表测量光电耦合器的引脚极性

1. 发光二极管引脚的测量

检测依据　光电耦合器的内置发光二极管正向导通阻值较小，反向阻值为无穷大。接收元件的两只引脚之间的阻值特别大，接收元件的引脚与发光二极管的引脚之间的阻值为无穷大。

步骤 1　选择指针万用表的"×1k"挡，并调零，如图 17-41 所示。

图17-40　被测4引脚光电耦合器的外形

图17-41　选择指针万用表的"×1k"挡，并调零

步骤 2　将黑、红表笔分别搭在光电耦合器右侧的两只引脚上，此时万用表显示为无穷大，如图 17-42 所示。

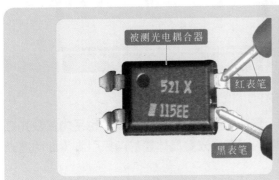

图17-42　光电耦合器右侧的两只引脚之间阻值的测量

步骤 3　交换黑、红表笔再次测量，此时万用表显示为无穷大，如图 17-43 所示。

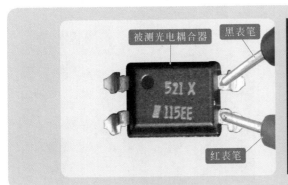

图17-43　光电耦合器右侧的两只引脚之间阻值的再次测量

步骤4 将黑、红表笔分别搭在光电耦合器左侧的两只引脚上，此时万用表显示为无穷大，如图17-44所示。

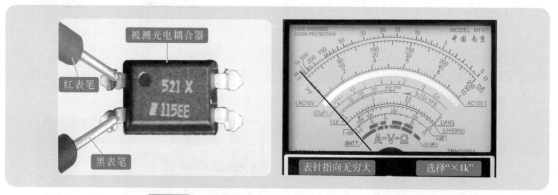

图17-44 光电耦合器左侧的两只引脚之间阻值的测量

步骤5 交换黑、红表笔，再次测量，此时万用表显示阻值较小，如图17-45所示。

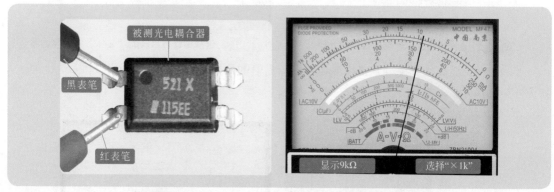

图17-45 光电耦合器左侧的两只引脚之间阻值的再次测量

总结：以上述测量阻值较小的一次为标准，黑表笔所搭的引脚是1脚（也是内置发光二极管的正极），红表笔所搭的引脚为2脚。剩余的引脚是光敏晶体管的两只引脚（即内置光敏晶体管c极和e极）。

2.晶体管c极和e极的测量

步骤1 搭建检测电路。将一节1.5V干电池和一只120Ω的电阻器接入光电耦合器的输入端1脚与2脚之间，如图17-46所示。

步骤2 选择指针万用表的"×1k"挡，并调零，如图17-47所示。

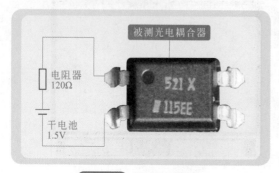

图17-46 搭建检测电路

图17-47 选择指针万用表的"×1k"挡，并调零

步骤 3　将黑、红表笔分别搭在光敏晶体管的两只未知引脚上，此时万用表显示阻值较小，如图 17-48 所示。

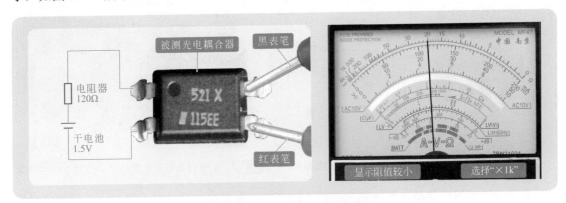

图17-48　晶体管c极和e极的测量

步骤 4　交换黑、红表笔再次测量，此时万用表显示阻值较大，如图 17-49 所示。

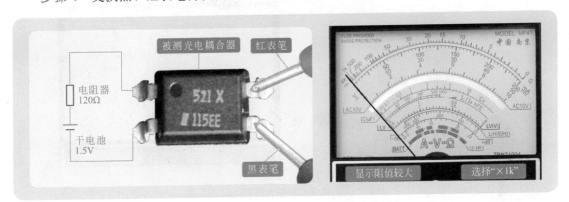

图17-49　晶体管c极和e极的再次测量

总结：上述测量阻值出现一小一大，以阻值较小的一次为标准，黑表笔所搭的是光敏晶体管的集电极 c，红表笔所搭的是发射极 e。

六、光电耦合器的好坏和性能检测

> **要诀**
>
> 光耦两部分互独立，三步检测要熟悉；测量输入端是第一，正反阻值悬殊是好的；再测输出端要注意，正反向均近无穷大值；传输性能是否异，搭建电路测量便可知，输入有电输出通，断开电源输出止；三个步骤一次异，光耦不良应放弃。

被测光电耦合器的外形和内部电路如图 17-50 所示。

1. 检测光电耦合器的输入端

检测依据　光电耦合器内置发光二极管的正向阻值一般为几百到两千欧，反向阻值接近无穷大。

步骤 1　选择指针万用表的"×100"挡，并调零，如图 17-51 所示。

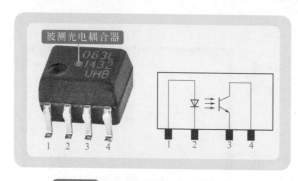

<table>
<tr><td>图17-50</td><td>被测光电耦合器的外形和内部电路</td></tr>
</table>

图17-51　选择指针万用表的"×100"挡，并调零

步骤 2　将黑表笔搭在光电耦合器的 1 脚（即内置发光二极管的正极）上，红表笔搭在 2 脚上，此时万用表显示阻值为 500Ω，即正常，如图 17-52 所示。

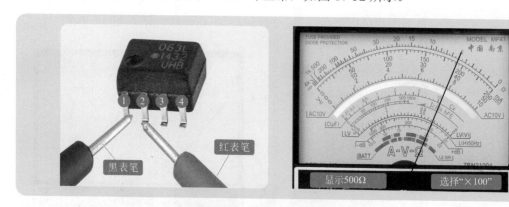

图17-52　被测光电耦合器输入端的测量

步骤 3　交换黑、红表笔再次测量，此时万用表显示接近无穷大，即正常，如图 17-53 所示。

图17-53　被测光电耦合器输入端的再次测量

总结：若所测正、反阻值非常接近，则表明发光二极管的性能不良。若所测正、反向阻值均为无穷大，则表明发光二极管断路。若所测反向阻值较小或为 0，则表明发光二极管漏电或击穿短路。

👆 **专家提示**

　　测量时不要用"×10k"挡，因为该挡位内电池电压为 9 ～ 12V，可能会击穿或烧毁发光二极管。

2. 检测光电耦合器的输出端

　🔵 **检测依据**　光电耦合器的内置光敏晶体管的集电极 c（即 4 脚）和发射极 e（即 3 脚）之间的正、反向阻值均接近无穷大。

　　步骤 1　选择指针万用表的"×1k"挡，并调零。

　　步骤 2　将黑表笔搭在光电耦合器的 4 脚（集电极 c），红表笔搭在 3 脚上（发射极 e），此时万用表显示为无穷大，即正常，如图 17-54 所示。

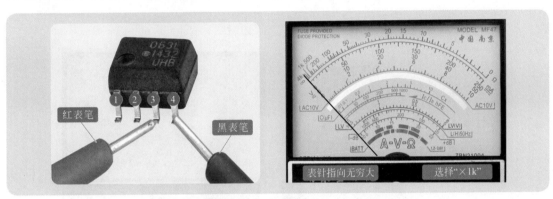

图17-54　被测光电耦合器输出端的测量

　　步骤 3　交换黑、红表笔再次测量，此时万用表也显示无穷大，即正常，如图 17-55 所示。

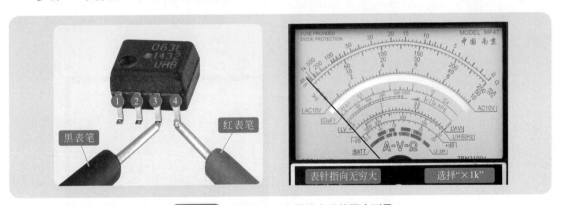

图17-55　被测光电耦合器输出端的再次测量

总结：若所测阻值与上述阻值相差较大，则表明被测光电耦合器的性能不良或损坏。

3. 检测光电耦合器的传输性能

　🔵 **检测依据**　向光电耦合器的输入端加正向电压时，内置光敏晶体管处于导通状态；除去正向电压时，内置光敏晶体管处于截止状态。

　　步骤 1　搭建检测电路。将干电池（1.5V）、阻值为 120Ω 的电阻器和开关 S 接入光电耦合器的输入端，如图 17-56 所示。

步骤 2 　选择指针万用表的"×100"挡，并调零，如图 17-57 所示。

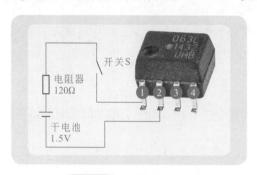

图17-56 　搭建检测电路

图17-57 　选择指针万用表的"×100"挡，并调零

步骤 3 　断开开关 S，将黑表笔搭在光敏晶体管的集电极 c 引脚上，红表笔搭在发射极 e 引脚上，此时万用表显示为无穷大，即正常，如图 17-58 所示。

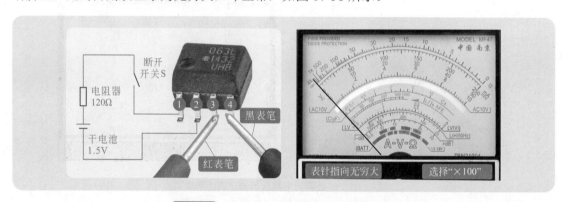

图17-58 　被测光电耦合器输出端的测量（1）

步骤 4 　接通开关 S，保持黑、红表笔不动，此时万用表显示 900Ω，即正常，如图 17-59 所示。

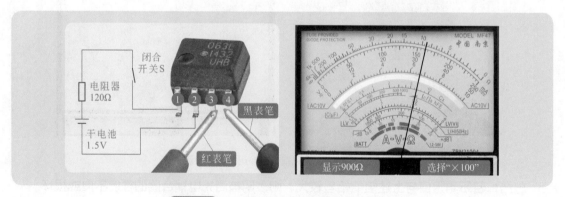

图17-59 　被测光电耦合器输出端的测量（2）

专家提示

用指针万用表测得的阻值为表盘的指针指示数乘以电阻挡位，即被测电阻值 = 刻度示值 × 挡位数。如选择的挡位是"×100"挡，表针指示为 9，则被测阻值为 9×100Ω=900Ω。

　　步骤 5　断开开关 S，保持黑、红表笔不动，此时万用表显示阻值从 900Ω 升高到接近无穷大，即正常，如图 17-60 所示。

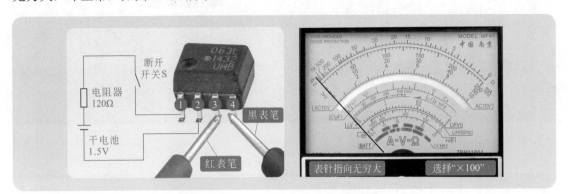

图17-60　被测光电耦合器输出端的测量（3）

　　总结：若在光电耦合器的输入端加入正向电压时，仍处于截止状态，则表明被测光电耦合器失去传输性能。

　　检测光电耦合器时，只有上述三项测量正常，才表明被测光电耦合器的性能良好，任一项测量不正常，都表明被测光电耦合器损坏。

第十八章
电声转换器件

第一节 扬声器的基础知识

一、扬声器的外形和电路图形符号

扬声器是一种将音频电信号还原成人的耳朵能够听到的声音的电声转换器件，俗称喇叭。它是音响设备必不可少的终端器件，在电路中常用字母 B 或 BL（旧标准也有 Y）来表示，其外形和电路图形符号如图 18-1 所示。

电路符号

电动式扬声器　电磁式扬声器　压电式扬声器

图18-1 扬声器的外形和电路图形符号

二、扬声器的分类

扬声器的种类较多，根据不同的分类方法可以划分为不同的类型。

按扬声器的外形不同可分为圆形扬声器、椭圆形扬声器、平板形扬声器、号筒形扬声器。

按扬声器的换能方式不同可分为电动式扬声器、电磁式扬声器、压电式扬声器、静电式扬声器和气动式扬声器。

按扬声器的频响范围不同可分为低音扬声器、中音扬声器、高音扬声器、宽频带扬声器。

按重放声音质量不同可分为普通扬声器和高保真扬声器。

按永磁体放置位置不同可分为内磁式扬声器和外磁式扬声器。

按用途不同可分为民用扬声器、军用扬声器、音响专用扬声器、电视机专用扬声器。

三、扬声器的基本参数

1. 标称阻抗

标称阻抗是指扬声器工作时输入的信号电压与流过的信号电流之比，单位为欧姆。扬声器的实际阻抗会随输入音频信号频率的不同而不同。例如，电磁式扬声器属于一种感性负载，其阻抗会随输入信号频率的升高而增大。扬声器的标称阻抗是以 400Hz 正弦波作为测试信号时的阻抗，通常是扬声器音圈直流电阻的 1.2 ～ 1.3 倍。常见扬声器的阻抗有 4Ω、8Ω、16Ω 和 32Ω，而高阻耳机可达 1 ～ 3kΩ。

当信号源的输出阻抗与扬声器的阻抗相匹配时，扬声器的输出功率最大，因此，在扬声器的实际使用中一定要考虑阻抗匹配问题。

2. 额定功率

额定功率是指扬声器能够长期可靠工作在最大允许失真的条件下，其两端信号电压与流过的信号电流的乘积，单位是 V·A（伏安）或 W（瓦）。扬声器常见的额定功率有 0.1W、0.25W、0.5W、3W、5W、10W、50W、100W、200W。

3. 频率响应特性

频率响应特性是指在最大允许失真情况下，输出声压对输入音频信号响应能力的程度。即扬声器能够输出一定幅度声压的输入信号频率范围。根据扬声器频率响应范围的不同可分为低音扬声器（频率范围一般为几十至几千赫兹）、中音扬声器（频率范围一般为几百至几千赫兹）和高音扬声器（频率范围一般为 2 ～ 16kHz）。

> **专家提示**
>
> 在普通场合中使用的是全频或中音扬声器，而在高保真场合使用的是低、中、高音扬声器组合并安置在具有助声效果的特制音箱中，来还原具有真实感全频带的音乐。

4. 灵敏度

灵敏度是指给扬声器加上 1W 的信号时，在垂直于音源 1m 所产生的声压大小，单位是分贝 / 瓦（dB/W）。灵敏度反映了扬声器的电声转换效率。

5. 失真度

失真度是指扬声器还原出来的声音与输入音频信号的非线性差异，主要包括在原信号频率基础上产生的高次谐波失真和由谐波和原音频成分相互作用产生的互调失真。扬声器的失真度一般小于 7%，而高保真扬声器失真度一般要小于 1%，甚至可低至 0.2%。

6. 指向特性

指向特性用来表示扬声器发出的声音在空间各方向辐射的分布情况。指向性与频率高低、扬声器结构和纸盘大小有相关，声音频率越高时，指向性越弱；纸盘越大，指向性越强。而号筒扬声器则依靠号筒的会聚作用，声音指向更为集中。

> **要诀**
>
> 喇叭又叫扬声器，发音不比耳机低，
> 分类方法多而异，常见电动、压电式，
> 主要参数有六项记，工作实际需要哩。

四、扬声器的型号

新型国产扬声器的型号命名一般由四部分组成。

第一部分用字母"Y"表示产品名称为扬声器。

第二部分用字母表示产品类型，"D"为电动式，"DG"为电动式高音，"HG"为号筒式高音。

第三部分用数字或字母表示扬声器的重放频带和口径。

第四部分用数字或数字与字母混合表示扬声器的生产序号。

国产扬声器的型号命名和含义如表 18-1 所示。

表 18-1　国产扬声器的型号命名和含义

第一部分（主称）		第二部分（类型）		第三部分（重放频带或口径）		第四部分（序号）
字母	含义	字母	含义	数字或字母	含义	
Y	扬声器	D	电动式	D	低音	用数字或数字与字母混合表示扬声器的生产序号
				Z	中音	
				G	高音	
				QZ	球顶中音	
				QG	球顶高音	
				HG	号筒高音	
				130	130mm	
				140	140mm	
				166	166mm	
				176	176mm	
				200	200mm	
				206	206mm	

典例： YD176-8X、YD390-8HL 和 YD250-8A 型扬声器的型号如图 18-2 所示。

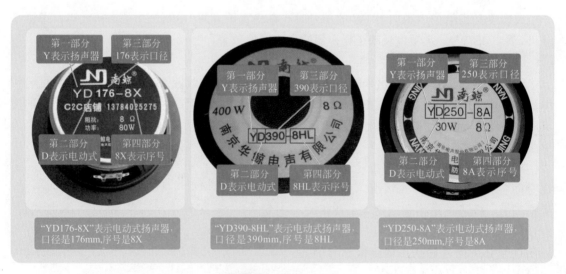

"YD176-8X"表示电动式扬声器，口径是176mm，序号是8X

"YD390-8HL"表示电动式扬声器，口径是390mm，序号是8HL

"YD250-8A"表示电动式扬声器，口径是250mm，序号是8A

图18-2　扬声器的型号

五、扬声器的串联和并联

在实用中，为了增大扬声器的音量，常常把多个扬声器串联或并联在一起。

1. 扬声器的串联

将下一个扬声器的"+"极与上一个扬声器的"-"极连接在一起，以此类推就组成了一组串联的扬声器，如图 18-3（a）所示。

　　2. 扬声器的并联

　　将需要并联的多个扬声器的"+"极与"+"极接在一起，"−"极与"−"极连接在一起，就成了一组并联扬声器，如图 18-3（b）所示。

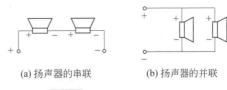

(a) 扬声器的串联　　(b) 扬声器的并联

图18-3　扬声器的串联和并联

👆 **专家提示**

　　扬声器的接线端子是分正、负极的，其目的主要是在两只或两只以上扬声器串联或并联时用的，若极性接反了，那就会大大地影响到放音的效果及音量，因为只有在极性相同时扬声器的纸盆的运动方向才会一致，单只扬声器使用可以不考虑极性问题。

　　例如，一个低音炮喇叭坏，其两只低音喇叭是对着安装的，其修理工还是按部就班接喇叭线（俩喇叭正极与正极相连，负极与负极相连），结果低音无力度声音弱，加大音量出现杂音，将一个喇叭线对调效果恢复。

第二节　扬声器的结构原理

一、电动式扬声器的结构和原理

　　电动式扬声器又称为动圈式纸盆扬声器，其外形和结构如图 18-4 所示。

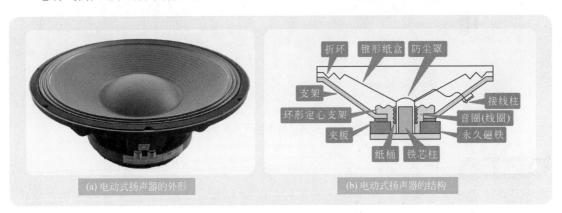

(a) 电动式扬声器的外形　　(b) 电动式扬声器的结构

图18-4　电动式扬声器的外形和结构

　　电动式扬声器的固定部分主要由金属支架、永久磁铁、铁质夹板、铁芯柱等部件组成；振动部分由纸盆、纸桶、线圈，环形定心支架、防尘罩和沿纸盆覆设的引线等几部分组成。

　　从电动式扬声器的结构图看出：线圈绕制在纸桶上与纸盆粘接成一体，经环形支架和折环固定在扬声器支架上，使线圈套在圆柱形铁芯上能在小范围内径向移动。

　　当向扬声器加上音频信号时，线圈中有交变电流通过便产生交变磁场。该交变磁场与永久磁铁建立的固定磁场相互吸引和排斥，使线圈产生轴向机械运动。由于线圈固定在桶形骨架和锥形纸盆上，而纸盆又经弹性支架固定在盆状支架上，则纸盆随线圈一起作轴向振动，压迫空气产生声波，从而实现将音频电信号转换为人们可以听到的声音。其声音强度与音频电信号的强度成正比例关系。

反之，当声波传到纸盆上时，纸盆则会产生振动，带动线圈在磁场中作径向来回移动，则线圈就会感生音频电流，在扬声器接线两端产生音频电动势，实现声音与音频电信号的转换。

专家提示

电动式扬声器的电声换能效率较低，为 5% ～ 10%。由于产生的声波是直接传送到空气中，因此它属于直接辐射式扬声器，具有结构简单、中低频响特性好等优点。

二、号筒式扬声器的结构和原理

号筒式扬声器是在电动式扬声器的基础上，将纸盆制成球形音膜，并将产生的声波利用号筒会聚起来，朝一个方向传送。其中，号筒起到会聚声波的作用，反射缩短了号筒的长度。其外形和结构如图 18-5 所示。

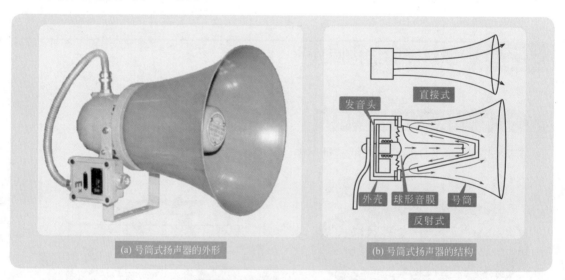

(a) 号筒式扬声器的外形　(b) 号筒式扬声器的结构

图18-5　号筒式扬声器的外形和结构

专家提示

号筒式扬声器具有电声换能效率高（可高达 10% ～ 40%）、高频特性好的优点，缺点是低频响应差。它多应用于公共场所的高音广播或高保真音箱中。

三、压电式扬声器的结构和原理

压电式扬声器的外形和结构如图 18-6 所示。由图可见，这种扬声器没有磁铁，它是利用压电陶瓷等的压电效应和振膜制成的。当有音频电信号输入时，由于压电效应，压电陶瓷晶体片将发生机械伸缩或弯曲，从而带动膜片发声。

压电式扬声器具有体积小、重量轻、易于安装等优点，且具有很高的上限频率，应用日益增多。

(a) 压电式扬声器的外形　(b) 压电式扬声器的结构

晶体片
传动杆

图18-6　压电式扬声器的外形和结构

四、电磁式扬声器的结构和原理

电磁式扬声器的外形和结构如图 18-7 所示。这是一张利用磁路变化而振动、发声的扬声器。其发声原理是：当音频信号电流通过固定线圈时，它产生的磁场使铁芯（衔铁）磁化，并围绕着支点作振动，通过杠杆带动纸盆发声。

(a) 电磁式扬声器的外形　(b) 电磁式扬声器的结构

舌簧
线圈
磁铁
传动支片

图18-7　电磁式扬声器的外形和结构

电磁式扬声器在早期的收音机中被广泛应用，但由于失真较大、频带窄、音质不太好等缺点，目前已很少采用。

第三节　扬声器的极性识别、检测维修、代换和选用

认识扬声器的极性

一、扬声器极性的识别

有些厂家常在扬声器的接线端附近标注相应的极性标示，以显示扬声器接线端的极性。

1. 符号标注法

有些厂家在扬声器接线端标有"+"号为正极，标有"−"号的为负极，如图 18-8 所示。

2. 色点标注法

有些厂家在扬声器正极接线端或其附近涂以红色标记，以区别负极接线端，如图 18-9 所示。

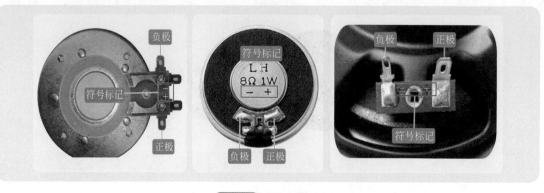

图18-8 符号标注法

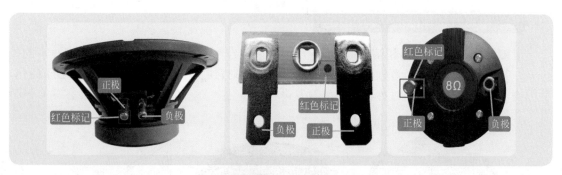

图18-9 色点标注法

3. 红色线标注法

对一些带引线的扬声器来讲，其中一根引线用红色线标注其正极接线端，其他颜色的线为负极，如图 18-10 所示。

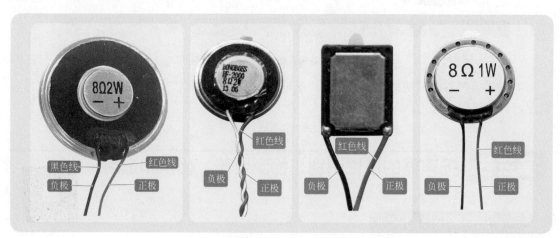

图18-10 红色线标注法

4. 音圈的绕线方向法

在扬声器的修理组装中，可以从音圈的绕线方向来判断其极性，如图 18-11 所示。顺时针方向绕，头为"+"极，尾为"−"极。逆时针方向绕，头为"−"极，尾为"+"极。

图18-11 音圈的绕线方向法

要诀

喇叭极性很重要，搞错效果就不好，喇叭出厂多有标，几种方法听我表，

符号法要记好，色点法不能少，红线法就是好，看到红线正极找到了，

还有一法音圈绕，顺时针头为"+"极正好，

若按逆时针方向绕，头为"−"极也不孬。

二、扬声器极性的测量

1. 用干电池判断扬声器的极性

用数字万用表测量
扬声器的好坏

（检测依据）用干电池触发纸盆式扬声器，通过观察纸盆的振动方向来判断扬声器的极性。

步骤1 将导线、干电池（1.5V）和扬声器按图18-12所示连接起来。

图18-12 用干电池判断扬声器的极性

步骤2 将图中余下的导线头触碰扬声器的正极接线柱，并同时观察扬声器纸盆的振动方向。

总结：若纸盆朝外振动，则表明与干电池正极相连的接线柱为扬声器的正极，另一只接线柱为扬声器的负极；若纸盆朝内振动，则表明与干电池正极相连的接线柱为扬声器的负极，另一只接线柱为正极。

（专家提示）

干电池为扬声器通电时间越短越好，能看清纸盆振动方向即可，切不可通电时间过长，以免引起扬声器因过流而烧坏。

2. 用指针万用表欧姆挡测量扬声器的极性

被测扬声器的外形如图18-13所示。

（检测依据）用指针万用表触及扬声器的"+、−"极，纸盆向上移动，红笔接的一端为扬声器的"−"极，黑表笔接的一端为扬声器的"+"极。

步骤1 选择指针万用表的"×1"挡，并调零，如图18-14所示。

步骤2 将黑表笔搭在扬声器的一个接线柱上，红表笔断续接触另一个接线柱，此时纸盆均向上移动，如图18-15所示。

图18-13 被测扬声器的外形

图18-14 选择指针万用表的"×1"挡，并调零

图18-15 被测扬声器的测量

总结：若纸盆向上移动，则表明红笔所搭的接线柱为扬声器的"−"极，黑表笔所搭的接线柱为扬声器的"+"极。若纸盆向内移动，则表明红笔所搭的接线柱为扬声器的"+"极，黑表笔所搭的接线柱为扬声器的"−"极。

专家提示

若表针向左偏转，则黑表笔所搭的接线柱为正极，红表笔所搭的接线柱为负极。若表针向右偏转，则黑表笔所搭的接线柱为负极，红表笔所搭的接线柱为正极。

三、扬声器的故障类型和外部检查法

扬声器的检测内容主要有质量检测、音圈电阻检测以及引脚极性检测等。

1. 扬声器的故障类型

扬声器的故障类型主要有引线断开、纸盒开裂、音圈烧毁、音圈骨架和铁芯之间摩擦。

2. 外部检查法

观察法是指查看扬声器的纸盆是否完好无损，弹性折边与支架之间的粘接是否牢固，引线是否起毛或断裂。用手均匀地按下纸盆，仔细听是否有摩擦声，注意动作要轻，切勿超过纸盆的承受极限，避免造成纸盆损坏。

若纸盆有开裂现象，可使用橡胶水将破损部位粘好。若引线断裂，可另加两根引线进行代替，注意要使用弹性较好的编织线进行代换，也可以使用绝缘漆包线，在纸盆与接线柱之间要留有足够量的余量。在纸盆的锥体内侧将引线接头焊好后，用松香或硅胶封固粘牢。

四、扬声器好坏的检测

被测扬声器的外形如图 18-16 所示。

检测依据 正常情况下，标称阻值为 8Ω 的扬声器，用万用表测得的阻值应为 6.4Ω 左右。

步骤 1 选择指针万用表的"×1"挡，并调零，如图 18-17 所示。

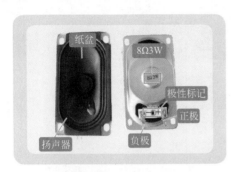

图18-16 被测扬声器的外形　　图18-17 选择指针万用表的"×1"挡，并调零

步骤 2 将黑、红表笔分别搭在扬声器的正极和负极上，此时万用表显示为 6.5Ω，如图 18-18 所示。

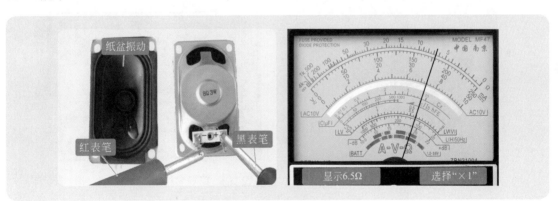

图18-18 被测扬声器好坏的检测

总结：若所测阻值为无穷大且纸盆没有振动声，则表明被测扬声器引线断开或音圈烧断；若所测阻值较小且纸盆振动幅度较小，则表明扬声器的性能不良。

专家提示

扬声器的标称阻抗是扬声器的音圈交流阻值，实际万用表测得的阻值是音圈的直流电阻，应为其标称阻抗的 0.8 倍左右，因此，标称阻抗为 8Ω 扬声器，测得的阻值一般为 6.4Ω 左右。

测量扬声器的好坏时，可以使用指针万用表，也可以使用数字万用表，因数字万用表欧姆挡输出直流电压负载能力较弱，不能驱动扬声器发出声音，仅能测量直流电阻。而指针万用表的"$R×1Ω$"挡，不仅能测量扬声器的直流电阻，还能驱动扬声器发出声音。

正品扬声器的阻抗一般都标注在它的名牌（商标）上，当遇到标示不清或标牌脱落时，应对扬声器进行检测。一般情况下，开路测得的阻值是扬声器的音圈直流阻值 R，扬声器的交流阻抗 Z 应通过计算公式 $Z=(1.1 \sim 1.3)R$ 求出。

五、扬声器性能的检测

用指针万用表测量
扬声器的性能

> **要诀**
>
> 扬声器有两线连，连接内部的线圈；
> 检测要用 ×1 挡，测线圈阻值表笔忙，
> 纸盆振动"咔、咔"响，声音越大越正常，
> 振幅小性能不良，纸盆不振一边放。

被测扬声器的外形，如图 18-19 所示。

检测依据 性能良好的扬声器在检测时会发出响亮的"咔、咔"声，且纸盆上下振动幅度较大。

步骤 1 选择指针万用表的"×1"挡，并调零，如图 18-20 所示。

图18-19 被测扬声器的外形

图18-20 选择指针万用表的"×1"挡，并调零

步骤 2 将黑表笔搭在扬声器的一个电极上，红表笔断续地搭在扬声器的另一个电极上，此时万用表显示音圈阻值为 8Ω，同时纸盆发出"咔、咔"的振动声，如图 18-21 所示。

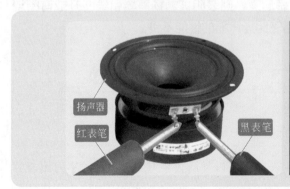

图18-21 被测扬声器性能的检测

专家提示

用指针万用表测得的阻值为表盘的指针指示数乘以电阻挡位，即被测电阻值＝刻度示值×挡位数。如选择的挡位是"×1"挡，表针指示为8，则被测阻值为$8×1\Omega=8\Omega$。

总结：正常情况下，扬声器会发出"咔、咔"的纸盆振动声。振动声越大，则表明扬声器电声转换效率越高（即性能越好）；振动声音越清脆，则表明扬声器的音质越好。若扬声器的纸盆振动幅度较小，则表明扬声器的性能不良。若扬声器的纸盆不振动，则表明扬声器内部开路或线圈粘连、卡死。

六、扬声器的代换和选用

1. 扬声器的标称阻抗应和音频放大器输出阻抗相匹配

扬声器的标称阻抗应和音频放大器输出阻抗相匹配（相等或相近），以便获得最大的输出功率。例如，原机使用标称阻抗为4Ω的扬声器，若使用标称阻抗为8Ω的扬声器，则会降低输出功率，发出的声音也较弱；若用标称阻抗4Ω的扬声器来代换标称阻抗较大的扬声器，则会造成放大器负荷加重，扬声器消耗功率增大，有烧坏扬声器的危险。此时可使用两只标称阻抗相同的扬声器进行串联以获得实际阻抗大一倍的阻抗，并联可减小一半阻抗。注意，并联时扬声器的极性要相同，而串联时极性顺序应一致。

2. 扬声器的额定功率要与驱动放大器输出的功率相匹配

小功率扬声器适合输出功率小的放大器，若与输出功率较大的音频放大器连接，此时若调整的音量偏大，则会造成扬声器因功耗过大而烧坏。若大功率扬声器与输出功率较小的音频放大器相连接，可能会造成放大器因过载而烧毁或扬声器出现音量较小甚至严重失真。

3. 扬声器的频率响应范围要符合应用者的需要

对于要求一般的场合，可使用全频扬声器或中频扬声器，而对于音质要求较高的场合，可使用三分频扬声器，并使用分频器对放大器输出的音频信号进行频带划分，使低频信号输入低音扬声器，中频信号输入中频扬声器。低频扬声器通常直接与放大器相连接。为了提高低音质量，可使用无输出电容或变化器的功放进行驱动。

4. 扬声器的尺寸应符合安装位置的要求

通常情况下，低音扬声器的尺寸较大，消耗功率也较大，而纸盆的动态活动范围较大，即垂直运动范围较大。而高音扬声器的尺寸偏小，通常安装在低音扬声器的上部。低音扬声器安装位置越靠近地面，低音越丰富。在音箱中，低音扬声器装置要为空气提供进出通道以减少纸盆活动阻力，同时适当设计风道结构，可使进出空气与扬声器产生的空气振荡相位相同。

第四节　耳机的基础知识

一、耳机的外形和电路图形符号

耳戴式扬声器俗称耳机或耳塞，主要用于个人聆听音乐，是小型的扬声器，只采用平板型音膜作为振动发声部件，在电路中，其文字符号用"BE"或"B"表示。其外形和电路图形符号如图18-22所示。

0

0

图18-22 耳机的外形和电路图形符号

电路符号

> **专家提示**
>
> 　　耳机主要分为单机和立体声双耳机。立体声双耳机能够还原立体声场，使听者有身临其境的感觉，一般均标有代表左右声道的字母："L"表示左声道；"R"表示右声道。在使用时，左声道耳机应戴在左耳，而右声道耳机则戴在右耳部。

二、耳机的结构原理

　　耳机的种类繁多，常见的有电磁式耳机、动圈式耳机和压电式耳机。

1. 电磁式耳机

　　电磁式耳机也叫动铁式耳机，其结构和外形图如图18-23（a）所示。其结构由永久磁铁、线圈、振动膜、外壳、耳塞等组成。当线圈有音频电流通过时，产生交变磁场，该磁场根据音频电流的大小削弱或增强永久磁铁的磁场，变化的磁场使振动膜（铁片）产生振动并发出声音。

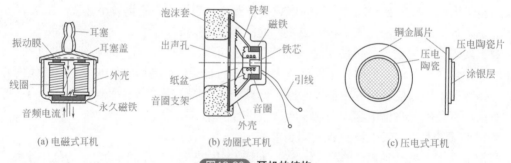

(a) 电磁式耳机　　　　(b) 动圈式耳机　　　　(c) 压电式耳机

图18-23 耳机的结构

2. 动圈式耳机

　　动圈式耳机也叫电动式耳机，其结构和外形图如图18-23（b）所示。当向动圈式耳机加上音频信号时，线圈中有交变电流通过便产生交变磁场。该交变磁场与永久磁铁建立的固定磁场相互吸引和排斥，使线圈产生轴向机械运动。由于线圈固定在桶形骨架和锥形纸盆上，而纸盆又经弹性支架固定在盆状支架上，则纸盆随线圈一起作轴向振动，压迫空气产生声波，从而实现将音频电信号转换为人们可以听到的声音。其声音强度与音频电信号的强度成正比例关系。

　　反之，当声波传到纸盆上时，纸盆则会产生振动，带动线圈在磁场中作径向来回移动，则线圈就会感生音频电流，在扬声器接线两端产生音频电动势，实现声音与音频电信号的转换。

3. 压电式耳机

　　压电式耳机的发声原理基于陶瓷的压电效应。它由铜金属片、压电陶瓷片、涂银层等组成，其结构和外形如图 18-23（c）所示。

压电式耳机是在铜金属片和涂银层之间夹有压电陶瓷片，当向铜金属片和涂银层之间施加音频电压时，压电陶瓷片会因其振动而发出声音。

三、耳机插头 / 插座

插头主要由中心触头、接地外层和绝缘层及外壳组成；插座主要由动片、定片和接地外层构成。插头的直径有 2.5mm、3.5mm 和 6.35mm 等规格。

耳机插头 / 插座可分为立体声和单声道。一般情况下，单声道耳机插头 / 插座有两个引脚，而立体声耳机插头 / 插座有三个引脚。三个引脚的立体声耳机插座可同时对左右两个声道输出的音频信号同时进行切换输出。四个引脚的立体声耳机插座除具有三个引脚的功能外，另外一个引脚接麦克风正极。耳机插头的外形和接线方法如图 18-24 所示。

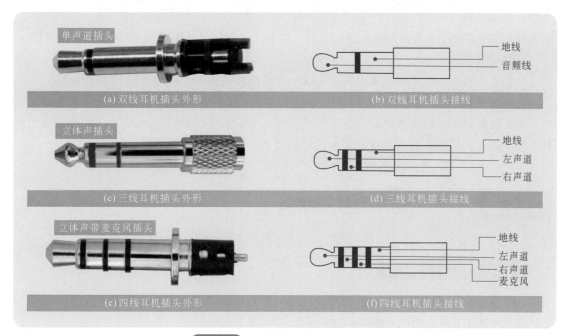

图18-24 耳机插头的外形和接线方法

耳机的插座有两种，即不带开关的插座和带开关的插座。带开关的插座上一般增加一个引脚；当耳机插头没有插入插座时，信号引脚与插座增加的引脚处于导通状态；耳机插头插入插座时，信号引脚与增加的引脚处于断开状态。常见耳机插座的外形如图 18-25 所示。

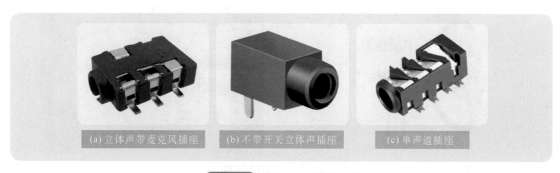

图18-25 常见耳机插座的外形

四、耳机的分类

耳机按换能原理的不同可分为电动式、电磁式、压电式、静电式、启动式等；按结构的不同可分为耳塞式、听诊式、耳挂式、头戴式等。

五、耳机的主要参数

耳机的主要参数有额定阻抗、频率范围、灵敏度、谐波失真等。

1. 额定阻抗

耳机的结构和型号不同，其额定阻抗也不相同。耳机的常见的额定阻抗有 6Ω、8Ω、10Ω、16Ω、20Ω、25Ω、32Ω、35Ω、37Ω、40Ω、50Ω、55Ω、125Ω、150Ω、200Ω、300Ω、600Ω、640Ω 等，但也有 1kΩ、1.5kΩ、2kΩ 等高阻抗。

2. 频率范围

频率范围是指耳机重放音频信号的有效工作范围。高保真耳机的频率范围为 20 ～ 30kHz。

3. 灵敏度

灵敏度是用来反映耳机的电 - 声转换效率。耳机的灵敏度一般为 90 ～ 116dB/mW。

4. 谐波失真

谐波失真是指耳机在重放某一频率的正弦波信号时，耳机除了输出基波信号外，还出现因多次谐波而引起的失真。高保真耳机的谐波失真一般小于 2%。

第五节 耳机的检测维修和修复

一、单声道耳机的检测

单声道耳机有两根引出线，没有极性区别，用万用表可检测其是否良好。

被测单声道耳机的外形如图 18-26 所示。

检测依据 单声道耳机正常时，通过用万用表"×100"挡测量两根引线间的阻值和声音即可判断其是否良好。

步骤 1 选择指针万用表"×100"挡，并调零，如图 18-27 所示。

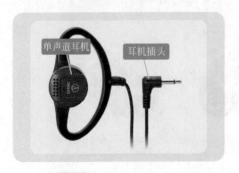

图18-26 被测单声道耳机的外形

图18-27 选择指针万用表"×100"挡，并调零

步骤2　将黑、红表笔（不分反正）断续地搭在耳机的引线插头的地线和芯线上，此时万用表显示为300Ω，且耳机发出"喀、喀"的声响，即正常，如图18-28所示。

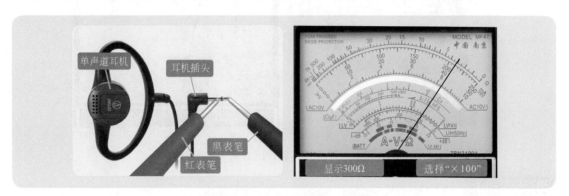

图18-28　被测单声道耳机的测量

总结：若测量时万用表显示一定阻值且耳机发出"咔啦"的响声，则表明耳机的性能不良。检测时耳机声音越大，则表明耳机的灵敏度就越高。若检测时声音失真，则表明音圈损坏或不正。

二、双声道耳机的检测

被测双声道耳机的外形如图18-29所示。

双声道耳机有三根引出线，在插头处，插头的顶端为左、右声道的公用端（即地线），中间的两个接触点分别为左、右声道。

检测依据　正常情况下，用万用表分别测量公共点与左、右声道的接点间应有较小阻值显示，同时耳机发出"喀、喀"声响。

步骤1　选择指针万用表的"×1"挡，并调零，如图18-30所示。

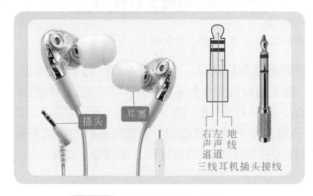

图18-29　被测双声道耳机的外形

图18-30　选择指针万用表"×1"挡，并调零

步骤2　将黑、红表笔（不分反正）分别搭在插头的公共端（即地线）和插头的其中一个芯线上，此时万用表显示为30Ω，且表笔断续搭接时发出较清脆的"喀、喀"声，如图18-31所示。

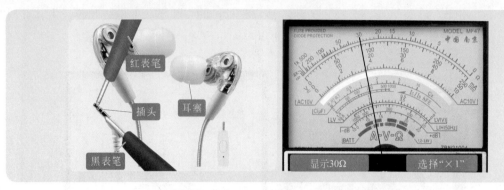

图18-31 被测双声道耳机的一个声道阻值的测量

专家提示

　　用指针万用表测得的阻值为表盘的指针指示数乘以电阻挡位，即被测电阻值＝刻度示值 × 挡位数。如选择的挡位是"×1"挡，表针指示为30，则被测阻值为30×1Ω＝30Ω。

　　步骤 3　将黑、红表笔（不分反正）分别搭在插头的公共端（即地线）和插头的另外一个芯线上，此时万用表显示为30Ω，且表笔断续搭接时发出较清脆的"喀、喀"声，如图18-32 所示。

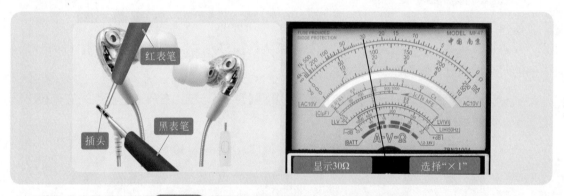

图18-32 被测双声道耳机的另一个声道阻值的测量

　　总结：正常情况下，双声道耳机的直流电阻值为几欧到几百欧，左右声道的阻值应相等或相近（对称）。若所测阻值超过其范围，则表明耳机的性能不良。将表笔与搭接点断续接触，正常情况下，耳机应发出较清脆的"喀、喀"声。"喀、喀"声越大而清脆，则表明其灵敏度、电声性能越好。若所测阻值正常而耳机发出的声音较弱，则表明耳机的性能不良。若耳机无声且万用表显示无穷大，则表明耳机的音圈开路或连线断开、内部焊点脱焊。

　　三、耳机的修复

　　耳机并不是一次性器件，有时是可以修复的。常见有以下几种情况：

　　1. **耳机插头处的导线断路**

　　故障现象：耳机有时有声，有时无声。

　　维修方法：

　　① 若耳机插头可以拆卸，可将断路的导线剪去（尽量剪长一些），将导线重新焊接即可。

② 若耳机插头不可拆卸，可将插头和断路的线一起剪去（尽量剪长一些），更换新插头。

2. 耳机的根部导线断开

耳机在使用过程中经常对导线进行弯折，耳机的根部导线断路经常发生。

故障现象：耳机有时有声，有时无声。

维修方法：从耳机根部将导线剪断（尽量剪长一些，以剪断的导线覆盖断路点），接着用小平口螺丝刀将耳机的后盖撬起，最后将导线重新焊接在耳机的两引线片上，并将后盖盖好并压紧即可。

3. 耳机内部断路

故障现象：无论怎样耳机都无法发出声音。

维修方法：该故障最常见的是耳机音圈的引出线断路所致。用小平口螺丝刀将耳机的后盖打开，找到断线处，用电烙铁重新焊接即可。

第六节　话筒的基础知识

一、话筒的外形特征

话筒也称拾音器或麦克风，是一种能将声音转换成音频电信号的电声转换器件，种类较多，转换机理不同。其外形和电路如图18-33所示，在路中常用字母"BM"表示。

(a) 常见话筒的外形

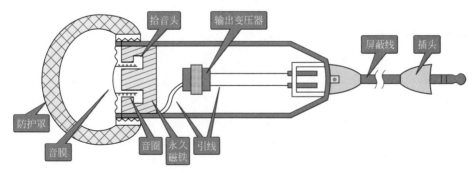

(b) 常见话筒的结构

图18-33　常见话筒的外形和结构

二、话筒的分类

话筒的种类较多，结构外形各异，根据不同的分类方法可以划分为不同的种类。

① 按换能原理不同可分为动圈式、电容式、驻极体式、压电晶体式、压电陶瓷式、铝带振动式和炭粒式话筒。

② 按声作用方式不同可分为压强式、压差式、组合式、线列式、抛物线式和反射镜式话筒。

③ 按声传播的指向性不同可分为全向式、单向心形、单向超心形、单向超向式、双向式和可变指向式话筒。

④ 按输出阻抗大小不同可分为低阻型（<2kΩ）和高阻型（>2kΩ）话筒。

其中应用较多的是动圈式话筒和驻极体式话筒。

三、动圈式话筒的结构原理

动圈式话筒是一种最常用的话筒，俗称电动式话筒。

1. 动圈式话筒的结构

动圈式话筒的内部结构和动圈式扬声器类似，也是一种微型化动圈式扬声器，主要由永久磁铁、音圈、音膜等组成，因音圈的输出阻抗较小，输出的音频信号电压较低而有一定的音频电流输出，因此为了提高输出阻抗，多加一只用于阻抗变换的变压器，其内部结构如图18-34 所示。

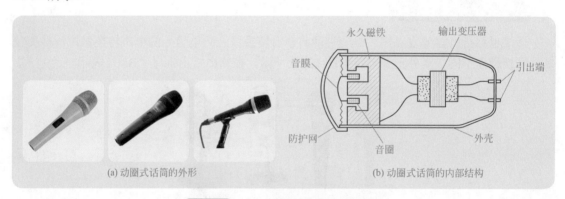

(a) 动圈式话筒的外形　　　　　　　　(b) 动圈式话筒的内部结构

图18-34 动圈式话筒的外形和内部结构

2. 动圈式话筒工作原理

当有声波经防护罩传送至音膜表面时，音膜会随着声波的振动发生共振，并带音圈在永久磁场产生的磁场中作切割磁力线运动，产生音频感生电流，该音频电流的频率和传入的声波相同步，且强度随声波的强度增大而增大，产生的音频电流较小，在拾音头引线两端产生音频电动势。

由于动圈式话筒音圈的匝数较少，输出的感生音频电流电压均较小，为了提高输出电压便于与音频前置放大器的输入阻抗相匹配，在话筒中安置了一只输出变压器，将拾音头输出的低压音频信号升压输出。

专家提示

根据话筒输出阻抗大小不同可分为低阻抗话筒（<600Ω）和高阻抗话筒（>10kΩ）。

3. 动圈式话筒的特点

动圈式话筒具有结构牢固、性能稳定、经久耐用、价格低廉、频率特性良好（50～15kHz

频率范围内的幅频特性平坦），指向性好，无需直流工作电压，使用简便，噪声小，保真程度高的特点。

四、驻极体话筒的结构原理

驻极体也称为永久带电体，是一种永久分离电荷的薄膜，是日本在 1919 年首次采用人工方法开发研制而成的，经过多年的测试，它的电荷量只减少了五分之一，且无论将驻极体切成何种形状，它仍能分离出正负电荷，形成固有的电场，利用驻极体的这种特性，可制成各种声电转换器件。

1. 驻极体话筒的结构和工作原理

驻极体话筒由防尘网罩、驻极体振动膜、金属极板、场效应管、金属外壳等几部分组成，其外形和内部结构如图 18-35 所示。当有声波经防尘网传导至驻极体圆形薄片时，引起驻极体两面已形成的电场强度发生变化，该变化的电场强度形成音频电压，经后置的场效应管放大输出。

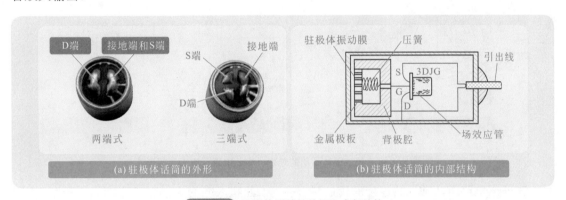

图18-35　驻极体话筒的外形和内部结构

其中驻极体与金属极板之间所具有的电容量较小，只有几十皮法，因而具有较高的输出阻抗，可达几十兆欧以上，因而无法与后级电路相匹配，所以设置一级高输入阻抗的结型场效应管作阻抗匹配，进行阻抗变换和放大，因此具有较高的灵敏度，输出的音频信号较大。

2. 两端驻极体话筒

两端驻极体话筒的背部有两个引线焊点或引出单芯屏蔽线，其外形、内部电路及电路连接形式如图 18-36 所示，两个引线焊点分别是场效应管的漏极（D）和接地端（GND），场效应管的源极在内部已经与接地线相连接。

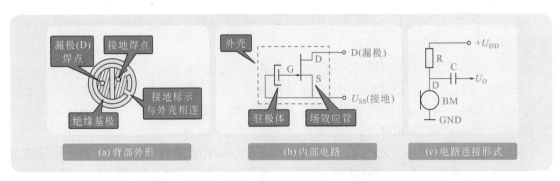

图18-36　两端输出式驻极体话筒的外形、内部电路及电路连接形式

在外部电路中，驻极体话筒的漏极（D）经负载电阻 R 与电源 U_{DD} 的正极相连，话筒输出的音频信号由漏极输出经电阻 R 分压取样后，由输出电容（隔直流取交流）输出音频信号并送往前置放大电路。

专家提示

根据驻极体话筒输出引脚多少不同，可分为两端输出式和三端输出式。

3. 三端驻极体话筒

三端驻极体话筒的背部有三个引线焊点或引出两芯屏蔽线（其中红线为正电源线内接漏极，屏蔽线接地）。其外形、内部电路及电路连接形式如图 18-37 所示。三个引线焊点分别是场效应管的漏极（D）、源极（S）和接地端（GND）。

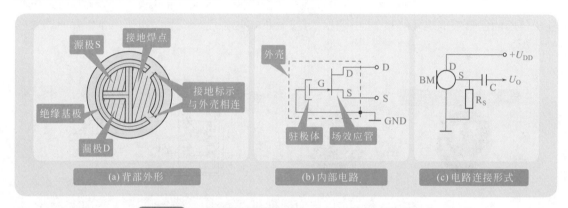

图18-37 三端驻极体话筒的外形、内部电路及电路连接形式

在外部电路中，常见的连接形式是漏极接电源正极（多为 3 ～ 12V 之间），源极经电阻 R_S 接地，在电阻 R_S 产生的音频信号经耦合电容 C 取出交流音频信号成分送往前置放大电路。

第七节 话筒的检测维修和代换

一、低阻动圈式话筒的检测

低阻动圈式话筒的外形如图 18-38 所示。

检测依据 正常情况下，低阻动圈式话筒的直流电阻值一般约为几十到几百欧（直流电阻值应低于阻抗值）。

步骤 1　选择指针万用表的"×10"挡，并调零，如图 18-39 所示。

步骤 2　将万用表的一只表笔搭在低阻动圈式话筒的一个电极上，另一只表笔断续地搭在另一个电极时，低阻动圈式话筒发出轻微的"嚓、嚓"或"喀、喀"声，且万用表显示为 200Ω，即正常，如图 18-40 所示。

总结：若检测结果与上述相符，则表明被测低阻动圈式话筒的性能良好。若所测阻值为 0，则表明被测低阻动圈式话筒的线圈短路；若所测阻值为无穷大，则表明被测低阻动圈式话筒的内部断路。

图18-38 低阻动圈式话筒的外形

图18-39 选择指针万用表的"×10"挡，并调零

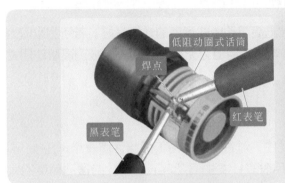

图18-40 低阻动圈式话筒线圈阻值的测量

二、高阻动圈式话筒的检测

高阻动圈式话筒的外形如图 18-41 所示。

检测依据 正常情况下，高阻动圈式话筒的直流电阻值一般约为几百到几千欧（直流电阻值应低于阻抗值）。

步骤 1 选择指针万用表的"×1k"挡，并调零，如图 18-42 所示。

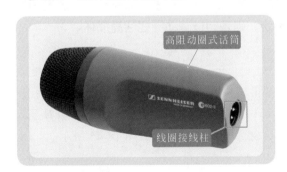

图18-41 高阻动圈式话筒的外形

图18-42 选择指针万用表的"×1k"挡，并调零

步骤 2 将万用表的一只表笔搭在高阻动圈式话筒的一个电极上，另一只表笔断续地搭在另一个电极时，此时低阻动圈式话筒发出轻微的"嚓、嚓"或"咯、咯"声，且万用表显示 3kΩ，如图 18-43 所示。

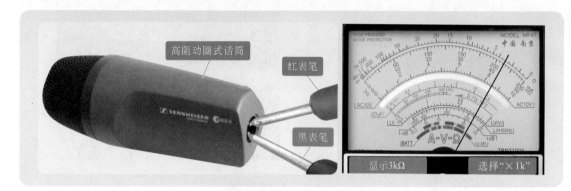

图18-43 高阻动圈式话筒的测量

总结：若检测结果与上述相符，则表明被测高阻动圈式话筒的性能良好。若所测阻值为0，则表明被测高阻动圈式话筒的线圈短路；若所测阻值为无穷大，则表明被测高阻动圈式话筒的内部断路。

三、动圈式话筒灵敏度的检测

检测依据 将黑、红表笔接入话筒接线柱，对着话筒讲话（即给话筒一个声压），该声压信号经过放大后，使话筒输出电流，万用表表针发生偏摆，通过指针的摆动角度的大小，即可判断被测动圈式话筒的灵敏度是否正常。

步骤1 选择万用表的 0.05mA 电流挡。

步骤2 将黑、红表笔分别搭在动圈式话筒的两个电极上，此时万用表表针不偏转。

步骤3 保持黑、红表笔不动，对着动圈式话筒讲话或吹一口气，此时万用表向右偏转（表明黑、红表笔接错极性）。

步骤4 交换黑、红表笔再次测量，对着动圈式话筒讲话或吹一口气，此时万用表向左偏转。

总结：正常情况下，表针应有明显摆动，其摆动角度越大，则表明被测动圈式话筒的灵敏度就越高；若表针摆动角度越小，则表明被测动圈式话筒的灵敏度就越低。对着话筒讲话或出一口气，若表针不摆动或指针左右漂移不定，则表明被测动圈式话筒损坏。

四、驻极体式话筒接线端子极性的判断

对两个电极驻极体式话筒来讲，其接地端常常与 S 端通过焊点结合在一起，一般情况下，与焊点连接的导线有两根或三根，另外一个焊点只有一根线与 D 端相连，如图 18-44 所示。

对三个电极驻极体式话筒来讲，其接地端、S 端和 D 端的位置如图 18-45 所示。

五、驻极体式话筒接线端子极性的测量

驻极体式话筒有两个电极和三个电极两种情况，下面分别对两电极和三电极的极性进行测量。

1. 两个电极驻极体式话筒

两个电极驻极体式话筒的外形和结构如图 18-46 所示。

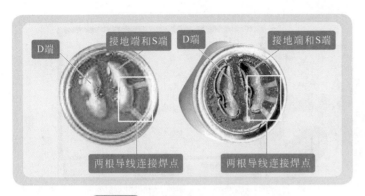

图18-44 两个接线端子极性识别

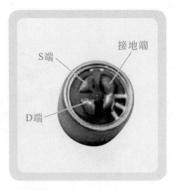

图18-45 三个接线端子极性识别

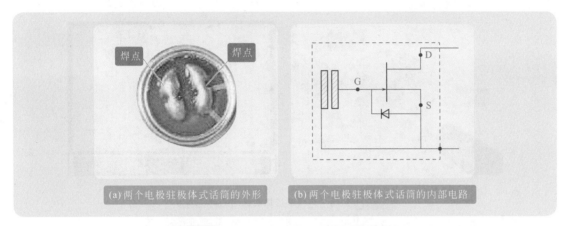

(a) 两个电极驻极体式话筒的外形　　(b) 两个电极驻极体式话筒的内部电路

图18-46 两个电极驻极体式话筒的外形和结构

正常情况下，两个电极话筒的其中一个电极与话筒的金属壳相连，该极为 S 极，另一个为 D 极。当两个电极都不与其外壳相连，需要通过测量才能知道其电极的极性。

检测依据 正常情况下，驻极体式话筒的两电极之间的正向阻值一般为 $500\Omega \sim 3k\Omega$，反向阻值为无穷大。

步骤 1 选择指针万用表的"×1k"挡，并调零，如图 18-47 所示。

步骤 2 将黑、红表笔（不分正负）分别搭在驻极体式话筒的两个电极上，此时万用表显示值较小，如图 18-48 所示。

图18-47 选择指针万用表的"×1k"挡，并调零

步骤 3 交换黑、红表笔再次测量，此时万用表显示值较大，如图 18-49 所示。

总结：以所测阻值较大的一次为标准，黑表笔所搭的电极为 D 极，红表笔所搭的电极为 S 极或接地端。若所测阻值较小的一次为标准，黑表笔所搭的电极为 S 极或接地端，红表笔所搭的电极为 D 极。

2. 三个电极驻极体式话筒

检测依据 一般情况下，三个电极的话筒有一个电极是接地端（与金属外壳连在一

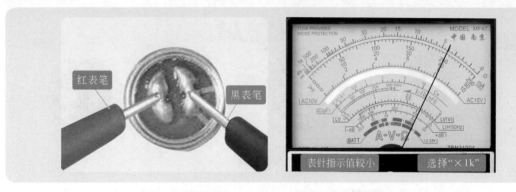

图18-48 两个电极驻极体式话筒的测量

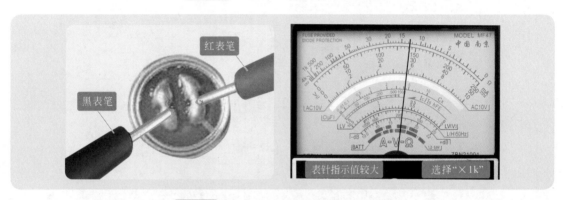

图18-49 两个电极驻极体式话筒的再次测量

起），另外两电极的极性测量方法与两个电极话筒完全相同。对于三个独立的电极应按下述方法测量。

（检测依据） 正常情况下，话筒的三个电极中只有其中两极之间的阻值是低阻值（500Ω ~ 3kΩ），其余全部为无穷大或高阻值。通过测量就可找到低阻值的两个电极，即可判断话筒的电极极性了。

步骤1 选择指针万用表的"×1k"挡，并调零。

步骤2 将黑、红表笔（不分正负）分别搭在话筒的任意两个电极上，此时万用表显示无穷大。

步骤3 将黑、红表笔再次分别搭在话筒的任意两个电极上，此时万用表显示为1.5kΩ。

总结：以上述测量阻值较小的一次为标准，黑表笔所搭的电极为 S 极，红表笔所搭的电极为 D 极，余下的是接地端，即悬空脚。

六、驻极体式话筒性能的检测

被测驻极体式话筒的外形如图 18-50 所示。

（检测依据） 正常情况下，驻极体式话筒的两个电极之间的正向阻值为 500Ω ~ 3kΩ，反向阻值较大。通过用万用表测量两电极之间正、反向阻值，便可判断驻极体式话筒的性能是否良好。

步骤1 选择指针万用表的"×100"挡，并调零，如图 18-51 所示。

图18-50　被测驻极体式话筒的外形　　　图18-51　选择指针万用表的"×100"挡，并调零

步骤2　将黑表笔搭在话筒的D端，红表笔搭在话筒的S端上，此时万用表显示为500Ω，即正常，如图18-52所示。

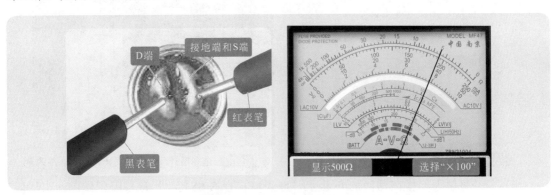
图18-52　被测驻极体式话筒的测量

专家提示

用指针万用表测得的阻值为表盘的指针指示数乘以电阻挡位，即被测电阻值＝刻度示值×挡位数。如选择的挡位是"×100"挡，表针指示为5，则被测阻值为5×100Ω=500Ω。

步骤3　交换黑、红表笔再次测量，此时万用表显示2.5kΩ，即正常，如图18-53所示。

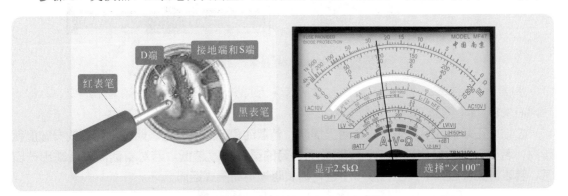
图18-53　被测驻极体式话筒的再次测量

总结：若所测正向阻值较小而反向阻值较大，则表明被测话筒的性能良好。若所测正、

反向阻值相近或相等，则表明话筒内部的场效应管 D 极与 S 极之间的二极管断路；若所测正、反向阻值均为 0，则表明被测话筒的内部短路。若所测正、反阻值均为无穷大，则表明被测话筒的内部断路。

◤ 七、三端驻极体式话筒灵敏度的检测

被测三端驻极体式话筒的外形如图 18-54 所示。

检测依据 通过对未向话筒吹气和向话筒吹气两个状态下，话筒两电极之间的正向阻值的变化情况，来判断话筒的灵敏度是否正常。

步骤 1 选择指针万用表的"×1k"挡，并调零，如图 18-55 所示。

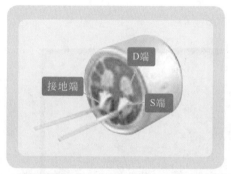

图18-54 被测三端驻极体式话筒的外形　　图18-55 选择指针万用表的"×1k"挡，并调零

步骤 2 将黑表笔搭在话筒的 D 极上，红表笔搭在 S 极上，此时万用表显示一定阻值，即正常，如图 18-56 所示。

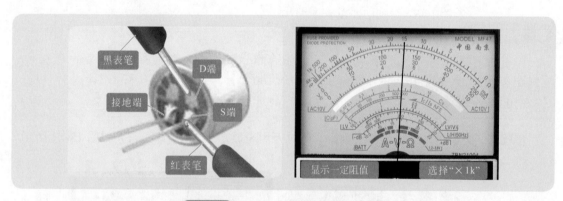

图18-56 被测三端驻极体式话筒的测量

步骤 3 保持黑、红表笔不动，对着话筒讲话或吹一口气，此时万用显示值变小，即表针向右偏转，即正常，如图 18-57 所示。

总结：正常情况下，表针应有明显摆动。若摆动角度越大，则表明被测话筒的灵敏度就越高；若表针摆动角度越小，则表明被测话筒的灵敏度就越低。若对着话筒讲话或出一口气，若表针无反应或指针左右漂移不定，则表明被测动圈式话筒损坏。

◤ 八、两端驻极体式话筒灵敏度的检测

被测两端驻极体式话筒的外形如图 18-58 所示。

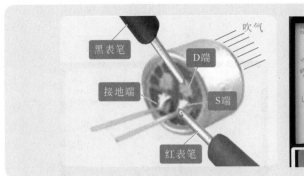

图18-57　被测三端驻极体式话筒的灵敏度测量

检测依据　通过对未向话筒吹气和向话筒吹气两个状态下，话筒两电极之间的正向阻值的变化情况，来判断话筒的灵敏度是否正常。

步骤 1　选择指针万用表的"×1k"挡，并调零，如图 18-59 所示。

图18-58　被测两端驻极体式话筒的外形　　图18-59　选择指针万用表的"×1k"挡，并调零

步骤 2　将黑表笔搭在话筒的 D 极上，红表笔搭在 S 极上，此时万用表显示一定阻值，即正常，如图 18-60 所示。

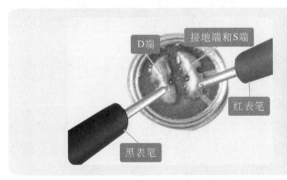

图18-60　被测两端驻极体式话筒的测量

专家提示

用指针万用表测得的阻值为表盘的指针指示数乘以电阻挡位，即被测电阻值 = 刻度示值 × 挡位数。如选择的挡位是"×1k"挡，表针指示为 20，则被测阻值为 20×1kΩ=20kΩ。

步骤3 保持黑、红表笔不动，对着话筒讲话或吹一口气，此时万用表显示值变小，即表针向右偏转，即正常，如图18-61所示。

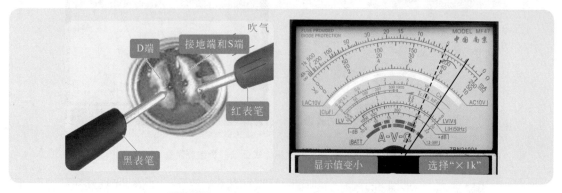

图18-61 被测两端驻极体式话筒的灵敏度测量

总结： 正常情况下，表针应有明显摆动。若摆动角度越大，则表明被测话筒的灵敏度就越高；若表针摆动角度越小，则表明被测话筒的灵敏度就越低。若对着话筒讲话或出一口气，若表针无反应或指针左右漂移不定，则表明被测话筒损坏。

要诀

驻极话筒很重要，灵敏度检测要记牢，选择"×1k"挡要做到，阻值变化是我要。黑D红S要压好，表针指示阻值小，表笔不动吹气了，表针近零阻值更小。

九、话筒的代换

话筒的代换原则是类型、输出阻抗均相同的话筒之间可以代换，但同时也应考虑灵敏度、指向性、信噪比及频率特性应符合使用场合的要求，代换原则如下：

① 动圈式话筒与不同类型的驻极体话筒之间不能代换，固其所需的偏置电路不同。

② 输出阻抗不同的话筒不能代换，否则会造成话筒与前置放大器的输入阻抗不匹配，大大降低话筒输出的音频信号强度。

③ 可使用灵敏度高的话筒代换灵敏度低的话筒，例如应用于自动控制。用来监听外界声响的话筒不能使用灵敏度低的话筒进行代换。

④ 可使用频率响应范围宽的话筒（高保真型）代换普通话筒，但代价较高。

⑤ 适用于对局部拾音的单向性话筒不应用全向性话筒进行代换，例如采用"话筒"只要求对受访者进行拾音，而对环境噪声应有较低的灵敏度。而需要对空间声音效果进行拾音时则应使用全向性话筒。

第八节 蜂鸣器的识别和检测维修

蜂鸣器也是一种电声转换器件，但它转换的不是代表音乐或人声的音频电信号，而是某种特定的声音，主要起警示或提醒作用，主要应用于电子产品中做工作状态提示。其类型主要有电磁式蜂鸣器和压电式蜂鸣器两大类。

一、电磁式蜂鸣器的识别

电磁式蜂鸣器也叫电磁讯响器，是一种微型的电声转换器件，主要分为自带音源和不带音源两大类。在电路中，用字母"HA"或"H"表示，其外形、结构和电路图形符号如图18-62所示。

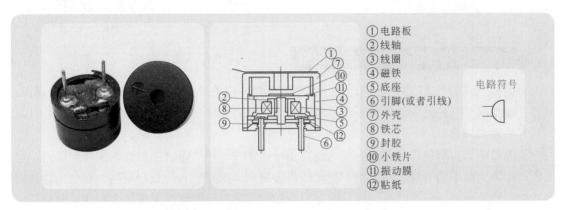

① 电路板
② 线轴
③ 线圈
④ 磁铁
⑤ 底座
⑥ 引脚(或者引线)
⑦ 外壳
⑧ 铁芯
⑨ 封胶
⑩ 小铁片
⑪ 振动膜
⑫ 贴纸

电路符号

图18-62 电磁式蜂鸣器外形、结构和电路图形符号

电磁式蜂鸣器是电动扬声器的微型产品，内部主要由电磁线圈、永久磁铁、铁质振动膜片和外壳组成。而自带音源的蜂鸣器则附带有振荡器，其振动部件只是振动膜片。

二、压电式蜂鸣器的识别

压电式蜂鸣器是利用某种陶瓷所具有的压电效应制成的电声转换器件，常见的陶瓷材料为铝钛酸铅或铌镁酸铅。

通常将压电陶瓷材料加工成很薄的圆形片状，即在很薄圆形金属基板上加工一层压电陶瓷层，然后在陶瓷层的上面镀一银层各自引出电极，经极化和老化处理而成。而有些只在很薄的压电陶瓷片的两面均镀上银层并引出电极。其外形、结构和电路图形符号如图18-63所示。

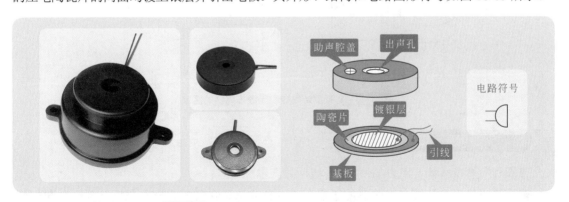

助声腔盖　出声孔
镀银层
陶瓷片
引线
基板
电路符号

图18-63 压电式蜂鸣器外形、结构和电路图形符号

专家提示

有些蜂鸣器为增强发声效果将压电陶瓷片放置在助声腔外壳中。

当经银层和金属基极为压电陶瓷片施加特定频率范围的音频信号时，陶瓷片会产生特定频率的机械变形，推动空气发出声音。

> **专家提示**
>
> 压电蜂鸣器主要适用于对音质要求不高的电子产品中，如便携式仪器仪表、计算器、电子玩具等。例如，常见的音乐贺卡则是由薄形纽扣电池供电，由音乐卡片驱动的压电蜂鸣器发出乐曲声。

三、有源蜂鸣器和无源蜂鸣器的区别

有源和无源的"源"不是指电源，而是指振荡源。也就是说，有源蜂鸣器内部带振荡源，只要一通电就会叫。而无源内部不带振荡源，如果用直流信号无法令其鸣叫。

1. 有源蜂鸣器

有源蜂鸣器内部包含了音源集成电路，当给该集成电路加上合适的直流工作电压时，可自行产生特定频率的音频脉冲信号，驱动蜂鸣器发声。根据发音的长短不同，可分为连续发音和断续发音两种。使用时在两端只需加有合适的直流电压即可。正极接高电压，负极接低电压，反接则不能工作。

2. 无源蜂鸣器

无源蜂鸣器相当于微型扬声器，需要通入特定频率的音频电信号才能够发声。有正负极之分，使用时正极应接高电位端，若反接会影响发声质量。在其外壳上通常有正极标示。

从图18-64的外观上看，两种蜂鸣器好像一样，但仔细看，两者的高度略有区别，有源蜂鸣器的高度为9mm，而无源蜂鸣器的高度为8mm。如将两种蜂鸣器的引脚均朝上放置时，可以看出有绿色电路板的一种是无源蜂鸣器，没有电路板而用黑胶封闭的一种是有源蜂鸣器。

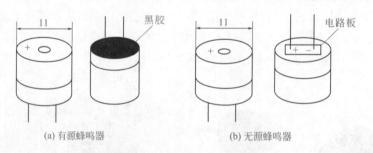

(a) 有源蜂鸣器　　　　　　(b) 无源蜂鸣器

图18-64 有源蜂鸣器和无源蜂鸣器的区别

四、无源电磁式蜂鸣器的检修

步骤1 选择指针万用表的"×1"挡，并调零。

步骤2 将黑表笔搭在蜂鸣器的正极引脚，红表笔搭在负极引脚上来回碰触，如果触发出"咔、咔"声且电阻只有8Ω（或16Ω）的是无源蜂鸣器。

如果能发出持续声音，且电阻在几百欧以上，则是有源蜂鸣器。同时有源蜂鸣器直接接上额定电源（新的蜂鸣器在标签上都有注明）就可连续发声；而无源蜂鸣器则和电磁扬声器一样，需要接在音频输出电路中才能发声。

五、有源电磁式蜂鸣器的检测

由于有源电磁式蜂鸣器的额定功率为6V，故采用四节干电池（每节1.5V）作为电源。用导线将干电池连接起来后，将正极引线与蜂鸣器的红线接在一起，将负极导线搭在蜂鸣器的黑线上，此时蜂鸣器发出响亮的连续长鸣声或节奏分明的断续声，则表明被测蜂鸣器的性能良好。若蜂鸣器不响，则表明被测蜂鸣器损坏。

六、有源压电式蜂鸣器的检测

被测有源压电式蜂鸣器的外形如图18-65所示。

步骤1　选择指针万用表的"×100"挡，并调零，如图18-66所示。

图18-65　被测有源压电式蜂鸣器的外形

图18-66　选择指针万用表的"×100"挡，并调零

步骤2　将黑表笔搭在蜂鸣器的正极上，红表笔搭在负极引线上，此时万用表表针向右偏转，且蜂鸣器发出响亮的声音，如图18-67所示。

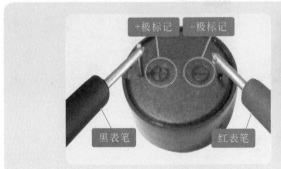

图18-67　被测有源压电式蜂鸣器的测量

总结：若万用表表针向右偏转且蜂鸣器发出响亮的"喀、喀"声，则表明被测蜂鸣器的性能良好。若万用表表针不偏转且蜂鸣器不发出声响，则表明被测蜂鸣器损坏。

专家提示

测量有源压电式蜂鸣器时，选用指针万用表的挡位时，应以蜂鸣器发出响亮的声音为准，一般选择"×10"或"×100"挡。

第十九章
开关和插接器

第一节 开关的识别

一、直键开关的识别

直键开关可分为单极开关和多极开关。现以彩色电视机中使用的直键开关为例加以说明，其外形和电路图形符号如图 19-1 所示。

电路符号

图19-1 直键开关的外形和电路图形符号

专家提示

该类开关的常见故障主要有定片与动片的触点接合处氧化，打火烧蚀，接触不良，操作柄上的长簧导槽轨道磨损严重致使操作柄不能被锁定。

二、按动开关的识别

按动开关是一种不能闭锁的开关，当按下按钮开关时，开关触点处于接通或断开状态；当松开开关按钮时，开关触点自动恢复为原来的断开或接通状态。

按动开关的种类、形状大小各异，主要有单断点式按钮开关、双断点式按钮开关、常开按钮开关、常闭按钮开关、转换按钮开关、微动开关、轻触开关、薄膜开关、感应开关等。

1. 单断点式按钮开关

单断点式按钮开关主要由静接触点、动接触点、弹簧片、按钮、外壳等组成。其外形、结构和电路图形符号如图 19-2 所示。

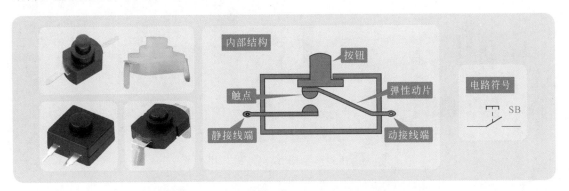

图19-2　单断点式按钮开关的外形、结构和电路图形符号

该开关因弹性动片具有弹性，故自然状态下处于断开状态。当按下按钮时，弹性动片触点与静触点接通；松开按钮时，弹性动片回位，使动片触点与静片触点处于断开状态。

2. 双断点式按钮开关

双断点式按钮开关主要由一对静接触点、一对动触点、复位弹簧、按钮和外壳等组成，其外形、结构和电路图形符号如图 19-3 所示。该开关因弹簧的作用，故自然状态下处于断开状态，只有按下按钮，两动片触点才与两静片触点接通。

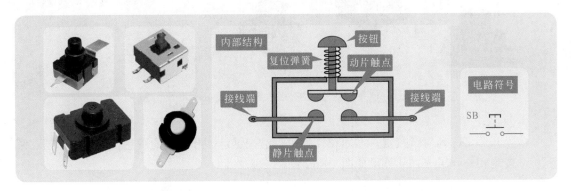

图19-3　双断点式按钮开关的外形、结构和电路图形符号

3. 常开按钮开关、常闭按钮开关和转换按钮开关

（1）常开按钮开关

常开按钮开关的结构和电路图形符号如图 19-4（a）所示。该开关在常态下，两接线端处于断开状态。当按下按钮时，两接线端才接通；当松开按钮时，两接线端又处于断开状态。

（2）常闭按钮开关

常闭按钮开关的结构和电路图形符号如图 19-4（b）所示。该开关在常态下，两接线端处于导通状态。当按下按钮时，只有按下按钮时，两接线端才断开；当松开按钮时，两接线端又处于导通状态。

（3）转换按钮开关

转换按钮开关的结构和电路图形符号如图 19-4（c）所示。该开关在常态下，连接动片的接线端与其中一只静片接线端接通。当按下按钮时，动片接线端与该静片接线端断开而与另一只静片接线端接通；当松开按钮时，动片又恢复到原来状态。

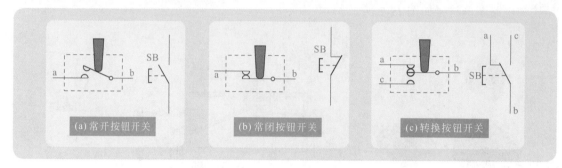

(a) 常开按钮开关　　(b) 常闭按钮开关　　(c) 转换按钮开关

图19-4　按钮开关的结构和电路图形符号

4. 轻触开关

轻触开关也称为微动开关或轻触按键，其外形、结构和电路图形符号如图 19-5 所示。轻触开关属于常开按钮，具有体积小、重量轻等特点。轻触开关主要有单联和双联两种类型，常用在计算机、显示器、影碟机、音响、电话机、电子仪器仪表等上。

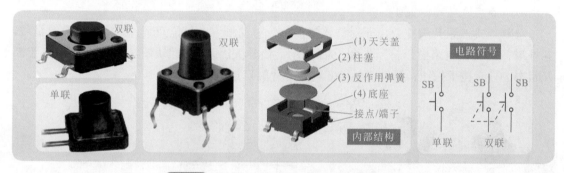

图19-5　轻触开关的外形、结构和电路图形符号

5. 薄膜开关

薄膜开关又称为薄膜按键，常用在计算机键盘按键，该开关由面膜层、电极电路层、隔离层、按键和外壳组成。其外形如图 19-6 所示。

图19-6　薄膜开关的外形

三、拨动开关的识别

拨动开关是主要通过拨动操作柄实现操作的开关。例如，应用于照明的电源拨动开关、车辆照明灯状态切换拨动开关、电子设备中的功能转换拨动开关等。

1. 跷板拨动开关

跷板拨动开关主要由拨钮、弹力触点、跷板、静触点及外壳等组成。其外形、结构和电路图形符号如图 19-7 所示。当拨动拨钮处于 ON 位置时，跷板受拨钮触点弹力作用，跷板左侧被压下，使中心触片与左侧触片接通；当拨动拨钮处于 OFF 位置时，跷板右侧被压下，左侧弹起，中心触片与右侧触片接通，从而实现中心触片与左、右侧触片的断开与接通。

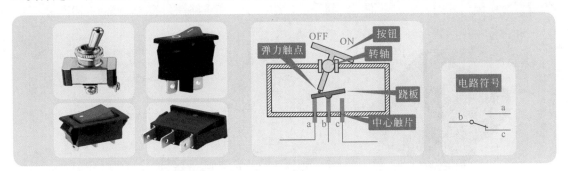

图19-7 拨动开关的外形、结构和电路图形符号

2. 直拨开关

直拨开关的外形如图 19-8 所示。现以收音机应用的波段转换为例加以说明，该开关主要由拨柄、夹持刀片、静触片和外壳等组成，其结构和电路图形符号如图 19-9 所示。当拨柄处于左侧位置时，开关 S_1 中的 a 片和 b 片接通，开关 S_2 中的 a 片和 b 片接通；当拨柄处于右侧时，开关 S_1 中的 b 片与 c 片接通，开关 S_2 中的 b 片与 c 片接通，从而实现开关中 b 片与 a 片或 b 片与 c 片的相互转换。

图19-8 直拨开关的外形

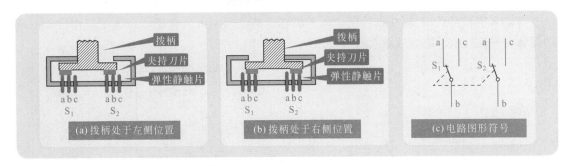

图19-9 直拨开关的结构和电路图形符号

四、旋转开关的识别

旋转开关是靠旋转中心转轴带动动触片进行切换的开关，主要由操作外帽、转轴、接触片、动接点和静接点等组成。常见的旋转开关有单层和双层，有些旋转开关为了实现多组开关的同步联动常制成多层结构，每一层中可以是一组开关，也可以是多组开关。现以万用表的量程转换旋转开关为例加以说明。其外形、结构示意和电路图形符号如图 19-10 所示。

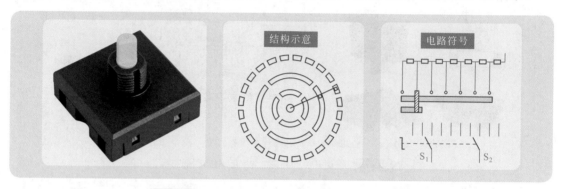

图19-10 旋转开关的外形、结构示意和电路图形符号

五、电子开关的识别

电子开关是依靠电子元件来实现电路接通、切断或转换的开关器件。常见的电子开关有彩色电视机用的 PAL 开关，音视输入、输出转换的电子开关，最简单的是由三极管构成的电子开关。

1. 由三极管构成的散热风机驱动控制开关

由三极管构成的散热风机驱动控制开关如图 19-11 所示。当三极管 VT_1 的基极没有驱动电压时，呈截止状态，其集电极与地之间呈开路状态，电源 $+U_{DD}$ 对地之间没有电流通过，风机 FAN 两端没有电势差而不能运转。当三极管 VT_1 的基极有合适的驱动电压时，集电极对地导通，风机有电流通过，电源电压加到风机两端而运转，从而实现控制电压对风机是否运转的控制。

2. 集成电子开关电路

将多个电子开关集成一块芯片内构成了能够联动的多组电子开关电路，其基本形式如图 19-12 所示，在集成电子开关电路满足供电条件后，当 6 脚没有电压时，开关 S_1 与触点 1 接通，开关 S_2 也与触点 1 接通，使得由 1 脚输入的信号经 S_1 从 9 脚输出，由 3 脚输入的信号从 8 脚输出，当 6 脚为高电平时，开关 S_1 与触点 2 接通，开关 S_2 端也与触点 2 接通，使得从 2 脚输入的信号经 S_1 从 9 脚输出，从 4 脚输入的信号从 8 脚输出，从而实现由控制 6 脚的高低电平来控制不同信号输入的作用。

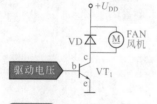

图19-11 散热风机控制电路

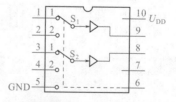

图19-12 集成电子开关电路

六、拨码开关的识别

拨码开关由多个单刀单掷开关组成，其内部有多个微型开关。由 4 只微型开关组合的称为 4 位拨码开关，由 5 只微型开关组成的称为 5 位拨码开关，等等。常见的拨码开关有 3 位、4 位、5 位、8 位、12 位等。在拨码开关的左上角或右上角均标有"ON"字样，表示该路微型开关拨至"ON"位置时，即拨码开关处于接通状态，反之，处于闭合状态。拨码开关的拨码开关的外形和内部电路如图 19-13 所示。

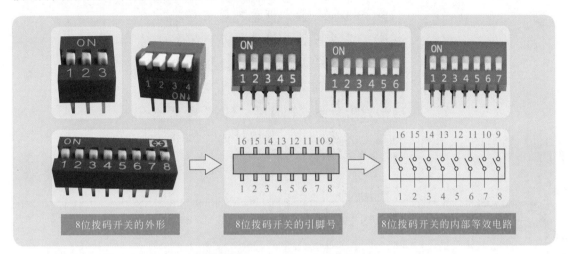

图19-13 拨码开关的外形和内部电路

七、波段开关的识别

波段开关实际上是单刀多掷或多刀多掷开关，通常由 3 路以上的选择触点组成，由于波段开关中的选择动触点与其他待选择的静触点呈圆形排列，这些静触点构成一个层次，因此经常根据波段开关中选择触点的数量来对波段进行"层"分类。常见的波段开关的外形和电路图形符号如图 19-14 所示，由图看出：该波段开关是一个三刀四掷式开关，共有 S_{1-1}、S_{1-2} 和 S_{1-3} 三组开关，每组开关中的刀片触点均相同，且均能转换四个工作位置，故称为三刀四掷开关。该开关中，由一个开关操纵柄控制各组开关同步转换。波段开关的接点数和开关位置用两个数字相乘表示。例如：6×2 表示 6 刀 2 掷，8×5 表示 8 刀 5 掷。

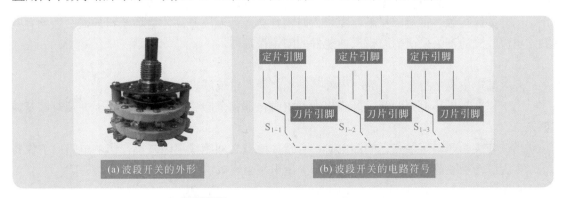

图19-14 波段开关的外形和电路图形符号

在电路中，为了表示某个开关有许多组，常采用 S_{1-1}、S_{1-2}、S_{1-3}……的方式表示。其中，S_1 表示一种功能开关（此处指波段开关），S_{1-1} 是开关 S_1 中的第一组开关，S_{1-2} 是 S_1 中的第二组开关，S_{1-3} 是开关 S_1 中的第三组开关，等等。

在波段开关的电路图形符号中，通常用虚线表示各组开关之间同步联动转换的关系。

要诀

直键开关真不少，彩电电源常用到；
按动开关按一按，电路可通又可断；
拨动开关拨一拨，触点断开又闭合；
旋转开关转一转，触点慢慢得切换；
电子开关如何管，电子元件来实现；
拨码开关内含触点，离开"ON"处于关；
波段开关需旋转，哪组接通哪组断。

第二节 开关的检测、修复和代换

一、开关的故障类型

由于开关在电路中不仅要做机械动作，同时也会因两端存在电压而发生漏电或电流过大，在动作时产生电弧或打火烧蚀，因此开关的故障主要有以下几种：

1. 接触不良

接触不良是开关最常见的故障，工作电流的大小不同，会产生不同的故障现象。例如，工作电流较大的开关出现接触不良故障时，常会造成触点烧蚀、产生电弧等；当开关出现接触不良时，会造成接通性能不良。工作于小电流状态的各种功能状态转换开关，出现接触不良故障时，会造成功能转换不良。

造成开关接触不良的原因主要有触点氧化、触点表面脏污、触点烧蚀、操作柄故障、复位弹簧损坏、操作柄与外壳之间阻力增大而不能复位，外壳受热变形。

当开关因接触不良造成接触电阻增大时消耗电能而温度升高，烧坏塑料外壳。因此有些额定电流较大的开关采用耐温耐压性能好的陶瓷作基体。

2. 漏电

开关漏电主要是指金属外壳与内部某触点之间漏电或触点之间漏电。

当工作在高压环境中的开关外壳出现漏电时，非常危险。应查明漏电原因并及时修复或更换。

当在开关断开，两触点之间漏电时，会造成触点之间绝缘电阻减小，影响电路的工作状态，多因脏污受潮等原因引起，若按键开关漏电常会造成电子设备功能紊乱。

3. 不能接通

不能接通故障就是指在开关处于接通状态而触点之间的阻值为无穷大。

二、开关的检测

开关的检测方法主要有观察法、模拟法、测量法、代换法。

1. 观察法

对于根据故障现象怀疑开关有异常，可观察开关的外观有无异常，例如外壳有无变形，引脚有无变色，若引脚变色多因接触不良过热产生，自锁长簧导轨是否磨损严重，而有些透明的转换开关可看到内部触点是否发黑，用手拨动开关操作部位观察转换是否灵活，例如有些定位铜珠与外壳之间是否锈蚀，以及开关能否被锁定，而遥控器中的按键触点有无脏污。

2. 测量法

检测依据 正常情况下，开关触点间的接触电阻值为 0.1 ~ 0.5Ω。

现以某开关为例加以说明

步骤 1 选择万用表的"×1"挡，并调零。

步骤 2 将黑、红表笔（不分正负）分别搭在开关的两只引脚上，将开关处于接通状态，此时万用表显示为 0.3Ω。

步骤 3 保持黑、红表笔不动，选取万用表的"×10k"挡，将开关处于断开状态，此时万用表显示为无穷大。

总结：若开关的接通阻值为 0.1 ~ 0.5Ω，而断开阻值为几百千欧，则表明被测开关的性能良好。开关处于接通状态时，若万用表显示阻值较大或无穷大，则表明被测开关的触点接触电阻过大或开路。开关处于断开状态时，若万用表显示阻值较小或为 0，则表明被测开关漏电或触点粘连。

3. 代换法

当观察到电子设备功能紊乱，怀疑指令输入按键开关漏电时，应采取全部更换的办法彻底排除隐患，因该类开关的漏电故障容易误判，即在进行拆卸时烧热的引脚可使开关内部的漏电现象得到缓解，拆下后测量不出来漏电。因此采用全部更换的方法较理想，用于功能转换的多刀多掷直推开关出现动能异常时多因开关内部部分开关接触不良而不宜在路测量，最好整体更换来排除故障。

三、开关的修复

某些开关出现接触不良或不能被接通时，也可采用修复的方法使其正常工作。例如应用于发动机活塞位置的开关出现触点接触不良时，可使用砂纸仔细打磨光滑再用打印机研磨使其恢复使用；对于不能打开外壳的开关也可使纯酒精或清洗液从缝隙处流入开关内部，并不断活动操作柄，使刀片与静片之间的接合摩擦清洗，并使清洗后的液体流出。对于多刀多掷开关的应急处理这是经常采用的办法。

专家提示

对单刀双掷开关只使用了一个开关，也可以通过调整与开关的接线方法来使用未使用过的开关进行工作。

四、开关的代换

开关的代换原则是代换件的外形、额定参数应与原件相同。若实在找不到原型号开关进行代换，要注意以下原则。

① 开关的代换涉及装配问题，例如应多考虑安装孔的大小远近，安装方式，操作柄的长短，引脚长度及距离等因素。

② 代换件的额定电压、额定电流不能小于原机件，例如额定电流为 5A 的开关不能代换额定电流为 10A 的开关，否则被烧坏。额定电压低的车辆开关不能应用于市电照明。

第三节　插接器的识别

插接器也叫连接器，也是一种常见的电子元件，在电路中它使孤立不通或被阻断处的电路之间成为一条通路。按照连接电路的类型不同，它可分为电子电器内部线路之间的插接器和电子电器与外部设备之间的插接器。

一、莲花插头／插座的识别

为了避免受到外界的干扰，常把连接线或插头做成同轴方式。其外层按网状将多股细导线编织成莲花状屏蔽层与电路中的地相接，内置绝缘层，中间穿过信号线，以保证信号经中心线在无电磁场的屏蔽区中穿过。莲花同轴插头、插座的外形和模型如图 19-15 和图 19-16 所示。其信号线位于插头、插座及连接屏蔽电缆的中心，只负责信号的连接和切断。在用于射频电路的同轴插头中，为了抵御高频信号的干扰及防止外泄损耗，常将与三相连的屏蔽电缆中的绝缘层做成多孔状结构来增大空气介质的容积，以减少中心信号线与外部接地屏蔽线之间的分布电容。

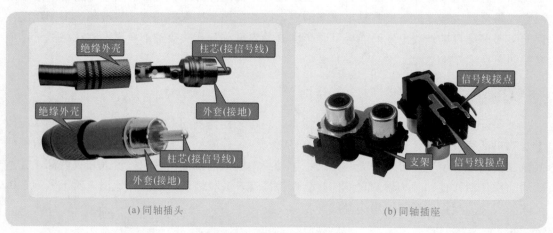

(a) 同轴插头　　(b) 同轴插座

图19-15　莲花同轴插头、插座（1）

莲花插头广泛应用在音响、彩色电视机、录音机、VCD、DVD 上，其中，在音频设备上通常采用不同颜色的插接器，如：左声道的插接器用白色，右声道的插接器用红色，模拟视频信号用黄色等。音频莲花插头与插座的外形如图 19-17 所示。

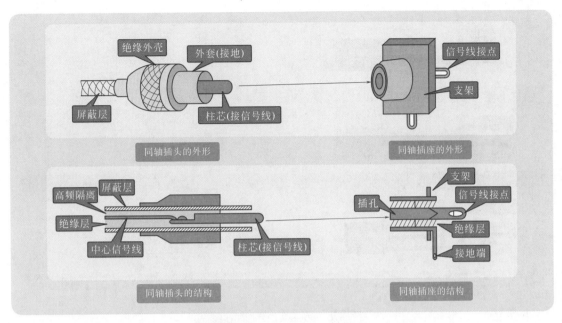

图19-16　莲花同轴插头、插座（2）

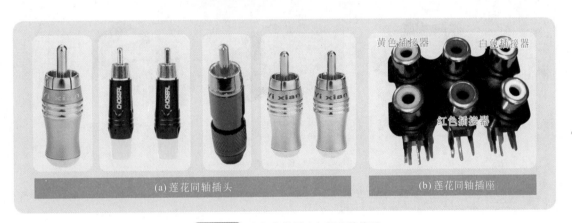

(a) 莲花同轴插头　　　　　(b) 莲花同轴插座

图19-17　音频莲花插头与插座的外形

二、耳机插头 / 插座的识别

插头主要由中心触头、接地外层和绝缘层及外壳组成；插座主要由动片、定片和接地外层构成。插头的直径有 2.5mm、3.5mm 和 6.35mm 等规格。

耳机插头 / 插座可分为立体声和单声道。一般情况下，单声道耳机插头 / 插座有两个引脚，而立体声耳机插头 / 插座有三个引脚。三个引脚的立体声耳机插座可同时对左右两个声道输出的音频信号同时进行切换输出。四个引脚的立体声耳机插座除具有三个引脚的功能外，另外一个引脚接麦克风正极。耳机插头的外形和接线方法如图 19-18 所示。

耳机的插座有两种，即不带开关的插座和带开关的插座。带开关的插座上一般增加一个引脚；当耳机插头没有插入插座时，信号引脚与插座增加的引脚处于导通状态；耳机插头插入插座时，信号引脚与增加的引脚处于断开状态。常见耳机的外形如图 19-19 所示。

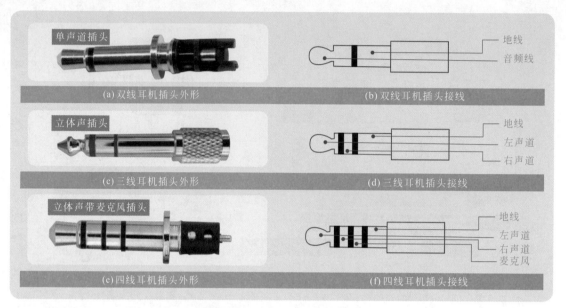

(a) 双线耳机插头外形   (b) 双线耳机插头接线

(c) 三线耳机插头外形   (d) 三线耳机插头接线

(e) 四线耳机插头外形   (f) 四线耳机插头接线

图19-18 耳机插头的外形和接线方法

(a)立体声带麦克风插座   (b)不带开关立体声插座   (c)单声道插座

图19-19 耳机插座的外形

三、BNC 插头/插座的识别

该插头/插座是一种螺旋凹槽的金属接头，用于连接同轴电线，多用于网络集线器、高频接收/发射设备或交换机中。常见的 BNC 插头和接头的外形如图 19-20 所示。

图19-20 BNC插头和插座的外形

四、XLR 插头/插座的识别

XLR 插头/插座可分为"阴"型插座和"阳"型插座两种，其中，"阴"型插座用于接收信号，"阳"型插座用于输出信号。一般情况下，"阴"极插头上装有一个锁紧扣，当插头进入插座后，该锁紧扣将插头与插座紧紧结合在一起；当拔出插头时，按一下插头上的锁紧扣，插头与插座及可分离。常见 XLR 插头 / 插座的外形如图 19-21 所示。

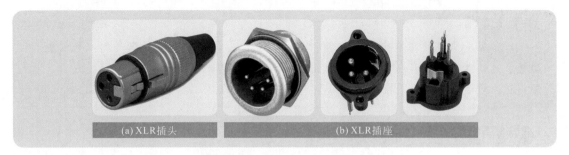

(a) XLR插头　　　　　　　　　　(b) XLR插座

图19-21　常见XLR插头/插座的外形

五、水晶头的识别

水晶头是网络连接中重要的接口设备，是一种能沿固定方向插入并自动防止脱落的塑料接头，用于网络通信，因其外观像水晶一样晶莹透亮而得名为"水晶头"。它主要用于连接网卡端口、集线器，交换机、电话等。水晶头的外形和截面图如图 19-22 所示。

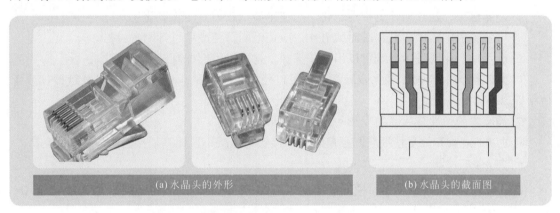

(a) 水晶头的外形　　　　　　　　　(b) 水晶头的截面图

图19-22　水晶头的外形和截面图

专家提示

做水晶头时，使水晶头的弹片朝外，入线口朝下，从左到右，遵循上面的线序，充分插入线（以在水晶头的顶部看到双绞线的铜芯为标准），然后用网线钳夹一下，就可以了。

第四节　插接器的检测

一、插接器的常见故障

因插接器属于接触器件，其金属触头、触片、外套长期暴露于空气中，会因空气含有水分和腐蚀性气体或插接器接触不良过热等因素而产生氧化和沉积灰尘、油污、腐蚀性液体，导致插头与插座之间接触电阻增大。对于用于供电或电流输出型插接器出现因接触电阻而产生热量，加速插接器金属触头触片氧化，同时也会造成塑料与架外壳烧毁引起大灾。为防止该类事故的发生，国家标准规定电源插座应使用阻燃材料制造，例如阻燃塑料或者陶瓷等材料。

🖱 **专家提示**

插接器的常见故障有金属触头触片氧化、变色、沉积灰尘及其他异物；触头触片磨损、翘曲变形、骨架外壳破裂、烧熔；触头或触片与引线或电路板开裂、开焊、接触不良；插接器内部不同导线之间短路或对金属外壳短路。

二、插接器的故障检测和处理方法

根据插接器的故障现象可采用对插接器先观察后测量的方法进行检修。

1. 插接器的观察法

对于插接器的大多数故障，通过观察外观和内部即可判断是否异常，并采用相应方法修复。

① 电源插头的触头发黑或生锈，应使用细砂纸打磨或用刀具刮除异物。

② 电源插头的一次性阻燃绝缘外壳局部烧焦或凸起，均表明该插头因过流、接触不良烧坏。

③ 金属触头、触片、外围护罩氧化，应使用砂纸或刀具清除氧化层。

④ 电脑主板中插槽内触片脏污或氧化，应使毛刷蘸纯酒精进行刷洗。

⑤ 金手指氧化或脏污，既可以用橡皮擦掉，也可以用棉球蘸纯酒精擦洗。

⑥ 薄膜插头上的触片氧化或脏污，既可以使用橡皮擦拭，也可以使用打钱纸擦拭或者使用棉球蘸酒精擦洗。

⑦ 插座内的弹性簧片翘曲变形，应进行整形。

通过以上观察和修复使插头与插座之间的接触电阻减小，提高插接器的传输性能。

2. 插接器的检测

检测依据 正常情况下，插接器接通时插头与插座之间的接触电阻值为 $0.1 \sim 0.5 \Omega$，插接器断开时插头与插座之间的阻值为无穷大。

步骤 1 选择万用表的"×10k"挡，并调零。

步骤 2 将黑、红表笔（不分正负）分别搭在一对连接器相应的引脚上，在插头未插入插座时，万用表显示为无穷大，即断开阻值。

步骤 3 选择万用表的"×1"挡，并调零。

步骤 4 将插头插入插座时，万用表显示为 0.3Ω，即接通阻值。

总结：若所测结果与上述检测相符，则表明被测插接器正常。若所测断开阻值为 0，则表明被测插接器存在短路现象；若所测接触阻值大于 0.5Ω，则表明被测插接器的接触部位的接触电阻值过大，应打磨接触部位。